污水处理设备操作维护问答

第三版
3rd Edition

王强　黄佳锐　谢经良　编

化学工业出版社

·北京·

内容简介

本书内容主要包括设备维护操作的基本知识，预处理设备，好氧生化处理，泥水分离设备，氧化、消毒设备，混凝，过滤、吸附、膜分离设备，厌氧处理，污泥脱水设备，沼气利用设备，化验设备，自动控制系统，电动机、泵类设备，管道、阀门，变配电设备、安全设备等。本书可以使读者在旧厂升级改造、提标扩容、新厂调试运行、培训新职工中遇到问题时能及时得到解答，并获得相应的知识和经验。

本书与《污水处理厂运行和管理问答（第三版）》相互配套，可作为污水处理厂、污水处理站运行和管理人员、技术人员和操作人员的培训用书，也可作为环保公司的工程设计人员、调试人员的自学参考书，还可作为高等学校环境工程和给排水工程专业师生的学习参考书。

图书在版编目（CIP）数据

污水处理设备操作维护问答 / 王强，黄佳锐，谢经良编． — 3 版． — 北京：化学工业出版社，2024.3
ISBN 978-7-122-44591-9

Ⅰ．①污⋯　Ⅱ．①王⋯　②黄⋯　③谢⋯　Ⅲ．①污水处理设备-操作-问题解答②污水处理设备-维修-问题解答　Ⅳ．①X703.3-44

中国国家版本馆 CIP 数据核字（2023）第 243018 号

责任编辑：董　琳　　　　　　　装帧设计：韩　飞
责任校对：边　涛

出版发行：化学工业出版社
　　　　　（北京市东城区青年湖南街 13 号　邮政编码 100011）
印　　装：北京虎彩文化传播有限公司
787mm×1092mm　1/16　印张 20　字数 483 千字
2024 年 4 月北京第 3 版第 1 次印刷

购书咨询：010-64518888　　　　　　售后服务：010-64518899
网　　址：http://www.cip.com.cn
凡购买本书，如有缺损质量问题，本社销售中心负责调换。

定　　价：　128.00 元　　　　　　版权所有　违者必究

前　言

国家《"十四五"城镇污水处理及资源化利用发展规划》提出了"十四五"时期城镇污水处理及资源化利用的主要目标、重点建设任务、设施运行维护要求以及保障措施，旨在有效缓解我国城镇污水收集处理设施发展不平衡不充分的矛盾，全面提升污水收集处理效能，加快推进污水资源化利用，提高设施运行维护水平。根据《"十四五"城镇污水处理及资源化利用发展规划》要求，对城镇污水处理提出了更高的标准，现有大部分污水处理厂需要进行改扩建和提标，以适应更高的标准。因此，相应地对污水处理设备操作和设备维护维修提出了更高的要求。

本书是在《污水处理设备操作维护问答（第二版）》的基础上修订而成，编者根据近十年来的实际运行经验，结合新的污水处理国家标准、引进的新工艺、新设备、新材料，对第二版书内容进行了补充和完善。本书的修订可更好地为污水处理厂（站）的设备操作、设备维护维修提供参考和借鉴，更好地服务于污水处理设备操作、设备维修维护人员以及管理人员的岗位培训。

本书共分为 16 章，包括设备维护操作的基本知识，预处理设备，好氧生化处理，泥水分离设备，氧化、消毒设备，混凝，过滤、吸附、膜分离设备，厌氧处理，污泥脱水设备，沼气利用设备，化验设备，自动控制系统，电动机、泵类设备，管道、阀门，变配电设备，安全设备等。

本书第 2 章增加了 3 种格栅设备；第 3 章增加了空气、磁悬浮鼓风机设备；第 4 章增加了斜板沉淀池；第 9 章增加了污泥脱水设备；第 10 章增加了重膜式沼气柜；第 11 章增加了化验室设备；第 12 章增加了自控系统相关内容；第 13 章增加了轴流泵、污水搅拌器、电动机及泵类设备等；第 14 章增加了管道、阀门的相关内容；第 15 章增加了变配电设备的相关内容；增加了第 16 章安全设备内容。本书可以使读者在旧厂升级改造、提标扩容、新厂调试运行、培训新职工中遇到问题时能及时得到解答并获得相应的知识和经验。

在本书的编写过程中，青岛城阳城区污水处理厂王继苗、刘海山、曲勇、尹建辉、万喜梅、王媛媛、王佩、杨祺，青岛市海泊河污水处理厂崔常桂、马林，青岛娄山河污水处理厂柯崇宜也参加了本书的编写，并做了大量的资料收集、整理工作，特别是第二版副主编沈晓南老师对编写此书给予了全面指导，借本书出版之际，一并表示诚挚的感谢。

由于编者的水平和实践经验有限，书中难免有不全面和疏漏之处，敬请专家、读者批评指正。

编者
2023 年 10 月

第一版前言

　　随着我国改革开放和经济的快速发展，以及南水北调、三峡电站等工程的开展，人们的环保意识日益增强，国家对环境保护的要求和环境污染控制政策愈加严格。在这种情况下，我国的污水处理行业得到充足的发展，工业污水处理站、城镇污水处理厂纷纷建立。但若真正达到环境污染的有效控制，就必须管理、维护好这些污水站、污水厂，因此相关的管理、技术人员的培训势在必行。一个污水站或污水厂正常运行的关键在于工艺运行参数的控制和污水处理设备的操作、维护、管理。而对污水处理设备正确的操作、维护和管理又是一个污水站或污水厂正常运行的关键中的关键。如果污水处理设备、设施不能正常运转，则再先进的工艺控制、再准确的参数设定都等于零。

　　目前，在污水处理站、污水厂的运行管理过程中，由于操作人员培训不及时，或培训内容不全面、不详细，造成污水处理设备、设施故障频繁、运行不稳定，从而影响污水处理设备、设施的正常运行，使处理出水水质不能稳定达标的现象时有发生。为配合污水处理人员的自学和培训的需要，特编写本书。

　　本书的主要内容是关于污水处理设备的操作和维护管理，面向污水处理操作人员的技能培训。本书在广泛收集相关污水处理站、污水厂运行管理资料的基础上，综合作者在实际工作过程中积累的实践经验，以问答的形式，就常用的污水处理相关设备、设施的操作、运行及管理进行了总结。全书共分为 15 章，包括设备维护操作的基本知识，预处理设备，好氧生化处理，泥水分离设备，氧化、消毒设备，混凝、过滤、吸附、膜分离设备，厌氧处理，污泥脱水设备，沼气利用设备，化验设备，自动控制系统，电动机、泵类设备，管道、阀门，配电管理等。

　　在本书的编写过程中，青岛理工大学的白焕文教授、青岛市海泊河污水处理厂的王福浩、王强、朱四富、吴兆东、刘阳、于丽明，城阳污水处理厂的王东仁、祝争胜，团岛污水处理厂的刘东旭等亦参加了本书的编写，并做了大量的资料收集、整理工作，借此书出版之际，一并表示深挚的感谢。

　　由于新型环保设备的研制开发突飞猛进，环保设备不断更新换代，再加上编者的水平和实践经验有限，书中难免存在疏漏，敬请专家、读者批评指正。

编者

2006 年 3 月

第二版前言

本书自 2006 年出版发行以来，作为新职工培训的教材，或者作为解决疑难问题的工具书，在污水处理厂的运行和管理中得到广泛应用，受到相关人员的好评。

根据国家十二五环境发展规划要求，对全国的城镇污水处理提出了更高的标准，出水水质需达到《城镇污水处理厂污染物排放标准》（GB 18918—2002）中一级 A 或 B 标准。各地纷纷对现有污水处理厂进行改扩建，以适应更高的标准。因此，相应地对污水处理运行和管理也提出了更加严格的考核标准和监管指标。在本次再版过程中，编者根据近些年来的实际经验，结合新的污水处理国家标准、引进的新工艺、新设备、新材料，对本书内容进行了相应的补充和完善。

全书共分为 15 章，包括：设备维护操作的基本知识、预处理设备、好氧生化处理、氧化、消毒设备、混凝、过滤、吸附、膜分离设备、厌氧处理、污泥脱水设备、沼气利用设备、化验设备、自动控制系统、电机、泵类设备、管道阀门、除臭设备、配电设备等。

在第 3 章中增加了活性污泥法的 MSBR 工艺；在第 7 章中增加了滤布滤池、转盘过滤、连续流砂过滤等几种新型滤池；在第 9 章中增加了离心脱水机的设备维护保养；在第 11 章增加了流量、pH 值、COD、污泥浓度等在线监测设备。使读者在旧厂升级改造、扩容提标与新厂调试运行、培训新职工中遇到问题时能及时得到解答并获得相应的知识和经验。

在本书的编写过程中，青岛理工大学的白焕文教授，青岛麦岛污水处理厂的彭忠、朱四富、李丽、张玲、刘云英、王鹏、袁博，青岛海泊河污水处理厂的黄佳锐、王强、于丽明、高鹏、吴兆东、崔常桂、荆玉姝、顾凯、张宏，青岛李村河污水处理厂的安洪金，青岛团岛污水处理厂的华风山、刘如玲等亦参加了本书的编写，并做了大量的资料收集、整理工作，借此书出版之际，一并表示诚挚的感谢。

由于编者的水平和实践经验有限，书中难免有不全面和疏漏之处，敬请专家、读者批评指正。

编者

2012 年 7 月

目 录

第1章

设备维护操作的基本知识

1.1 污水处理设备运行管理的主要内容有哪些？

答 污水处理厂设备的运行管理，是指对生产全过程中的设备管理，即从选用、安装、运行、维修直至报废的全过程的管理。因此，设备运行管理的内容可归纳为以下几个主要方面。

① 合理选用、安全使用设备。例如选配技术先进、节能降耗的设备。根据设备的性能，安排其适当的生产任务和负荷量，为设备创造良好的工作环境条件；安排具有一定技术水平和熟练程度的设备操作者。

② 做好设备的保养和检修工作。

③ 根据需要和可能，有计划地进行设备更新改造。

④ 搞好设备验收、登记、保管、报废的工作。

⑤ 建立设备管理档案。

⑥ 做好设备事故的处理。

1.2 设备运行管理的职责和制度有哪些？

答 **（1）管理人员职责**

编制企业的机械设备运行维修管理制度，编制年度检修计划和备品、备件购置计划；负责选购、建账、调拨直至报废的管理；编绘设备图册或档案；负责提供更新、改造的技术方案，参与设备的大修与改造、更新工作，并主持测试验收；参加设备安全检查及事故分析处理等。

（2）运行人员责任制

包括操作设备的职员岗位责任制、巡查制度、交接班制度等。

（3）机械设备的运行规程

包括设备润滑保养操作规程、设备运行操作规程、调度规程、紧急处理规程、事故处理规程等。

1.3 设备维修管理的主要内容有哪些?

答 ① 建立机械设备档案。如名称、性能、图纸、文件、运行日期、测试数据、维修记录等。

② 建立设备保养和维修制度。如润滑保养制度、设备动态备用制度等。

③ 制定机械设备的检修规程。如检修的技术标准、检修的程序、检修的验收等。建立备品、备件制度。

1.4 设备维修保养的主要内容有哪些?

答 设备维修保养的主要内容包括润滑、防腐、清洁、零部件调整更换等，一般将设备维修保养分类如下。

（1）日常保养

这是对设备的清洁、检查、加油等外部维护，由操作人员承担，并作为交接班的内容之一。

（2）一级保养

对设备易损零部件进行的检查保养，包括清洁、润滑、设备局部和重点的拆卸、调整等，一般在专职检修人员指导下由操作人员承担。

（3）二级保养

对设备进行严格的检查和修理，包括更换零部件、修复设备的精度等。由专职检修技术工人承担。

（4）小修

这是工作量最小的局部性修理，只进行局部修理、更换和调整。

（5）中修

这是一种工作量较大的计划修理，污水处理厂安排 1~3 年 1 次，内容包括更换和修复设备主要部分，检查整个设备并调整校正，使设备能达到应有的技术标准。

（6）大修

这是工作量最大的一种计划修理，包括对设备全面解体、检查、修复、更换、调整，最后重新组装成新的整机，并对设备外表进行重新喷漆或粉刷。一般几年甚至十年才进行一次，可由专业（修配）厂来完成。

（7）设备的计划预修

设备在使用过程中，零部件、关键部件会不断磨损，这就会影响设备的性能、效率和安全。设备预修就是根据设备的磨损规律，通过日常保养，有计划地进行检查和修理，保证使设备经常处于良好状态。设备预修的主要内容包括日常维护、定期检查和计划维修。

1.5 设备维护操作人员"三好""四会"和操作的"五项纪律"是什么?

答 要正确操作和维护设备,必须对操作工进行基本的培训,其培训内容可基本概括为:"三好""四会"和操作的"五项纪律"。

(1) 对设备操作工人的"三好"要求

① 管好设备。操作者应负责管好自己使用的设备,未经同意不得让他人操作使用。

② 用好设备。严格贯彻设备操作维护规程和工艺运行管理规程,不得超负荷使用设备,禁止违规的操作。

③ 修好设备。设备操作工人要配合维修工人修理设备,及时排除设备故障,按指定的设备计划检修设备。

(2) 对操作工人基本功的"四会"要求

① 会使用。操作者应先学习设备操作维护规程,正确使用设备。

② 会维护。学习和执行设备维护、润滑规定,上班加油,下班清扫,经常保持设备内外清洁、完好。

③ 会检查。了解自己所用设备的结构、性能及易损零件部位,熟悉日常检查的项目、标准和方法,并能按规定要求进行日常检查。

④ 会排除故障。熟悉所用设备特点,懂得拆装注意事项及鉴别设备正常与异常现象,会做一般的调整和简单故障的排除。自己不能解决的问题要及时报告,并协同维修人员进行排除。

(3) 对设备操作工人的"五项纪律"要求

① 实行定人定机,凭操作证使用设备,遵守安全操作规程。

② 经常保持设备整洁,按规定加油,保证合理润滑。

③ 遵守交接班制度。

④ 管好工具、附件、备件,不得遗失。

⑤ 发现异常立即停机检查,自己不能处理的问题应及时通知有关人员检查处理。

1.6 设备正常使用前应重点检查哪些方面?

答 ① 设备必须按安装要求正确安装。从安装的精度、稳定度和合理性方面综合考察。例如,水平调整、地脚螺栓牢固度是否可靠,设备安装间距是否合理,电路、管线安装是否符合安装规范要求等。

② 周围环境是否符合设备的要求。主要从温度、湿度、噪声、振动等方面考核。例如,用一般机械油作润滑剂的设备,环境温度不能低于 10°C,否则就会影响设备的正常运转,造成设备损坏,对电气控制设备的环境,应达到防尘、防潮等要求。

③ 设备附属仪表、部件是否安装齐全。参照设备安装图纸对照,并清点装箱附件是否全部安装。

④ 能够达到安全生产的要求。必须按照说明书的要求,采取必要的安全防护措施。尤其是加氯设备、电机类设备等必须具有防护措施后,才能进行运行操作。

⑤ 必须按照有关规定,加强对动力、起重、运输、压力容器等机械设备进行预防性试

验和必要的检查监测。

1.7 设备使用前应做好哪些准备工作?

答 ① 做好设备润滑工作。确定润滑油及脂的选用是否符合要求,尤其是室外工作的机械设备,润滑油质量必须合格,并符合外界环境温度要求。

② 操作工人要做好岗前培训工作。操作人员要熟悉设备的性能结构、工艺范围,具有熟练的操作技术和设备的维护保养知识及技能。

③ 要建立健全设备的操作、使用、维护保养规程和岗位责任制。建立设备维修、保养档案,制定严格的交接班制度,做好交接记录。针对性地和普及性地对职工进行正确使用和爱护设备的宣传教育,形成良好的自觉爱护设备的风气和习惯,使设备经常保持"整齐、清洁、润滑、安全",从而处于最佳技术状态。

④ 合理安排生产任务。应根据设备的结构、性能和其他技术特征,恰当地安排生产任务,杜绝"小机大闲"、避免"大机小用"和"精机粗用"等现象,这样既避免设备效率的浪费,又避免设备的加速损坏。

⑤ 保持良好的工作环境。要为设备创造良好的工作环境,对于高精度设备,温度、湿度、尘埃、振动、腐蚀等环境需要严格控制。对于普通设备,也要创造适宜的条件,良好的工作环境可以延长设备的使用寿命。

1.8 设备维护保养的基本要求有哪些?

答 (1) 整齐

工件、工具、附件等放置整齐;设备零部件及安全防护装置齐全;各种标、铭牌应完整、清晰;线路、管道应安装整齐、安全可靠。

(2) 清洁

设备内外清洁,无油渍、污垢、锈蚀、无废屑物;各相对运动中的滑移面(如齿轮、齿条、丝杆、光杆、开关操纵杆、轴瓦、轴颈等)无油污、无碰伤、无拉毛;不漏油、不漏水、不漏气、不漏电;设备周围的地面经常保持清洁。

(3) 润滑

按时、按质、按量加油和换油,保持油标醒目;油箱、油池、冷却箱应清洁,无铁屑等杂物;油壶、油枪、油杯、油嘴齐全,油毡、油线清洁;油泵工作正常、油路畅通,各部位轴承润滑良好。

(4) 安全

实行定人定机和严格的交接班制度,精心维护保养设备,合理使用设备,严格遵守操作规程,熟悉设备结构与运行特征,监视和注意异状,确保设备的安全使用。

1.9 设备维护保养的类型有哪些?

答 设备的维护保养按工作量大小、责任和内容的不同,可分为日常维护保养和定期维护保养两类。

1.10 为什么要进行设备的维护保养？

答 设备的维护保养是设备自身运动的客观要求，设备维护保养的目的，是及时处理设备在运行过程中，由于技术状态的变化而引起的大量的常见问题，随时改善设备的技术状况，保证设备正常运行，延长设备的使用寿命。

设备的损坏往往会导致运行的失败，因此需对水处理系统的设备进行定期的检查、保养及维修。操作人员一般应有 1/3 以上工时用于维护保养。例如即使未损坏的格栅、齿轮箱、曝气翼轮等耐用设备亦需定期停机彻底检修，各类泵需定期拆卸清洗，轴承应定期检查加油。主要的设备应设专卡记录产地、价格、运行状况、维修次数、保养人等。所有设备应有足够的零配件，在寒冷地区冬季污水处理时，尤其需要注意室外管道、闸门、水泵等设备的防冻保温工作。

1.11 常用润滑脂的品种有哪些？

答 **（1）钙基润滑脂**
由动植物脂肪酸钙皂稠化矿物油制成。常用于电动机、水泵等中等转速、中低负荷的滚动和滑动轴承润滑。

（2）复合钙基润滑脂
由乙酸钙复合的脂肪酸钙皂稠化机油制成，具有较好的机械稳定性和胶体稳定性。适用于温度较高和潮湿条件下摩擦部位的润滑。

（3）铝基润滑脂
由脂肪酸铝皂稠化矿物油制成，具有很好的耐火性。常用于航运机械的润滑和金属表面的防腐。

（4）钠基润滑脂
由脂肪酸钠皂稠化矿物油制成，适用于高、中负荷的机械设备润滑。

（5）钙钠基润滑脂
由脂肪酸钙钠皂稠化矿物油制成。广泛用于中负荷、中转速、较潮湿环境、温度在 80～120℃之间的滚动轴承及摩擦部位的润滑。

（6）钡基润滑脂
由脂肪酸钡皂稠化矿物油制成，具有良好的机械稳定性、抗水性、防护性和黏着性。适用于油泵、水泵等的润滑。

（7）锂基润滑脂
由高级脂肪酸锂皂稠化低凝固点、中低黏度矿物油制成适用于高低温工作的机械、精密机床轴承、高速磨头轴承的润滑。

（8）极压锂基润滑脂
具有良好的机械稳定性、防锈性、抗水性、极压抗磨性等，适用于减速机等高负荷机械设备的齿轮、轴承的润滑。

1.12 设备润滑油的选用方法有哪些？

答 在购进或引进新设备新机器时，首先碰到的一个问题是正确选用润滑油。若选油不当，设备将会出现故障，甚至出现设备毁坏或人身事故等严重后果。润滑油的选用与很多因素有关，必须具体问题具体分析。根据实践经验和有关理论，一般可从下面 3 个方面来考虑。

（1）根据机械设备的工作条件选用

① 载荷。载荷大，应选用黏度大、油性或极压性良好的润滑油；反之，载荷小，应选用黏度小的润滑油。间歇性的或冲击力较大的机械运动，容易破坏油膜，应选用黏度较大或极压性能较好的润滑油。

② 运动速度。设备润滑部位摩擦运动速度高，应选用黏度较低的润滑油。若采用高黏度反而增大摩擦阻力，对润滑不利。低速部件，可选用黏度大一些的油，目前国产中负荷、重负荷工业齿轮油都加有抗磨添加剂的情况下，也不必过多地强调高黏度。

③ 温度。温度分环境温度和工作温度。环境温度低，选用黏度和倾点较低的润滑油。反之可以高一些。如我国东北、新疆地区，冬季气温很低，应选用倾点低的润滑油。而广东、广西等地，全年气温较高，选用的润滑油倾点可以允许高一些。工作温度高，则应选用黏度较大、闪点较高、氧化稳定性较好的润滑油，甚至选用固体润滑剂，才能保证可靠润滑。至于温度变化范围较大的润滑部位，还要选用黏温特性好的润滑油。

④ 环境、湿度及与水接触情况。在潮湿的工作环境里，或者与水接触较多的工作条件下，应选用抗乳化性较强、油性和防锈性能较好的润滑油。

（2）润滑油名称及其性能与使用对象要一致

① 油名。国产润滑油不少是按机械设备及润滑部位的名称命名的。如汽油机油，顾名思义，用于汽油发动机。汽轮机油则用于汽轮机，齿轮油则用于齿轮传动部位。油名选对是重要的，但必须考虑到不同生产厂之间的质量也有所不同。

② 黏度。选用润滑油，首先要考虑其黏度。润滑油的黏度不仅是重要的使用性能。而且还是确定其牌号的依据。过去国产润滑油大部分按其在 50℃ 或 100℃ 时的运动黏度值来命名牌号的。现在与国外一致，工业用润滑油按 40℃ 运动黏度中心值来划分牌号。如 32 液压油，其 40℃ 运动黏度中心值为 $32mm^2/s$，必须注意 40℃ 的新牌号与 50℃ 的旧牌号的换算。

润滑油的黏度与机械设备的运转关系极大。一般说，黏度有些变化，或稍大一些或小一些，影响不大。但如选用黏度过大或过小的润滑油，就会引起不正常的磨损，黏度过高，甚至发生卡轴、拉缸等设备事故。

③ 倾点。一般要求润滑油的倾点比使用环境的最低温度低 5℃ 为宜，并应保证冬季不影响加油使用。因此，如限于华南地区使用，不必选用倾点很低的油品，以免造成浪费。

④ 闪点。闪点有两方面意义：一方面反映润滑油的馏分范围；另一方面也是反映油品安全性的一个指标。高温下使用的润滑油，如压缩机油等，应选用闪点高一些的油。一般要求润滑油的闪点比润滑部位的工作温度高 20～30℃ 为宜。

（3）参考设备制造厂的推荐选油

这里讲的是参考，而不是根据推荐用什么油就选用什么油。因为在我国，由于油品的知识不够普及，一些设备制造厂往往还是推荐全损耗系统用油（原称机械油）、汽油机油、汽缸油等用于齿轮润滑，推荐全损耗系统用油用于液压传动，但国内已生产了专门的工业齿轮油和液压油。近些年来，不少设备制造厂开始推荐用比较对路的油品。

至于引进的设备，一般推荐很多公司的油品。可以参考国外设备厂商推荐的油品类型、质量水平等选用国内质量水平相当的产品。目前在国内，已能够生产与国外相对应的各种类型的润滑油品，一些油品的质量水平已达到国际同类产品水平。因此，进口设备用油要立足国内，这样，不仅为国家节省大量外汇，而且也能为企业增加效益。个别润滑油品种，只有在国内还未开发时，才考虑从国外公司进口。

1.13　润滑油的代用原则是什么？

答　首先必须强调，要正确选用润滑油，避免代用，更不允许乱代用。但是，在实际使用中会碰上一时买不到合适润滑油的情况，如新试制（或引进）的设备，相应的新油品试制或生产未跟上，需要靠润滑油代用来解决。

润滑油的代用原则基本与选油原则相同。具体要求如下。

① 尽量用同类油品或性能相近、添加剂类型相似的油品。

② 黏度要相当，以不超过原用油黏度的±25%为宜。一般情况下，可采用黏度稍大的润滑油代替。

③ 质量以高代低，即选用质量高一档的油品代用，这样对设备润滑比较可靠，还可延长使用期，经济上也合算。在我国，过去由于高档油品不多，不少工矿企业，在代用油质量上都习惯以低代高，这样做害处很多，应当改变。

④ 选择代用油时，要考虑环境温度与工作温度，对工作温度变化大的机械设备，代用油的黏温特性要好一些，对于低温工作的机械，选择代用油倾点要低于工作温度10℃以下。而对于高温工作的机械，则要考虑代用油的闪点要高一些，氧化稳定性也要满足使用要求。

1.14　润滑油的混用原则是什么？

答　在润滑油的使用过程中，有时会发生一种油与另一种油混用问题，包括国产油与国外油。国产油中这类油与另一类油，同一类油不同生产厂或不同牌号，"新"油与使用中的"旧"油混用等。油品相混后，是否会引起质量变化，哪些油品能相混，相混时应注意哪些问题都是相关工作者最为关心的问题。

润滑油的混用原则如下。

① 一般情况下，应当尽量避免混用，因为设备用了混合油，如果出了毛病，要找原因就更困难了。另外，不同润滑油混合使用也就难以对油品质量进行确切的考查。

② 在下列情况下，油品可以混用。

a. 同类产品质量基本相近，或高质量油混入低质量油仍按低质量油用于原使用的机器设备。

b. 需要调整油品的黏度等理化性能，采用同一种油品不同牌号相互混用，如32号与68号 HL 液压油掺配成46号。

c. 不同类的油，如果知道两种对混的油品都是不加添加剂的，或其中一个是不加添加剂，或两油都加添加剂但相互不起反应的，一般也可以混用，只是混用后对质量高的油品来说质量会有所降低。

③ 对于不了解性能的油品，如果确实需要混用，要求在混用前做混用试验（如采取混用的两种油以 1：1 混合加温搅拌均匀），观察混合油有无异味或沉淀等异常现象。如果发现异味或沉淀生成，则不能混用。有条件的单位，最好测定混用前后润滑油的主要理化性能。

④ 对混用油的使用情况要注意考查。

1.15 污水处理设备润滑管理的主要内容有哪些?

答 ① 制定设置润滑的技术标准,执行"定点、定质、定期、定量、定人"五定工作规范。编制各类型设备润滑图表,发至每台设备使用。对于精密、大型及生产关键设备,要单台地编制润滑图表及有关注意事项。润滑图表要力求简明、准确、统一。另外,还要建立各种技术操作规程,安全技术规程等。

② 控制润滑材料的购、储、用全过程。监督油脂按计划的品种、数量、质量及时供应,掌握库存油料状况,要求按定额发给车间或单台使用,以及回收废旧油料。要定出全厂统一的代表各种油料牌号的颜色,便于区别、防止混杂。

③ 开展润滑技术培训。培养润滑工是润滑管理的第一步。在第一线工作人员的知识和技能始终是与机械和设备的保养分不开的,要根据工厂的实际情况规划对润滑工进行教育培训。教育培训的内容有润滑基础知识和使用方法、供油方法、润滑技术问题的解答,还有工厂的润滑技术管理制度的知识等。

④ 加强对润滑系统工作状态的检查,经常进行记录。对重要设备应作定期检修,以保证油路畅通,油压及油量适宜,各种分油器、滤油器、压力继电器和流量保险联锁装置等灵活可靠。所有设备均应单独设立换油记录卡片。

⑤ 制定各种机型润滑材料消耗定额。定额包括表面加油消耗定额、油箱正常消耗、月添油定额。同时,要治理设备漏油,这是一项重要而艰难的任务,有相当的机械设备(1/4~1/3)存在漏油问题,这样既浪费润滑油,又污染环境,要坚持防治。

⑥ 加强新知识、新技术的学习、研究。不断地学习、应用国内外润滑新技术,试验、推广新润滑材料与润滑方式,以不断地提高润滑效果,适应日益提高的机械性能的需要,还要采用新技术、新仪器,对重要设备的运行状态进行定期监测。

⑦ 做好废旧油料的回收利用。做好废旧油料的回收与再生利用,有着极其重要的经济意义。要通过多次实测,订立各台设备、各车间以至全厂的废油回收限额。废旧油要保管好,有条件的单位要组织再生。

⑧ 加强润滑管理效果的评价与改善。为了不断总结提高,必须知道实行润滑管理的效果怎样反映到提高生产和降低成本上,把实行润滑管理前后的设备保养费、修理费、润滑剂等润滑有关经费、机械运转率等加以对比,从中可以总结出润滑管理的效果,并且进一步完善提高。对于在润滑管理中做得较好的车间班组及操作工,要给予奖励和表扬,对做得不好的要给予批评帮助。

第2章

预处理设备

2.1 格栅的作用是什么?

答 格栅是由一组平行的金属栅条制成的框架,斜置在进水渠道上或泵站集水池的进口处,用以拦截污水中大块的呈悬浮或漂浮状态的污染物,防止堵塞水泵或管道。在绝大部分污水处理工程中,格栅是必备的设备。

2.2 格栅的种类有哪些?

答 在所有水处理设备的运行与维护工作中,格栅是最为简单的设备之一。根据污染物的清除方式,分为人工清除格栅和机械清除格栅两类。

(1) 人工清除格栅

主要利用人工及时清除截留在格栅上的污物,防止栅条间隙堵塞。在中小型污水处理站,一般所需要截留的污染物量较少,均设置人工清理格栅。这类格栅用直钢条制成,按 $50°\sim60°$ 倾角安放,这样有效格栅面积可增加 $40\%\sim80\%$,而且便于清洗,减少水头损失。

(2) 机械清除格栅

在比较大型的污水处理厂均设置机械清除格栅,格栅一般与水面按 $60°\sim70°$ 安置,有时按 $90°$ 安置。格栅除污机的传动系统有电力传动、液压传动及水力传动三种。在工程应用上,电力传动格栅最为普遍。

按照格栅栅条间距大小,通常将格栅分为粗格栅和细格栅两种基本类型。粗格栅一般设置在泵站集水池中,而细格栅则设置在沉砂池前,依据水处理工艺流程,格栅一般按照先粗后细的原则进行设置,格栅栅条间距依据原废水水质来确定。

2.3　怎样进行机械格栅的运行维护？

答　机械清除格栅通常采用间歇式的清除装置，其运行方式可用定时装置控制操作，亦可根据格栅前后渠道水位差的随动装置控制操作。为保证设备的安全运行，机械除污装置应设超负荷自动保护装置。

为了保证机械除污机的正常运转，应制定详细的维护检修计划，对设备的各部位进行定期检查维修并认真做好检修记录，如轴承减速器、链条的润滑情况，传动皮带或链条的松紧程度，控制操作的定时装置或水位差的传感装置是否正常等，及时更换损坏的零部件。

一般情况下，传动链条应每两月用钙基脂润滑一次。齿轮电机的滚珠轴承每工作10000h或一年后，需进行清洗并重新填注润滑脂。齿轮箱每工作20000h或两年应换油一次，润滑油推荐产品为国产长城90重负荷齿轮油，运行过程中还应经常检查齿轮箱油位。齿轮箱轴承每工作10000h后也必须清洗并填装润滑油，用量为轴承空间的2/3。

当机械除污机出现故障或停机检修时，应采用人工方式清污。

2.4　格栅运行操作的主要内容有哪些？

答　① 不管采用什么形式的机械格栅，操作人员都应该定时巡回检查。根据栅前和栅后的水位差变化或栅渣的数量，及时开启除渣机将栅渣清除。同时注意观察除渣机的运转情况，及时排除其出现的各种故障。

② 检查并调节栅前的流量调节阀门，保证过栅流量的均匀分布。同时利用投入工作的格栅台数将过栅流速控制在所要求的范围内。当发现过栅流速过高时，适当增加投入工作的格栅台数，当发现过栅流速偏低时，适当减少投入工作的格栅台数。

③ 随着运行时间的延长，格栅前后的渠道内可能会积砂，应当定期检查清理积砂，分析产生积砂的原因，如果是渠道粗糙的原因，就应该及时修复。

④ 经常测定每日栅渣的数量，摸索出一天、一月或一年中什么时候栅渣量多，以利于提高操作效率，并通过栅渣量的变化判断格栅运转是否正常。

⑤ 栅渣中往往夹带许多菜叶、挥发性油类等有机物，堆积后能够产生异味，因此要及时清运栅渣，并经常保持格栅间的通风透气。

⑥ 池前细格栅上的垃圾应及时清除。格栅内外水位差不应超过20cm，为防止格栅的水流漫溢，应设置水位报警器。

⑦ 为了保证机械除污机的正常运转，应制定详细的维护检修计划，对设备的各部位进行定期检查维修并认真做好检修记录，如轴承减速器、链条的润滑情况、传动皮带或链条的松紧等。

2.5　格栅安装维护使用注意事项、常见故障及排除方法有哪些？

答　格栅安装维护使用注意事项如下。

① 设备在装卸过程中，应保持设备的水平，注意装卸索具等对设备的损伤并给予防护。

② 设备吊装到位后，注意调整设备与基础的对接口、流水槽和各地脚螺栓等的相互位置关系。

③ 如因运输的需要，将减速机座拆除时，应先将其恢复，注意两链轮的传动轴线，并安装好传动链条和链罩。

④ 认真搞好设备的润滑工作，保持传（转）动部件的良好润滑状态。电动机、减速器及轴承等各加油部位应按规定加换润滑油、脂。托轮的直通式压注油杯加注 GB/T 491—2008 2$^\#$ 钙基润滑脂。托轮与格栅筒体的摩擦处加注 GB/T 491—2008 2$^\#$ 钙基润滑脂。链条传动中的链条、链轮加注 SH/T 0363—1992 68$^\#$ 普通开式齿轮油。

设备在运行中禁止人工清料或润滑，禁止在传动链条防护罩附近逗留。

⑤ 运行中有异常情况或异常信号应立即停机并切断电源，进行检查，及时排除故障，不得强行启动，以防事故发生。

⑥ 定期检查电动机、减速器等运转情况，及时更换磨损件，钢丝绳断股超过规定允许范围时应随时更换。同时应确定大、中修周期，按时保养。经常检查拨动支架组件是否灵活，及时排除夹卡异物，检查各部件螺丝是否松动。

格栅常见故障及排除方法如下。

（1）格栅耙子捞不上栅渣

出现这种情况一般是因为耙子松动，与栅面之间间隙过大，此时，应调整耙子上的调节弹簧，使耙子与栅面贴紧。

（2）格栅启动频繁

一种可能是水位计出现故障，使格栅启动频繁；第二种可能是栅条间被大颗粒固体堵住，使水流通过减慢，从而使格栅前水位一直很高，前后水位差较大，导致水位传感器动作，使格栅频繁启动。这时应将栅条间的杂物清除干净。

（3）格栅在中途突然停止运行

出现这种情况可能是电控柜的空气开关跳闸所致，这时将闸合上即可。若合闸后仍不能恢复运行，则可能是电机发生故障，这时应通知专业维修人员进行检查。

2.6 栅渣压榨机的作用是什么？

答 格栅正常运转时产生的栅渣，一般含水较多，处于蓬松状态，占体积较大，给栅渣外运带来极大的不便。栅渣压榨机的作用就是将这样的栅渣压实脱水，减小栅渣的容积，防止运输过程中沥水污染环境，同时也可改善格栅间的环境状况。

2.7 栅渣压榨机使用时的注意事项有哪些？怎样进行维护保养？

答 栅渣压榨机使用时应注意以下几点。

① 栅渣压榨机应与格栅联动，格栅停止后，压榨机应延续运行一段时间，将栅渣压实。

② 避免大块坚硬物体的进入，如金属、石块等，遇到这些物体应及时手动清除。

③ 当栅渣中砂石等无机颗粒较多时，栅渣的含水率较低，压榨机出口应避免设弯度较大的弯头，以防止堵塞、磨损严重或负荷过高引起跳闸。

④ 栅渣压实机的出口管道应避免使用小角度的弯头，管道尽可能为渐扩式，以防栅渣中泥沙较多时，堵塞管道。

栅渣压榨机维护保养对象为电机和齿轮箱。在正常条件下，每工作 10000h 进行一次换油，换油时，需用合适的溶剂清洗机体和轴承上的油质残留物，并用新的钙基润滑脂润滑轴承，用量为轴承空间的 1/3，齿轮箱采用长城 90 重负荷齿轮油。加注后应注意检查齿轮箱的密封装置。

2.8 如何估算栅渣的产生量？

答 格栅截留的栅渣量与栅条间隙、当地的废水特征、废水流量等因素有关。当缺乏当地运行资料时，可按下列数据估算。

① 格栅间隙 16～25mm，栅渣量 0.10～0.05m³ 栅渣/10^3m³ 废水。

② 格栅间隙 30～50mm，栅渣量 0.03～0.01m³ 栅渣/10^3m³ 废水。

③ 栅渣的含水率一般为 80%，容重约 960kg/m³。

④ 栅渣的收集、装卸设备，应以其体积为考虑依据。废水处理厂内储存栅渣的容器小于每天截留的栅渣量。

2.9 污水处理厂格栅间一般都包括哪些设备？

答 污水处理厂格栅间的主要设备有：粗、细格栅，皮带运输机，栅渣压实机，浮渣脱水机等。

2.10 自动格栅系统的开启顺序是什么？

答 每台格栅前后都装有水位计，格栅前污物较多时，格栅前面的水位升高，当格栅前后水位差达到一定程度时，格栅系统就会自动开启，其启动顺序是先启动栅渣压实机，再启动皮带运输机，最后启动格栅。格栅启动后，格栅前后水位差会不断下降，降到一定水位后，格栅会自动停止运行。其停机顺序与开机顺序相反。

2.11 与格栅配套的皮带运输机应怎样进行维护保养？

答 ① 每月应用润滑脂润滑皮带运输机的驱动滚筒和拉力滚筒的轴承，可采用钙基润滑脂。

② 对电机和齿轮箱，在正常条件下，每工作 10000 h 要进行换油。换油时，需用合适的溶剂洗掉机体和轴承上的油质残渣。

③ 每日巡视内容。皮带是否运转可靠；皮带刮板的可靠性和清洁度；皮带轮的可动性和清洁度。

④ 每周检查内容：

a. 检查驱动装置，包括功能、噪声、振动、温度、清洁度、齿轮箱油位；

b. 检查拉紧装置、皮带轮、主轴的可动性与工作情况；

c. 检查皮带轮的轴承噪声、温度及振动情况；

d. 检查托辊支撑圈或碰撞环的故障情况；

e. 检查给料槽裙板及橡胶带的故障及磨损情况；

f. 检查皮带刮板的效果及橡胶板的磨损情况；

g. 检查支架及其结构的振动情况及紧固性。

2.12　沉砂池设计、运行中的一般规定有哪些？

答　① 城市污水处理厂一般均应设置沉砂池。

② 沉砂池按去除相对密度 2.65，粒径 0.2mm 以上的砂粒设计。

③ 设计流量应按分期建设考虑。

a. 当污水为自流进入时，应按每期的最大设计流量计算。

b. 当污水为提升进入时，应按每期工作水泵的最大组合流量计算。

c. 在合流制处理系统中，应按降雨时的设计流量计算。

④ 沉砂池个数或分格数不应少于 2 个，并宜按并联系列设计。当污水量较小时，可考虑 1 格工作，1 格备用。

⑤ 城市污水的沉砂量可按 $10^6 \mathrm{m}^3$ 污水沉砂 $30\mathrm{m}^3$ 计算，其含水率为 60%，容重为 $1500\mathrm{kg/m}^3$；合流制污水的沉砂量应根据实际情况确定。

⑥ 砂斗容积应按不大于 2d 的沉砂量计算，斗壁与水平面的倾角不应小于 55°。

⑦ 除砂一般宜采用机械方法，并设置贮砂池或晒砂场。采用人工排砂时，排砂管直径不应小于 200mm。

⑧ 当采用重力排砂时，沉砂池和贮砂池应尽量靠近，以缩短排砂管长度并设排砂闸门于管的首端，使排砂管畅通和易于养护管理。

⑨ 沉砂池的超高不宜小于 0.3m。

2.13　沉砂池的作用是什么？通常有哪些形式？

答　废水中的砂是指与漂浮物相对应的固体物，沉降速度极快，其包括直径大于 0.2mm 的砂粒、煤渣、果核、种子及其他颗粒较大的且尚未腐败的有机物和无机物。沉砂池的作用是去除废水中这些密度较大的无机、有机颗粒。一般设在泵站、倒虹管、沉淀池前，除砂可减少后续工艺流程中机械部件、污泥泵的磨损，减少管道的堵塞，降低污泥负荷，改善水处理条件，避免砂粒在曝气池和污泥消化池中的积累，防止淤塞曝气头，维持污泥处理构筑物的有效容积，提高污泥有机组分的含量，提高污泥作为肥料的价值。

常用的沉砂池有平流式沉砂池、曝气沉砂池、多尔沉砂池和钟式沉砂池等。

2.14　沉砂池运行管理的注意事项有哪些？

答　沉砂池的管理较为简单，主要应按设计流量控制运行，停留时间越短、体积越小的构筑物，越要注意进水的均匀性。设计中应预留有足够的超高，平流式沉砂池中废水的平均流速一般为 0.1~0.15m/s，竖流式沉砂池的上升流速应控制在 0.02~0.1m/s，排砂后应及时将砂清运，以免影响环境。

沉砂池运行管理中应注意如下问题。

① 沉砂池的设计流速应控制到只能分离去除相对密度较大的无机、有机颗粒，一般以去除直径为 0.2mm 以上的细砂为基准，由于砂粒沉速较快，因此沉砂池设计停留时间较短。

② 重力排砂时，应关闭进出水闸门，对多个排砂管应逐个打开排砂闸门，直到沉砂池内积砂全部排除干净；必要时可稍微开启进水闸门使用污水冲洗池底残砂，应避免数天或数周不排砂，其将导致沉砂结团而堵塞排砂口的事故发生。排砂机械应连续式运转，以免积砂

过多造成排砂机械超负荷运行而损坏。

③ 每周对进出水闸门、排砂闸门进行一次清洁保养并定期加油。

④ 定期对沉砂进行化验分析，测定含水率和灰分含量。

⑤ 沉砂池操作环境很差，气体腐蚀性较强，管道、设备和闸门等容易腐蚀和磨损，因此要加强检查和保养工作，如注意运动机械设备的加油和检查设备的紧固状态、温升、振动和噪声等常规项目并定期用油漆防锈。

2.15 曝气沉砂池的基本构造是什么？

答 曝气沉砂池是一个长形渠道，在池底设置沉砂斗，池底坡度 $i=0.1\sim0.5$，以保证砂粒滑入砂槽，沿集砂斗一侧池壁的整个长度方向上设有曝气装置，距池底 60~90cm 处，压缩空气经空气管和空气扩散板释放到水中，池上设吸砂桥。

为了使曝气能起到池内回流作用，可在设置曝气装置的一侧装置挡板。污水在池中作水平运动的同时，由于池一侧的曝气作用，上升的气流带动池内水流呈旋流运动，整个池内水流呈螺旋状往前推进。

2.16 曝气沉砂池的作用是什么？

答 曝气沉砂池的作用就是去除污水中的无机砂粒，通过水的旋流运动，增加了无机颗粒之间的相互碰撞与摩擦的机会，使黏附在砂粒上的有机污染物得以去除。把表面附着的有机物除去，沉砂中的有机物含量低于 10%，克服了普通平流沉砂池的缺点（沉砂中含有15%的有机物，使沉砂的后续处理难度增加）。

通过调节曝气量，可以控制污水的旋流速度，使除砂效率较稳定，同时曝气沉砂池还具有预曝气、脱臭、消泡、防止污水厌氧分解等作用。这些作用为沉淀池、曝气池、消化池等构筑物的正常运行和沉砂的干燥脱水提供了有利条件。另外，在安装曝气管的对侧设置穿孔隔墙，还可起到除浮渣和油脂的作用。曝气沉砂池示意图见图 2-1。

图 2-1 曝气沉砂池示意

2.17 曝气沉砂池的基本运行参数有哪些？

答 ① 水平流速一般取 0.08~0.12m/s，旋转流速应保持在 0.25~0.3m/s。

② 污水在池内的停留时间为 4~6min，最大流量时为 1~3m/s，如作为预曝气，停留时间为 10~30min。

③ 曝气沉砂池多采用穿孔管曝气，孔径为 2.5~6.0mm，距池底 0.6~0.9m，并应设

调节阀，以便根据水量水质调节曝气量，每立方米污水供气量为 $0.1\sim0.2\mathrm{m}^3$。

2.18　曝气沉砂池运行管理的注意事项有哪些？

答　**（1）控制污水在池中的旋流速度和旋转圈数**

旋流速度与砂粒粒径有关，污水中的砂粒粒径越小、要求的旋流速度越大。但旋流速度也不能太大，否则有可能将已沉下的砂粒重新泛起。而曝气沉砂池中的实际旋流速度与曝气沉砂池的几何尺寸、扩散器的安装位置和强度等因素有关。旋转圈数与除砂效率相关，旋转圈数越多，除砂效率越高。要去除直径为 0.2mm 的砂粒，通常需要维持 0.3m/s 的旋流速度，在池中至少旋转 3 圈。

在实际运行中可以通过调整曝气强度来改变旋流速度和旋转圈数，保证达到稳定的除砂效率。当进入曝气沉砂池的污水量增大时，水平流速也会加大，此时可通过提高曝气强度来提高旋流速度和维持旋转圈数不变。

（2）及时排砂

沉砂量取决于进水的水质，运行人员必须认真摸索和总结砂量的变化规律，及时将沉砂排放出去。排砂间隔时间太长会堵卡排砂管和刮砂机械，而排砂间隔时间太短亦会使排砂数量增大、含水率增高，从而增加后续处理的难度。曝气沉砂池的曝气作用常常会使池面上积聚一些有机浮渣，也要及时清除，以免重新进入水中，随水流进入后续生物处理系统，增加后续处理的负荷。

（3）控制曝气量

曝气沉砂池水平流速为 0.1m/s，每 $1\mathrm{m}^3$ 污水曝气量为 $0.2\mathrm{m}^3$，注意观察曝气气泡翻腾是否均匀。曝气过量会影响砂的沉淀，使砂随水带入后续水处理构筑物，影响后续水处理构筑物的正常运行。

2.19　吸砂桥常见的故障及排除方法有哪些？

答　**（1）吸砂桥停止运行**

检查电控柜内是否有空气开关跳闸，若跳闸合上即可；有时因导向轮位置不好或导向轮损坏脱落导致桥走偏，也可能导致跳闸，此时应将导向轮修好或调好，将桥校正；有时因池中积砂过多，砂子到达一定高度后，挡住了吸砂管，使行走电机虽然启动，但桥只在原地转圈，此时应将吸砂桥的控制开关转换到手动控制处，在砂多的地方连续吸砂，将砂吸净，使桥恢复正常运行。

（2）吸砂泵不出水

这可能是因为吸砂泵被较大颗粒物堵塞，此时可先将吸砂泵关闭几分钟后再开启，即可重新出水。或将吸砂泵翻转一段时间，再重新开启。若上述方法操作几次后仍不出水，应检查泵体是否有问题。

（3）吸砂泵出水无砂

主要原因是吸砂管被扭断，或吸砂管上有裂缝，此时需将沉砂池中的水抽空检查。

2.20　怎样进行砂水分离器的维护保养？

答　① 上部轴承用加油枪加注润滑脂，润滑脂型号为钙基脂。

② 底部轴承用加油泵连续供给润滑脂，加油泵无需特殊维护，注意要定期加注润滑脂。每年要用轻柴油清洗油泵。

③ 电机内的轴承每工作10000h需进行换油，采用钙基脂润滑，用量为轴承空间的1/2。

④ 齿轮箱要定期检查油位，每工作10000h需进行换油，推荐使用的润滑油为长城90重负荷齿轮油。

2.21　回转式细格栅机的适用范围、组成有哪些?

答　(1) 回转式细格栅机的适用范围

回转式细格栅机是在进水粗格栅后去除进水中较小的脏污，以保证后面工段的污水处理设备正常运转。

(2) 回转式细格栅机的组成

回转式细格栅包括电机、减速机、框架、整套耙齿、挡水板、栅条、刮渣构件、链轮组合、就地控制箱、安全附件等。

回转式细格栅机根据液位差、时间间隔、远程信号、现场手动操作进行格栅运行的控制。回转式细格栅机前后设有液位计，根据格栅前后液位差参数控制回转式细格栅的运行。当液位差参数达到设定值时，格栅会自动启动；当回转式细格栅机停止时间超过设定值时，可以变为时间控制。污水处理自控系统中的PLC系统可以根据实际生产状况自动控制格栅的开停、运行以及安全连锁保护，根据现场运行状况可以进行现场手动控制。

2.22　回转式细格栅机是怎样运转的?

答　回转式细格栅机运转时由电机、齿轮箱驱动主轴转动，主轴两侧的链轮带动链条进行回转运动，带动链条间的耙齿连续转动，耙齿与格栅栅距交叉安装。格栅运行时耙齿插入固定栅条之间向上移动，将格栅截留下的栅渣带至格栅上端的刮渣处，并由刮渣机将栅渣刮至输送机或渣箱内。图2-2是回转式细格栅工作示意图。

图2-2　回转式细格栅工作示意

2.23　回转式细格栅机是如何操作的？

答　回转式细格栅机的运行操作如下。

（1）开机前准备

① 格栅运行前，先对格栅各部件进行检查，确认格栅各部件处于完好状态。

② 检查格栅前池内进水栅渣情况，确保没有大的物体，如大块的木材等。

③ 检查栅渣输送机是否正常或渣箱是否放置在正确位置。

④ 检查齿轮箱的油位，正常油位应在油位标尺的最高位和最低位中间，没有漏油现象。

⑤ 启动之前应检查电控箱，做点动试验，检查电机转向是否正确。

（2）设备操作

① 打开格栅和栅渣电源。

② 将旋钮开关旋至手动位置，先开启栅渣输送机，再启动格栅，观察格栅和栅渣输送机运转情况。如有异常，应立即停机，进行检修。

③ 格栅手动正常运转后，可转至自动运转，自动运转状态正常后应每间隔 2h 对格栅进行巡检。

④ 停机时，应先停止格栅，再停止栅渣输送机。

（3）注意事项

① 按时检查格栅的运转是否正常，是否有电机过热、噪声过大、振动过大等现象，如有应立即进行停机检修。

② 应定期检查格栅时间控制间隔和定时器所设时间间隔是否一样。

③ 巡视时应检查格栅前后液位差。格栅前后液位差应小于 0.3m，当栅渣较多，液位差大于 0.3m 时，应进行手动运行，及时排渣。

④ 当格栅运行过程中因被栅渣卡住自动停车报警时，值班人员应立即组织人员断开电源，清除栅渣，消除故障，恢复运行。

⑤ 巡视时注意检查格栅间隙是否被栅渣阻塞，如有应进行人工清除。

⑥ 在格栅运转过程中若发生异常情况，操作人员应立即停机，切断电源，组织人员进行检修，排除故障。

2.24　回转式细格栅机是如何维护保养的？

答　**（1）每周的检查维护保养**

① 检查设备的运转状态是否正常。

② 检查设备的电器和线路是否正常。

③ 检查齿轮箱齿轮油油位，油位低于低油位时应及时添加齿轮油。

④ 检查耙齿的变形情况，及时清理耙齿、链条上的纤维状脏物。

（2）每月的检查维护保养

① 检查耙齿上是否有杂物缠绕，若有应立即进行清除。

② 检查格栅下部浸入水中的链轮轴承的运行状态，进行定期更换。

③ 检查链条的张紧度，并及时调整，直至调至正常的链条张紧度。

④ 用油枪在轴承座的加油孔加注润滑脂，直至脏的润滑脂被挤出为止。

⑤ 检查电控箱的电器元件是否正常，并进行清灰。

⑥ 用油枪在滚动轴承中加注润滑脂，直至脏的润滑脂被挤出为止。

2.25 阶梯式格栅的适用范围是哪些？

答 阶梯式格栅的适用范围是将拦渣和除渣功能安装于一台细格栅上的格栅设备。一般安装在泵站的粗格栅后的渠道上，用来清除进水中较小的浮渣，如纸片、瓜子皮、烟头、棉纱、毛发、杂草等。这种细格栅的捕获率很高，能够保障后面的处理工艺正常运行。

2.26 阶梯式格栅的主要结构及运转特点有哪些？

答 阶梯式格栅机主要由电动机、齿轮箱、框架、链条、阶梯网板、清脏转刷、电控系统等组成。电机和齿轮箱安装在主轴上，阶梯网板在移动链条的带动下，从下而上将拦截的栅渣向上提取。到达顶部时，自动完成翻转卸污工作，转刷将剩余的栅渣清理干净，栅渣排入集渣槽后自动排出机外。

阶梯式格栅机的电机和齿轮箱安装在格栅框架顶部。在框架两侧装有螺旋式调节装置，用来调节链条紧松。链轮及导向装置分别安装在框架两侧。阶梯式网板采用 304 不锈钢制造，网板上有规则排列的孔眼。

2.27 阶梯式格栅的设备运转简易观察方法是什么？

答 ① 栅前。观察进水口处阶梯滤网，滤网上应该有较多栅渣。栅后的过滤网面应干净无渣。

② 栅后。观察栅后出水渠中的水流动情况，格栅运转时，水流翻滚，流速大；格栅停止时，流速降低，栅后液面平静。

③ 观察格栅机运转一段时间，有无异常情况。

2.28 如何进行阶梯式格栅的维护保养？

答 ① 阶梯式格栅机设备和周边应保持干净，严禁将木块、木板等大块杂物投入格栅前池。

② 在运行过程中，应及时清理易缠绕的纤维状栅渣，定期清理挂在阶梯网板和卸料板上的栅渣，以免影响格栅的正常运行。

③ 链轮上的轴承必须定期润滑，应每月注入润滑脂，使轴承内始终保持有干净的润滑脂。

④ 应该经常检查齿轮箱是否漏油，如有漏油应及时更换齿轮箱的唇形油封。油位过低时应及时补充齿轮油至正常油位，当发现齿轮油产生乳化或变质应及时更换，齿轮油应根据运行时间确定的换油周期进行更换。

⑤ 当设备长期停用时应保持设备状态良好，并进行动态备用。当格栅停机时间过长时，必须排尽格栅下部的污水。

2.29 膜格栅的适用范围和特点有哪些？

答 膜格栅是用来拦截污水处理系统中较小直径的悬浮脏物及颗粒杂质，对经过粗格栅后的污水中的污物进一步进行清除，能有效拦截进水中的棉纱、纤维缠绕物、塑料袋等脏物，在膜处理工艺中能够保护膜不被堵塞。

膜格栅的适用范围：可设置于室内，也可设置于露天。传动部分应设置于最高水位以上。膜格栅的特点：旋转滤网均采用喷嘴喷出的中压水冲洗清除附着在滤网上的栅渣。水下没有传动部件，依靠滤网的自重自由下垂，旋转滤网的速度可根据流速及水中含有杂质的多少进行控制。

2.30 膜格栅的运行管理及操作要点有哪些？

答 (1) 开车前的准备
① 检查各部分螺栓是否拧紧。
② 电机、减速机、轴承在开车前要加注一定数量的润滑油和润滑脂。
③ 检查套筒滚子传动链的松紧是否合适。
④ 检查冲洗管上的喷嘴喷出压力水是否正常，水管不能有漏水现象。
⑤ 按上电源后应检查电机转向是否一致，安装位置、接线是否符合要求。

(2) 操作方式
根据现场情况就地启停滤网运行，以适应现场调试滤网的工作。
操作方式分手动操作和自动操作两种。
① 手动操作程序如下。
a. 接通电源，电源指示灯亮。
b. 将工作方式选择开关旋至"手动"位。
c. 按"开反转"按钮，旋转滤网开始反转，反转指示灯亮。
d. 按"停"按钮，旋转滤网指示灯不亮。
e. 故障、停机、复位：当"故障"灯亮时，先断电停机，后排除故障复位，再重新通电运行；设备出现过载时，旋转滤网将自动停止运行并发出声光报警，同时将故障信号传至中央控制室。
② 自动操作程序如下。
a. 当滤网连续运行 20～30min（可根据实际水质脏污程度调整）且滤网前后水位差低于 50mm 时，滤网及冲洗系统停止工作，先停止滤网旋转，再关闭冲洗水管电动阀。
b. 当滤网前后水位差达到 ≥200mm 时，冲洗水管电动阀自动启动，经 5～30s 后，滤网自动开动并缓慢运行，进入冲洗工作状态。
c. 如果在 20～30min 内，水位差仍 ≥200mm，则继续冲洗。当滤网前后水位差下降至 50mm 以下时再关闭冲洗水管电动阀。
d. 当滤网前后水位差达到 ≥400mm（可调）及以上时，滤网及冲洗水电动阀自动启动高速连续运行，并立即发出警报信号。
e. 当旋转滤网前后水位差达不到 200mm 时，每隔 4～8h（可调）自动启动一次冲洗水电动阀及旋转滤网，清污 20～30min（可调），然后滤网及冲洗系统自动停止清污工作。

f. 当滤网前后水位差达到≥500mm（可调）及以上时，滤网除高速连续运行外，同时发出紧急警报信号。

（3）空负荷试车

空负荷试车前应按总图检查各部件安装是否正确，控制线路是否正确；手动启动传动装置，观察传动系统是否灵活，是否有异常声响；检查各种附属设备是否正常。

进行机器空负荷运转试验并达到：电流不应有异常波动；轴承温度不大于65℃，最大温升不大于30℃；运转时机器各部分均不得有不正常的噪声及振动现象。

（4）负荷试车

过滤渠内进水，打开冲洗水，手动启动传动装置，使得滤网慢速上升。观察被滤网拦截的悬浮脏物及颗粒杂质，被冲洗水冲洗的情况；滤网冲洗是否干净，被冲洗下来的悬浮脏物及颗粒杂质是否正好落到排渣槽。如果效果较差则进行调整。

（5）运行

按负荷试车步骤开旋转滤网。为了确保旋转滤网安全运行，在主轴与从动链轮间的传动部分设置过力矩机械保护装置。当链条或网板被障碍物卡住，保险销被剪断，滤网停转时，应立即切断电源查找卡住原因，消除障碍物，然后再换保险销就可以投入运行。

滤网运行中以滤网前后水位差启动运行，并同时喷水冲洗滤网。运行中要检查液位差控制器是否工作正常，发现异常现象应及时排除故障。

2.31　如何进行膜格栅的维护保养？

答　① 滚子传动链、链轮每班加润滑油。

② 丝杆涂油防锈，各活动部位定期加润滑油。

③ 齿轮箱润滑油定期进行更换。

a. 齿轮箱初次运转300h后进行首次更换，更换时应清洁齿轮箱内污油。

b. 以后更换按运行时间的长短进行。

c. 注入的润滑油和润滑脂必须是洁净的，不能带有腐蚀性。

d. 在膜格栅长时间停用重新启动前，必须全部更换润滑油或润滑脂。

e. 减速机润滑油牌号及维护保养详见减速机使用说明。

④ 滤网经长期运行后，由于链板轴子磨损、受力变形等，链条会伸长松动，须进行调节。调节步骤如下。

a. 用拉紧调节装置拉紧链条，两边应同时均匀地拉紧，拉紧不能过紧，以链条能在导轨中灵活移动为准，然后上紧固定螺栓。

b. 在网板调节好后，还应调节压紧轮，张紧传动轮，如压紧链轮的位置已超出调节范围可拆除传动链的节数，并进行调节。

⑤ 应定期检查喷嘴，保证冲洗效果。

⑥ 当细格栅经过一段时间运行后，不能满足设计水量要求时，应停机检查滤网堵塞情况，并用钢丝刷人工清除网上的纤维，清除后才能恢复运行。

膜格栅润滑部件的润滑说明见表2-1。

膜格栅常见故障及排除方法见表2-2。

表 2-1　膜格栅润滑部件的润滑说明

润滑部件名称	润滑方法	润滑油、润滑脂	润滑周期
主轴轴承	油杯	4 号钙基润滑脂	一周
传动链	油壶	N68 号机油	
调整链轮			
调整链轮滚针轴承			
减速机	油池	壳牌 150 号齿轮油	详见减速机说明书
主轴调整丝杆螺母	油壶	N68 号机油	一个月

表 2-2　膜格栅常见故障及排除方法

部件	故障现象	故障原因	排除方法
驱动装置	电机无法启动	保险丝熔断	查清原因后,更换保险丝
		热继电器跳闸	查清原因后,调整恢复
		缺相	修复缺相线路
	热继电器跳闸	减速机内部故障	专业人员检修
		设备运转有卡死现象	检查、消除阻滞
	安全销切断	设备超负荷	减少负荷
		设备运转力矩过大	查清原因,消除故障后更换安全销
传动系统	运转不平稳,有噪声	环形链部件磨损	更换磨损部件
		主滚轮磨损	更换新件
		环形链过松	调整轴承座调整螺杆
		轴承磨损或损坏	更换新轴承

第3章

好氧生化处理

3.1 活性污泥法的发展历程和基本操作过程是什么？

答 活性污泥法是应用最广的污水好氧生物处理技术，自 1914 年在英国建成活性污泥污水处理试验厂以来，活性污泥法已有近 110 年的历史。随着生产上的广泛应用，对其生物反应、净化机理、运行管理等进行了深入的研究，其工艺流程也不断有所改进和创新，并取得了很大的发展，成为处理有机污水的主要方法。其基本流程一般是由曝气池、二次沉淀池、曝气系统（含空气或氧气的加压设备、管道系统和空气扩散装置）以及污泥回流系统等组成。

曝气池与二次沉淀池是活性污泥系统的基本处理构筑物。由初次沉淀池流出的污水与从二次沉淀池底部回流的活性污泥同时进入曝气池。其混合体称为污泥混合液。在曝气的作用下，混合液得到足够的溶解氧并使活性污泥与污水充分接触。污水中的可溶性有机污染物为活性污泥所吸附，并为存活在活性污泥上的微生物群体所分解，使污水得到净化。在二次沉淀池内，活性污泥与已被净化的污水（称为处理水）分离，上清液达标排放，活性污泥在污泥区内进行浓缩，并以较高的浓度回流到曝气池。由于活性污泥不断地增长，部分污泥作为剩余污泥从系统中排出，也可以送往初次沉淀池，提高初沉效果。

3.2 活性污泥处理系统有效运行的基本条件是什么？

答 ① 污水中含有足够的可溶性、易降解的有机物，作为微生物生理活动所必需的营养物质。

② 污泥混合液中要有足够的溶解氧，维持好氧微生物的种群优势，保持其新陈代谢活

性，有效地去除污水中的污染物质。

③ 活性污泥在池内呈悬浮状态，使活性污泥能够充分地与污水相接触，使活性污泥的有机负荷均衡。

④ 要保证活性污泥连续回流，并及时地排除剩余污泥，使混合液保持一定的活性污泥浓度。

⑤ 应尽可能防止对微生物有毒害作用的物质进入。当难以防止有毒害物质进入活性污泥系统时，应控制其在活性污泥系统中的浓度为不对微生物产生严重抑制的程度。通过一定时间的驯化，生化系统可逐渐恢复正常。

3.3 活性污泥法净化污水的主要过程是什么？

答 对活性污泥法净化污水主要过程的了解，可有效地指导活性污泥处理系统的运行和管理。活性污泥法净化污水包括三个主要过程。

(1) 吸附

在很多活性污泥系统里，当污水与污泥接触后很短时间（10～40min）内就出现了很高的有机物去除率。这个初期高速去除现象是吸附作用引起的。由于污泥表面积很大（介于$2000～10000m^2/m^3$混合液），且表面具有多糖类黏质层，因此可以认为污水中悬浮的和胶体的物质是被絮凝和吸附去除的。呈胶状的大分子有机物被吸附后，首先被水解菌作用，分解为小分子物质，然后这些小分子与溶解有机物一道在透膜酶的作用或在浓差推动下选择性渗入细胞体内。

通过吸附作用，有机物只是从水中转移到污泥上，其性质并未立即发生变化。活性污泥的吸附能力将随着吸附量的增加而减弱。如果回流污泥未经充分曝气，储存在微生物体内的有机物未充分氧化分解，活性污泥尚未达到内源呼吸阶段，这时污泥的吸附能力较差。

在吸附阶段，同时也进行有机物的氧化和细胞合成，但吸附作用是主要的。

(2) 微生物代谢作用

活性污泥微生物以污水中各种有机物作为营养，在有氧的条件下，将其中一部分有机物合成新的细胞物质（原生质）；对另一部分有机物则进行分解代谢，即氧化分解以获得合成新细胞所需要的能量，并最终形成CO_2和H_2O等稳定物质。在新细胞合成与微生物增长过程中，除氧化一部分有机物以获得能量外，还有一部分微生物细胞物质也在进行氧化分解，并供应能量。

活性污泥微生物从污水中去除有机物的代谢过程，主要是由微生物细胞物质的合成（活性污泥增长）、有机物（包括一部分细胞物质）的氧化分解和氧的消耗组成。当氧供应充足时，活性污泥的增长与有机物的去除是并行的，污泥增长的旺盛时期，也就是有机物去除的快速时期。

(3) 絮凝体的形成与凝聚沉淀

絮凝体是活性污泥的基本结构，能够防止微型动物对游离细菌的吞噬，并承受曝气等外界不利因素的影响，更有利于与处理水的分离。凝聚的原因主要是细菌体内积累的聚羧基丁酸释放到液相，促使细菌间相互凝聚，结成绒粒；微生物摄取过程释放的黏性物质促进凝聚。在不同的条件下，细胞内部的能量不同，当外界营养不足时，微生物的生长处于静止期和衰亡期，微生物细胞内部能量降低，表面电荷减少，细胞颗粒间的结合力大于排斥力，形成绒粒。而当营养充足（污水与活性污泥混合初期，F/M较大）时，微生物的生长处于对数增长期，微生物细胞内部能量大，表面电荷增大，形成的绒粒重新分散。

沉淀是混合液中固相活性污泥颗粒向污水分离的过程。固液分离的好坏，直接影响出水水质。如果处理水夹带生物体，出水 BOD 和 SS 将增大。所以，活性污泥法的处理效率同其他生物处理方法一样，应包括二次沉淀池的效率，即用曝气池及二沉池的总效率表示。除了重力沉淀外，也可用气浮法进行固液分离。

3.4 活性污泥处理系统运行过程中应考虑的主要影响因素有哪些？

答 （1）溶解氧（DO）

在用活性污泥法处理污水过程中应保持一定浓度的溶解氧，如供氧不足，溶解氧浓度过低，就会使活性污泥微生物正常的新陈代谢活动受到影响，净化能力降低，且易于滋生丝状菌，产生污泥膨胀现象。但混合液溶解氧浓度过高，氧的转移效率降低，不仅会增高所需动力费用，而且还会造成活性污泥的过氧化，使污泥发散，影响沉淀效果。根据经验，在曝气池出口处的混合液中的溶解氧浓度保持在 2mg/L 左右，就能够使活性污泥保持良好的净化功能。

（2）水温

温度是影响微生物正常生理活动的重要因素之一。其影响主要在两方面。

① 随着温度在一定范围内升高，细胞中的生化反应速率加快，活性污泥的增殖速度也加快。

② 细胞的组成物质，如蛋白质、核酸等对温度很敏感，若温度突然大幅度增高，并超过一定限度，可使其组织遭受到不可逆的破坏，造成微生物的死亡，影响生化系统的稳定。

活性污泥微生物的最适温度范围是 15～30℃。一般水温低于 10℃，即可对活性污泥的功能产生不利影响，但是，如果水温的降低是缓慢的，微生物逐步适应了这种变化，即受到了温度降低的驯化，即使水温降低到 6～7℃，再采取一定的技术措施，如降低污泥负荷、提高活性污泥与溶解氧的浓度以及延长曝气时间等，仍能够取得较好的处理效果。在我国北方地区，大中型的活性污泥处理系统可在露天建设，但小型的活性污泥处理系统因受气温影响较大，则可以考虑建在室内。水温过高的工业污水在进入生物处理系统前，应考虑降温措施。水温上升有利于混合、搅拌、沉淀等物理过程，但不利于氧的传递。

（3）营养物质

活性污泥微生物为了进行各项生命活动，必须不断地从环境中摄取各种营养物质。微生物细胞的组成物质有碳、氢、氧、氮等几种元素，占 90%～97%，其余的为无机元素，其中磷的含量最高达 50%。

生活污水和城市污水含有足够的各种营养物质，但某些工业污水经常会出现营养物质不均衡，碳、氮、磷的比例失调，例如石油化工污水和制浆造纸污水缺乏氮、磷等物质。用活性污泥处理这类污水，必须考虑投加适量的氮、磷等物质，以保持污水中的营养平衡。

微生物对氮和磷的需要量可按 BOD∶N∶P=100∶5∶1 来计算。但实际上微生物对氮和磷的需要量还与剩余污泥量有关，即与污泥龄和微生物的增殖速度有关。

（4）pH 值

活性污泥微生物的最适 pH 值介于 6.5～8.5 之间。如 pH 值降至 4.5 以下，原生动物全部消失，真菌将占优势，易于产生污泥膨胀现象，严重影响活性污泥的处理效果。当 pH 值超过 9.0 时，微生物的代谢速度将受到影响。

微生物的代谢活动能够改变环境的 pH 值，如微生物对含氮化合物的利用，由于硝化作用而产酸，从而使环境的 pH 值下降；由于脱羧作用而产生碱性胺，又使 pH 值上升。因此，混合液本身是具有一定的缓冲作用的。

经过长时间的驯化，活性污泥系统也能够处理具有一定酸性或碱性的污水。但是，如果污水的 pH 值突然急剧变化，对微生物将是一个严重冲击，甚至能够破坏整个系统运行。在用活性污泥系统处理酸性、碱性或 pH 值变化幅度较大的工业废水时，应考虑事先进行中和处理或设均质池。

（5）有毒物质（抑制物质）

对微生物有毒害作用或抑制作用的物质较多，大致可分为重金属、氰化物、H_2S、卤族元素及其化合物等无机物质，酚、醇、醛、染料等有机化合物。

重金属及其盐类都是蛋白质的沉淀剂，其离子易与细胞蛋白质结合，使之变性，或与酶的—SH 基结合而使酶失活。

酚、醇、醛等有机化合物能使活性污泥中生物蛋白质变性或使蛋白质脱水，损害细胞质而使微生物致死。

实践证明，由于微生物具有时代时间短，变异性强等特点，经过长期驯化后，活性污泥能够承受较高的有毒物质浓度，有毒的有机化合物还能被微生物所氧化分解，甚至可能成为活性污泥微生物的营养物质而被摄取。

有毒物质的毒害作用还与 pH 值、水温、溶解氧、有无另外共存的有毒物质以及微生物的数量等因素有关。

（6）有机负荷率

活性污泥系统的有机负荷率，又称为 BOD 污泥负荷。它所表示的是曝气池内单位质量的活性污泥在单位时间内承受的有机物质量。

BOD 污泥负荷是影响有机污染物降解、活性污泥增长的重要因素。采用较高的 BOD 污泥负荷，将加快有机污染物的降解速度与活性污泥增长速度，降低曝气池的容积，在经济上比较适宜，但处理水水质未必能够达到预定的要求。采用低值的 BOD 污泥负荷，有机污染物的降解速度与活性污泥增长速度都将降低，曝气池的容积加大，建设费用有所增高，但处理水水质可能提高，达到预定的要求。

3.5 如何进行活性污泥的培养与驯化？

答 活性污泥是通过一定的方法培养和驯化出来的。培养的目的是使微生物增殖，达到一定的污泥浓度。驯化则是对混合微生物群进行选择和诱导，使具有降解污水中污染物活性的微生物成为优势。

（1）菌种和培养液的选择

除了采用纯菌种外，活性污泥菌种大多取自粪便污水、生活污水和性质相近的工业污水处理厂二沉池剩余污泥。培养液一般是由上述菌液和一定诱导比例的营养物，如尿素或磷酸盐等组成。通常情况下，可直接使用待处理的废水，若待处理的废水浓度较高或生化性较差，可先用生活污水稀释、调配，然后增加待处理废水的比例，直至完全使用待处理废水。

（2）培养与驯化方法

培养与驯化方法有异步法和同步法。

① 异步法。主要适用于工业污水，程序是将经过粗滤的浓粪便水投入曝气池，用生活污水（或河水）稀释成 BOD 300～500mg/L，加培养液，连续曝气 1～2d，池内出现絮状物后，停止曝气，静置沉淀 1～1.5h，排除上清液（池容的 50%～70%），再加粪便水和稀释水，重新曝气，待污泥数量增加一定浓度后（1～2 周），开始进工业污水（10%～20%），当处理效果稳定（BOD 去除率达 80%～90%）和污泥性能良好时，再增加工业污水的比例，每次宜增加 10%～20%，直至满负荷。

② 同步法。适用于处理城市污水和以生活污水为主的工业废水，程序是曝气池全部进污水，连续曝气，二沉池不排泥，全部回流。活性污泥培养成熟的标志是它具有良好的凝聚、沉淀性能，污水中含有大量的菌胶团和纤毛类原生动物。

在培养与驯化期间，应保证良好的微生物生长繁殖条件，如温度（15～35℃）、DO（0.5～3.0mg/L）、pH 值（6.5～7.5）、营养比等。活性污泥的培养周期决定于待处理水质及培养条件。

为了缩短培养和驯化的时间，也可以把培养、驯化这两个阶段合并起来进行。可以在活性污泥培养的过程中，不断地加入待处理的工业废水，使活性污泥在增长过程中，逐渐适应处理工业废水的能力。这样做的缺点是：如果在培养、驯化的过程中发生问题，那么，究竟是培养的问题，还是驯化的问题，就不容易确定。有时还可从工业废水的排放口处，捞取含有大量微生物的污泥，这些微生物已经经过工业废水的长期驯化，对工业废水具备了良好的适应能力和降解能力，其投入曝气池可以加快特定微生物的培养速度，提高驯化效果。

3.6 活性污泥法处理系统运行操作效果检测的常用指标有哪些？

答 （1）进、出水的 BOD/COD 值

当污水 BOD/COD 值＜0.25 时，污水难生化；当 0.25＜BOD/COD 值＜0.5 时，污水可生化；当 BOD/COD 值＞0.5 时，污水易生化。污水中的 COD 组分可分为可生物降解的 COD 组分和不可生物降解的 COD 组分，污水经生物处理后，可生物降解的 COD 组分大都得以去除，而不可生物降解的 COD 组分除有少量被活性污泥吸附外，大多数未能去除，因此污水的 BOD 去除率总大于 COD 的去除率，结果使出水的 BOD/COD 值大大降低，出水的 BOD/COD 值一般小于 0.2。因此，通过测定进、出水的 COD/BOD，观察其 BOD/COD 值变化情况，即可判断系统的运行情况。

（2）出水的悬浮固体（SS）

在污水中，悬浮固体 SS 主要是由无机成分组成的非挥发性悬浮固体和由有机成分组成的挥发性悬浮固体两部分组成。在生物处理中，SS 经预处理后大部分被去除，剩余的 SS 在曝气池中大部分被活性污泥所吸附，只有极少部分被出水带走。另外，如果活性污泥的沉降性能较差、结构较松散、颗粒较小，它们在流经二沉池时，部分活性污泥就会随水上浮外漂，造成出水 SS 升高。因此，通过测定出水的 SS 就可以判断系统的运行效果，但因二沉池引起的出水悬浮物升高应区别对待。一般运行效果好的活性污泥系统，其出水 SS 小于 20mg/L。

（3）进、出二沉池混合液的上清液的 BOD（或 COD）

污水的生物处理系统主要通过曝气系统将有机污染物进行降解去除，因此流出曝气池的泥水混合液的上清液的 BOD（或 COD）均已降到设计浓度。二沉池的作用只是使从曝气池排出的泥水混合液进行泥水分离。因此，在正常情况下，进、出二沉池的混合液的上清液的 BOD（或 COD）浓度不会有太大变化。

当系统运行异常时，曝气池污泥混合液中的有机物尚未完全降解即被送入二沉池，在沉淀池中，污泥微生物可利用残留的溶解氧继续氧化分解残留的有机物，造成二沉池上清液中 BOD（或 COD）有较大的下降，可据此来判断系统生化作用进行得是否完全和彻底。

（4）进、出二沉池混合液中的溶解氧（DO）

进、出二沉池混合液的溶解氧（DO）在正常情况下不应有太大变化。当发现 DO 有较大变化时，说明是活性污泥混合液进入二沉池后的后继生物降解作用耗氧所致。借此可判断活性污泥系统的运行情况。另外，用此方法判断时，应考虑到活性污泥内源呼吸对溶解氧的影响。

（5）曝气池中溶解氧（DO）的变化

曝气池进水端因有机物浓度较高，污泥耗氧量较高，因此其 DO 值较低，到曝气池末端，有机物浓度降低，耗氧量降低，其 DO 值上升。因此，可根据曝气池进出端混合液中 DO 的浓度可判断系统的运行情况。

（6）曝气池混合液的 MLSS、沉降比和污泥指数

曝气池混合液的 MLSS 应在工艺设计的要求范围内。过高，就应加大剩余污泥的排放量；过低，就应减少或停止剩余污泥的排放。沉降比 SV 一般控制在 30% 以内，较高时，应先计算污泥指数，判断污泥是否正常，再确定是否排泥或采取其他措施。

一般 SV 和 DO 最好 2～4h 测定一次，至少每班一次，以便及时调节回流污泥量和空气量。微生物观察最好每班一次，以预示污泥异常现象，除氮、磷、MLSS、MLVSS、SVI 可定期测定外，其他各项应每天测一次。

3.7　活性污泥法运行操作中常见异常情况和解决措施有哪些？

答　（1）污泥膨胀

污泥膨胀是指活性污泥的凝聚、沉降性能恶化，导致处理系统出水水质浑浊的现象。正常活性污泥的含水率一般在 99.7% 左右，具有良好的沉降性能。而当活性污泥因某种原因发生变质时，其含水率上升，体积膨胀，澄清液减少，难于沉淀分离，发生污泥膨胀的现象。

污泥膨胀的主要原因之一是大量丝状菌（特别是球衣细菌）或真菌在污泥内繁殖，使泥块松散，密度降低所致。丝状菌和真菌生长时需要较多的碳素，对氮、磷，特别是溶解氧的要求较低，因此，在废水中碳水化合物较多，曝气池溶解氧不足，养料配比不当，水温偏高或 pH 值偏低等场合下，都容易引起污泥膨胀现象的发生。

当污泥发生膨胀后，解决的办法可针对引起膨胀的原因采取措施：如缺氧、水温高等可加大曝气量，或降低进水量以减轻负荷，或适当降低 MLSS 值，使需氧量减少等；如污泥负荷率过高，可适当提高 MLSS 值，以调整负荷。必要时还要停止进水，"闷曝"一段时间。如缺氮、磷、铁养料，可投加硝化污泥液或氮、磷等成分；如 pH 值过低，可投加石灰等调节 pH 值；如污泥大量流失，可投加 5～10mg/L 氯化铁，帮助凝聚，刺激菌胶团生长，也可投加漂白粉或液氯（按干污泥的 0.3％～0.6％投加），抑制丝状菌繁殖。

（2）污泥不增长或减少

污泥不增长或减少主要因为污泥上浮流失或养料不足，有机物含量少，也有可能是剩余污泥排放过多。

解决办法：提高沉淀效率，防止污泥流失；投入足够养料，包括进水水量；如果养料少，应减少空气量，防止"过氧化"；养料多，应增加曝气量，使活性污泥迅速增长；减少剩余污泥的排放量。

（3）泡沫问题

曝气池中产生泡沫的主要原因是：污水中存在大量合成洗涤剂或其他起泡物质。泡沫会给生产操作带来一定困难，如影响操作环境，带走大量污泥。当采用机械曝气时，还会影响叶轮的充氧能力。

消除泡沫的主要措施有：在曝气池上安装消泡水管道，用压力水喷洒，打破泡沫；除泡剂（机油、煤油等）以破除泡沫，油类物质的投量控制在 0.5～1.5mg/L 范围内，过高会引起二次污染，并且对微生物活性有影响；提高曝气池中活性污泥的浓度等。

（4）污泥的脱氮

当进水中含有较多的氮化合物，系统运行的曝气时间较长、曝气量充分时，在曝气池中所发生的高度硝化作用会使混合液中含有较多的硝酸盐。当后续进行泥-水分离操作的沉淀池当中出现溶解氧低于 0.5mg/L 的条件时，就会在污泥区中发生反硝化细菌将硝酸盐还原成氮气的反硝化作用过程。这样逸出的氮气就会携带污泥一起浮升，导致污泥的上浮。

防止由于脱氮而引起污泥上升的办法如下。

① 增加污泥的回流量或及时排放剩余污泥，以减少沉淀池中的污泥量及停留时间，避免出现缺氧或厌氧现象。

② 减少系统的曝气量或缩短曝气时间，以减弱曝气池的硝化作用，但需要除磷脱氮的工艺，不宜使用。

（5）污泥腐化

如果操作不当，系统曝气量过小，则二沉池的污泥可能由于缺氧而腐化，即造成厌氧分解，产生大量气体，携带污泥上升。此时，应加大生化系统的曝气量，以保证系统正常运行。

（6）污泥解体

处理水浑浊，污泥絮凝体微细化，处理效果变坏等均属污泥解体现象。导致这种异常现象的原因有运行中的问题，也有因污水中混入有毒物质所致。

运行不当，如曝气量过大，会使活性污泥的营养平衡遭到破坏，使微生物量减少而失去活性，吸附能力降低，絮凝体缩小质密，一部分则成为不易沉淀的羽毛状污泥，造成处理水水质浑浊、SVI 值降低等。当污水中存在有毒物质时，微生物会受到抑制或伤害，生化能力下降或完全停止，从而使污泥失去活性。

一般可通过显微镜观察来判别产生的原因。当鉴别出是运行方面的问题时，应对污水量、回流污泥量、空气量和排泥状态以及 SV、MISS、DO、N 等多项指标进行检查，并加以调整。当确定是污水中混入有毒物质时，则需查明来源，采取措施。

3.8 曝气设备的主要作用是什么?

答 曝气设备的主要作用是使空气中的氧转移到混合液中而被微生物利用,为活性污泥微生物提供所需的溶解氧,以保障微生物代谢过程的需氧量,同时还起到混合和搅拌的作用,曝气可使曝气池中的污泥处于悬浮状态,使污水中的有机物、活性污泥和溶解氧三者都均匀混合,提高活性污泥的降解效率。

3.9 衡量曝气设备效能的指标有哪些?

答 ① 氧转移率。单位为 $mgO_2/(L \cdot h)$。

② 充氧能力(或动力效率)。即每消耗 $1kW \cdot h$ 动力能传递到水中的氧量(或氧传递速率),单位为 $kgO_2/(kW \cdot h)$。

③ 氧利用率。通过鼓风曝气系统转移到混合液中的氧量占总供氧的百分比,单位为%。机械曝气无法计量总供氧量,因而不能计算氧利用率。

3.10 曝气设备是如何分类的?

答 活性污泥的曝气方法大体分为三类:一是鼓风曝气;二是机械曝气;三是上述两类曝气的结合。其中前两类应用较多。根据曝气方法的不同,曝气设备可分为鼓风曝气设备和机械曝气设备。

3.11 鼓风曝气系统的基本组成有哪些?其作用是什么?

答 鼓风曝气属于深层充氧的方式,其曝气系统由鼓风机、空气净化器、空气输配管系统和浸没于混合液中的扩散器组成。鼓风机所提供的风量应能满足生化反应的需氧量以及保持混合液悬浮固体呈悬浮状态的需求,而其所提供的风压除需满足克服管道系统和扩散器的阻力损耗以及扩散器上部的净水压之外,还需满足扩散器所要求的出口余压。鼓风机常用的有离心鼓风机和罗茨鼓风机。中小型污水处理厂一般采用罗茨鼓风机,但其缺点是噪声太大,必须采取消声或隔声措施。大型污水处理可采用离心鼓风机,离心鼓风机的优点是噪声较小,且效率较高。

空气净化器的作用是过滤进气中的悬浮颗粒物,防止扩散器被杂质堵塞,改善整个曝气系统的运行状态。

空气输送管道是风机出口至曝气器的通道,起输送和配气作用。一般曝气池液面以上部分采用焊接钢管,液面以下部分采用 PVC 或 ABS 管材。曝气池的风管宜联成环网,以增加灵活性,改善布气效果,风管接入曝气池时,管顶应高出水面至少 0.5m,以免回水。风管中空气流速一般为干管、支管 10~15m/s,竖管、小支管 4~5m/s,流速不宜过高,以免产生噪声。

扩散器是整个鼓风曝气系统的关键部位,它的作用是将鼓风机所提供的压缩空气分散成尽可能小的空气泡,以增大空气和混合液的接触界面,促进空气中的氧溶解到水中的传质过程。空气扩散设备即曝气器,其主要类型有微气泡、中气泡、大气泡、水力剪切、水力冲击等类型。

3.12 为保证鼓风机的运行应重点注意哪些方面？

答 鼓风机相当于污水处理系统的心脏，其运行状态的正常与否直接影响着污水处理系统的稳定。为保证鼓风机的正常运行应重点注意以下几个方面。

① 保证鼓风机房的通风良好。鼓风机是污水处理系统中的耗能大户，其运行过程中会产生热量，若其温度不能及时扩散，尤其是在夏季，会导致鼓风机温升过高。这样不仅会影响电动机的寿命，严重时还会使鼓风机因动力不足，造成鼓风机停机。必要时可采用空调降温的方式，解决鼓风机温升问题。使用空调时，可采用对室内空气降温和直接给鼓风机进气降温两种方式。

② 日常管理过程中应经常检查鼓风机的进、出口风压。若进风风压过低，则应及时清洗或更换进风过滤器，若出风风压过高，则应检查出气管路，其原因可能是曝气器微孔膜堵塞或空气管道积水，及时清洗微孔膜或放水即可解决。

③ 应控制鼓风机的出气温度，尤其是夏天。出气温度过高不仅能引起风机温度的升高，而且还影响充氧量。一般可采取暴露并防止太阳直射方式预防。

④ 注意润滑保养，严格按照鼓风机厂家要求的运行、保养操作规程，定期检查并及时更换润滑油。

3.13 罗茨鼓风机的工作原理及特点是什么？

答 罗茨鼓风机是一种双转子压缩机械，双转子和轴线相互平行，转子由叶轮和轴组合而成，叶轮之间、叶轮与机壳之间留有微小的间隙以免直接接触，双转子由电机通过一对同步齿轮驱动作方向相反的等速转动，借助于叶轮的相互配合、鼓风机的进、出气彼此互相隔离，使排出的气体无法返回到进气室而被压送进入出气管道。

与离心鼓风机相比，罗茨鼓风机具有结构简单、无喘振、压头高、流量受阻力影响小、送风稳定等优点，但效率较低、噪声大。罗茨鼓风机的进气温度应不高于40℃，气体中固体颗粒的含量应低于$100mg/m^3$，颗粒直径应小于汽缸内各相对运动部件的最小工作间隙的1/2，但若采用的是微孔曝气装置，还应考虑曝气膜堵塞的问题。

3.14 如何进行罗茨鼓风机的运行操作？

答 新安装或经过检修的鼓风机，均应进行运转前的空载与负荷试车，一般空载运转2～4h，然后按出厂技术要求，逐渐加压到满负荷试车8h以上，操作方法如下。

(1) 开车前的准备与检查

① 电源电压的波动值在380V±10%范围内。

② 仪表和电器设备处于良好状态，待查接线情况，需接地的电器设备应可靠接地。

③ 鼓风机和管道各接合面连接螺栓、机座螺栓、联轴器柱销螺栓均应紧固。

④ 齿轮油箱内润滑油应按规定牌号加到油标线的中位。轴封装置应用压注油杯加入适量的润滑油。

⑤ 按鼓风机旋向，用手盘动联轴器2～3圈，检查机内是否有摩擦碰撞现象。

⑥ 鼓风机出风阀应关闭，旁通阀处于全开状态，对安全阀进行校验。

⑦ 检查皮带松紧程度，必要时进行调整。

⑧ 空气过滤器应清洁和畅通，必要时进行清洗或更换。

（2）空载运转

① 按电器操作顺序开启风机。

② 空载运转期间，应注意机组的振动状况和倾听转子有无碰撞声和摩擦声，有无转子与机壳局部摩擦发热现象。

③ 滚动轴承支承处应无杂声和突然发热冒烟状况，轴承处温度不应超过规定值。

④ 轴封装置应无噪声和漏气现象。

⑤ 同步传动齿轮应无异常不均匀冲击噪声。

⑥ 齿轮润滑方式一般为"飞溅式"，通过油箱上透明监视窗应看到雾状油珠聚集在孔盖下。

⑦ 空载电流应呈稳定状态，记下仪表读数。

（3）负荷运转

① 开启出风阀，关闭旁通阀，掌握阀门的开关速度，升压不能超过额定范围，满载试车。

② 风机启动后，严禁完全关闭出风道，以免造成爆裂。

③ 负荷运转中，应检查旁通阀有无发热、漏气现象。

④ 大小风机要同时开时，应按上述程序先开小风机，后开大风机。要开多台风机时应待一台开出正常后，再开另一台。

⑤ 其他要求同空载运转。

（4）停机操作

① 停机前先做好记录，记下电压、电流、风压、温度等数据。

② 逐步打开旁通阀，关闭出气阀，注意掌握好阀门的开关速度。

③ 按下停车按钮。

（5）巡视管理

① 鼓风机在运转时至少每隔 1h 巡视一次，每隔 2h 抄录仪表读数一次（电流、电压、风压、油温等）。

② 巡视检查内容如下。

a. 听鼓风机声音是否正常。运转声不应有非正常的摩擦声和撞击声，如不正常时应停车检查，排除故障。

b. 检查风机各部分的温度。两端轴承处温度不高于 80℃，齿轮润滑油温度不超过 60℃，风机周围表面用手摸时不烫手，电动机应无焦味或其他气味。

c. 检查油位。油面高度应在油标线范围内，从油窗盖上观察润滑油飞溅情况应符合技术要求。发现缺油应及时添加，油箱上透气孔不应堵塞。

d. 检查风机是否正常。各处是否有漏气现象，检查各运转部件，振动不能太大，电器设备应无发热松动现象。

（6）紧急停车

发现以下情况时应立即停车，以避免设备事故。

① 风叶碰撞或转子径向、轴向窜动与机壳相摩擦，发热冒烟。

② 轴承、齿轮箱油温超过规定值。

③ 机体强烈振动。

④ 轴封装置涨围断裂，大量漏气。

⑤ 电流、风压突然升高。

⑥ 电动机及电器设备发热冒烟等。

3.15 如何进行罗茨鼓风机的保养？

答 ① 做好例行保养工作。鼓风机房应保持清洁，设备表面无积土和油垢。

② 定期（每月）检查风机各连接螺栓的紧固程度。

③ 新机或大修以后的风机运转 48h 后，应将油箱内的润滑油全部换去，重新加入规定牌号的润滑油。

④ 齿轮箱润滑油牌号应符合产品说明要求，连续工作满 500h，应全部换新油。

⑤ 滚动轴承每周须加注润滑油一次，轴封装置每 24h 加注机油一次。

⑥ 每周应打开轴封放油螺塞一次，以清除废油，若轴封出现微量漏气，为减少热空气对轴承的影响，应将此螺栓常开，但应相应增加注入油封机油。

⑦ 润滑油或润滑脂应专人验收、专人保管、专人指导使用，定期检查，不可混入杂质或进水乳化，所加机油一定要过滤，润滑脂用手刮一遍，以防混入杂质，加注润滑油前应先检查油枪、油杯是否畅通。

⑧ 风机尽可能避免长时间备用，应采取动态备用方式，使鼓风机交替运行，以免电机受潮绝缘能力降低。

⑨ 停用后的鼓风机应每隔 24h 盘动转轴，翻转 180° 改变风叶停留位置。

⑩ 为延长风机使用寿命及合理安排检修期，应适当安排鼓风机的运转周期，做到交叉间歇使用。因此，连续运转的机组最多 10d 应换机一次。正常情况下，鼓风机每运转 500h 检查一次，每 2000h 进行小修，每 3000h 进行中修，每 15000h 进行大修。蝶阀或闸阀每两周保养一次。

3.16 离心鼓风机的运行维护内容有哪些？

答 ① 鼓风机运行时，应定期检查鼓风机进、排气的压力与温度，冷却用水或油的液体，压力与温度，空气过滤器的压差等。做好日常读表记录，并进行分析对比。

② 定期清洗检查空气过滤器，保持其正常工作。

③ 注意进气温度对鼓风机（离心式）运行工况的影响，如排气容积流量、运行负荷与功率、喘振的可能性等，及时调整进口导叶或蝶阀的节流装置，克服进气温度变化对容积流量与运行负荷的影响，使鼓风机安全稳定运行。

④ 经常注意并定期测听机组运行的声音和轴承的振动，即采取措施，必要时应停车检查，找出原因后，排除故障。

⑤ 严禁离心鼓风机机组在喘振区运行。

⑥ 按说明书的要求，做好电动机或齿轮箱的检查和维护。

⑦ 首次开机后 200h 应换油。如果被更换的油未变质，经过滤机过滤后仍可重新使用。首次开机后 500h 做油样分析，以后每月抽一次油样分析，发现油变质应即时换油。油号必须符合规定，严禁使用其他牌号的油。

⑧ 检查油箱中的油位，不得低于最低油位线，看油压是否保持正常值。经常检查轴承出口处的油温，不应超过 50℃，并根据情况调节油冷却器的冷却水量，使进水轴承前的油

温保持在 30～40℃之间。

⑨ 定期清洗滤油器。经常检查空气过滤器的阻力变化，定期进行清洗和维护，使其保持正常工作。

3.17　什么情况下鼓风机需要立即停车检查？

答　① 机组突然发生强烈振动或机壳内有摩擦声。

② 任一轴承处冒出烟雾。

③ 轴承温度忽然升高超过允许值，采取各种措施仍不能降低。

3.18　机械曝气设备有哪些形式？

答　鼓风曝气是水下曝气，机械曝气则是表面曝气，机械曝气是用安装在曝气池表面的曝气机来实现的。按照利用叶轮等器械引入气泡的曝气方式，一般又可分为两种类型，即机械表面曝气和淹没叶轮曝气。机械表面曝气直接从空气中吸入氧气，而淹没叶轮曝气是从曝气池底部空气分布系统引入的空气中吸取氧气。按照转轴方向的不同，机械曝气又可分为竖式和卧式两种类型。常用的有泵型叶轮、转盘、转刷等。

3.19　表面曝气机运行管理的主要内容有哪些？

答　① 定期巡视检查。一般 5～7h 检查一次，巡视检查的主要内容有：曝气机（包括电机、减速器、主轴箱）转动是否正常，包括温升、声响、振动等，若是变速电机还要检查电动机转速。

② 经常检查减速器油位。如油不足，需及时添加。如发现漏油、渗油情况，应及时解决。

③ 定期检查和添加主轴箱润滑脂。

④ 定期检查叶轮或转刷勾带污物情况。叶轮或转刷如有勾带污物情况，则应及时消除。

⑤ 经常检查曝气池溶解氧情况。曝气池溶解氧过高或过低时，应及时调整转速或调节叶轮或转刷浸没深度。有时发现曝气池溶解氧上升，污泥浓度异常减少，则可能是叶轮或转刷夹带垃圾异物，使提升能力降低，污泥下沉到池底导致耗氧减少所致，这时应停车清除叶轮或转刷内垃圾杂物。

⑥ 在恶劣天气，如暴雨、下雪等情况下，注意电动机是否有受潮可能，如有受潮可能应采取遮盖措施。

⑦ 每天做好清洁工作，保持机组整洁。

3.20　氧化沟工艺中导流和混合辅助装置的结构和作用是什么？

答　为了保持氧化沟内具有污泥不沉积的流速，减少能量损失，需设置导流墙和导流板。一般在氧化沟转折处设置导流墙，使水流平稳转弯并维持一定流速。由于氧化沟中分隔内侧沟的弧度半径变化较快，其阻力系数也较高，为了平衡各分隔弯道间的流量，导流墙可在弯道内偏置，以使较多的水流向内汇集，避免弯道出口靠中心隔墙一侧流速过低，造成回水，引起污泥下沉。

距转刷之后的一定距离内的水面以下设置导流板，使水流在横断面内分布均匀，增加水下流速。通常在曝气转刷上、下游设置导流板，目的是使表面较高流速转入池底，提高氧传递速率。上游导流板高 0.6m，垂直安装于曝气转刷上游 2～5m 处。下游的导流板通常设置于吸气转刷下游 2～2.6m 处，与水平呈 60°角倾斜放置，顶部在水面下 150mm。其目的是使刚刚经过充氧，并受到曝气转刷推动的表面高速水流转向下部，改善溶解氧浓度和流速在垂直方向上的分布，促进中、上层水流和下层水流的垂直混合，从而降低沟内表面和底部的流速差。为了保持沟内的流速还可以根据需要设置水下推进器。

3.21　微孔曝气器结构和特点是什么？

答　微孔曝气器也称为多孔性空气扩散装置，采用多孔性材料如陶粒、粗瓷等掺以适当的黏合剂，在高温下烧结成为扩散板、扩散管及扩散罩的形式，目前应用较多的是用橡胶膜片激光打孔，制成的膜片式微孔曝气装置。微孔曝气器的主要性能特点是产生微小气泡，气、液接触面大，氧利用率高；缺点是气压损失较大，易堵塞，送入的空气应预先通过过滤处理。

膜片式微孔曝气器采用 ABS 工程塑料为底盘、托板及压箍，布气膜片由特殊合成橡胶制成，表面布满微细的小孔。曝气器在充氧曝气时，布气膜片上的微孔在气体的作用下能自行鼓胀且微孔张开，以确保气体从微孔通过。当静止状态时，布气膜片上的微孔呈封闭状态。有的微孔曝气器在曝气器的底盘设有气阀装置，当管道系统停止供气时阻止混合液进入布气支管，这样可避免混合液进入支管而被堵塞。

3.22　微孔曝气器运行过程中可能出现哪些问题？

答　**（1）膜片阻力增大**

其可能的原因是：鼓风机进气过滤效果不好或无过滤器，空气中的颗粒物附着在膜片内侧并积累在膜片上，使微孔变小甚至堵塞微孔；微孔曝气器浸没在污泥混合液中，微生物在膜片上附着生长，使微孔变小甚至堵塞微孔。

（2）膜片脱落

其可能的原因是：在膜片安装过程中，膜片压板未上紧，曝气过程中振动松脱，导致膜片脱落。

（3）膜片破裂

其可能的原因是：膜片老化引起膜片破裂；膜片微孔阻力增大，引起风压升高，膜片内外压差增大引起破裂，尤其是曝气池检修放水，曝气池水位降低时，更易发生此类情况。

3.23　怎样对微孔曝气器进行维护保养？

答　对微孔曝气器进行合理的维护保养可延长膜片的寿命，保持曝气效果，降低鼓风机的动力消耗。微孔曝气器的维护保养可以从以下几方面着手。

（1）定期清洗膜片

微孔曝气器膜片的清洗剂一般采用甲酸溶液，甲酸具有强腐蚀性，清洗效果较好。在进入曝气池前的曝气主管道上，设一个甲酸投加孔。通过特制的甲酸投加设备将甲酸喷入甲酸投加孔，甲酸随管道内的空气均匀输送到每个曝气头，达到清洗的目的。根据实际情况，一般半月或一个月清洗一次，甲酸量约每个曝气头 1.0g 甲酸。在操作时，应采取严密的防范措施，戴好面具和防甲酸手套，若不慎将甲酸溅到皮肤上，应立即用清水冲洗。

（2）保证空气过滤效果

定期清洗鼓风机的空气过滤器，或及时更换过滤网。

（3）避免出现膜片内外压差过大情况

曝气池检修放水时，应关闭主管道上的空气阀门，避免因水位的降低引起膜片内外的压差增大；鼓风机选型时，其额定鼓风压力不能太高，一般比水位超高 0.5～1.0m 即可。

3.24 影响氧转移的因素有哪些？

答 （1）氧的饱和浓度

氧转移效率与氧的饱和浓度（c）成正比，不同温度下饱和溶解氧的浓度也不同，随温度升高而降低。

（2）水温

在相同的气压下，温度对总传质系数（K_{La}）和溶氧饱和度（c_s）也有影响。温度上升，K_{La} 值随着上升，而 c_s 值却下降。曝气池的工作温度在 10～30℃ 范围内，这时温度的影响不是很显著，因为它对 K_{La} 和 c_s 的影响几乎相互抵消。水温的变化对 K_{La} 值的影响较大。

（3）废水性质

① 杂质。废水中含有的各种杂质（尤其是一些表面活性物质）对氧的转移产生一定的影响，把适用于清水的 K_{La} 用于废水时，要乘以修正系数 α。

② 盐类。由于在废水中含有盐类也影响氧在水中的饱和度（c_s），废水 c_s 值用清水 c 值乘以 β 来修正，β 值一般介于 0.9～0.97 之间。

③ 氧分压。大气压影响氧气的分压，因此影响氧的传递，对 c_s 也有影响。随着气压的升高，两者都上升。对于大气压不是 1.013×10^5 Pa 的地区，c 值应乘以压力修正系数，设为 ρ，即 ρ 为所在地区实际气压/（1.013×10^5）。

④ 水深。对于鼓风曝气池，空气压力还同池水深度有关。安装在池底的空气扩散装置使出口处的氧分压最大，c_s 值也最大。但随气泡的上升，气压也逐渐降低，在水面时，气压为 1.013×10^5 Pa（1atm，即一个大气压），气泡上升过程中的一部分氧已转移到液体中。鼓风曝气池中的 c_s 值应是扩散装置出口和混合液表面两处溶解氧饱和浓度的平均值。

另外，氧的转移还和气泡的大小、液体的紊动程度和气泡与液体的接触时间有关。空气扩散器的性能决定了气泡粒径的大小。气泡越小接触面越大，将提高 K_{La} 值，利于氧的转移；但另一方面不利于紊动，从而不利于氧的转移。气泡与液体的接触时间越长，越利于氧的转移。氧从气泡中转移到液体中，逐渐使气泡周围液膜的含氧量饱和，因而，氧的转移效率又取决于液膜的更新速度。紊流和气泡的形成、上升、破裂，都有助于气泡液膜的更新和氧的转移。

3.25 活性污泥法处理污水的曝气池类型有哪些？

答 活性污泥法处理污水的主要构筑物是曝气池。曝气池的种类较多，按混合液在曝气池中的流态可分为推流式、完全混合式和循环混合式；按平面几何形状可分为长方形、廊道形、圆形、方形和环形；按所采用的曝气方法可分为鼓风曝气、机械曝气和两种曝气方法联合使用的联合式；按曝气池和二次沉淀池的关系可分为分建式和合建式。

3.26 推流式曝气池的结构和运行操作方法是什么？

答 推流式曝气池为长方廊道形池子，常采用鼓风曝气。根据符合供气量要求的情况下，曝气装置可采用单侧安装的方式，这样布置可使水流在池中呈螺旋状前进，增加气泡和水的接触时间。为了帮助水流旋转，池侧面两池壁的上部和与池底交汇处设成倒角形式，外凸呈斜面。为了节约空气管道，相邻廊道的扩散装置常沿公共隔墙布置。

曝气池的数目随污水厂大、小和流量而定，在结构上可以分成若干单元，每个单元包括几个池子，每个池子常由 1~4 个折流的廊道组成。采用单数廊道时，入口和出口在池子的两端；采用双数廊道时，入口和出口在池子的同一端。曝气池的选用取决于污水厂的总平面布置和运行方式。

曝气池长可达 100m。为了防止短流，廊道长度和宽度之比应大于 5，甚至大于 10。为了使水流更好地旋转前进，宽深比常在 1.5~2 之间。池深常在 3~5m，池深与造价和动力费有密切关系，池子深一些，氧的转移效率就高一些，可以降低空气量，但压缩空气的压力将提高；反之空气压力降低，氧转移效率也降低。

曝气池进水口一般淹没在水面以下，以免污水进入曝气池后沿水面扩散，造成短流，影响处理效果。曝气池出水设备可用溢流堰或出水孔。

有时可在曝气池半深处和距池底 1/3 深处以及池底处设置放水管。前两者用于间歇运行（培养活性污泥）时，后者用于池子清洗放空时。

3.27 AB 法处理工艺中 A 段曝气池的运行控制参数有哪些？

答 **（1）水力停留时间**
一般控制水力停留时间为 1~2h。

（2）污泥浓度
一般控制污泥浓度为 4000mg/L 左右。这是一个重要的参数，要经常测定流量、浓度与污水处理效果，及时调整。

（3）污泥负荷
污泥负荷通常为 $4kgBOD_5/(kgMLSS \cdot d)$，由于进水流量与水质发生变化，在实际运行中，要加强检测计量。由于 BOD_5 值要 5d 后才取得，故利用长期积累的数据，找出 BOD_5 与 COD_{Cr} 的关系，通过计算机辅助处理后进行调整，可指导生产运行。

（4）剩余污泥量及污泥泥龄
由于不设初沉池，故 A 段污泥量大大增加。A 段污泥与初沉池污泥相比有所不同，初沉污泥是单纯的沉淀作用，A 段污泥有絮凝吸附作用，把大部分不可沉的悬浮物被污泥絮体吸附并相结合沉淀去除。另外，微生物吸附水中物质，并不断地初步分解与脱附，形成剩余污泥排出系统。再有一些大颗粒的可沉物也会在中间沉淀池中去除，因此，A 段污泥包括这三个部分，比单纯沉淀的污泥量大。

A 段污泥量计算，依照进水 BOD_5 值、SS 值来估算，如果按 BOD_5 值估算，A 段污泥量为进水 BOD_5 值的 1~1.4 倍，污泥泥龄为 0.2~0.5d。

（5）回流污泥量
A 段污泥沉降性能良好，污泥沉降比为 10%~25%，回流污泥量按高峰流量的 100% 配置，可在较宽的条件下运行。

（6）供氧量

A 段曝气池供氧量除供氧外，还起搅拌作用。一般溶解氧量控制在 0.1~0.5mg/L 即可。

3.28 AB 工艺 B 段曝气池运行控制参数有哪些？

答 ① 污泥负荷   0.15~0.3kgBOD$_5$/(kgMLSS・d)

② 污泥浓度   3000mg/L 左右

③ 溶解氧   1.0~2.5mg/L

④ 污泥回流比   70%

⑤ 污泥龄   15~25d

⑥ 供氧   1.2~2kgO$_2$/kgBOD

3.29 序批式活性污泥法的运行操作程序是什么？

答 序批式活性污泥法又称间歇式活性污泥法，简称 SBR（sequencing batch reactor）法，是连续式活性污泥法的一种改型，反应机制以及污染物质的去除机制和传统活性污泥法基本相同，仅运行操作不一样。SBR 的基本运行操作过程由进水、反应、沉淀、滗水和静置等 5 个阶段组成（图 3-1）。

（a）进水阶段   （b）反应阶段   （c）沉淀阶段   （d）滗水阶段   （e）静置阶段

图 3-1   SBR 的基本运行操作过程

从污水流入开始到静置时间结束为一个周期。在一个周期内一切过程都在一个设有曝气或搅拌装置的反应池内依次进行，这种操作周期周而复始反复进行，以达到不断进行污水处理的目的。因此不需要传统活性污泥法中必须设置的沉淀池、回流污泥泵等装置。传统活性污泥法是在空间上设置不同设施进行固定的连续操作，而 SBR 是在单一的反应池内，在不同时间阶段进行各种目的不同操作。

（1）进水阶段

进水阶段是 SBR 反应池接纳污水的过程。在污水流入开始之前是前个周期的静置或待机状态，因此反应池内剩有高浓度的活性污泥混合液。这相当于传统活性污泥法中污泥回流的作用，此时反应池内的水位最低。在进水过程所确定时间内或者说在到达最高水位之前，反应池的排水系统一直是在关闭状态。

一般间断的来水通常采用一个反应器即可满足需要，若是连续来水，如 24h 生产的工厂污水，几乎是连续排放的，那么一个反应池就处理不了全部污水，这样处理系统就需要多个反应池来组成。这种连续进水的 SBR 系统称为连续进水间歇式活性污泥法。

由于进水阶段仅仅流入污水，不排放处理水，反应池起到了调节池作用，在 SBR 法运行中即使有水量与水质的变化，对处理水质也没有多大的影响。但对于某些污染物浓度变化较大的工业污水处理时，为避免在进水阶段集中进入高浓度废水，在设定的生化时间内难以达标或对活性污泥形成冲击，也应设调节池。

（2）反应阶段

当污水注入到达预定容积后，进行曝气或搅拌，以达到反应目的（去除 BOD_5、硝化、脱氮除磷）。例如为达到脱氮的目的，通过好氧反应（曝气）进行氧化、硝化，然后通过厌氧反应（搅拌）而脱氮。为保证沉淀阶段的效果，在反应阶段后期，进入沉淀阶段之前需进行短暂的微量曝气，去除附着在污泥上的氮气。

（3）沉淀阶段

本阶段相当于传统活性污泥法中的二次沉淀池。停止曝气和搅拌，活性污泥颗粒进行重力沉淀和上清液分离。传统活性污泥法的二沉池是各种流向的沉降分离，而 SBR 的沉淀阶段是静置沉淀，而且有更高的沉淀效率。

（4）滗水阶段

排出活性污泥沉淀后的上清液，作为处理后的出水，一直排放到最低水位。反应池底部沉降的活性污泥大部分作为下一个处理周期的回流污泥使用。此阶段还可进行剩余污泥的排放。另外反应池中还剩下一部分处理水，可起循环水和稀释水的作用。

（5）静置阶段

沉淀之后到下个周期开始的期间称为静置阶段。根据需要可进行搅拌或者曝气。在厌氧条件下采用搅拌不仅能节省能量，同时对保持污泥的活性也是有利的。在以脱磷为目的的装置中，剩余污泥的排放一般是在静置阶段之初和沉淀阶段的最后进行。

3.30 CAST 系统的组成及主要控制机理是什么？

答 CAST 系统的组成包括选择器、厌氧区、主反应（曝气）区、污泥回流/剩余污泥排放系统和撇水装置。选择器设在池首（第一区域），其最基本的功能是防止污泥膨胀，其作用原理是让回流污泥与新鲜污泥进行短时间的快速混合，由于基质浓度高，有利于的菌胶团的生长，使得进入主反应区后，菌胶团细菌在数量上占绝对优势，从而有效地抑制了丝状菌过度生长而引起的污泥膨胀。

另外，在此选择器中，污水中胶体性有机物质能通过生物吸附作用得到迅速去除，回流污泥中的硝酸盐也可在此选择器中得以反硝化，选择器可以恒定容积，也可以变容积运行，多池系统的进水配水池也可用作选择器。厌氧区设置在池子的第二区域中，主要是创造超量生物除磷的条件，池子的第三区域为主曝气区，主要进行有机物降解和 N 的硝化/反硝化过程。

污泥回流/剩余污泥排放系统设在池子的末端，采用潜水泵，在潜水泵吸水口上设置一根带有狭缝的短管，污泥通过此潜水泵不断地从主曝气区抽送至选择器中，污泥回流量约为进水量的 20% 左右，撇水装置也设在池子末端，由电机驱动可升降的排水堰，撇水装置及其他操作过程如溶解氧和排泥等均实行中央自动控制。

3.31 SBR 工艺滗水器的结构和操作要求是什么？

答 SBR 工艺的最基本特点是单个反应器的排水形式均采用静置沉淀、集中滗水（或排水）的方式运行，由于集中滗水时间较短，因此每次滗水的流量较大，这就需要在短时间大量排水的状态下，对反应器内的污泥不造成扰动，因而需要安装特别的排水装置——滗水器，常见的几种滗水器如图 3-2 所示。

(a) 虹吸式滗水器　　　　　(b) 套筒式滗水器　　　　　(c) 旋转式滗水器
　　　　　　　　　　　　　1—总管；2—支管　　　　1—传动装置；2—干管；3—支管

图 3-2　常见的几种滗水器

滗水器是随着 SBR 而发展起来的，早期的 SBR 系统采用手动形式进行滗水，如采用在反应器不同高度上安装排水阀门或排水泵，根据反应的周期要求定时、定量排除处理后的污水。这种滗水方式适用于小型的污水处理设施，其滗水效果不理想，大型的污水处理系统无法采用。

滗水器的组成一般分为收水装置、连接装置及传动装置。收水装置设有挡板、进水口及浮子等，其主要作用是将处理好的上清液收集到滗水器中，再通过导管排放，由于滗水时瞬间流量较大，在滗水时，既要使水顺利通过，又要使反应器中的沉淀污泥不受扰动，更不能使污泥随水流出。因此收水装置的设计是十分重要的，特别是在虹吸式、自流式滗水器中尤为重要。

滗水器的连接装置是滗水器的又一关键部位，滗水器在排水中需要不断地转动，其连接装置既要保证运转自由，同时又要保证密封性。滗水器的转动装置是保证滗水器正常动作的关键，不论是采用液压式还是机械式转动，均需要同自控和污水处理系统进行有机的结合，通过自动的程序控制滗水动作。

3.32　旋转式滗水器的工作过程、特点及运行参数是什么？

答　**（1）旋转式滗水器工作过程**

旋转式滗水器由电动机、减速执行装置、四连杆机构、载体管道、浮子箱（挡渣器）、淹没式出流堰口、回转接头等组成。通过电动机带动减速执行装置和四连杆机构，使堰口绕出水汇管做旋转运动、滗出上清液，液面也随之同步下降。浮子箱（挡渣器）可在堰口上方和前后端之间形成一个无浮渣或泡沫的出流区域，并可调节和堰口之间的距离，以适应堰口淹没深度的微小变化。堰体本身与浮力形成平衡，保证其水流均衡。

（2）特点

旋转式滗水器运行可靠，负荷大，滗水深度行程大；纯机械部件，加工精度高，但造价偏高；回转密封接头要求质量高，寿命有一定限制，需定时检修；外形美观，可做成大型滗水器，对中大型 SBR 厂较适宜；也可制成小型滗水器，用于工业水处理，也较方便。

（3）运行参数

滗水器堰口负荷 20～32L/（m·s），滗水深度 0.5～2.5m，滗水保护高度 0.5m。

3.33 虹吸式滗水器的结构原理、工作过程及特点是什么？

答 (1) 结构原理

虹吸式滗水器实际是一组淹没出流堰，由一组垂直的短管组成，短管吸口向下，上端用总管连接，总管与 U 形管相通，U 形管一端高出水面一端低于反应池的最低水位，高端设自动阀与大气相通，低端接出水管以排出上清液。运行时通过控制进、排气阀的开闭，采用 U 形管水封封气，来形成滗水器中循环间断的真空和充气空间，达到开关滗水器和防止混合液流入的目的。滗水的最低水面限制在短管吸口以上，以防浮渣或泡沫进入。

(2) 工作过程

虹吸式滗水器的工作过程是：SBR 池在反应阶段水位不断上升，这时空气被阻留在滗水器管路中，短管中的空气被水头压向管上方，由于 U 形管的存在，空气的压力被 U 形管内造成的水位差所平衡，只能滞留在管路中，气阻使池中的水不能流出。沉淀阶段结束后打开电磁阀，阻留的空气被放出，上清液便通过所有的垂直短管经 L 形管流出池外。电磁阀随后关闭，滗水仍会在虹吸作用下继续进行，一直到最低水位，这时再将电磁阀打开破坏虹吸，滗水结束。

(3) 特点

虹吸式滗水器是一种结构简单、运行可靠、易于操作、价格低廉的设备，采用这种滗水器可以有效降低设备费用。但虹吸式滗水器的潜水深度调节幅度小，不能在滗水深度变化大的情况使用。

(4) 运行参数

滗水器堰口负荷一般小于 10L/(m·s)，滗水深度一般小于 1m，滗水保护高度通常为 0.5m。

3.34 套筒式滗水器的结构和工作原理是什么？

答 套筒式滗水器有丝杠式和钢丝绳式两种，都是在一个固定的池内平台上，通过电动机带动丝杠或滚筒上的钢丝绳，牵引出流堰口上下移动。

堰口下的排水管插在有橡胶密封的套筒中，可以随出水堰上下移动，套筒连接在出水总管上，将上清液滗出池外，在堰口上也有一个拦浮渣和泡沫用的浮箱，采用剪刀式铰链和堰口连接，以适应堰口淹没深度的微小变化。

3.35 浮力式滗水器的工作原理是什么？

答 浮力式滗水器是依靠堰口上方的浮箱本身的浮力，使堰口随液面上下运动而不需外加机械动力。按堰口形状可分为条形堰式、圆盘堰式和管道式等。堰口下采用柔性软管或肘式接头来适应堰口的位移变化，将上清液滗出池外。浮箱本身也起拦渣作用。为了防止混合液进入管道，在每次滗水结束后，采用电磁阀或自力式阀关闭堰口，或采用气水置换浮箱，将堰口抬出水面。

3.36 选择填料的性能要求有哪些？

答 填料是生物膜载体，是生物接触氧化法处理工艺的关键部位，直接影响处理效果，费用在生物接触氧化法系统的基建费中占用比重较大，所以选定适宜的填料具有经济和技术的意义。选择填料的性能要求基本有以下几点。

（1）水力特性

要求比表面积大、孔隙率高、水流畅通、阻力小、流速均一。

（2）孔隙率及表面粗糙度

载体表面具有一定的孔隙率及粗糙度有利于微生物膜的附着、生长，并减少载体之间摩擦碰撞而造成固着微生物的脱落，有利于生物滤池的运行。

（3）化学与生物稳定性

要求经久耐用，不溶出有害物质，不导致产生二次污染。生物膜在新陈代谢过程中会产生多种代谢产物，某些代谢产物会对载体产生腐蚀作用，因此生物膜载体必须具有一定的化学稳定性和抗腐蚀性，同时需不参与生物膜的生物化学反应，且其本身是不可生物降解的。

（4）表面电性和亲水性

微生物一般带有负电荷，而且亲水，因此载体表面带有正电荷将有利于微生物固着生长。载体表面的亲水性同样有利于微生物的附着，使附着的生物膜数量尽可能多。

（5）密度

载体密度过大，造成在反冲洗时载体悬浮困难或使反冲洗时能耗增加；载体密度过小，又不易于载体在反应器中的运行工况，因此载体密度需在一定范围之内。

（6）机械强度

填料必须具有可以满足所用反应器在不同强度的水力剪切作用，以及载体之间摩擦碰撞过程中破损率低的机械强度要求。因为填料破损的直接后果会导致出水水质扰动，布水布气短路。

（7）经济性

要求价格便宜、货源广，便于运输和安装。

3.37 生物接触氧化法中的填料是如何分类的？

答 （1）按形状分

有蜂窝状、束状、筒状、列管状、波纹状、板状、网状、盾状、圆环辐射状以及不规则粒状等。

（2）按性状分

有硬性、软性、半软性等。

（3）按材质分

有塑料、玻璃钢、纤维等。

3.38 影响生物膜法功能的主要因素有哪些？

答 （1）温度

温度是影响微生物正常代谢的重要因素之一。任何一种微生物都有一个最佳生长温度，在一定的温度范围内，大多数微生物的新陈代谢活动都会随着温度的升高而增强，随着温度的下降而减弱。好氧微生物的适宜温度范围是 $10\sim35℃$，一般水温低于 $10℃$，对生物处理的净化效果将产生不利影响。

在温度高的夏季，生物处理效果最好；而在冬季水温低，生物膜的活性受到抑制，处理效果受到影响。水温在接近细菌生长的最高生长温度时，细菌的代谢速度达到最大值，此时，可使胶体基质作为呼吸基质而消耗，使污泥结构松散而解体，吸附能力降低，并使出水由于飘泥而浑浊、出水 SS 升高，结果出水 BOD_5 反而增加；温度升高还会使饱和溶解氧降低，氧的传递速率降低，在供氧跟不上时造成溶解氧不足，污泥缺氧腐化而影响处理效果，超过最高温度时，最终会导致细菌死亡。因此，对温度高的工业废水必要时应予以降温措施。

（2）pH 值

微生物的生长、繁殖与 pH 值有着密切关系，对好氧微生物来说，pH 值在 6.5～8.5 之间较为适宜。细菌经驯化后对 pH 值的适应范围可进一步提高。如印染废水进入水解酸化池时，pH 值控制在 9.0～10.5 范围内，经长期驯化后，处理效果保持良好。

一般来讲，废水中大多含有碳酸、碳酸盐类、铵盐及磷酸盐类物质，使污水具有一定的缓冲 pH 值的能力。在一定范围内，对酸或碱的加入能起到缓冲作用，不至于引起 pH 值大的变化。一般来说，城市污水大都具有一定的缓冲能力，生物反应都是在酶的参与下进行，酶反应需要合适的 pH 值，因此污水的 pH 值对细菌的代谢活性有很大的影响，此外，pH 值还会改变细菌表面电荷，从而影响它对营养的吸收。微生物对 pH 值的波动十分敏感，即使在其生长 pH 值范围内的 pH 值的突然改变也会引起细菌活性的明显下降，这是由于细菌对 pH 值改变的适应比对温度改变的适应过程慢得多。因此应尽量避免污水 pH 值突然变化。

（3）水力负荷

水力负荷的大小直接关系到污水在反应器中与载体上生物膜的接触时间。微生物对有机物的降解需要一定的接触反应时间作保证。水力负荷越小，污水与生物膜接触时间越长，处理效果越好。

水力负荷的大小在控制生物膜厚度、改善传质方面也有一定的作用。水力负荷的提高，其紊流剪切作用对膜厚的控制以及对传质的改善有利，但水力负荷应控制在一定的限度以内，以免因水力冲刷作用过强，造成生物膜的流失。因此，不同的生物膜法工艺应有其适宜的水力负荷。

（4）溶解氧

溶解氧是生物处理的一个重要控制因素。在生物膜法处理中，溶解氧应保持一定的水平，一般以 $4mg\ O_2/L$ 左右为宜。在这种情况下，活性污泥或生物膜的结构正常，沉降、絮凝性能也良好。而溶解氧的低值，一般应维持不低于 $2mg\ O_2/L$，而且这个低值也只是发生在反应器的局部地区，如反应器的进口部分，有机物相对集中及较多的地方。另外，氧供应过多，反而会因代谢活动增强，营养供应不上而使污泥或生物膜自身产生氧化，促使污泥老化。

（5）载体表面结构与性质

生物载体对处理效果的影响主要反映在载体的表面性质，包括载体的比表面积的大小、表面亲水性及表面电荷、表面粗糙度、载体的密度、堆积密度、孔隙率、强度等。因此载体的选择不仅决定了可供生物膜生长的比表面积的大小和生物膜量的大小，而且还影响着反应器中的水动力学状态。

在正常生长环境下，微生物表面带负电荷，如果载体表面带正电荷，这将会使微生物在载体表面附着、固定过程更易进行。载体表面的粗糙度有利于细菌在其表面附着、固定，粗糙的表面增加了细菌与载体间的有效接触面积，比表面积形成的孔洞、裂缝等对已附着的细菌起到屏蔽保护，具有免受水力剪切的冲刷作用。

（6）生物膜量及活性

生物膜的厚度反映了生物量的大小，也影响着溶解氧和基质的传递。当考虑生物膜厚度时，要区分膜的总厚度与活性厚度，生物膜中的扩散阻力（膜内传质阻力）限制了过厚生物膜实际参与降解基质的生物膜量。只有在膜活性厚度范围（70～100nm）内，基质降解速度随膜厚度的增加而增加。当生物膜为薄层膜时，膜内传质阻力小，膜的活性好。当生物膜超出活性厚度时，基质降解速度与膜厚无关。由此推知，各种生物膜法适宜的生物膜厚度应控制在159nm以下。

随着生物膜厚度增大，膜内传质阻力增加，单位生物膜量的膜活性下降，已不能提高生物膜对基质的降解能力，反而会因生物膜的持续增厚，膜内层由兼性层转入厌氧状态，导致膜的大量自动脱落（超过600nm即发生脱落），或填料上出现积泥，或出现填料堵塞现象，从而影响到生物池的出水水质。

（7）有毒物质

一般在工业废水中，存在着对微生物具有抑制和杀害作用的化学物质，这类物质称为有毒物质，如重金属离子、酚、氰等。毒物对微生物的毒害作用，主要表现在细胞的正常结构遭到破坏以及菌体内的酶变质，并失去活性。如重金属离子（砷、铅、镉、铬、铁、铜、锌等）能与细胞内的蛋白质结合，使其变质，使酶失去活性。因此，在废水生物处理中，对这些有毒物质应严加控制。不过，有毒物质对微生物的毒害和抑制作用有一个量的概念，即当达到一定浓度时，这个作用才显示出来。只要在允许的浓度内，微生物还是可以承受的。

对生物处理来讲，废水中存在的毒物浓度的允许范围，还需通过试验不断完善。对某一种废水来说，必须根据具体情况，做具体的分析，必要时通过试验，以确定生物处理对水中毒物的容许浓度。因为微生物通过适应和驯化，可能会承受更高一些的浓度。

（8）盐度

污水中的盐度对微生物维持正常的渗透压非常重要，虽然微生物对盐度有一定的驯化和适应能力，但微生物通常不适应短时间盐度的大幅度、突然变化，尤其是对盐度的突然降低比盐度的突然升高更加敏感，容易引起活性污泥的解体。

3.39 接触氧化法运行管理中应注意哪些问题？

答 （1）填料的选择

填料是附着生物膜生长的介质，可直接影响接触氧化池中微生物生长数量、空间分布状况、代谢活性等，还对接触氧化池中布水、布气产生影响。除考虑寿命长、价格适中等通常的要求外，还应考虑废水的性质和浓度等因素。例如：处理高浓度废水时，由于微生物产量高、生长快，微生物膜较厚，应使用易于生物膜脱落的填料，通常使用弹性填料。当处理低浓度废水时，微生物增长较慢，生物膜较薄，应尽可能较少生物膜的脱落，增强生物膜的附着力，可选择易于挂膜和比表面积较大的软性纤维填料或组合填料。在生物脱氮系统的硝化区段，由于硝化细菌是一类严格好氧微生物，只生长在生物膜的表层，因此最好选样空间分布均匀，且比表面积较大的悬浮填料或弹性立体填料。

对悬浮填料除了按上述标准注意其空间形状结构外，还应注意其相对密度，以附着生物膜后相对密度略大于水为佳，这样在曝气后可使填料似活性污泥一样在接触氧化池内上下翻腾，以利与污水中有机物向生物膜中转移和对曝气气泡的切割，增强传质效果，并有利于过厚的生物膜脱落。

（2）防止生物膜过厚、结球

在固定悬浮填料的处理系统中，在氧化池不同区段应悬挂一根下部不固定的填料，操作人员定期将填料提出水面观察其生物膜的厚度，在发现生物膜不断增厚，生物膜呈黑色并散发出臭味、处理出水水质不断下降时，应采取措施脱膜。可通过瞬时的大流量、大气量的冲刷使过厚的生物膜从填料上脱落下来，此外还可以用"闷"的方法，即停止曝气一段时间，使内层厌氧生物膜在厌氧条件下发酵，产生二氧化碳、甲烷等气体，产生的气体使生物膜与填料间的附着力降低，此时再以大气量冲刷脱膜效果较佳。某些工业废水中含有较多黏性污染物（如饮料废水中的糖类，腈纶废水中的低聚物，机织印染废水中的聚乙烯醇等）导致填料严重结球，此时的生物膜几乎是"死疙瘩"，大大降低了生物接触氧化法的处理效率，因此在设计中应选择孔隙率较高的漂浮填料或弹性立体填料等，对已经结球的填料应瞬时使用气或水进行高强度冲洗，必要时应更换填料。

（3）及时排出过多的积泥

在接触氧化池中的积泥主要来源于脱落的老化生物膜和预处理阶段未分离彻底的悬浮固体。较小絮体及解絮的游离细菌可随出水外流，而吸附了大量杂质的相对密度较大的絮体，难以随水流出而沉积在池底，这类大块的絮体若未能从池中及时排出，会逐渐自身氧化，同时释放出的代谢产物会提高处理系统的负荷，使出水 COD 升高，因此影响处理的效果。另外，池底积泥过多还会引起曝气器微孔堵塞。

为避免这种情况的发生，应定期检查氧化池底部是否积泥，池中悬浮固体的浓度（即脱落的生物膜浓度）是否过高，发现池底积有黑色的污泥或悬浮物浓度过高时，应及时设泵排泥或通过加大曝气使池底积泥松动后再排，必要时还可以在曝气主气管上临时焊接支管，安装橡皮管，管前端安装一段钢管或塑料管，人工移动管口朝着池子的四角及易积泥的底部充气，使积泥重新悬浮后随水外排。

3.40 生物转盘运行管理过程中的异常问题及解决对策有哪些？

答 生物转盘是生化处理中工艺控制最为简单的一种处理方法，其处理效果受水质、水量、气候等因素影响较大，如果操作管理不当，也会严重影响或破坏生物膜的正常工作，并导致处理效果下降。常见的异常现象有如下几种。

（1）生物膜严重脱落

在生物转盘启动后的两周内，盘面上生物膜大量脱落是正常的，当转盘采用其他水质的活性污泥来接种，脱落现象更为严重。但正常运转阶段，膜大量脱落会给运行带来困难，产生这种情况的主要原因有以下几个方面。

① 进水中含有较多有毒物质或生物抑制性的物质，例如重金属、氯或其他有机合物。这时应首先查明引起中毒的物质和浓度，并立即将氧化池内的水排空，用其他废水稀释。最终解决办法是防止毒物进入，或设调节池使毒物稀释后均衡进入。

② pH 值突变。当进水 pH 值在 6.0～8.5 范围时，运行正常，膜不会大量脱落。但若进水 pH 值急剧变化，在 pH<5 或 pH>10.5 时，生物膜将受到严重影响，使生物量减少。这时需投加化学药剂予以中和，使其 pH 值保持在正常范围内。

（2）产生白色生物膜

当进水已发生腐败或含有高浓度的含硫化合物（如 H_2S、Na_2S、亚硫酸钠等）时，或负荷过高使氧化池混合液缺氧时，生物膜中硫细菌（如贝氏硫细菌和发硫细菌）会大量产生，并占优势生长。有时除上述条件外，进水偏酸性，使膜中丝状真菌大量繁殖。这时，盘面会呈白色，处理效果大大下降。

解决办法如下。

① 对原水进行预曝气，或在氧化池增设曝气装置。

② 投加氧化剂，以提高污水的氧化还原电位，如投加 H_2O_2、$NaNO_3$ 等。

③ 控制生产过程含硫废水的排放，实行清洁生产，减少含硫物质的使用，并尽可能实现废水中含硫物质的回收利用。

④ 消除超负荷状况，增加第一级转盘的面积，将一、二级串联运行改为并联运行以降低第一级转盘的负荷。

（3）处理效率降低

凡存在不利于生物的环境条件，都会影响处理效果，主要有以下几点。

① 废水温度下降。当废水温度小于13℃时，生物活性减弱，有机物去除率降低。

② 流量或有机负荷的突变。短时间的超负荷对转盘影响不大，持续超负荷会使 BOD_5 去除率降低。大多数情况下，当有机负荷冲击小于全日平均值的两倍时，出水效果下降不多。在采取措施前，必须先了解存在问题的主要原因，如进水流量、停留时间、有机物去除率等。如属昼夜瞬时冲击，则可通过控制排放废水时间或设调节池予以解决；如长期流量或负荷偏高，则需减少水量或工程扩建。

③ pH 值。氧化池内 pH 值必须保持在 6.5~8.5 范围内，进水 pH 值一般要求调整在 6~9 范围内，经长期驯化适应范围略可扩大。超过这一范围，处理效率将明显下降。硝化转盘对 pH 值和碱度的要求比较严格。硝化时 pH 值应尽可能控制在 8.4 左右，进水碱度至少应为进水氨氮浓度的 7.1 倍，以使反应完全进行而不影响微生物的活性。

（4）固体的累积

沉砂池或初沉池中固体物去除效果不好，会使悬浮固体在氧化池内积累并堵塞废水进入的通道。挥发性悬浮物（主要是脱落的生物膜）在氧化池中大量积累，也会产生腐败，放出臭气，并影响系统的运行。在氧化池中积累的固体物数量上升时，应用泵将它们抽出，并检验固体物的类型，以针对产生的原因解决。

3.41　影响曝气生物滤池反应器运行的主要因素有哪些？

答　影响曝气生物滤池反应器运行的各种影响因素中，最主要的有：进水底物浓度、溶解氧、酸碱度、温度、反应器内水力停留时间与负荷率等。

（1）进水底物浓度

污水中有机物的组分是反应器内生物膜微生物食物与能量的主要来源。一般情况下，污水中的大部分有机物和部分无机物都可以作为微生物的营养源加以利用，这些可被微生物利用并在酶的催化作用下进行生物化学转化的物质称为底物。对于去除有机污染物而言，底物则是可生物降解的有机物。污水中有机物浓度在长时间或短时间内的改变均可导致微生物生长形式的改变，其结果必然会影响到处理水的水质、反应器的处理效率以及剩余污泥量的产量。

（2）溶解氧

对于曝气生物滤池反应器来讲，起净化作用的主要是专性好氧微生物及兼性微生物，它们生长在氧化还原电位较高的有氧环境中。为使反应器有足够的溶解氧供好氧微生物生命代谢所需，采用鼓风机强制外部供氧（不同于传统塔式滤池），这是采用曝气生物滤池工艺处理污水中主要的能源消耗。对于以除碳为目的的曝气生物滤池反应器，其出水溶解氧保持在 $2\sim3mg/L$，有利于反应器微生物种群的生长繁殖。

若反应器中溶解氧不足，轻则好氧微生物的活性受到影响，新陈代谢能力降低，重则微生物的生长规律遭到破坏，好氧微生物受到抑制而死亡；若反应器中溶解氧过足，一方面造成能耗白白浪费，处理不经济；另一方面会导致微生物活性过强，在营养供给不足的情况下，生物膜自身会发生氧化分解。

曝气生物滤池反应器氧的利用率较高，主要是由于气泡在滤料层的上升过程中，随颗粒间的空隙大小而不断受到挤压变形，并不断改变方向，被滤料无数次切割，气液界面不断更新。氧的传质速率加快。根据试验，滤料层每增加 $1m$，氧利用率提高 $1\%\sim2\%$。曝气生物滤池反应器氧的利用率约为活性污泥法的 2 倍，对于不考虑生物脱氮的反应器，其耗氧量为 $0.5\sim0.8kgO_2/kgBOD_5$。

（3）酸碱度

生物体内的生化反应都在酶的参与下进行，酶反应需要合适的 pH 值范围。尽管曝气生物滤池反应器具有较强的耐冲击负荷能力，但如果 pH 值变化范围过大，对微生物造成损伤而使反应器失效。对于曝气生物滤池反应器，理想的 pH 值为 $6.8\sim8.5$。

（4）温度

温度对曝气生物滤池反应器影响是多方面的。温度改变，参与净化的微生物种属与活性以及生化反应速率都将随之改变。任何一种微生物都有一个最适的生长温度，在一定的范围内，随着温度的上升，微生物生长加速。另外，还有最低生长温度和最高生长温度。所谓最低生长温度，就是指低于这一温度时，微生物的生长就停止，但并未死亡。例如，当水温低于 13℃时，生物处理效果开始加速下降；当水温低于 4℃时，几乎无处理效果。所谓最高生长温度就是指高于这个温度微生物生长停止，并最终导致死亡。例如，当水温高于 40℃时，其处理效率会急剧降低。

由于生物膜内的微生物是由多种菌共同组成的复杂群体，各种细菌的最佳生长温度范围和最低、最高生长温度都不一致，在水温随季节逐月缓慢变化时，存在着一个天然的驯化和淘汰的过程，与变化的水温相适宜的细菌逐渐繁殖并不断增多。因此，当水温在 $15\sim35℃$ 范围内运行时，对污水处理厂的处理效果有影响，应通过降低水力负荷等措施加以解决。另外，由于曝气生物滤池反应器中微生物的食物链长，同时在反应器底部强制供氧，经过滤料的反复切割作用，氧的吸收利用率较高。

（5）反应器内水力停留时间与负荷率

水力停留时间指的是待处理污水在反应器内的平均停留时间，也就是污水与生物反应器内微生物作用的平均反应时间。对于曝气生物滤池反应器，物理吸附截留作用和水力停留时间无关（其主要与水流剪切力和生物膜网捕作用有关），而其内的生物氧化作用主要发生在填料区，填料上的微生物对污水中的基质进行生化作用，其反应时间与反应速率有关，反应速率又取决于温度及基质可生化性等因素。一般反应时间越长，反应器对基质的去除率越高，但在工程实际中应根据实际参数合理控制，不能无限制地延长水力停留时间，否则会导致反应器的容积增大，基建投资增加。当反应器内水温在 $15\sim25℃$ 之间变化，滤料区污水水力停留时间小于 $1h$。

当曝气生物滤池的水力负荷一定时，其出水 COD_{Cr} 及 BOD_5 随容积负荷的增加而增高，呈线性关系。当容积负荷一定时，水力负荷在 $3\sim8m^3/(m^2 \cdot h)$ 范围内变化，对曝气生物滤池出水 COD_{Cr} 及 BOD_5 影响不大，说明曝气生物滤池耐冲击负荷能力较强。

3.42 影响曝气生物滤池反应器硝化作用的主要因素有哪些？

答 **(1) 进水底物 (NH_3-N) 浓度**

硝化反应器的进水底物浓度对生物膜代谢作用有较大程度的影响，同消化滤池一样存在某一临界进水浓度，反映了该反应器实际承受的最大进水底物浓度。对于好氧生物膜反应器来讲，最大进水 NH_3-N 浓度为 $70\sim80mg/L$。

(2) 进水有机污染物 (COD_{Cr}) 浓度

消化滤池中的生物膜应以自养性的硝化细菌为主。由于硝化菌的世代周期较异养菌长得多，生长繁殖速度缓慢，产率较低，若进水中有机污染物（COD_{Cr}）大大超过氮时，异养菌大量繁殖，并在与硝化竞争中占优势，逐渐成为优势菌种，从而降低反应器的硝化效率。

(3) DO 浓度

当 DO 浓度由 $1.5mg/L$ 增加到 $2.5mg/L$ 时，硝化菌的生长速率比理论值增高 7%。DO 对硝化作用的影响与生物膜厚度、氧的渗透率、氧的利用率等因素密切相关，对于曝气生物滤池反应器，溶解氧浓度通常控制在 $2\sim3mg/L$，当溶解氧浓度大于 $3.0mg/L$ 时，溶解氧浓度对硝化作用的影响可不予考虑。当溶解氧低于 $1.0mg/L$ 时，硝化作用基本停止。

(4) 温度

温度对硝化细菌的生长和硝化速率有较大的影响，是工程设计中重要的参数之一。温度对硝化细菌的生长速率影响很大。硝化细菌合适的生长温度在 $25\sim30℃$ 之间，温度高于 $30℃$ 硝化细菌生长减慢，$10℃$ 以下硝化细菌生长及硝化作用显著减慢。

(5) 酸碱度

酸碱度是影响硝化作用的又一重要因素。在 pH 值中性或微碱性条件下，硝化过程迅速，若 pH 值进一步上升（大于 9.6 时），虽然 NH_3-N 转化为 NO_2^- 和 NO_3^- 的过程仍然非常迅速，但是从 NH_4^+ 的电离平衡关系可知，NH_3 的浓度会迅速增加。由于硝化细菌对 NH_3 极敏感，结果会影响到硝化作用速率。

在酸性条件下，当 pH 值小于 7.0 时硝化作用速率减慢，当 pH 值小于 6.5 时硝化作用速率显著减慢，当 pH 值小于 5.0 时硝化作用速率接近零。所以，在生物硝化反应器中，应尽量控制混合液的 pH 值大于 7.0。在满足 pH 值的同时，系统中还要保持一定的碱度，可以用完全硝化 $1g$ 氨氮消耗 $7.14g$ $CaCO_3$ 碱度进行校核。

3.43 影响曝气生物滤池反应器反硝化作用的主要因素有哪些？

答 **(1) 碳源**

反硝化细菌所能利用的碳源是多种多样的，但从废水生物处理生物脱氮角度分为三类，即废水中所含的有机碳源、外加碳源、内碳源。

废水中各种有机基质都可以作为反硝化过程中的电子供体，当废水中有足够的有机物质，就不必另外投加碳源。一般实际工程中应控制 BOD_5/TN 值大于 $4:1$。当废水中碳氮比过低，即 BOD_5/TN 值小于 $3:1$ 时，需要另外投加碳源才能达到理想的去碳效果。

（2）溶解氧

氧的存在会抑制硝酸盐的还原，其原因主要为：一方面阻抑硝酸盐还原酶的形成，另一方面可作为电子受体，从而竞争性地阻碍了硝酸盐的还原。所以对于生物反硝化系统都必须设立一个不充氧的缺氧池或缺氧区段，以便使硝酸盐通过反硝化途径转化成气态氮。对于曝气生物滤池反应器属于生物膜法反硝化，由于生物膜层从内到外依次存在厌氧层、缺氧层、好氧层和水膜层，虽然生物膜外层有一定的溶解氧存在，氧在向膜内层转移过程中不断被膜微生物所消耗，其内层呈缺氧状态，即使反应器中存在一定浓度（＞0.5mg/L）的溶解氧，反硝化作用仍然能高效进行，当然其所允许的溶解氧值与生物膜的厚度等参数有关。正由于生物膜这一特殊结构，使得好氧反应器在硝化的同时能进行部分反硝化作用。

（3）温度

反硝化细菌对温度变化虽不如硝化细菌那样敏感，但反硝化效果也会随温度变化而变化。温度越高，反硝化速率也越高，在 $30\sim35℃$ 时，反硝化速率增至最大。当低于 $15℃$ 时，反硝化速率将明显降低，至 $5℃$ 时，反硝化作用将趋于停止。因此，在冬季要保证脱氮效果，就必须提高生物膜量，采用适当减少滤池反冲洗次数及降低负荷（水力负荷）等措施来补救。

（4）pH 值和碱度

反硝化细菌对 pH 值变化不如硝化细菌敏感，在 pH 值为 $6\sim9$ 的范围内，均能进行正常的生理代谢，但生物反硝化的最佳 pH 值范围为 $6.5\sim8.0$。当 pH 值＞7.3 时，反硝化的最终产物为 N_2；当 pH 值＜7.3 时，反硝化的最终产物为 N_2O。

由于反硝化细菌对 pH 值范围要求较宽，因而在生物脱氮工艺中，pH 值控制的关键在于生物硝化，只要 pH 值变化不影响硝化的顺利进行，则肯定不会影响反硝化。反之，当 pH 值变化对硝化产生较大影响，使之不能顺利进行时，不管 pH 值对反硝化是否影响，脱氮效果都不会理想。在生物反硝化过程中将每克 NO_3^--N 转化为 N_2，约可产生 3.57g 碱度，这样可补偿生物硝化所消耗的碱度的一半左右。因此，很多本应外加碱源才能顺利进行硝化的污水，可以不再需要加碱。

3.44 曝气生物滤池运行中的异常问题及解决对策有哪些？

答 （1）气味

对于曝气生物滤池，当进水有机物浓度过高或滤料层中截留的微生物膜过多时，滤料层内局部会产生厌氧代谢，有可能会产生异味，解决办法如下。

① 减少滤池中微生物膜的积累，让生物膜正常脱膜并通过反冲洗排出池外。

② 保证曝气设施的正常工作。

③ 避免高浓度或高负荷污水的冲击。

（2）生物膜严重脱落

在滤池正常运行过程中，微生物膜的不正常脱落是不允许的，产生大量的脱膜主要是水质原因引起的，如抑制性或有毒性污染物浓度太高或 pH 值突变等。

解决办法：改善水质，使进入滤池的水质基本稳定。

（3）处理效率降低

若滤池系统运行正常，且微生物膜生长情况较好，仅仅是处理效率有所下降，这种情况一般不会是水质的剧烈变化或有毒污染物质的进入造成的，而可能是进水的 pH 值、溶解氧、水温、短时间超负荷运行所致。对于这种现象，只要处理效率降低的程度不影响出水水质的达标排放，即可不采取措施，过一段时间便会恢复正常；若出水水质影响达标排放，则需采取一些局部调整措施加以解决，如调节进水的 pH 值、调整供气量、对反应器进行保温或对进水进行加热等。

（4）滤池截污能力下降

滤池运行过程中，当反冲洗正常，仅滤池的截污能力下降，这种情况可能是预处理效果不佳，使得进水中的 SS 浓度较高所引起的，所以此时必须加强对预处理设施的运行管理。

（5）进水水质异常

① 进水浓度偏高。这种情况很少出现。如果出现这种情况，则应当通过加大曝气量和曝气时间来保持污泥负荷的稳定性。

② 进水浓度偏低。这种情况主要出现在暴雨天气，应当通过减少曝气力度和曝气时间来解决。

（6）出水水质异常

① 出水带泥、水质浑浊。这种情况的出现主要是生物膜厚度太厚，反冲洗强度过强或冲洗次数过频，导致微生物流失，处理效率下降。解决办法是：控制酸化池出水 SS 的去除率，减少反冲洗次数，调整反冲洗合适强度。

② 水质发黑、发臭。水质发黑、发臭的原因可能是溶解氧不够，造成污泥厌氧分解。解决办法是：加大曝气量，提高溶解氧的含量即可。

原因也可能是局部布水系统堵塞，造成局部缺氧。解决办法：检修或加大反冲强度。

（7）出水呈微黄色

主要原因是生物滤池进水化学除磷的加药量太大，铁盐超标，应当减小加药量。

3.45 膜生物反应器中膜污染物质的主要来源有哪些？

答 膜生物反应器中膜污染的物质来源是活性污泥混合液。污泥混合液的组成是复杂而变化的，包括微生物菌群及其代谢产物，以及废水中的有机大分子、小分子、溶解性物质和固体颗粒。

分置式好氧 MBR 工艺中，数量占绝对多数的生物絮体起主导作用；厌氧 MBR 工艺中，消化上清液中微小胶体尽管数量相对少但对沉积层阻力贡献最大，无机污染物磷酸铵镁和微生物细菌一并沉积并吸附在膜表面，形成黏附性极强、限制膜通量的凝胶层。而在膜的生物污染中，一个非常重要的因素是生物细胞产生的胞外聚合物（EPS），EPS 既在曝气池中积累，也在膜上积累，从而引起混合液黏度和膜过滤阻力的增加。

3.46 膜污染后的清洗方法有哪些？

答 膜污染后的清洗方法有水力清洗和化学清洗。

(1) 水力清洗

在清洗时关闭透过液出水阀，采用低压、高膜面流速的操作条件，错流运行方式进行水力清洗，在反扩散和膜面剪切作用下，对沉积物具有较好的清洗效果。

也可采用膜的透过水施加一个反冲洗压力，使清洗水反向穿过膜，将膜孔中的堵塞物洗脱，并使膜表面的沉积层悬浮起来，然后被水流冲走。

(2) 化学清洗

在膜生物反应器的运行中最好能够避免化学清洗。一方面，化学清洗消耗药剂，造成二次污染；另一方面，化学清洗将会给实际工程的运行带来诸多不便。但是，经过很长时间的运行后，必须通过化学清洗来维护膜的通量。

当膜污染主要是由膜内表面微生物的滋生所造成时，可在药洗过程中，把一定浓度的 NaClO 溶液（2%～5%）从管道加药口加入到中空纤维膜内部，让其在从膜的一端流向另一端的过程中和膜内表面充分接触，杀死并氧化滋生在膜面上的微生物，再使微生物残体和溶液随出水流出。

无机陶瓷膜进行化学清洗，可首先用稀碱热溶液（主要成分是次氯酸钠）冲洗 20min 左右，膜面流速 4m/s，初步破坏凝胶层，使之从无机膜表面剥离下来，碱洗的作用对象主要是其中的有机物如多糖类等；然后用稀酸热溶液（主要成分是硝酸）持续冲洗 5min 左右，膜面流速与碱洗时相同，已溶出凝胶层中结合在有机大分子间的无机金属离子如 Cu^{2+}、Fe^{3+} 等，将凝胶层等从无机膜表面彻底洗脱以恢复其通透能力。

3.47 MSBR 工艺主要设备的选择及维护要求有哪些?

答 MSBR 反应池中的主要设备有曝气系统、空气出水堰、测量仪表及浮筒搅拌器、潜水回流泵等。因 MSBR 反应池序批出水的特性，因此其设备的维护也与其他工艺略有不同。

① 由于曝气系统中的曝气管膜表面存在易生长生物膜、被杂物堵塞、发生破损等的可能性，从而影响曝气效率，因此曝气系统最好采用可提升管式曝气，运行中应根据管道风压及池面曝气状态，定期检查维护曝气管膜；同时运行中还要观察空气管道上的开关阀及调节阀，定期对这些阀门进行维护保养，以避免因为阀门故障而产生的曝气问题。

② 回流泵控制使用变频器，既可精细化控制又能节省能耗。

③ MSBR 系统内的测量仪表主要有 DO/（溶解氧仪）、ORP（硝酸盐分析仪）及 MLSS（污泥浓度计），只有保证测量仪表数据的准确性，才能稳定工艺的可靠运行。因此需要定期对测量仪表的探头进行清理及校准。

④ 序批池电动开关阀及调整阀的维护保养要及时，定期检查其状态，建议增加阀门故障报警。

3.48 空气悬浮离心鼓风机特点是什么?

答 空气悬浮离心鼓风机具有一般离心式风机没有的优点。

① 具有空气悬浮轴承，大大减小了传统轴承的滑动摩擦消耗的动能和热能以及噪声，并且没有齿轮箱、传统轴承和和润滑系统。

② 采用永磁同步超高速电机及空气冷却系统。

③ 采用高精度铸造加工的具有高速性能的合金叶轮。

空气悬浮离心鼓风机的高速电机与叶轮同轴，轴悬浮于空气轴承上，与空气轴承无直接接触，不需润滑，采用变频器对高速电机进行控制转速。

空气悬浮离心鼓风机设计结构紧凑，体积远小于传统的离心式风机。所有鼓风机部件、电气控制、PLC控制系统安装于一体，占地面积小，便于运输、安装和操作。空气悬浮鼓风机具有节能降耗，高效的技术先进性和可靠性，运行可靠和维修保养方便等特点。

3.49 空气悬浮鼓风机初始启动前的注意事项有哪些?

答 空气悬浮鼓风机初始启动前的检查事项见表 3-1。

表 3-1 空气悬浮鼓风机初始启动前的检查事项

区分	项目	详细内容	判定
检查鼓风机排管	出口状态	是否与其他鼓风机并联使用	是/否
		出口排管大小适当	是/否
		有无障碍物/异物	是/否
		马达冷却出风管道是否合适	是/否
	进口状态(其他管道)	螺丝拧紧状态及密封垫插入状态如何	是/否
		有无障碍物/异物	是/否
		管道大小是否合适	是/否
鼓风机安装检查项目	防振	(外部振动严重时)是否安装防振弹簧	是/否
	水平度	水平状态是否适当	是/否
	确保空间	维修、点检所需空间充足	是/否
	零件顺序	出口软性接头→止回阀→消声器→闸阀	是/否
电源与控制系统	电源电压确认	各线之间的电压是否与要求一致	是/否
	变压器容量	变压器的容量是否充足	是/否
	结线状态	结线松紧状态 R/U-S/V-T/W 方向确认	是/否
	外部控制结线	各端子是否正确连接	是/否
	电缆规格	电源/接地线的容量是否充分	是/否
	接地线	接地线是否连接状态	是/否
	使用通信线时	UTP CABLE(无遮蔽式双绞线)和端子排连接是否正确	是/否
	控制参数	控制参数值是否按报告单内容储存	是/否
接通电源后需检查项目	放空阀运行检查	放空阀运行时状态是否良好	是/否
	人机界面	LCD画面是否正常输出	是/否
		压力有无异常	是/否
		空气流量有无异常	是/否
		温度有无异常	是/否
		转速有无异常	是/否
		电流/电力有无异常	是/否
	振动及噪声	运行中有无异常振动及噪声	是/否

3.50 空气悬浮鼓风机运行中的检查项目有哪些?

答 空气悬浮鼓风机检查项目见表 3-2。

表 3-2 空气悬浮鼓风机检查项目

检查周期	检查项目	检查内容	备注
每日检查	触摸显示器数值	电力、转数、出口压力、流量、进口/出口温度、SV	运行记录备档
	进口压差	进口压差在 3kPa 以上时设备会自动停机,事前需要清扫或更换过滤器(主过滤器建议每 3 个月更换 1 次)	参考进口过滤器管理一栏
	设备振动	把手放至设备顶部确认振动大小,检查传达到管道的振动大小	发生异常时而需申请售后服务
	出口空气泄漏	检查各排气口有无漏气现象,检查管道及法兰接口有无漏气现象	确认后处理
	噪声	确认有无异常噪声	发生异常时需要申请售后服务
	气味	变频器冷却空气中有烧焦的气味 设备周围有烧焦的气味	发生异常时需要申请售后服务
	动力接入部分	电源线异常发热,R-S-T 三相线间的负载不均衡	发生异常时需要申请售后服务
每月检查	变频器过滤器及后面进气口过滤器状态	更换	更换周期 3 个月
	月间运行数据比较	压力、流量、温度、电流、电力等比较	发生异常时需要申请售后服务
每半年检查	检查变频器	清扫散热器,清扫冷却风扇	必须执行(售后服务技术负责)
	检查设备安装状态	检查设备水平状态,检查柔性接头状态,检查止回阀状态	尽可能执行(售后服务技术负责)
每年检查	检查变频器	精密校查内部线路及电气元件	售后服务技术负责
	检查马达室	检查马达绝缘电阻,检查端子松紧连接状态	售后服务技术负责
	检查叶轮	检查叶轮的整体性能	现场人员负责检查
	检查控制柜	检查各传感器校准,检查安全停机系统	售后服务技术负责
	运行/远程控制	检查远程控制系统	售后服务技术负责
	检查动力供应	检查电源,检查保护继电器	与现场人员一同检查

3.51 磁悬浮鼓风机的主要特点及维护保养是什么?

答 磁悬浮鼓风机的优点与空气悬浮鼓风机相类似。

① 轴承采用的是磁力悬浮轴承,与传统轴承相比大大降低因摩擦消耗的能量,并且没

有齿轮箱、传统轴承和和润滑系统。

②采用永磁同步超高速电机，没有减速箱和润滑装置。

③采用精铸和精加工的合金叶轮并用空气冷却。

磁悬浮离心鼓风机的传动系统是高速电机与叶轮同轴，高速电机用变频器进行控制。磁悬浮离心鼓风机的所有部件、电气控制、PLC控制系统紧凑安装为一个整体，体积小，便于运输、安装和操作。磁悬浮离心鼓风机具有节能、维修维护简单，运行可靠等特点。磁悬浮离心鼓风机结构示意图见图3-3。

图3-3　磁悬浮离心鼓风机结构示意

磁悬浮鼓风机维护保养主要有如下几点。

①开机前必须确认空气管道通畅，检查放空阀及止回阀门是否正常；风机运行时检查进风过滤器压差，当压差值接近3kPa时，应及时清洗或更换空气过滤棉或空气过滤器。

②值班运行人员每4h对风机运行情况做一次巡视，记录现场相关数据，包括故障记录显示，发现异常及时处理。夏季运行时注意保持入口空气温度不超过60℃，电机温度不超过170℃，变频器温度不超过67℃。

③定期检查磁力轴承的冷却状况和变频器的冷却状况。

④每半年清扫检查一次电机室及隔声罩、冷却管，以及进出风管、锥管的密封。

⑤根据空气过滤器前后的气压差值，及时更换过滤芯。

⑥保持风机室正常温度，做到卫生、洁净。

第4章

泥水分离设备

4.1 初沉池的作用是什么?

答 初沉池可除去废水中的可沉物和漂浮物。废水经初沉后,约可去除可沉物、油脂和漂浮物的 50%、BOD_5 的 20%,按去除单位质量 BOD_5 或固体物计算,初沉池是经济上最为节省的净化步骤,对于生活污水和悬浮物较高的工业污水均易采用初沉池预处理。初沉池的主要作用如下。

① 去除可沉物和漂浮物,减轻后续处理设施的负荷。

② 使细小的固体絮凝成较大的颗粒,强化了固液分离效果。

③ 对胶体物质具有一定的吸附去除作用。

④ 一定程度上,初沉池可起到调节池的作用,对水质起到一定程度的均质效果。减缓水质变化对后续生化系统的冲击。

⑤ 有些废水处理工艺系统将部分二沉池污泥回流至初沉池,发挥二沉池污泥的生物絮凝作用,可吸附更多的溶解性和胶体态有机物,提高初沉池的去除效率。

另外,还可在初沉池前投加含铁混凝剂,强化除磷效果。含铁的初沉池污泥进入污泥消化系统后,还可提高产甲烷细菌的活性,降低沼气中硫化氢的含量,从而既可增加沼气产量,又可节省沼气脱硫成本。

4.2 影响初沉池运行的主要因素有哪些?

答 (1)表面负荷

表面负荷增加,可影响悬浮物的有效沉降,使悬浮物的去除率下降,水力负荷率一般取

$0.6\sim1.2m^3/(m^2 \cdot h)$ 为宜。

(2) 废水性质

① 新鲜程度。新鲜的废水沉淀后去除率较高，废水新鲜程度又取决于污水管道的长短、泵站级数等，此外缺氧的高浓度工业废水易于腐败变质。

② 固体物颗粒大小、形状和密度。废水中固体物颗粒大、形状规则、相对密度大时沉降较快。

③ 温度。废水温度降低、水中悬浮物黏滞度增加，例如悬浮物在27℃时比10℃时沉降快50%。然而水温高也会加速污水的腐败、厌氧发酵，出液的密度差减少，不利于颗粒物下沉，从而降低悬浮物的沉降性能。故应综合这两个因素并结合污水网管系统具体状况一起分析。

(3) 操作因素

前道工序如格栅井或沉砂池的运行状况可直接影响初沉池的运行。若前道工序运行不好会加重初沉池的负荷，并降低去除效果。

在二沉池污泥和污泥消化池的消化污泥进入初沉池的处理系统中，应特别注意使污泥均匀、稳定地进入。切忌间歇、冲击式投加，否则会使初沉池超负荷运行，腐化污泥数量也大大增加，影响到固体的去除，并对环境产生不良影响。

4.3 初沉池日常管理、操作的基本内容有哪些?

答 (1) 检查和控制初沉池水力条件

均匀进水和出水，防止异常水力条件是所有废水处理构筑物的运行管理中都应注意的问题。初沉池的进、出水口设置应该注意防止水的断流、偏流、出现死角以及防止已经沉降的悬浮颗粒重新泛起，以保证较高的沉淀效率。采取的措施有：进水口和出水口之间的距离宜尽可能加大；对进水进行导流和整流，如采用淹没潜孔、穿孔墙、导流筒和导流窗进水等；加大出水堰长度、降低堰口单位长度的过流量和过流速度；出水堰口必须保持水平或设置锯齿堰，以保证流量均衡，防止发生短流。

长时间运行后，沉淀池的进出水堰板可能发生倾斜，导致沿堰板长度不均匀进出水现象，影响沉淀池工作效率，必须定期检查并进行必要的校正。一般通过调整堰板孔螺钉位置来校正堰板水平度，但铁螺钉经过长时间浸泡后极易生锈，使用不锈钢螺钉可以解决整个问题。

(2) 浮渣清除

初沉池浮渣清除有人工清捞和机械撇除两种。在带有回转式刮泥机的辐流式或平流式沉淀池中，电机往往同时带动沉淀池水面的浮渣刮除板工作。撇除的浮渣黏性强，难以自流出斗，必要时应辅以水冲或人工捞出。机械去除浮渣的装置要定期检查，对无该装置的初沉池，操作者需经常清除浮渣，减少苍蝇滋生、减少气味，改善厂区卫生。一般冬天油脂较多，浮渣也较多，污泥较难泵送，但腐败及气味问题较少，夏季情况正好相反。

(3) 排泥

初沉池为间歇式排泥，也可连续式排泥，间歇式排泥需要掌握排泥时间间隔和排泥持续时间，排泥间隔时间过长将引起池底污泥厌氧产气而上浮，恶化出水水质；一次排泥持续时间过长则污泥含水率过高，将增加污泥处理设施的负担。排泥操作依据不同的污水类型和沉淀池工作情况具体确定，以保证排出污泥的含水率不低于97%作为标准，一般夏天排泥间隔时间为8~12h，冬季排泥间隔时间可延长到24h。一次持续排泥时间一般为几分钟到几十分钟。当采取重力排泥时，排泥水头应不低于1.5m，排泥管管径一般不得小于200mm。多个或多格沉淀池的排泥应逐个进行，连续式工作的沉淀池排泥时不需要关闭进出水闸门。

(4) 设备保养

初沉池栏杆、排泥阀、配水阀等容易生锈，需要经常检查，定期除锈、油漆、保养。

(5) 刮泥机检查、保养

每2h巡视一次刮泥机的运行情况，包括机件紧固状态、温升、振动和噪声等，每班检查一次减速器润滑油情况，每隔3个月更换润滑油一次，驱动轮和链条经常加油。

(6) 清洗

长时间运行后，沉淀池的出水管、堰口或渠道都会黏附有污物，必须定期清除，以保证排水通畅。

(7) 正确投加混凝剂

当初沉池用于混凝工艺的液固分离时，正确投加混凝剂是沉淀池运行管理的关键之一。根据水质水量的变化及时调整投药量，特别要防止断药事故的发生，因为即使短时期停止加药也会导致出水水质的恶化。

4.4 初沉池运行过程中的异常问题及解决对策有哪些？

答 (1) 污泥上浮

有时在初沉池可出现浮泥异常增多的现象，这是由于本可下沉的污泥解体而浮至表面，因废水在进入初沉池前停留时间过长发生厌氧腐败时也导致污泥上浮，这时应加强去除浮渣的撇渣器的工作，及时和彻底地去除浮渣。

在二沉池污泥回流至初沉池的处理系统中，有时二沉池污泥中硝酸盐含量较高，进入初沉池后缺氧时可使硝酸盐反硝化，还原成氮气附着于污泥上，使之上浮。这时可控制后面生化处理系统，使污泥的泥龄减少，降低硝化程度，亦可加大回流污泥量，使之停留时间减少。

(2) 黑色或恶臭污泥

产生原因是：废水水质腐败或进入初沉池的废水浓度过高。解决办法如下：

① 切断已发生腐败的污水管道；

② 减少或暂时停止高浓度工业废水（如造纸废水等）的进入；

③ 对高浓度工业废水进行预曝气；

④ 改进污水管道系统的水力条件，减少易腐败固体物的淤积；

⑤ 必要时可在污水管线中加氯，以减少或延迟污水的腐败，这种做法在污水管线不长或温度高时尤其有效。

(3) 受纳浓度过高的消化池上清液

① 改进消化池的运行，提高效率；

② 减少受纳上清液的数量直至消化池运行改善；

③ 将上清液倒入氧化塘、曝气池或污泥干化床；

④ 上清液预沉淀。

（4）浮渣溢流

产生原因是：浮渣去除装置不当或不及时。解决办法如下：

① 加快除渣频率；

② 更改除渣口位置，浮渣收集离出水堰更远；

③ 严格控制工业废水进入，特别是含油脂、高浓度碳水化合物等的工业废水。

（5）悬浮物去除率低

产生的原因是：水力负荷过高、短流，活性污泥或消化污泥回流量过大，工业废水影响。解决方法如下：

① 设调节池，均衡水量和水质负荷；

② 投加絮凝剂，改善沉淀条件，提高沉淀效果；

③ 有多个初沉池的处理系统中，若仅一个池超负荷则说明出、进水口堵塞或堰口不平导致污水流量分布不均匀；

④ 防止短流，工业废水或污水流量不一，产生密度流，出水堰板安装不均匀，进水时流速过高等，为证实短流的存在与否，可使用染料进行示踪实验；

⑤ 正确控制二沉池污泥回流量和剩余污泥的排放量；

⑥ 减少高浓度的油脂和碳水化合物污水的进入量。

（6）排泥故障

排泥故障分沉淀池结构、管道状况以及操作不当等情况。

① 沉淀池结构。检查初沉池结构是否合理，如排泥斗倾角是否大于 50°，泥斗表面是否平滑、排泥管是否伸到了泥斗底，刮泥板距离池底是否太高，池中是否存在刮泥设施触及不到的死角等，集渣斗、泥斗以及污泥聚积死角排不出浮渣、污泥时应采取水冲的方法，或设置斜板引导污泥向泥斗汇集，必要时进行人工清除。

② 排泥管状况。排泥管堵塞是重力排泥场合下初沉池的常见故障之一。

排泥管发生堵塞的原因有管道结构缺陷和操作失误两方面。结构缺陷如排泥管直径太小（一般不应小于 200mm）、管道太长、弯头太多、排泥水头不足等。

③ 操作不当。如排泥间隔时间长，沉淀池前面的细格栅管理不当使得棉纱、布屑等进入池中，造成堵塞。

堵塞后的排泥管有多种清理方法，如将压缩空气伸入排泥管中，进行空气冲动；将沉淀池放空后，采取水力反冲洗；堵塞特别严重时需要人工下池清掏。当斜板沉淀池中斜板上积泥太多时，可以通过降低水位使得斜板部分露出，然后使用高压水进行冲洗，但操作时应严格控制水位降低的高度，防止斜板露出过多，污泥将斜板压塌。

4.5 平流式沉淀池结构及运行管理是什么？

答 平流式沉淀池是水从池的一端流入，从另一端流出，水流在池内做水平运动，池平面形状呈长方形，可以是单格或多格串联的沉淀池。池的进口端底部或沿池长方向，设有一个或多个贮泥斗，贮存沉积下来的污泥，或不设泥斗，而采用行走式吸泥机排泥。平流式沉淀池的结构按功能可分流入区、流出区、沉淀区、污泥区和缓冲层五部分。

① 流入区和流出区的任务是使水流均匀地流过沉淀区。

② 沉淀区即工作区，是可沉颗粒与水分离的区域。

③ 污泥区是污泥贮放、浓缩和排出的区域。

④ 缓冲层则是分隔沉淀区和污泥区的水层，保证已沉下的颗粒不因水流搅动浮起。

平流式沉淀池的沉淀区长度一般为 30~50m，有效水深一般为 2~3m，污水在池中停留时间为 1~2h，表面负荷 1~3m³/(m²·h)，水平流速一般不大于 5mm/s。池的长宽比以 4~5 为宜，长深比不小于 10。沉淀区的作用是使可沉颗粒与污水分离，使悬浮物沉降，一般出水达到悬浮物含量低于 10mg/L，特殊情况下不大于 15mg/L。

沉淀池水流的均匀平稳流动是保证沉淀效率的关键。因此，在进水区的入口装有入流装置，又称配水槽。入流装置由设有侧向或槽底潜孔的配水槽、挡流板（挡板）组成。挡板高出水面 0.15~0.2m，其在水下的深度不小于 0.2m。当配水装置穿孔槽的潜孔在槽的底部时，挡板则横放于池深约 1/2 处。其作用是使水流均匀地分布在沉淀池的整个过水断面上，尽可能减少扰动。在日常管理过程中应定期清理配水槽内的杂物及浮渣，以防杂物、浮渣等淤积影响均匀配水。

出水区设有出流装置，又称集水槽。出流装置由出水堰和流出槽组成。出水堰是沉淀池的重要组成部分，不仅控制池内水面的高度，而且对池内水流的均匀分布有直接影响，单位长度堰口流量必须相等，并要求堰口下游应有一定的自由落差。在运行管理过程中，出水堰可能发生松动、移位和缺失现象，应注意观察出水堰出水是否均匀和出水堰的完整情况，尤其是碳钢、铝合金、PVC 等材料的出水堰板。堰前设挡板，以阻拦浮渣，或设浮渣收集和排除装置。

污泥区一方面用于存积下沉的泥，另一方面是供排泥用。为了排泥，沉泥池底部可采用斗形底，采取穿孔排泥和机械虹吸排泥等形式，沉淀池的污泥斗常设在池的前部。污泥斗的上底可为正方形（边长同池宽）或长方形（其一边长同池宽）；下底为正方形，泥斗倾斜面与底面夹角不小于 50°。排泥装置是及时排出沉淀池的污泥，是保证沉淀池正常工作、出水水质的一项重要措施。常用的排泥方法有静水压力法、机械排泥法，机械排泥又可分为刮泥机法和吸泥机法。一般刮泥机法主要用于初沉池排泥，吸泥机法主要用于二沉池排泥。

4.6 平流式沉淀池穿孔管排泥正常运行的基本参数有哪些？

答 ① 穿孔管沿沉淀池宽度方向布置，一般设置在平流式沉淀池的前半部，即沿池长 1/3~1/2 处设置。积泥按穿孔管长度方向均匀分布计算。

② 穿孔管全长采用同一管径，一般为 150~300mm，不得小于 150mm。

③ 穿孔管末端流速一般为 1.8~2.5m/s。

④ 穿孔管中心间距与孔眼的布置、孔眼作用水头及池底结构形式等因素有关。一般平底池子可为 1.5~2m，斗底池子可为 2~3m。

⑤ 穿孔管孔眼直径可为 20~35mm。孔眼间距与沉泥含水率及孔眼流速有关，一般为 0.2~0.8m。孔眼多在穿孔管垂线下做成两行交错排列。平底池子时，两行孔眼可为 45°或 60°夹角；斗底池子宜用 90°。全管孔眼按同一孔径开孔，间距可根据经验公式计算。

⑥ 孔眼流速一般为 2.5~4m/s。

⑦ 配孔比（即孔眼总面积与穿孔管截面积之比）一般为 0.5~0.8。

⑧ 排泥周期与原水水质、泥渣粒径、排出泥浆的含水率及允许积泥深度有关，在运行管理过程中根据实际情况确定。

4.7 链带式刮泥机的运行方式和主要问题有哪些?

答 链带式刮泥机一般用于平流式初沉池,并设在沉淀池的池底部,链带缓缓地沿与水流相反的方向滑动,刮板嵌于链带上,在滑动中池底沉泥被推入贮泥斗中,而当其移到水面时,又将浮渣顺流推到出口的浮渣槽中。

链带式刮泥机的主要问题是各种机件都在水下,易于腐蚀,难以维护。链轮在池底滚动时,链轮对混凝土池底的磨损均较严重,同时也易造成链轮的损坏,此类问题一般采用链轮下敷设钢板或 PVC 板行走路面的形式来缓解磨损问题。

4.8 如何进行二沉池的运行、管理?

答 二沉池运行、管理的主要内容是刮泥和排泥操作,刮泥和排泥操作一般有两种方式,间歇刮(排)泥和连续刮(排)泥。

(1) 刮泥

通过刮泥机械把池底污泥刮至泥斗,有的刮泥机同时将池面浮渣刮入浮渣槽。平流式沉淀池采用行车刮泥机时,一般用间歇刮泥。采用链条式刮泥机时,则既可间歇刮泥,也可连续刮泥。刮泥周期长短取决于污泥的量和质,当污泥量大或已腐变时,应缩短周期,但刮板行走速度不能超过其极限,即 1.2r/min,否则会搅起已经沉淀的污泥,影响出水质量,连续刮泥易于控制,但链条和刮板磨损较严重。

辐流式沉淀池周边沉淀的污泥要较长时间才能被刮板推移到中心泥斗,一般须采用连续刮泥。采用周边刮泥机时,周边线速度不可超过 3m/min,否则周边沉淀污泥会被搅起,使沉淀效果下降。

(2) 排泥

对排泥操作的要求是既要把污泥排净,又要使污泥浓度较高。排泥时间长短取决于污泥量、排泥泵流量和浓缩池要求的进泥浓度。排泥时间确定方法如下:在排泥开始时,从排泥管定时连续取样测定含固量变化,直至含固量降至基本为零,所需时间即排泥时间。大型污水处理厂一般采用自动控制排泥,多用时间程序控制,即定时开停排泥泵或阀,这种方式不能适应泥量的变化。

较先进的排泥控制方式是定时排泥,并在排泥管路上安装污泥浓度计或密度计,当排泥浓度降至设定值时,泥泵自动停止。PLC 自动控制系统能根据积累的污泥量和设定的排泥浓度自动调整排泥时间,既不降低污泥浓度,又能将污泥较彻底排除。

4.9 二沉池运行管理应注意哪些事项?

答 沉淀池运行管理的基本要求是保证各项设备安全完好,及时调控各项运行控制参数,保证出水水质达到规定的指标。因此,应着重做好以下几方面工作。

(1) 避免短流

进入沉淀池的水流,在池中停留的时间通常并不相同,一部分水的停留时间小于设计停留时间,很快流出池外;另一部分水的停留时间则大于设计停留时间,这种停留时间不相同的现象叫短流。

短流使一部分水的停留时间缩短,得不到充分沉淀,降低了沉淀效率;而另一部分水的停留时间可能很长，甚至出现水流基本停滞不动的死水区，减少了沉淀池的有效容积，死水区易滋生藻类。总之，短流是影响沉淀池出水水质的主要原因之一。

形成短流的原因很多，为避免短流，可采取以下措施。

① 在设计中尽量采取一些措施。如采用合理的进水分配装置，以消除进口射流，使水流均匀分布在沉淀池的过水断面上；降低紊流产生，防止污泥区附近的流速过大；增加溢流堰的长度；沉淀池加盖或设置隔墙，以降低池水受风力和光照升温的影响；高浓度水经过预沉淀等。

② 加强运行管理，应严格检查出水堰是否平直，如发现问题，要及时修理。

另外，在运行中，浮渣可能堵塞部分溢流堰口，致使整个出流堰的单位长度溢流量不等而产生水流抽吸，操作人员应及时清理堰口上的浮渣。通过采取上述措施，可使沉淀池的短流现象降低到最小限度。

（2）及时排泥

及时排泥是沉淀池运行管理中极为重要的工作。污水处理过程中沉淀池中所含污泥量较多，且绝大部分为有机物，如不及时排泥，就会产生厌氧发酵，致使污泥上浮。不仅破坏了沉淀池的正常工作，而且使出水水质恶化。

二次沉淀池排泥周期一般不宜超过 2h。当排泥不彻底时应停止工作，采用人工冲洗的方法彻底清除污泥。机械排泥的沉淀池要加强排泥设备。

（3）污泥回流

应使进出二沉池的污泥保持平衡，若出池污泥大于进池污泥，则抽出的污泥中水分过多；若出池污泥小于进池污泥，则二沉池会积泥。一沉池污泥存积应越少越好。生物滤池系统二沉池中的污泥被送至初沉池或送至污泥浓缩池、消化池以做进一步处置。

（4）数据的测定

① 固体浓度。出水固体浓度对出水水质有很大的影响，测定进出二沉池的固体浓度即可得知二沉池的效率。

② DO 值。定期采样测定进出二沉池液体的 DO 值，若二沉池出水中 DO 值显著下降，表明二沉池污泥仍具有较高的需氧量，水质处理不完全，仍未稳定化；若 DO 值下降少说明污泥稳定状态是可以接受的。

③ pH 值。二沉池中 pH 值下降，同时有小气泡表明污泥存在腐败条件。若二沉池中 pH 值上升，同时有小气泡表明污泥存在反硝化现象。

④ 温度。温度会影响污泥的沉降性能，由于水的密度上升和黏滞力升高，温度低时二沉池的水力停留时间延长。由于温度下降后出水的 BOD 升高，可使浮渣增多。

⑤ BOD、COD。测定 BOD、COD 值可得知处理系统的负荷及处理效率。若将出水中的 BOD/COD 同进水时的比值相比较，比值大大下降，表明可以生物氧化分解的有机物已基本上被除去。

4.10　二沉池运行过程中常见的异常问题及解决对策有哪些?

答 （1）出水带有细小悬浮污泥颗粒
产生原因主要有：
① 因短流而减少了停留时间，使絮体在沉降前即流出；

---

② 活性污泥过度曝气，使污泥过氧化；

③ 水力超负荷；

④ 因操作或水质关系产生针状絮体。

解决办法：

① 减少水力负荷；

② 调整出水堰的水平；

③ 投加化学絮凝剂；

④ 调节曝气池中运行的工艺，以改善污泥的性质，例如缺营养时，应加营养，如泥龄过长则应使之缩短，合理控制曝气量。

（2）污泥上浮

产生原因是污泥结块、堆积并引起污泥解絮，污泥升至表面。解决办法：

① 更经常、更频繁地从沉淀池排放污泥；

② 更换损坏的刮泥板；

③ 将黏附在二沉池内壁及部件上的污泥用刮板刮去。

（3）出水堰脏

产生原因是固体物（主要是污泥、塑料袋等）积累，黏附及藻类长在堰板上。

解决办法：

① 经常和彻底地擦洗与废水接触的所有表面；

② 先加氯后再清洗。

（4）污泥管道堵塞

产生原因是管道中流速低，污泥中的固体物含量高。解决办法：

① 疏通沉积的物质；

② 用水、气等反冲堵塞的管线；

③ 较频繁地用泵送污泥；

④ 改进泥管线。

（5）短流

产生原因：

① 水力超负荷；

② 出水堰不平；

③ 设备失去功能；

④ 污泥或砾石过多地积累，因此减少了停留时间；

⑤ 风的影响。

解决办法：

① 减少流量；

② 调整出水堰水平；

③ 修理或更换损坏的进泥和刮泥装置；

④ 避免风的影响；

⑤ 去除沉积的过量固体物。

（6）刮泥器扭力过大

产生原因是刮泥器上承受负荷过高。解决办法：

① 定期放空水并检查是否有工具、砖、石和松动脱落的零件卡住刮泥板；
② 及时更换损坏的刮泥板等部件；
③ 当二沉池表面结冰时应破冰；
④ 减慢刮泥器的转速。

4.11 沉淀池出水堰的作用和基本要求是什么？

答 沉淀池集水槽前多设置自由式出水堰。出水堰是沉淀池的重要部件，出水堰的主要作用不仅是控制沉淀池内水位的高程，而且对沉淀池内水流的均匀分布有着直接影响。

为了防止池内水流产生偏流现象，要使出水堰口尽量水平，以保证每单位长度堰的流量都相等；为了减少池内向出口方向流动的行进流速，应对每单位长度堰的过流量进行控制。一般初次沉淀池应控制在 $27m^3/(m \cdot h)$ 以内，二次沉淀池在 $7.0 \sim 10m^3/(m \cdot h)$ 以内。出流堰大多采用锯齿形三角堰，这种堰常用钢板、铝合金或 PVC 板制成，齿深 50mm，齿距 200mm，直角，用螺栓固定在出口的池壁上。池内水位控制在锯齿高度的 1/2 处为宜。如采用平堰，要求施工严格水平。为了适应水流的变化或构筑物的不均匀沉降，在堰口处需设置使堰板能上下移动的调整装置。

4.12 重力浓缩池的运行控制参数有哪些？

答 重力浓缩法操作简便，维修、管理及动力费用低，应用较为广泛。其主要的运行控制参数如下。

(1) 进泥含水率

当为初次污泥时，其含水率一般为 95%～97%；当为剩余活性污泥时，其含水率一般为 99.2%～99.6%；当为混合污泥时，其含水率一般为 98%～99.5%。

(2) 污泥固体负荷

当为初次污泥时，污泥固体负荷宜采用 $80 \sim 120kg/(m^2 \cdot d)$；当为剩余活性污泥时，污泥固体负荷宜采用 $30 \sim 60kg/(m^2 \cdot d)$；当为混合污泥时，污泥固体负荷宜采用 $25 \sim 80kg/(m^2 \cdot d)$。

(3) 浓缩后污泥含水率

由曝气池后二次沉淀池进入污泥浓缩池的污泥含水率，当采用 99.2%～99.6% 时，浓缩后污泥含水率宜为 97%～98%。

(4) 浓缩停留时间

浓缩时间不宜小于 12h，但也不要超过 24h，以防止污泥厌氧腐化。

(5) 有效水深

一般为 4m，最低不小于 3m。

(6) 污泥室容积和排泥时间

应根据排泥方法和二次排泥间隔时间而定，当采用定期排泥时，两次排泥间隔一般可采用 8h。

(7) 集泥设施

辐流式污泥浓缩池的集泥装置，当采用吸泥机时，池底坡度可采用 0.003；当采用刮泥机时，不宜小于 0.01。当设刮泥设备时，池底一般设有污泥斗，其污泥斗与水平面的倾角应不小于 55°。刮泥机的回转速度设为 0.75～4r/h，吸泥机的回转速度设为 1r/h，其外缘线速度一般宜为 1～2m/min。同时，在刮泥机上可安设栅条，以便提高浓缩效果，在水面设除浮渣装置。当浓缩池较小时，可采用竖流式浓缩池，一般不设刮泥机，污泥室的截锥体斜壁与水平面所形成的角度应不小于 55°，中心管按污泥流量计算。沉淀区按浓缩分离出来的污水流量进行设计。

4.13　重力浓缩池运行时应注意哪些问题？

答　**（1）控制浓缩池污泥的负荷**

按照设计参数要求进入污泥量，避免浓缩池的处理量过大，造成停留时间不足使上清液浑浊，也要防止因为停留时间过长导致污泥厌氧分解上浮。

（2）控制搅拌条件

缓慢搅动有利于污泥颗粒的凝聚和颗粒间水分的析出，但搅拌速度过快会打碎污泥颗粒，阻碍污泥颗粒的有效凝聚。

（3）防止污泥上浮

在夏天，污泥上浮是重力浓缩池的主要异常问题，这往往是污泥厌氧消化产气所致，也可能是由于污泥中硝酸盐氮反硝化产气引起，其根本原因是因为浓缩池缺氧和污泥停留时间过长以及温度升高。在污泥进入浓缩池之前进行短时曝气，可以有效地解决污泥上浮问题。另外，加大浓缩池中污泥的进出流量也可以获得较好效果。

（4）溶磷

具有生物除磷功能的污水处理厂排出的富磷污泥进入浓缩池后，若停留时间过长将导致磷的回溶现象，造成磷重新回到污水处理系统，污泥中磷的释放主要是浓缩池缺氧引起的。

（5）上清液

浓缩池的上清液应重新回流到初沉池或调节池前进行处理，不能直接排放。

（6）二次污染

污泥浓缩池污泥停留时间较长，一般会产生酸化厌氧，散发臭气，必要时应考虑防臭或脱臭措施。臭气控制可以从以下三个方面着手，即封闭、吸收和掩蔽。

① 封闭是指用棚子或其他设备封住臭气发生源或用引风机将臭气送入曝气池内吸收氧化。

② 吸收是指用化学药剂来氧化或净化臭气。

③ 掩蔽是指采用掩蔽剂使臭气暂时不向外扩散。

4.14　重力浓缩池刮泥机的基本类型和适用特点有哪些？

答　重力浓缩池中设置污泥刮泥机，刮泥机的形式有悬挂式中心传动刮泥机、垂架式中心传动刮泥机和周边传动刮泥机。

刮泥机刮臂外缘线速度一般均小于 3.5m/min，而用于给水厂污泥刮泥机刮臂外缘线速度均小于 2m/min，中心传动刮泥机采用悬挂时，池径一般小于 12m。采用垂架式时则适用于池径大于 20m，其至到 50m，而国外生产的垂架式中心传动刮泥机可适用于池径 100m。

4.15　浮选浓缩池撇渣机的基本类型和适用特点有哪些？

答　浮选浓缩池撇渣机的形式有行车式撇渣机、绳索牵引式撇渣机和链条牵引式撇渣机。

（1）行车式撇渣机

行车式撇渣机适用于池内水位稳定，池面漂浮物的密度小于介质密度，介质温度在 0℃以上的工况。如果浮选浓缩池设在室外露天，池上需架设防雨棚，以免雨水打碎浮渣。

（2）绳索牵引式撇渣机

绳索牵引式撇渣机适用范围同行车式撇渣机，钢丝绳应具有较好的挠曲性、耐磨性和耐腐蚀性，优先选用不锈钢钢丝绳，当使用普通钢丝绳时，运行中应注意经常清除钢丝绳表面的污物并涂油保护。

（3）链条牵引式撇渣机

链条牵引式撇渣机的链条是主要部件。链条的结构形式有两种，即片式牵引链和销钉链，销钉链的耐磨性和耐腐蚀性较好。在同等工况下链条牵引式撇渣机要比绳索牵引式撇渣机寿命长，出于该型撇渣机是在池上做单向直线运动，不需换向装置，电源连接和控制系统都较简单，因而减少了故障率，但造价比绳索牵引式要高。

4.16　如何进行吸泥桥的操作运行？

答　吸泥桥控制柜设有运行指示灯，能够显示设备的运行、故障、备用等状态，还有自动运行、手动运行转换开关。

① 若采用自动运行，只需将控制柜上的开关置于自动位置上即可。

② 若采用手动运行，需将吸泥泵、行走电机开关置于手动处，然后可选择行进速度，一般设有 1 速（2.1m/min）和 2 速（4.2m/min），可根据实际情况选择。

③ 吸泥泵出口一般设有电磁阀控制，通过将电磁阀开关打到手动位置处，可调整出口阀门的开启度（0~100%），用来调节回流污泥流量。

另外，在吸泥桥上一般都设有急停开关，无论是在手动条件下运行，还是在自动条件下运行，如遇到紧急情况，都可迅速按下急停开关，使吸泥桥停止运行。

4.17　如何进行吸泥桥的维护保养？

答　在对吸泥桥维护前应首先采取以下措施。

① 切断桥的电源。

② 打开开关柜，将开关置于"OFF"处。

③ 悬挂禁止合闸指示牌。

吸泥桥的维护项目如下。

① 每月至少全面检查一次整个桥的机械、电气功能。

② 每周检查桥上所有螺栓，若松动应立即进行紧固。

③ 每周检查导向轮有无损坏，并调整好导向轮位置，保证桥不走偏。

④ 驱动电动机耐磨轴承应用钙基脂润滑。

⑤ 齿轮箱内的润滑油，每 3 年更换一次。

⑥ 电控柜内要防潮，一般情况下，应将电控柜的门关闭，将其温度维持在 20℃左右。但在一些特殊情况下，如电控柜内的通风扇发生故障而不能正常工作时，则最好不要将门关上，应保持良好的通风，以免发生过热现象，将电控柜烧坏。

日常巡视内容如下。

① 检查桥运行是否正常，吸泥泵是否出泥。

② 检查行走轮是否完好，导向轮是否损坏。

③ 检查电缆卷筒运转是否正常，电缆缠绕是否整齐。

④ 检查电机在运行过程中有无杂声及异常情况。

4.18 吸泥桥常见故障及排除方法有哪些？

答 （1）机械方面

导向轮损坏或脱落，会导致桥体严重走偏，此时应及时更换导向轮，并调整好桥的位置。桥行走轮上紧固螺栓松动，严重时甚至脱落，会严重影响桥的运行，应立即对这些松动的螺栓进行紧固。

（2）电气方面

① 桥不行走。应先检查电控柜内是否有空气开关跳闸，应现试合几次（一般不超过 3 次），若不能合闸，须让专业维修人员清查故障原因，待完全排除后方可合闸。若无跳闸现象，而控制柜上指示灯也无故障显示，则可能是熔断器烧坏，应更换一个新的熔断器即可。

② 吸泥泵不出泥。此时，应对吸泥泵的电气线路进行检查。

4.19 什么是加压溶气气浮？

答 溶气气浮是使空气在一定的压力下溶于废水并呈饱和状态，然后使废水压力骤然降低，这时溶解的空气便以微小的气泡从水中析出，实现气浮效果。用这种方法产生的气泡直径约为 $20 \sim 100 \mu m$，并且可人为地控制气泡与废水的接触时间，应用广泛。

根据气泡从水中析出时所处的压力不同，溶气气浮又可分为两种方式：一种是空气在常压或加压下溶于水中，在负压下析出，称为溶气真空气浮；另一种是空气在加压下溶入水中，在常压下析出，称为加压溶气气浮。后者广泛用于含油废水的处理，通常作为除油后的补充处理和生化处理前的预处理。

4.20 气浮的基本原理是什么？

答 气浮法，又称浮选法，是将污水通入空气，产生微小气泡作为载体，使污水中的乳化油、微小悬浮物等污染物质黏附在气泡上，形成浮选体，利用气泡的浮升作用，上升到水面，通过收集水面上的泡沫或浮渣达到分离杂质、净化污水的目的。这种方法主要用来处理污水中靠自然沉降或上浮法难以去除的乳化油或相对密度近于 1 的微小悬浮颗粒。

气浮过程包括气泡产生、气泡与颗粒（固体或液滴）附着以及上浮分离等连续步骤。实现气浮法分离的必要条件有两个：

① 必须向水中提供足够数量的微细气泡，气泡理想尺寸为 $15 \sim 30 \mu m$；

② 必须使目的物呈悬浮状态或具有疏水性质，从而附着于气泡上浮。

当水中升起的空气泡与疏水固体粒子接近时，穿透包围固体粒子的水层（具有某一临界厚度），气泡与粒子黏着，一起上浮至水面，形成泡沫（亦称浮渣）。水中通入气泡后，并非任何悬浮物都能与之黏附。这取决该物质的润湿性，即能被水润湿的程度。各种物质对水的润湿性可用它们与水的接触角来反映。黏附的概率与粒子浸润性有关，粒子的浸润性以浸润角的大小来表示，浸润角越大，附着的概率越大，气泡附着在粒子表面也就越牢固。吸附现象和水中的表面活性物质、电解质均影响悬浮粒子表面的浸润性能。表面活性物质吸附在粒子表面，降低其浸润性，使粒子变为疏水性。

常用的表面活性物质有植物油、脂肪酸及其盐类、硫醇、烷基硫酸盐和胺等，提高溶解气体在粒子表面的分子吸着作用也可增加粒子的疏水性。通常情况下，浸润角＞90°者称为疏水性物质，容易与气泡吸附，当该物质相对密度小于1时，用气浮法就特别有利。当浸润角趋近180°时，这种物质最易被气浮。浸润角＜90°者称为亲水性物质，这种物质吸附不牢，易于分离。当浸润角趋近0°时，这种物质就不能被吸附。

气浮分离的效果与气泡的大小和数量有关。气泡理想尺寸为$15\sim30\mu m$，同时必须提高水中的含气量。废水中杂质含量提高，接触和黏着的概率也随着提高，空气的单位体积耗量也随着减少。上浮过程中必须稳定气泡大小，因此，加入各种泡沫生成剂，以减少相分离的表面能。如加入松脂、甲酚、酚、烷基硫酸钠等。这些物质中的一部分功能团具有捕集和生成泡沫等特性。废水中杂质粒子的重量不超过粒子对气泡的黏着力和气泡浮力，气浮性能良好的粒子尺寸大小取决于物质的密度，为$0.2\sim1.5mm$。

气浮过程也可与混凝法结合使用，称为混凝气浮法，气泡对新生成的絮凝物的附着概率比加药前生成的絮凝物要高些。

4.21 常见的气浮方法有哪些？

答 按水中气泡产生的方法不同，将气浮法分为充气气浮、溶气气浮和电解气浮法三大类。目前，电解气浮法应用较少，这里主要介绍前两种。

(1) 充气气浮法

充气气浮法是利用机械剪切力将混合于水中的空气分割成微小气泡以进行浮选处理的方法，又称布气浮选法。根据粉碎气泡方法的不同，充气气浮又分为射流气浮、叶轮气浮和扩散板（管）气浮几种。

(2) 溶气气浮法

溶气气浮法是使空气在一定压力下溶于水中并达到过饱和状态，然后再突然降低污水压力，这时溶解于水中的空气便以微小气泡的形式从水中逸出，以进行浮选的方法。

根据气泡从水中析出时所处压力的不同，溶气气浮又可分为加压溶气气浮和溶气真空气浮两种类型。前者是空气在加压条件下溶于水中，而在常压下析出；后者是空气在常压或加压条件下溶入水中，在负压条件下析出。

4.22 射流气浮的结构特点和运行参数有哪些？

答 射流气浮是采用以水带气的射流器向水中充入空气。当水从射流器喷嘴高速喷出时，将其周围的空气一起卷带走，使吸入室形成负压，继而从吸气管吸入空气。当水气混合体进入喉管段后进行充分混合并伴随着激烈的能量交换，空气被粉碎成微小气泡，然后进入扩散段，水气混合体降低流速，动能转化为势能，进一步压缩气泡，最后从排出口排出，进入浮选池中进行气水分离，完成浮选过程。

射流气浮的优点是装置简单，造价低。但是效率较低，在不投混凝剂时，去除含油污水中乳化油的比率约为65%左右，且喷嘴及喉管处易被油污堵塞，故应配备蒸汽清扫措施。

射流气浮池多用竖流圆形，其设计运行参数一般如下。

① 保证射流器不堵塞，要求悬浮物颗粒粒径小于喷嘴直径，喉管直径与喷嘴直径之比为 2～2.5。

② 反应段上升流速 60～80m/h。

③ 分离段上升流速 6～8m/h。

④ 停留时间 8～15min。

⑤ 进水压力 98～294kPa。

⑥ 气浮渣由液位控制溢流排出。

⑦ 空气量为水量的 5%～8%。

⑧ SS 去除效率一般为 90%～95%。

4.23　叶轮气浮的运行过程和结构特点有哪些？

答　叶轮气浮的充气是靠叶轮高速旋转时在固定盖板下产生负压，从空气管中吸入空气。进入污水中的空气在叶轮的搅动下被粉碎成细小的气泡，并与水充分混合后一起被导向叶片甩出，再经整流板稳流后消能，在池内垂直上升，进行气浮。形成的浮渣不断被缓慢转动的刮板刮出槽外。叶轮气浮池一般采用正方形，边长不超过叶轮直径的 6 倍。当处理规模较大时，可在一个气浮池中设有多个叶轮。气浮池的工作水深一般为 2.5～4m，气浮时间 15～20min。叶轮气浮净化效果与叶轮转速有关，转速越快，形成的气泡越小，效果越好。但转速过快会产生紊流，破坏絮状粒子，从而降低处理效果。

叶轮气浮适用于处理水量不大、悬浮物浓度较高的污水，如用来从洗煤水中回收细煤粉。其优点是设备不易堵塞，其缺点是产生的气泡较大，气浮效率偏低。

4.24　涡凹气浮的原理及特点是什么？

答　涡凹气浮（CAF）是叶轮气浮的改进形式，利用射流泵叶轮在池内高速旋转产生负压吸入空气，高速旋转的叶轮将吸入的空气切割成小气泡，从而实现气浮的目的。

涡凹气浮的特点是占地面积小，运行费用低，抗负荷能力强，配套设施少，自动控制，维护工作量小，使用方便，因此，适用于稀油污水的处理。但是，对于高温稠油污水，由于涡凹气浮主要依靠射流泵叶轮在池内高速旋转产生负压吸入空气，高速旋转的叶轮再将吸入的空气切割成小气泡，在无压体系中自然释放，气泡直径大，对于高温稠油污水处理效果较差，而且动力消耗高。

4.25　高效溶气气浮设备的原理及特点是什么？

答　溶气气浮（DAF）设备的工作原理是采用多相流体泵实现吸气、溶气功能。通过该多相流混合泵所具有的特殊结构叶轮的高速旋转剪切作用，将吸入的空气剪切为直径微小的气泡，随后在泵的高压下溶于水，并在随后的减压阶段，溶解的气体以微气泡的形式释放出来。其特点如下。

① 产生的气泡密集微小，直径<20μm，而传统 DAF 气泡直径一般只有 50～100μm。

② 溶气效率高，空气最大溶解度达 100%，最大含气量为 30%（常规 DAF 为 8%）。

③ 处理效果好，出水 SS≤10mg/L，油≤5mg/L，SS 或油去除率可分别达 99%。

④ 水力停留时间短，气浮池体积小，与传统 DAF 相比可节省占地面积 60%。

⑤ 边吸水边吸气，泵内加压混合。

⑥ 气泡均匀稳定，不会发生大气泡翻腾问题。

⑦ 不会出现溶气释放器堵塞问题。

⑧ 电耗与运行费用低，可节约 50% 能耗。

⑨ 系统构造简单，不需要空压机、压力溶气罐、溶气释放器及高压泵等。

⑩ 全自动操作，使用方便，维修次数少。

⑪ 设备材质好，聚丙烯或 304/316 不锈钢材质，耐腐蚀。

其运行参数为：水力表面负荷 $10m^3/(m^2 \cdot h)$，回流比 20%，溶氧压力 5~8atm，废水停留时间 15min，气固比 0.0008。

4.26 扩散板（管）气浮的结构和特点有哪些？

答 扩散板（管）气浮是过去常采用的一种气浮方法。它是把压缩空气通过位于池底部的微孔板（管），使空气分割成细小气泡分布于水中，进行浮选。这种方法简单易行，能耗也低，但其缺点较多，如气泡较大，上升速度快，剧烈扰动水体，对于分离水中较小的颗粒杂质和易被撞破的疏松絮体，浮选效果就差。另外，空气扩散装置中的微孔易于堵塞。这种方法近年已很少用。

4.27 加压溶气气浮的基本原理是什么？

答 加压溶气气浮是国内外最常用的气浮方法，它是通过溶气罐使空气在一定压力下溶入水中并呈饱和状态，然后在气浮池中使废水压力骤然降低，这时空气便以微小的气泡从水中析出并进行气浮。这种方法形成的气泡直径只有 $80\mu m$ 左右，净化效果比充气气浮好，可处理悬浮物浓度 4~5g/L 的废水。

加压溶气气浮是依靠无数微气泡去黏附絮粒，因此，对凝聚的要求可适当降低。能节约混凝剂量和减少反应时间。由于气浮是依靠气泡来托起絮粒的，絮粒越多、密度越大，所需气泡量就越多。因此气浮不宜用于高浊度废水，而较适用于低浊度废水。

4.28 加压溶气气浮的优点有哪些？

答 ① 在加压情况下，空气的溶解度大，供气浮用的气泡数量多，保证了气浮效果，处理效果显著而且稳定。

② 溶入水中的气体经骤然减压释放，产生的气泡微细，气泡直径在 $80\mu m$ 左右，粒度均匀，而且上浮稳定，对液体扰动微小。因此特别适用于疏松絮粒、细小颗粒的固液分离。

③ 工艺过程及设备比较简单，便于管理、维护。

④ 特别是部分回流式，处理效果显著、稳定，并能较多地节约能耗。

4.29 加压溶气气浮的基本流程有哪些？其特点是什么？

答 加压溶气气浮根据加压情况，可分为全部进水加压、部分进水加压及部分出水回流加压三种流程，其特点如下。

（1）全部进水加压溶气气浮

全部进水加压溶气气浮是将全部污水用加压泵加压至 3～4atm，并在压力管上通入一定量的压缩空气后，水气混合物进入溶气罐，在其中停留一段时间进行水气混合与溶解，然后经过减压阀进入常压气浮池进行气浮。这一流程比较简单，但全部水量加压，流经溶气罐，耗电量大，所需溶气罐容积大。此外，若在气浮之前需经混凝处理时，则已形成的絮凝体易在加压或减压过程中破碎，影响混凝效果。

（2）部分进水加压溶气气浮

部分进水加压溶气气浮是取部分污水加压和溶气，其余污水直接进入气浮池并在气浮池中与溶气污水混合。

（3）部分出水回流加压溶气气浮

部分出水回流加压溶气气浮是取一部分出水回流后进行加压和溶气，减压后直接进入气浮池，与来自混凝池的污水混合和浮选。这两种流程中，用于加压溶气的水量通常只占总水量的 15%～40%，故溶气罐体积较小。与全部进水加压相比，在相同电耗条件下，溶气压力可提高，因而形成的气泡分散度更高、更均匀。此外，在混凝法配合使用时絮凝体不易受到破坏。

4.30 加压溶气气浮法的设计运行常规参数有哪些？

答 ① 一般溶气压力用 200～400kPa，回流比取 25%～50%。

② 根据试验时选定的混凝剂及其投加量和完成絮凝的时间及难易度，确定反应形式及反应时间，一般反应时间比沉淀所需的反应时间短些，10～15min 为宜。

③ 接触室必须为气泡与絮凝体提供良好的接触条件，其宽度还应考虑易于安装和检修要求。为避免打碎絮体，应注意水流的衔接，反应池与气浮池可合建。进入气浮池接触室的流速宜控制在 0.1m/s 以下。

④ 接触室的水流上升流速一般取 10～20mm/s，室内的水力停留时间一般不宜小于 60s。

⑤ 接触室内的溶气释放器，需根据选定的回流量、溶气压力及各种型号释放器的作用范围确定合适的型号与数量。

⑥ 气浮分离室的水流（向下）流速一般取 1.5～2.5mm/s，即分离室的表面负荷率取 5.4～9.0m^3/(m^2·h)。

⑦ 气浮池的有效水深一般取 2.0～2.5m，池中水力停留时间一般为 10～20min。

⑧ 气浮池一般单格宽度不超过 10m，池长不超过 25m 为宜。

⑨ 气浮池排渣，一般采用刮渣机定期排除，刮渣机的行车速度宜控制在 5m/min 以内。

⑩ 气浮池集水应力求均匀，一般采用穿孔集水管，集水管的最大流速控制在 0.5m/s 左右。

⑪ 压力溶气罐直径，一般根据过水截面负荷率 100～150m^3/(m^2·h) 选取，罐高 2.5～3.0m。填料有瓷质拉西环、塑料斜交错淋水板、不锈钢圈填料、塑料阶梯环等。由于阶梯环具有高的溶气效率，故可优先考虑，填料层高通常取 1～1.5m。有的溶气罐做成空罐，但空罐易使水流短路，容积利用系数小。根据某炼厂废水站实测，废水在空罐内实际停留时间只有 1.5min，而设计理论停留时间为 3min，容积利用系数只有 0.5。

⑫ 溶气罐顶需设放气阀，以便定期地积存罐顶的受压空气放出，否则溶气罐的容积将相应地减小，而且气浮池将特大气泡冒出，影响气浮效果。

4.31 加压溶气气浮的主要组成有哪些?

答 加压溶气气浮装置主要由溶气罐、释放器和气浮池三个部分组成。

(1) 溶气罐

其作用是在一定的压力（为 0.2~0.4MPa）下，保证空气能充分地溶于水中，并使水、气良好混合。溶气罐内水的理论停留时间一般采用 2~5min。溶气罐中的水气混合时间与进气方式有关，泵前进气的混合时间略短，泵后进气的混合时间则相对要长些。溶气罐的顶部设有排气阀，用以定期排出罐顶部未溶解的空气，保持溶气罐出口处的压力恒定，保证溶气罐的有效容积和溶气效率。罐底设有放空阀，在清洗时用来放空溶气罐。为防止罐内短路，增大紊流程度，罐内还设有挡板或填料。

溶气形式有多种，如水泵吸气式，射流溶气式及空压机供气式等；空压机可保证水泵在高效条件下工作、使溶气效率有很大提高。由于空气溶解度甚小，故一般只需小功率空压机即可，从节能的观点来看，十分适于用空压机供气，在无填料的情况下，溶气效率可达 60%左右，如果用填料式溶气罐，可比不加填料时提高效率 30%左右。影响溶气效率因素众多，如填料品种、填料层的高度、溶气罐中水位高低、供气流量大小、供气方式、水温等，在设计溶气罐时都应考虑。

(2) 释放器

要提高气浮法净水效果，不仅需要提高溶气效率，而且需要好的释放条件使微气泡能彻底释出。释放器的作用是当压力溶气水进入释放器时，释放器内特殊的结构使溶气水在极短的时间内（约 0.1s）经历反复的收缩、扩散、撞击和返流、旋流，其压力损失达 95%以上，由于压力的下降，使得原溶解于水中的空气迅速释放。常用的 TS 型溶气释放器，能在 0.15~0.20MPa 的低压下完全地释放出大量可供气浮净水用的有效气泡。该释放器由底座、孔盒、管嘴接头等部分组成，其关键部位在于孔盒的构造，即进、出水孔直径及位置、圆环直径及宽度、环与盒盖间的缝隙尺寸、孔盒高度等的合理选择与组合。

(3) 气浮池

气浮池是气浮处理系统的核心设备，为气泡与水中的悬浮颗粒的混合、接触、黏附以及分离提供了一定的空间。其运行过程是当污水从减压阀流入敞口水池后，由于压力减至常压，使溶解于污水中的空气以微小气泡形式逸出。气泡在上升过程中吸附乳化油和细小悬浮颗粒，上浮至水面形成浮渣，由刮渣机除去。气浮池形式多样，可根据原水水质、水量大小、水温、建造条件等因素综合考虑后选定。一般是溶有过饱和空气的废水通入浮选器，析出的气泡捕集悬浮物，上浮后的泡沫层用刮板刮入残渣接收器。因重力作用沉入浮选器底部的固体粒子由底部刮板刮入接收器，通过管道排出。

加压溶气浮选池的种类较多，一般可归纳成平流式、竖流式两种，它们分别与平流式和竖流式沉淀池类似。此外，还有斜板式浮选池，这种浮选池类似于斜板隔油池，浮选室内斜板分隔成若干小室，每个小室均有进液管引入溶气水。泡沫由上部刮泡器排出，处理水和不浮污泥由与各小室相通的污泥管和处理水管排出。

4.32　溶气真空气浮的结构和特点有哪些?

答　溶气真空气浮的特点是气浮池在负压状态下运行。至于空气的溶解,可在常压下进行,也可在加压下进行。由于气浮池在负压状态下运行,故溶于水中的空气易于呈过饱和状态,从而大量地以气泡的形式从水中析出,进行气浮。溶气真空气浮池平面上多为圆形,池面压力多取 30~40kPa,污水在池内的停留时间为 5~20min。

溶气真空气浮的主要优点是:空气溶解所需压力比压力溶气低,动力设备和电能消耗较少,而且气泡的生成及其与粒子间的黏着是在静止介质中进行的,故气泡-粒子聚集体的破坏概率可减小到最低程度。但这种浮选方法最大缺点是:浮选在负压下进行,一切设备部件,如除泡沫的刮板设备等,都要密封在浮选池内,浮选池的构造复杂,给运行和维护都带来很大困难。此外,因废水中所含气泡不多,在悬浮物浓度较高时(超过 250~300mg/L)不宜使用这种方法。

4.33　溶气释放器选择的基本要求有哪些?

答　溶气释放器是将压力溶气水通过消能、减压,使溶入水中的气体以微气泡的形式释放出来,并迅速而均匀地与水中杂质相黏附。选择溶气释放器时的基本要求如下。

① 充分地减压消能,保证溶入水中的气体能充分地全部释放出来。

② 保证气泡的微细度,增加气泡的个数,增大与杂质黏附的表面积,防止微气泡之间相互碰撞而扩大,以减少不利于气浮过程的大粒径气泡的产生。

③ 创造释气水与待处理水中絮凝体良好的黏附条件,避免水流冲击,确保气泡能迅速均匀地与待处理水混合,提高捕捉概率。

④ 要有防止堵塞的措施,为了迅速地消能,必须缩小水流通道,因而水中杂质堵塞通道是很难避免的,故必须要有防止堵塞的措施。

⑤ 构造力求简单,材质要坚固、耐腐蚀,同时要便于加工、制造与拆装。尽量减少可动部件,确保运行稳定、可靠。

4.34　加压溶气气浮法初次运行操作时的注意事项有哪些?

答　① 初次进水前,首先要用压缩空气或高压水对管道和溶气罐反复进行吹扫清洗,直到没有容易堵塞的颗粒杂质后,再安装溶气释放器。同时,要检查连接溶气罐和空压机之间管道上的单向阀方向是否指向溶气罐。

② 先开空压机,要等空压机的出口压力大于溶气罐的压力后,再打开压缩空气管道上的阀门向溶气罐注入空气。

③ 先用清水调试压力溶气系统与溶气释放系统,待系统运行正常后,再向反应池内注入污水。

④ 压力溶气罐的出水阀门必须完全打开,以防由于水流在出水阀处受阻,使气泡提前释放、合并变大。

⑤ 控制气浮池出水调节阀门或可调堰板,将气浮池水位稳定在集渣槽口以下 5~10cm,待水位稳定后,用进出水阀门调节并测量处理水量,直到达到设计水量。

⑥ 等浮渣积存到 5~8cm 后,开动刮渣机进行刮渣,同时检查刮渣和排渣是否正常,出

水水质是否受到影响。

4.35 气浮法日常运行管理注意事项有哪些？

答 ① 巡检时，通过观察孔观察溶气罐内的水位。要保证水位即不淹没填料层，又不低于 0.6m，以免影响溶气效果，防止大量空气窜入气浮池。

② 巡检时要注意观察池面情况。如果发现接触区浮渣面高低不平、局部水流翻腾剧烈，这可能是个别释放器被堵或脱落，需要及时检修和更换。如果发现分离区浮渣面高低不平、池面常有大气泡鼓出，这表明气泡与杂质絮粒黏附不好，需要调整加药量或改变混凝剂的种类。

③ 冬季水温较低影响混凝效果时，除可采取增加投药量的措施外，还可利用增加回流水量或提高溶气压力的方法，增加微气泡的数量及其与絮粒的黏附，以弥补因水流黏度的升高而降低带气絮粒的上浮性能，保证出水水质。

④ 为了不影响出水水质，在刮渣时必须抬高池内水位，因此要注意积累运行经验，总结最佳的浮渣堆积厚度和含水量，掌握浮渣积累规律和刮渣时间，定期运行刮渣机除去浮渣，建立符合实际情况的刮渣制度。

⑤ 根据反应池的絮凝、气浮池分离区的浮渣及出水水质等变化情况，及时调整混凝剂的投加量等混凝参数，同时要经常检查加药管的运行情况，防止发生堵塞（尤其是在冬季）。

⑥ 做好日常运行记录，包括处理水量、水温、进出水水质、投药量、溶液气水量、溶气罐压力、刮渣周期、泥渣含水率等。

4.36 气液多相溶气泵气浮的原理及特点是什么？

答 气液多相溶气泵（EDUR）气浮装置吸收了 CAF 切割气泡和 DAF 稳定溶气的优点，采用德国进口专利溶气泵作为回流泵，气体在泵进口管道直接吸入，利用 EDUR 气液多相泵特殊的叶轮结构，在泵内建立压力的过程中产生气液二相充分的混合并达到饱和，高速旋转的多级叶轮将吸入的空气多次切割成小气泡，并将切割后的小气泡在泵内的高压环境中瞬间溶解于回流污水中。这种特殊结构的气液多相泵产生的气泡直径小于 $30\mu m$，吸入空气最大溶解度达到 100%，溶气水中最大含气量达到 30%，泵的性能在流量变化和气量波动时十分稳定，为泵的调节和气浮工艺的控制提供了极好的操作条件。

EDUR 气浮的特点是没有释放器、溶气罐等易堵塞部件，通过调节进气和进水阀门即可方便地调节气液比，操作管理十分方便，同时省却了溶气罐、空压机、回流泵、释放器、储气罐以及阀门和管路等诸多配套设施，采用 EDUR 溶气泵代替溶气气浮，可节约工程投资 40%，运行费用约 30%。

4.37 平流式气浮池的运行过程和特点是什么？

答 平流式气浮池的运行操作过程如下。

废水自下部进入，加入絮凝剂后和溶气水混合并均匀分布于整个池宽上，气浮池的前部设有倾角为 60°的隔板，板顶部距离水面约 0.3m，以防止进水水流对颗粒上浮的干扰。隔板之前的部分称为接触区，板后部分称为分离区。接触区主要作用是使颗粒黏附于气泡上，水流上升速度为 20mm/s，上端速度为 $5\sim10$mm/s，停留时间应大于 120s。分离区完成颗粒与水的分离，颗粒随气泡上浮，清水由下部排出。当颗粒上浮所需时间小于水流平流所需时间时，方可实现固液分离，否则颗粒会随水流排出。分离室废水力停留时间一般为 10～20min，浮渣由刮渣机刮入集渣槽，清水进入底部的集水管。

平流式气浮池构造简单，管理方便，但池容利用率较低。

4.38　斜板沉淀池的适用范围、特点是什么？如何进行运行、维护？

答：　① 斜板沉淀池适用于初沉池、反冲洗沉淀池、深度处理高效沉淀池。

② 斜板沉淀池具有占地面积小、停留时间短的特点。

③ 斜板沉淀池的运行是在沉淀池中先投入三氯化铁进行混凝反应，然后投入絮凝剂进行絮凝反应，同时采用快、慢速搅拌器进行搅拌，最后污水进入斜板区域进行泥水沉淀分离。在混凝反应过程中，快速搅拌器进行快速搅拌，使污水与药剂充分混合；慢速搅拌器用于絮凝反应，以保证混凝剂及助凝剂与水的混合均匀。初沉池主要去除水中大多数的 COD、BOD、SS、P。当初沉池进水悬浮物低于 40mg/L 时，需进行污泥回流。反冲洗沉淀池、深度处理高效沉淀池主要去除水中的悬浮物。沉淀池产生的浮渣收集后送到细格栅前进一步处理。沉淀池底部的污泥根据时间或泥位，自动排放到消化池前的均质池。

④ 斜板沉淀池的主要设备及设施有快速搅拌器、慢速搅拌器、两台排泥泵、初沉池污泥回流泵、刮泥桥、浮渣泵、泥位计、进水闸板阀、出水叠梁闸、斜板、出水齿型堰、辅助加药设备。

⑤ 斜板沉淀池开启程序为先开启搅拌器，开启刮泥桥；开 5～10cm 进水阀门，直到沉淀池充满水后再完全开启阀门，同时启动加药设备。

⑥ 斜板沉淀池的维护是每月标定一次泥位计，每年检查池底存泥情况，如果淤泥过多需进行清污作业。

第5章

氧化、消毒设备

5.1 选择氧化剂时应考虑哪些因素？

答 ① 对水中特定的杂质是否有良好的氧化作用。

② 反应后的生成物应无害，不需二次处理。

③ 价廉、货广。

④ 常温下反应迅速，不需加热。

⑤ 反应时所需的 pH 值（不宜太高或太低）。

5.2 水处理中常用的氧化剂有哪些？

答 ① 氧化剂在接受电子后还原成带负电荷离子的中性原子，如气态的 O_3、Cl_2、O_2 等。

② 氧化剂中带正电荷的离子接受电子后还原成负电荷离子，例如漂白粉，在碱性介质中漂白粉的次氯酸根 [ClO^-] 中的 Cl^+ 接受电子后还原成 Cl^-，次氯酸钠也类似。

③ 带正电荷的离子，接受电子后还原成带低正电荷的离子，例如高锰酸盐（$KMnO_4$）中的 Mn^{7+} 接受电子后还原成 Mn^{2+}。

④ 电解，以不溶性电极（石墨、不锈钢等）为阳极，利用阳极吸收电子的能力，使还原性污染物（如 CN^-、C_6H_5OH 等）得以氧化。

5.3 影响氧化还原反应的因素有哪些？

答 影响氧化还原反应的因素有溶液的酸碱度、温度、反应物的浓度等。其中溶液的酸碱度尤为重要，因为它将决定溶液中各种离子的电离度和存在形态，因而决定氧化还原反应速率的快慢。例如用高锰酸盐把氰化物氧化为氰酸盐时，在 pH 值为 9 左右有最高的氧化速度，而在酸性范围内（pH<6）时，氰化物主要是以 HCN 的分子形态存在，氧化反应基本上停止。另外，H^+ 和 OH^- 离子在氧化反应中也起着非常重要的作用。因此，在氧化反应中应重点控制溶液的酸碱度。酸碱度值的确定应根据实际水样，进行反复测试，找到最佳值。

5.4 空气氧化法的应用和设计运行参数有哪些?

答 空气氧化法和纯氧氧化法都是利用氧去氧化废水中污染物的一种处理方法。

在高温、高压、催化剂、γ 射线辐射下可断开氧分子中的氧氧键，使之氧化反应速率大大加快。湿式氧化法处理含大量有机物的污泥和高质量分数有机废水，就是利用高温、高压强化空气氧化过程。

空气氧化法主要用于含硫废水的处理，其空气氧化脱硫工艺可在各种密封塔（空塔、筛板塔、填料塔等）中进行。含硫废水和蒸汽及空气通过射流混合器后，进入氧化塔脱硫，塔分 4 段，段高 3m。每段进口处有喷嘴，使废水、蒸汽、空气和段内废水充分混合一次。促进塔内反应加速进行。

设计参数应通过试验确定。下列数据可供设计和试验时参考。

① 废水在塔内的停留时间为 0.5～2.5h。
② 空气用量为理论用量的 2～3 倍。
③ 汽水体积比不小于 15。
④ 喷嘴直径应小于塔径的 1/120。
⑤ 塔体段数为 4～5，每段高度不小于 3m。
⑥ 直径不大于 2.5m。
⑦ 喷嘴的压力损失不超过 $5×10^4$ Pa。
⑧ 塔内总压力降为 $2×10^5$～$2.5×10^5$ Pa。
⑨ 塔外射流混合器的压力降为 $5×10^4$～10^5 Pa。
⑩ 塔顶保持 $5×10^4$ Pa 的余压。
⑪ 空气压力和蒸汽压力应比水压大 $5×10^4$ Pa。
塔内反应温度采用 80～90℃。

5.5 二氧化氯的性质和应用有哪些?

答 二氧化氯的英文名为 chlorine dioxide，化学分子式为 ClO_2，分子量 67.452。二氧化氯常温下是一种黄绿色到橙色的气体，颜色变化取决于其浓度；具有类似于氯气和臭氧的刺激性气味；二氧化氯的挥发性较强，稍一曝气即从溶液中逸出。二氧化氯具有明显的双键特征，几乎全部以单体自由基的形式存在，其晶体的红外光谱和拉曼光谱均表明，即使在固态形式下也不会形成二聚物。

二氧化氯是一种易于爆炸的气体。当空气中的二氧化氯含量大于 10% 或水溶液含量大于 30% 时都易于发生爆炸；受热和受光照或遇有机物等能促进氧化作用的物质时，也能加速分解并易引起爆炸。工业上经常使用空气和惰性气体冲淡二氧化氯，使其含量小于 8%～

10%。二氧化氯易溶于水，溶于碱溶液、硫酸。溶于水时易挥发，遇热则分解成次氯酸、氯气、氧气，受光也易分解，二氧化氯在微酸化条件下可抑制它的歧化，从而加强其稳定性。二氧化氯溶液须置于阴凉处，严格密封，于避光的条件下才能稳定。

目前，二氧化氯已大量用作纸浆漂白剂，用于饮用水、工业废水、医院污水和循环冷却水的处理和蔬菜、水果保鲜剂等。二氧化氯已被世界卫生组织列为 1A 级高效安全消毒剂。我国从 20 世纪 80 年代初开始关注 ClO_2 的制备与应用。

5.6 二氧化氯的使用方法有哪些？

答 ① 制备成稳定的 ClO_2 溶液使用。用 Na_2CO_3、过碳酸盐、Na_3BO_3、过硼酸盐或其他碱金属，碱土金属及过氧化物水溶液吸收 ClO_2 气体，浓度一般为 5%～7%，使用时加活化剂酸（硫酸、柠檬酸、盐酸）、$FeCl_3$、$AlCl_3$ 等使其释放出 ClO_2。该溶液在 -5～95℃下稳定存在，不易分解，其二氧化氯浓度在 2% 以上。

② 制备固体 ClO_2 使用。先制成稳定 ClO_2 溶液，然后加粉剂（如硅胶、分子筛等多孔性物质）作为吸附剂吸附二氧化氯之后脱水变为固体，运输方便，使用时也要加活化剂，放出 ClO_2；也有用琼脂、明胶等为基质，制成缓释型二氧化氯，用于除臭、保鲜等。

③ ClO_2 现场发生装置。应用化学法或电解法。

5.7 二氧化氯发生器的优点有哪些？

答 二氧化氯发生器以其技术先进、杀菌能力强、使用安全可靠、运行成本低的特点被广泛应用于生活饮用水的杀菌灭藻中。应用研究表明，二氧化氯作为消毒剂较氯气及其他消毒产品具有明显的优越性。

① 二氧化氯具有广谱高效的消毒效果，其杀菌效率与臭氧相当，远高于氯气。

② 二氧化氯不与水中的有机物反应生成氯代产物，有效地控制了 THMs 的形成。

③ 二氧化氯对饮用水中的 Fe、Mn、嗅和色等都有很好的去除效果，可消除氯酚气味，改善出厂水水质。

5.8 二氧化氯发生器的组成及工作过程是什么？

答 二氧化氯发生器由发生器主机、盐酸电磁计量泵、亚氯酸钠或氯酸钠电磁计量泵、盐酸贮罐、亚氯酸钠贮罐、二氧化氯测控仪组成。二氧化氯发生器选用亚氯酸钠或氯酸钠和盐酸为原料，固体亚氯酸钠在水中溶解，浓度为 25%，盐酸为工业用盐酸，浓度为 30%。盐酸与被溶解的亚氯酸钠溶液按 1∶1 的比例，由盐酸电磁计量泵和亚氯酸钠电磁计量泵投加到发生器主机反应器中，在反应器中反应生成二氧化氯，然后在混合设备与稀释水混合制成一定浓度的二氧化氯溶液，再通过管路投到消毒点。此工艺产物中二氧化氯的纯度一般高达 95% 以上。出口药液 pH 值在 2～3。二氧化氯发生器具有系统简单、操作方便、二氧化氯转化率高、设备运行成本低、控制水平高的特点。

5.9 如何确定二氧化氯的投加量？

答 二氧化氯作为一种多功能的水处理化学药剂，合理的投加量是发挥其净水效能的重要因素。原水水质的复杂性以及二氧化氯与污染物的复杂反应机理，导致不同原水水质条件下的二氧化氯应用参数不尽相同。要优选二氧化氯投加量，进行二氧化氯需要量的测量是必需的，通常程序是测定不同二氧化氯投加量和接触时间下的二氧化氯残余量，根据二氧化氯投加量与残余量的变化关系来初步确定二氧化氯需要量。由于二氧化氯的化学性质不稳定，见光极易分解。因此在实际生产应用中，投加时的不同自然环境对二氧化氯的实际利用量有重要影响。二氧化氯选择性地与污染物的作用时间非常短，一般有效作用时间不超过30min。

当二氧化氯在阳光直射、没有遮阳设施的自然环境下投加时，将会有相当大的部分得不到利用；而在有遮阳设施及夜间投加时，绝大部分二氧化氯将得到有效利用，当然夜间投加的情况最好。在实际生产中，当二氧化氯在阳光直射、没有遮阳设施的自然环境下投加时，将需要额外增加约90%的需要量；当在白天、有遮阳设施的自然环境下投加时，仅需要额外增加约10%的需要量；而在夜间投加时，投加量采用需要量即可。

5.10 影响二氧化氯消毒效果的因素有哪些？

答 影响二氧化氯效果的主要因素有环境条件和二氧化氯消毒条件，前者包括体系 pH 值、温度、悬浮物含量等，后者包括二氧化氯投加量、接触时间等。

（1）pH 值

体系 pH 值对二氧化氯灭活微生物效果的影响机理较为复杂。有观点认为，体系 pH 值可能超过改变二氧化氯对其他物质的反应速率，而间接影响其灭活微生物的效果。虽然体系 pH 值对二氧化氯灭活微生物效果的影响因微生物种类不同而异，但相对液氯而言，在 pH 值为 6.0～8.5 范围内，一般二氧化氯对病毒和孢子等多数微生物的灭活效果受体系 pH 值的影响较小。对于稳定性二氧化氯消毒而言，pH 值越低，其活化率越高，灭活能力越强。通常情况下，在 pH 值为 6.0～10.0 范围内，二氧化氯对多数细菌的灭活效果不受 pH 值的影响，但人们发现二氧化氯对埃希氏大肠杆菌的灭活效果随 pH 值的上升而提高。

（2）温度

与液氯消毒类似，温度越高，二氧化氯的灭活效力越大。一般二氧化氯对微生物的灭活效率随体系温度的上升而提高。

（3）悬浮物

悬浮物被认为是影响二氧化氯效果的主要因素之一。因为悬浮物能阻碍二氧化氯直接与细菌等微生物相接触，从而不利于二氧化氯对微生物的灭活。当微生物聚集成群时、二氧化氯对它们的灭活效果也大大降低。

（4）二氧化氯投加量与接触时间

二氧化氯对微生物的灭活效果随其投加量的增加而提高。消毒剂对微生物的总体灭活效果取决于残余消毒剂浓度与接触时间的乘积，因此延长接触时间也有助于提高消毒剂的灭菌效果。

5.11 使用二氧化氯时的注意事项有哪些？

答 ① 在水处理中，二氧化氯的投加量一般为 0.1～1.5mg/L，具体投加量随原水性质和投加用途而定。当仅作为消毒剂时，投加范围是 0.1～0.3mg/L；当兼用作除臭剂时，投加范围是 0.6～1.3mg/L；当兼用作氧化剂，除铁、锰和有机物时，投加范围是 1～1.5mg/L。

② 二氧化氯是一种强氧化剂，其输送和存储都要使用防腐蚀、抗氧化的惰性材料，要避免与还原剂接触，以免引起爆炸。

③ 采用现场制备二氧化氯的方法时，要防止二氧化氯在空气中的积聚浓度过高而引起爆炸，一般要配备收集和中和二氧化氯制取过程中析出或泄漏气体的措施，或设置通风措施也可。

④ 在工作区和成品储藏室内，要安装有通风装置和监测及警报装置，门外配备防护用品。

⑤ 稳定二氧化氯溶液本身没有毒性，活化后才能释放出二氧化氯，因此活化时要控制好反应强度，以免产生的二氧化氯在空气中的积聚浓度过高而引起爆炸。

⑥ 二氧化氯溶液要采用深色塑料桶密闭包装，储存于阴凉通风处，避免阳光直射和与空气接触，运输时要注意避开高温和强光环境，并尽量平稳。

5.12 臭氧发生器的原理是什么？

答 臭氧发生器的基本组成有供气系统、高压逆变电源系统、冷却系统和臭氧发生单元。其中臭氧发生单元和高压逆变电源系统最为关键，直接影响臭氧发生器的产量和电耗，臭氧发生单元采用以玻璃为介电体的管式结构，亦称臭氧发生管。高压逆变电路，工作电压约为 11kV，工作频率为 1100Hz。供气系统主要为臭氧发生管提供洁净、稳定的气源。

冷却系统是臭氧发生器的辅助系统。由于工业型臭氧发生器的功率大，在交流高频电压作用下气体放电时，气体电离及介电材料的损耗会使臭氧发生管内工作气体（空气）温度上升，而臭氧在较高温度下极易分解，造成臭氧产量减少，而冷却放电间隙中的工作气体可以有效地控制其温升，因此高频臭氧发生器的冷却系统是十分重要的组成部分。放电形式、放电电极结构尺寸、形状、放电室间隙厚度以及介电材料的不同，都会对臭氧产量、浓度产生很大的影响。图 5-1 所示为臭氧发生系统示意图。

图 5-1 臭氧发生系统示意

5.13 影响臭氧发生的主要因素有哪些？

答 (1) 电极电压

对单位电极表面积来说，臭氧产率与电极电压的平方成正比，因此，电压越高，产率越高。但电压过高很容易造成介电体被击穿以及损伤电极表面，故一般采用 15～20kV 的电压。

（2）臭氧浓度

臭氧的产生浓度随电极温度升高而明显下降。为提高臭氧的浓度，必须采用低温水冷电极。

（3）交流电频率

提高交流电的频率可以增加单位电极表面积的臭氧产率，而且对介电体的损伤较小，一般采用 50～500Hz 的频率。

（4）介电常数

单位电极表面积的臭氧产率与介电体的介电常数成正比，与介电体厚度成反比。因此应采用介电常数大、厚度薄的介电体。一般采用 1～3mm 厚的硼玻璃作为介电体。

（5）原料选用

原料气体的含氧量高，制备臭氧所需的动力则少，用空气和用氧气制备同样数量的臭氧所消耗的动力相比，前者要高出后者 1 倍左右。原料选用空气或氧气，需做经济比较决定。

（6）水分和尘粒

原料气中的水分和尘粒对反应过程不利，当以空气为原料时，在进入臭氧发生器之前必须进行干燥和除尘预处理。空压机采用无油润滑型，防止油滴带入。干燥可采用硅胶、分子筛吸附脱水，除尘可用过滤器。

5.14　使用臭氧时的注意事项有哪些？

答　① 臭氧是一种有毒气体，对眼和呼吸器官有强烈的刺激作用，正常大气中的臭氧的浓度是 $(1～4)×10^{-2}mL/m^3$。当空气中臭氧浓度达到 $1～10mL/m^3$ 时就会使人出现头痛、恶心等症状。《工业企业设计卫生标准》（GBZ 1—2010）规定车间空气中 O_3 的最高允许浓度为 $0.1mL/m^3$，故这些场合必须保证空气畅通。

② 臭氧极不稳定，在常温常压下容易自行分解成为氧气并放出热量。在空气中，臭氧的分解速度与温度和其浓度有关，温度越高、分解越快，浓度越高、分解越快。臭氧在水中的分解速度比在空气中的分解速度要快得多，水中的羟离子对其分解有强烈的催化作用，所以 pH 值越高，臭氧分解越快。因此不能储存和运输，必须在使用现场制备。

③ 臭氧具有强烈的腐蚀性，除铂、金、铱、氟以外，臭氧几乎可与元素周期表中的所有元素反应。因此凡与其接触的容器、管道、扩散器均要采用钛、不锈钢、陶瓷、聚氯乙烯塑料等耐腐蚀材料或作防腐处理。

④ 臭氧在水中的溶解度只有 100mg/L，因此通入污水中的臭氧往往不能被全部利用。为了提高臭氧的利用率，接触反应池最好建成水深 5～6m 的深水池，或建成封闭的多格串联式接触池，并设置管式或板式微孔扩散器散布臭氧。板式微孔扩散器一般采用钛质材料。

⑤ 臭氧投加时，臭氧出口阻力不能太大，否则会造成臭氧发生系统内压过大，不仅易发生放电管鼓破事故，也影响臭氧产生的效率。实际操作过程中应注意防止臭氧出口堵塞，尤其是采用臭氧接触塔的处理工艺，需定期检查布气板工作情况。

5.15　臭氧消毒的优缺点有哪些？

答　臭氧消毒的优点如下所述。

① 作为优良的氧化剂和杀菌剂，臭氧的杀菌作用快、效率高，所需的浓度也较低，且

可杀灭抗氯性强的病毒和芽孢。

② 其消毒效用受 pH 值、水温及干扰物质的影响较小。

③ 可同时实现消毒、脱色、除味、除臭、氧化破坏水中污染物、增加水的溶解氧等多种功能，有效改善出水水质。

④ 不会产生三卤甲烷等副产物，也不存在残留导致二次污染的问题。

臭氧消毒的主要缺点如下所述。

① 设备投资及运行费用高，管理维护水平要求较高。

② 臭氧不具备持久的杀菌作用。

③ 臭氧发生器及投配装置较复杂，消毒后尚需投加少量消毒药剂，以维持水中所需的余氯量。

5.16　影响 O_3/H_2O_2 氧化工艺的因素有哪些?

答　**(1) O_3/H_2O_2 投加比**

O_3/H_2O_2 相互作用产生羟基自由基（·OH）：

$$H_2O_2 + 2O_3 \longrightarrow 2 \cdot OH + 3O_2$$

按着这个反应式，当 H_2O_2/O_3 的比值为 0.5 时，产生的氢氧自由基最多，此时其氧化效率最高，如果 O_3/H_2O_2 的比值大于 0.5，多余的 H_2O_2 会作为 ·OH 的受体，使 OH· 的浓度减少，然而，在实际中，当 H_2O_2/O_3 值为 0.5 时，其氧化效率未必最高。污水中其他粒子的存在可能会影响其氧化效率，具体投加量需通过实际试验确定。

(2) pH 值的影响

体系的 pH 值对 O_3/H_2O_2 氧化工艺的处理效果有很大的影响。例如，处理染料中间体废水时，废水的 pH 值为 6～8 时，有机物的去除效率较好；降解芳香族化合物（如苯酚）时，pH 为中性，对苯酚的去除影响较小，而当 pH 值为 9.3～9.5 时，苯酚的降解速率明显增加。可见，体系的 pH 值对 O_3/H_2O_2 氧化能力的发挥有较大影响，在实际水处理中，应通过实验来确定最佳 pH 值。

5.17　紫外消毒原理是什么?

答　紫外线是波长介于可见光短波极限与 X 射线长波端之间的电磁辐射，波长范围约为 400～10nm。根据波长将紫外线分为 4 个部分：

① A 波段（UV-A），波长范围为 400～320nm，又称为长波紫外线；

② B 波段（UV-B），波长范围为 320～275nm，又称为中波紫外线；

③ C 波段（UV-C），波长范围为 275～200nm，又称为短波紫外线；

④ D 波段（UV-D），波长范围为 200～10nm，又称为真空紫外线。

研究表明：微生物受到紫外线辐射，吸收了紫外线的能量，实际上是核酸吸收了紫外线的能量，DNA 和 RNA 对波长在 240～280nm 的紫外线吸收较多，对波长 260nm 的吸收达到最大值，经过紫外线照射后，DNA 链上的相邻胸腺嘧啶形成二聚物，阻碍 RNA 链上正确的 DNA 遗传代码复制，从而起到杀菌作用。如果紫外线强度不够，未被彻底杀死的细胞在光复活酶的作用下，连接在一起的胸腺嘧啶二聚体解聚而形成单体，会使 DNA 恢复正常功能，或者用未损伤的核苷酸来代替，使 DNA 恢复正常的功能和结构，实现切割修复和重组修复，称为光复活。因此，经过紫外消毒的水，应该避免与光长时间的接触。普通玻璃对紫外线有较强吸收，所以紫外消毒灯使用的光学元件必须采用能透过紫外线的材料，例如石英。

因为紫外光需照透水层才能起消毒作用，故污水中的悬浮物、浊度、有机物和氨氮都会干扰紫外线的传播，因此处理水水质光传播系数越高，紫外线消毒的效果也越好。

5.18　常见的紫外线消毒设备构成有哪些？

答　紫外线光源由紫外灯管或水银灯提供，它们发出的紫外线能穿透细胞壁并与细胞质反应而达到消毒的目的。不同型号规格的紫外灯光主波长不同，应根据需要选用。紫外线消毒设备主要有两种形式：浸入式和水面式。

（1）浸入式

浸入式是把紫外灯管置于水中，此法的特点是紫外线利用率较高，杀菌效能好，但设备的构造复杂。

（2）水面式

水面式是把紫外灯管置于水面之上，构造简单，但由于反光罩吸收紫外线以及光线散射，杀菌效果不如前者。紫外线消毒的照射强度为 $0.19 \sim 0.25 \mathrm{W} \cdot \mathrm{s/cm}^2$，污水层深度为 $0.65 \sim 1.0 \mathrm{m}$。

5.19　紫外线消毒的优点有哪些？

答　① 消毒速度快，效率高。紫外消毒能够非常有效的杀死细菌、病毒、孢子等有害物质，杀菌具有广谱性，能去除液氯法难以杀死的芽孢和病毒。

② 紫外消毒是一个物理过程，同化学消毒相比较，避免了产生、处理、运输中存在的危险性和腐蚀性。传统方法中的氯气、二氧化氯等气体对人体都有危害，很多污水处理厂处在人口稠密的市区，一旦发生泄漏，后果非常严重，这些消毒物质的产生过程都较为复杂，对运输过程要求较高。

③ 不产生对人类和水生生命有害的残留影响。氯气消毒后会产生二次污染，产生的有机物对人体具有致癌作用，对水中的生物和环境也会造成危害。

④ 紫外消毒操作简便，对周围环境和操作人员相对安全可靠，便于管理，易于实现自动化。

⑤ 紫外消毒同其他消毒方式相比接触时间很短，通常在 $0.5\mathrm{min}$ 以内，所需空间更小，可以节省大量土地和土建投资，对于处在市区的污水处理厂的消毒是非常有利的。据试验结果证实，经紫外线照射几十秒钟即能杀菌，一般大肠杆菌的平均去除率可达 98%，细菌总数的平均去除率为 96.6%。

⑥ 不影响水的物理性质和化学成分，不增加水的臭和味。

5.20　紫外线消毒的缺点有哪些？

答　① 紫外线剂量不足时将不能有效地杀灭病原体，病原体在光合作用或者"暗修复"的机制下可能会自我修复，且无持久杀菌能力，不能解决消毒后在管网中的再污染问题。

② 水中的生物、矿物质、悬浮物等会沉积在紫外灯罩表面，影响杀菌效果，应该采取

预防措施防止紫外灯管结垢，并且进行定期清洗。

③ 浊度和 TSS 对紫外线消毒的影响较大，低压紫外灯的应用中，进水的 TSS 最高限制为 30mg/L，当 TSS 不高于 20mg/L，小于 10mg/L 时将能达到好的杀菌效果。

④ 消毒后不能保持持续杀菌能力，同时电耗较大，消毒费用高。

5.21　常见的紫外灯管有哪些？

答　(1) 低压低强度紫外灯

该紫外灯产生 254nm 的单频紫外线，波长非常接近 260nm 的最佳杀菌波长，长度为 0.75～1.5m，直径为 15～20mm，操作温度在 40℃，灯管内压力为 0.007mmHg，输出紫外线为 25～27W，其中的 85%～88% 为 254nm 波长的单频紫外线。为了保证正常的操作温度，需要采用石英灯罩把紫外灯管和水流分割开来，防止水流冷却紫外灯，不能达到最佳操作温度。原因在于如果紫外灯外表面温度过低，会使紫外灯内的汞蒸气冷凝为液态汞，减少了可以释放紫外光子的汞原子的数量，导致紫外输出下降。随着使用时间的增加，紫外灯内电子聚集减少，电极和紫外灯罩会老化，造成紫外灯输出强度降低。随着开关次数的不同，低压低强度紫外灯的使用寿命 9000～13000h，石英套管的寿命 4～8 年。

(2) 低压高强度紫外灯

该灯和低压低强度紫外灯相似，不同之处在于用汞-铟合金代替了汞。同低压低强度紫外灯相比，低压高强度紫外灯内的压力为 0.001～0.01mmHg，紫外 C 波的输出能力是低压低强度紫外灯的 2～4 倍，最佳操作温度比较宽，寿命高 25% 以上。

(3) 中压高强度紫外灯

该灯操作温度为 600～800℃，压力为 100～10000mmHg，发射多波长紫外线，27%～44% 的紫外能量在紫外 C 波的范围之内，仅有 7%～15% 的输出在 254nm 附近，但是，中压高强度紫外灯产生的紫外 C 波的强度是普通低压低强度紫外灯的 50～100 倍。应用集中在大流量污水、暴雨溢流以及空间利用率要求很高的场合。在正常操作温度下，该紫外灯内所有汞都处于气体状态，所以输出能量可以在 60%～100% 的范围内自由调节而不改变输出的紫外波长范围，由于操作温度高，更容易引起紫外灯罩结垢。

近年以来产生了两种紫外灯管技术，一种为宽波段脉冲氙紫外灯，另一种为窄波段激发紫外灯。一个完整的紫外消毒系统包括紫外灯管、石英灯罩、紫外灯支撑架、镇流器和电源。镇流器包括三种类型，分别为标准型、节能型和电子型，需要和紫外灯管配套使用，重要性仅次于紫外灯管。

5.22　紫外灯维护的主要内容有哪些？

答　(1) 灯管的更换

紫外灯管通常不会突然烧毁，但紫外发射强度会随着使用时间的增长而降低，通常紫外灯连续使用一年以后，紫外强度会降低到新灯管的 60%。新灯管的紫外强度大约在 $90\mu W/cm^2$，当紫外强度降低到 $70\mu W/cm^2$ 时（能够有效杀死细菌的最小有效紫外剂量），必须更换灯管。频繁的开关对紫外灯寿命的影响非常大，远远超过连续使用对紫外灯的损害，应该尽最大可能减少紫外灯的开关次数。

（2）性能监测

应当定期监测紫外消毒设备前和设备后水样的细菌种类和数量，以监测紫外消毒设备的性能。并且要对紫外消毒设备下游水样进行细菌培养实验，以检测细菌的复活能力。

（3）灯管清洁

通过紫外消毒设备的水中含有许多悬浮固体（SS），这些悬浮固体会沉积在紫外灯管的外表面，降低紫外线透过灯管进入水体的能力，要尽可能地降低紫外设备入水的 SS 含量，并且定期的清洁紫外灯管，清洁频率取决于水质。

（4）监测紫外剂量

应该使用紫外强度计来测量透过紫外灯管进入水体的紫外线的剂量，如果紫外线剂量过低将不能有效地杀灭细菌，紫外强度计可以确定何时需要清洁和更换灯管。

5.23　紫外消毒应用中的主要影响因素有哪些？

答　（1）悬浮固体（SS）

悬浮固体可以干扰吸收紫外线，通过遮蔽紫外线隐藏细菌，使之具有保护细菌的作用，导致效果下降。有专家就美国和加拿大的紫外线消毒城市污水的二级处理系统，推荐 SS 应该不高于 20mg/L。

（2）紫外光的穿透率

紫外光的穿透率是以紫外光在液体中的浸透深度来测定，紫外线的穿透率随着水层的厚度的增加而降低。在污水或者废水中都含有能够吸收紫外线的可溶性化学物质，如果吸收紫外线量过高，杀灭细菌的紫外线剂量也必将随之增大。

（3）微生物的类型和数量

污水消毒侧重于杀灭通过水传播疾病的细菌。紫外线对细菌、病毒、真菌、芽孢等均有杀灭作用，一般情况下，革兰氏阴性杆菌最容易被紫外线杀死，其次是葡萄球菌属、链球菌属和细菌芽孢，真菌孢子抵抗力最强，病毒对紫外线的抵抗能力比细菌芽孢低。为达到相同的杀菌效果，对紫外线不敏感、耐受力强的微生物，必须采用较大的照射剂量。随着污水中细菌数量的增加，为了达到预期的消毒目的，所需要的紫外线照射剂量也要随之增加。

（4）反应器的水力学条件

理想的消毒反应器的水流状态为：在水流方向上为平推流，而在任意横截面上能够完全混合，这样才能保证处理的水流受到紫外线的充分辐射而不发生短流。理想反应器可以达到这样的条件，但实际消毒过程中的水流条件和理想状态有着很大差异，导致水流的各个部分所受到的辐射强度不同。美国 EPA 在设计手册中提出，反应器接近理想的平推流的程度可以用它的长宽比来表示，当反应器的长宽比很高时，可以认为是处于平推流状态。在理想平推流反应器中，水力停留时间是反应器的有效体积与流量之比。停留时间越长，污水所受的紫外线照射剂量越大。在实际运行过程中，应对进水水质进行仔细的分析，根据所需的消毒要求和流量大小，采用适当的预处理和确定紫外线照射剂量，选配合适的紫外灯，合理设计反应器，达到最优化的消毒效果。

5.24　氯气的基本特性有哪些？

**答　常温常压下，Cl_2 是一种黄绿色的气体，能强烈刺激黏膜，具有一定的毒性，其密度为空气的 2.48 倍，干燥时对金属无害，但在潮湿条件下对金属有强烈的腐蚀性。液氯一般的液化温度为 $-34.0℃$，液化温度下液氯的密度为 $1.57g/cm^3$，而在 $0℃$ 时为 $1.47g/cm^3$，氯气易溶于水，在 $20℃$、$1atm$ 下的溶解度为 $7300mg/L$（$1atm=101325Pa$）。

Cl_2 有强烈的从氧化级为 0 还原到氧化级为 -1 的趋向，即还原到稳定性最大或能量最低的状态。在水溶液中 Cl_2 迅速水解生成 Cl^- 和 $HClO$，它们是一种热力学上更稳定的体系：

$$Cl_2+H_2O \Longrightarrow H^++Cl^-+HClO$$

次氯酸是一种弱酸，能在水中电离，由于 $HClO$ 是中性分子，易接触细菌而实施氧化消毒作用，而 Cl^- 带有负电，难以靠近带负电的细菌，其氧化能力难起作用，因而低 pH 值条件有利于发挥氯化法的氧化效果。

5.25　液氯投加设备的基本组成和作用是什么?

答　氯是有毒物质，氯通常以液氯形式装钢瓶供应，使用时是在有压条件下进行操作。为了保证投加液氯时的安全和计量准确，一般采用安全加氯设备，常用的投氯设备是转子投氯机。

来自氯瓶的氯气首先进入旋风分离器，再通过弹簧薄膜阀和控制阀进入转子流量计和中转玻璃罩，经水射器与压力水混合，溶解于水内被输送到投氯点。各部分作用如下。

(1) 旋风分离器

用于分离氯气中可能有的锈垢、油污等悬浮杂质，可定时打开分离器下部旋塞予以排除。

(2) 弹簧薄膜阀

当氯瓶中压力小于 $0.1MPa$ 时，此阀即自动关闭，以保证瓶内氯气具有一定剩余压力。

(3) 氯气控制阀及转子流量计

用于控制和测定投氯量。

(4) 中转玻璃罩

用来观察投气机工作情况，此外还有以下几种作用。

① 稳定投氯量。当玻璃罩内进氯量小于水射器抽吸量时，罩内呈负压状态，水箱过来的水便进入此罩，以补充水射器的抽吸量。

② 防止压力水倒流。玻璃罩中的单向阀用以防止水射器的压力水（当水射器停止工作时）倒流进来。

③ 水源中断时，由于罩内的负压继续吸去平衡水箱的水，当平衡水箱中的水位低于单向阀口时，便自动吸入空气破坏罩内的真空。

(5) 平衡水箱

可补充和稳定中转玻璃罩内的水量。当水流中断时，使中转玻璃罩破坏真空。

(6) 水射器

除从中转玻璃罩内抽吸所需的氯，并使之与水混合、溶解于水外，还起使中转玻璃罩内保持负压作用。

5.26　加氯间的安全措施有哪些?

答　① 操作人员的值班室要和加氯间分开设置，并在加氯间安装监测及警报装置，随时对其中的氯浓度进行检测。

② 加氯间要靠近加氯点，两者间距不宜超过 30m，加氯间建筑要坚固防火、耐冻保温、通风良好、大门外开，并与其他工作间严格分开，没有任何直接连通。由于氯比空气密度大，因此当氯气在室内泄漏后，会将空气排挤出去，在封闭的室内下部积聚并逐渐向上扩散，所以加氯间的底部必须安装强制排风设施，进气孔要设在高处。

③ 加氯间的电控间应单独设置，并备用检修工具、设置防爆灯具、防毒面具和抢救器具等，照明和通风设备的开关也设在此处，在进入加氯间之前，先进行通风。通向加氯间的压力水管必须保证不间断供水，并保持水压稳定，同时还要有应对突然停水的措施。当发现氯瓶有严重泄漏时，戴好防毒面具，打开喷淋装置，然后将氯瓶阀门关闭。

④ 当发现现场有人急性氯气中毒后，要设法迅速将中毒者转移到空气新鲜通风的地方，呼吸困难者，应当让其吸氧，严禁进行人工呼吸，可以用 2% 的碳酸氢钠溶液为其洗眼、鼻、口等部位，还可以让其吸入雾化的 5% 碳酸氢钠溶液，并通知医疗救护中心前来援助。

5.27　如何进行氯瓶的管理？

答　① 氯瓶内压力一般为 0.6～0.8MPa，氯瓶出厂时留有 15% 气态氯空间，不能在太阳下暴晒或靠近其他高温热源，以免汽化时压力过高发生爆炸，液氯和干燥的氯气对铜、铁和钢等金属没有腐蚀性，但遇水或受潮时，化学活性增强，能腐蚀大多数金属，因此，液氯钢瓶必须保持 0.05～0.1MPa 的余压，若没有压力表，可将氯瓶放在台秤上，使用过程中随时观察余重，不能全部用空，防潮湿空气进入。液氯和干燥氯气对金属无腐蚀，但受潮后会严重腐蚀钢瓶。

② 液氯变成氯气要吸收热量，1kg 液氯变成 2kg 氯气约需要 289kJ 热量。在气温较低时，氯瓶从空气中吸收的热量有限，液氯汽化的数量受到限制时，需要对氯瓶进行加热。但切不可用明火、蒸汽直接加热氯瓶，也不宜使氯瓶温度升高太多或太快，一般可使用 15～25℃ 的温水连续淋洒氯瓶的方法对氯瓶加温。

③ 要经常用 10% 氨水检查加氯机与氯瓶的连接处是否泄漏，如果发现加氯机的氯气管出现堵塞现象，切不可用水冲洗，可以用钢丝疏通，再用打气筒或压缩空气将杂物吹掉。

④ 开启前要检查氯瓶的放置位置是否正确，立式钢瓶要竖放，出氯口在上。卧式有两个口，务必使两口连线垂直地面。上口出气态氯，下口出液态氯。上口气态氯与加氯机连接。开氯瓶阀门时，要先缓慢开半圈，随即用 10% 氨水检查是否漏气，一切正常后再逐渐打开。如果阀门难以开启，不能用榔头敲击，也不能用长扳手硬扳，以防将阀杆拧断。

5.28　如何进行加氯系统的操作？

答　开启操作规程如下。

① 开启加压泵射流系统或开启压力水阀门，待中转玻璃罩有气泡翻腾后，开启平衡水箱进水阀门，使水箱适当有少量水从溢水管溢走。

② 打开氯瓶阀门，再打开分阀门，并用 10% 氨水检查氯瓶与加氯机之间的管线连接及阀门是否泄漏。

③ 打开投氯机控制阀门，并通过流量计调节加氯量。加氯量应经试验确定。对于生活污水，可参考下列数值：一级处理水排放时，投氯量为 20～30mg/L；不完全二级处理水排放时，投氯量为 10～15mg/L；二级处理水排放时，投氯量为 5～10mg/L。

混合池的混合时间为 5～15s，当用鼓风混合，鼓风强度为 $0.2m^3/(m^3 \cdot min)$。当用隔板式混合池时，池内平均流速不应小于 0.6m/s。

接触池的接触时间不小于 30min，保证加氯量不少于 1.5mg/L。

关闭操作规程如下。

① 关闭氯瓶阀门，再关分阀门，并用 10％氨水检查氯瓶与加氯机之间的管线连接及阀门是否泄漏。

② 待转子跌落到零点后，关闭加氯机控制阀，然后再关闭平衡水箱进水阀门。

③ 待中转玻璃罩翻泡逐渐无色后再关闭加压泵射流系统或压力水阀门。

5.29 如何进行含氰废水氧化处理的操作？

答 氯化法处理含氰废水分两阶段进行。

(1) 第一阶段的反应

必须在碱性条件下（pH≥10）进行，因此叫碱性氧化法。当采用 Cl_2 做氧化剂时，要不断加碱，以维持必要的碱度。若氧化剂采用次氯酸盐，由于水解呈碱性，只要反应开始时，调整好 pH 值，以后可不再加碱。第一阶段的反应，温度通常不超过 50℃，反应时间维持 10～15min，若用氧化还原电位计自动控制，氧化还原电位可控制在 300mV。

(2) 第二阶段的氧化降解反应

通常将 pH 值控制在 7.5～9 之间为宜。采用过量氧化剂，将第二阶段的氧化降解反应进行到底，这叫完全氧化法。当 pH 值在 8～8.5 时，测氰酸盐的氧化可在 1h 内完成，氧化还原电位可控制在 650mV。但当 pH 值较低时，必须加入足够的氯使其保持过量，以免产生毒性很强的氯化氰。

从理论上计算，完全氧化 1mol CN^- 耗药量为 2.5mol Cl_2 或 ClO^-，但实际废水的成分往往十分复杂。由于各种还原性物质的存在，使实际投药量往往比理论投药量大 2～3 倍。准确的投药量应通过试验确定。通常要求出水中保持 3～5mg/L 的余氯，以保证 CN^- 降到 0.1mg/L 以下。

处理设备包括废水均和池、混合反应池及投药设备等。反应池容积按 10～30min 的停留时间计算。为了避免金属氰化物［如 $Cu(CN)_2$、$Fe(CN)_2$、$Zn(CN)_2$ 等］沉淀析出，并促进吸附在金属氢氧化物（或其他不溶物）上的氰化物的氧化，可采用压缩空气进行激烈的搅拌。当氧化剂为漂白粉时，渣量较大，约为水量的 2.8％～5.0％，故需设专门的沉淀池，沉淀时间采用 1.5～2h。

5.30 光催化反应器的形式和特点是什么？

答 催化剂在光催化反应器内有两种存在形式，即悬浮式和固定床式。

(1) 悬浮式

悬浮式即催化剂粉末悬浮在待处理的废水中，易失活易凝聚同时催化剂分离回收比较困难，但由于与反应物接触充分操作容易，催化效率高。

(2) 固定床式

固定床式是将催化剂粉末黏结在不同形状容器上，所以也叫负载催化剂。如负载在平板上、圆桶上及环形容器上。固定床催化反应器避免了 TiO_2 的分离和回收困难，但在高温烧

结融合过程可使 TiO_2 多孔结构改变，降低了光催化效率。

5.31　TiO_2 光催化作用机理是什么？

答　TiO_2 是一种价廉无毒使用周期长，稳定性好，催化活性高，是常用的光催化剂。TiO_2 是 n 型半导体材料。一定能量的光子，被半导体（TiO_2）材料吸收后，在颗粒表面形成电子空穴对，从而形成了一个强大的氧化还原氛围，使附着在半导体周围的物质发生氧化还原反应。而 TiO_2 本身并不参加反应，已发现 TiO_2 在较宽的紫外光区都有光吸收特性，从而被激发产生光生载流子 e^- 和 h^+。

$$TiO_2 \xrightarrow{h\nu} TiO_2 \ (e^- + h^+)$$

激发态的 TiO_2 在价带上的电子缺陷（空穴 h^+）处表现出很强的氧化势，与反应物和水或 OH^- 等都可发生电子转移反应。TiO_2 表面担载高活性的贵金属或金属氧化物，如 Ag、Au、Pt、Pd、Fe_2O_3、ZnO 等，能够消除导带中的电子，有效防止电子-空穴简单复合，也能大大提高催化降解的反应速率，而被吸附在颗粒表面的有机污染物可被形成的羟基自由基所氧化。

5.32　影响光催化氧化效果的因素有哪些？

答　**（1）光源特性**

紫外谱段 $200\sim400$nm 光能与各种键能基本吻合，是理想光化学反应的能源。太阳光是天然紫外光源，但由于大气层对太阳短波紫外线的吸收，太阳辐射到地表的紫外线，主要是波长大于 300nm 的紫外线，$300\sim400$nm 波段紫外线能量只占全部太阳能的 $3\%\sim4\%$。20世纪 60 年代以来已开发了不同类型紫外光源产品，如紫外线汞灯、紫外线金属卤化物灯、紫外荧光灯、氙灯等。

（2）催化剂的性质

半导体催化剂粒径与催化活性明显相关。粒径越小，催化活性越高，粒径 30nm 左右活性突出，开发纳米级的超细光催化剂是提高光催化效率的重要途径。同时发现催化活性与其晶型密切相关，锐钛型催化活性高于金红石型。制备温度对其活性也有很大影响，温度高活性好。在 TiO_2 表面授载活性金属和金属氧化物，进一步提高 TiO_2 光催化活性。这些金属及金属氧化物不仅影响半导体颗粒表面的能级结构，降低带隙能，而且影响光催化氧化和还原反应的过程。复合光催化剂是提高光催化效率的新途径，在半导体光催化剂中加入某种光敏剂，使之吸附在半导体光催化剂表面，从而扩展了其光响应范围，提高了光能利用效率。

（3）有机物性质、操作条件、水质因素

如 pH 值、溶解氧、颗粒物质、金属离子（尤其是高价离子）、某些阴离子（如 NO_3^-）、有机物浓度和温度等，这些因素都会影响光催化反应的速率。

5.33　湿式氧化法的工艺流程及特点是什么？

答　湿式氧化法是在高温（$125\sim320$℃）和高压（$0.5\sim20$MPa）条件下，以空气中的氧气为氧化剂（现在也有使用其他氧化剂的，如臭氧、过氧化氢等），在液相中将有机污染

物氧化为 CO_2 和水等无机物或小分子有机物的化学过程。

其工艺流程为：废水由储水池经高压泵加压后，与来自空压机的空气混合，经换热器加热升温后进入反应塔进行氧化，反应后的气液混合液进入气液分离器，分离出来的蒸汽和其他废气在洗涤器内洗涤后，可用于涡轮机发电或其他动力方面；分离出来的废水则进入固液分离器，经固液分离后排放，或进一步处理。

湿式氧化技术与常规的处理方法相比，有以下几个特点。

(1) 应用范围广

几乎可以无选择地有效氧化各类高浓度有机废水，特别是毒性大、常规方法难降解的废水。

(2) 处理效率高

在合适的温度和压力条件下，COD_{Cr} 的处理效率可达到 90%。

(3) 氧化速率快

湿式氧化法处理废水时，所需的反应停留时间大部分在 30～60min 内，与生物处理相比，废水在反应器的停留时间短了许多，因此，湿式氧化法处理装置容积比较小，占地少，结构紧凑，易于管理。

(4) 二次污染较少

湿式氧化法氧化有机污染物时，C 被氧化为 CO_2，N 被转化为 NO_2^-、NO_3^-、N_2，有机卤化物和硫化物被氧化为相应的无机卤化物和硫化物，其反应过程中没有 NO_2、SO_2、HCl、CO 等有害的物质产生，因此产生的二次污染少。

(5) 能量少并可以回收能量和有用物料

在湿式氧化法处理有机物所需的能量就是进水和出水的热熵差，系统的反应热可以用来加热进料，而从系统中排出的热量可以用来产生蒸汽或加热水，反应放出的气体用来使涡轮机膨胀，产生机械能或电能等。

但是，湿式氧化法在实际应用中还存在一定的局限性：

① 湿式氧化法氧化反应时，需要在高温、高压下进行，故要求反应器材料耐高温、耐高压和耐腐蚀，因此设备费用大，投资大；

② 湿式氧化法适用于高浓度、小流量的污水处理，对于低浓度、大流量的废水则不经济；

③ 对于某些有机物，如多氯联苯等结构稳定的化合物，湿式氧化法的去除率不好；

④ 湿式氧化法氧化过程中可能产生某些有毒的中间产物。

5.34 哪些有机物可采用湿式氧化法处理？

答 ① 无机氰化物和有机氰化物易氧化；

② 脂肪族和氯化脂肪族化合物易氧化；

③ 芳烃（甲苯等）易氧化；

④ 芳香族和含非卤代官能团（如酚和苯胺）的卤代芳香族化合物易氧化；

⑤ 不含其他非卤代官能团（如氯苯）的卤代芳香族化合物难以用湿式氧化法处理。

5.35 湿式氧化的氧化程度因素有哪些？其常用参数范围是多少？

答 湿式氧化的氧化程度决定于操作压力、温度、空气量、时间等因素，实际氧化程度可根据需要进行选择。

（1）温度

温度是湿式氧化过程非常重要的因素，也是湿式氧化系统处理效果的决定性影响因素，如反应温度低，即使延长反应时间，反应物的去除率也不会显著提高。当温度<100℃时，氧的溶解度随着温度的升高而降低；当温度>150℃时，水的溶解度随着温度的升高而增大，氧在水中的传质系数也随着温度的升高而增大，同时，温度升高使液体的黏度减小，因此温度升高有利于氧在液体中的传质和氧化有机物。但是当温度升高，总压力也增大，使动力消耗越大，且对反应器的要求也越高，因此从经济的角度考虑，须通过实验选择合适的氧化温度，既要满足氧化的效率，又要合理地设计能量消耗等费用。

湿式氧化法的温度操作范围为180～370℃（水的临界温度为374℃），操作压力一般不低于5.0～12.0MPa（超临界湿式氧化的操作压力可达43.8MPa），操作温度为120℃时，通常只有20%左右的有机物能被氧化，而反应温度高于320℃时，几乎所有的有机物都能被氧化。

（2）停留时间

在湿式氧化处理装置中，起决定作用的是反应温度，而氧化时间是较次要的因素。达到处理效果所需要的时间随反应温度的升高而缩短；去除率越高，所需的反应温度越高或反应的时间越长；氧分压越高，所需的温度越低或反应时间越短。根据污染物被氧化的难易程度以及处理的要求，可确定最佳的反应温度及反应时间，一般而言，湿式氧化处理装置的停留时间在0.1～2h之间。

（3）压力

系统压力的主要作用是保持反应系统内液相的存在，对氧化反应的影响并不显著，如果压力过低，大量的反应热就会消耗在水的蒸发上，这样不但反应温度得不到保证，而且反应器有蒸干的危险，在一定温度下，总压不应低于该温度下水的饱和蒸气压。因此，在湿式氧化过程中，除了要保证废水和空气不断输入外，为保持废水处于液态下进行氧化燃烧，以及控制水蒸气的发生量，必须使反应控制在一定的压力下进行。一般情况下，操作压力越高，水蒸气与空气的比值就越小，即蒸气的发生量少。在操作压力一定的情况下，温度越高，蒸气发生量越大。

（4）有机物的结构

有机物氧化与物质的电荷特征和空间结构有很大的关系，不同的废水有各自的反应活化能和不同的氧化反应过程，因此湿式氧化的难易程度也不相同。

氧在有机物中所占的比例越小，其氧化性越大；碳在有机物中所占的比例越大，其氧化性越大。实验还发现异构体与氧化性有关，例如异构体醇的分解顺序为：叔＞异＞正。无机、有机氰化物、脂肪族、卤代脂肪族化合物、芳烃、芳香族和含非卤代烃的芳香族化合物易氧化，不含其他基团的卤代芳香族化合物（如氯苯和多氯联苯等）难氧化。一般情况下湿式氧化过程中大分子氧化为小分子的快速反应期和继续氧化小分子中间产物的慢反应期两个过程。大量研究发现，中间产物苯甲酸和乙酸对湿式氧化的继续氧化有抑制作用，其原因是乙酸具有高的氧化值，很难被氧化，因此乙酸是湿式氧化常见的积累的中间产物。在湿式氧化处理废水的完全氧化效率有时很大程度上取决于乙酸的氧化程度。

（5）废水的反应热与所需的空气量

湿式氧化通常也称湿式燃烧，在该系统中依靠有机物被氧化所释放的氧化热来维持反应

温度，单位质量被氧化物质耗氧化过程中，产生的热值即燃烧值。湿式氧化过程中还需要消耗空气，所需空气量可由废水去除的COD值计算获得，实际需氧量由于受氧的利用率的影响，常比理论计算值高出20％左右，虽然各种物质和组分的燃烧热值和所得氧气量是不尽相同的，但它们消耗每千克空气所能释放的热量都却大致相等，一般约为700～800kcal（1kcal=418J）。

完全去除时空气的理论需要量 A 与废液浓度COD之间的关系为：

$$A=4.3COD（g 空气/L 废液）$$

相应的放热量 H 为：

$$H=4.3COD×3.16=13.6COD（kJ/L 废液）$$

（6）搅拌强度

在高压反应釜内进行反应时，氧气从气相向液相中的传质速率与搅拌强度有关。搅拌强度影响传质速率，搅拌强度越大，液体的湍流程度越大，氧气在液相中的停留时间越长，传质速率就越大，当搅拌强度增大到一定程度时，搅拌强度对传质速率的影响很小。

5.36　湿式氧化法的基本过程有哪几步？

答　① 将废水用高压排液泵送入系统中，空气（或纯氧）与废水混合后，进入热交换器，换热后的液体经预热器预热后送入反应器内。

② 氧化反应是在氧化反应器内进行的，反应器也是湿式氧化的核心设备，随着反应器内氧化反应的进行，释放出来的反应热使混合物的温度升高，达到氧化所需的最高温度。

③ 氧化后的反应混合物经过控制阀减压后送入换热器，与进水换热后进入冷凝器。液体在分离器内分离后，分别排放。

5.37　湿式氧化法的主要设备有哪些？

答　（1）反应器

反应器是湿式氧化法设备中的核心部分。湿式氧化法的工作条件是在高温、高压下进行，而且所处理的废水通常是有一定的腐蚀性。因此反应器的材质要求较高，需有良好的抗压强度，且内部的材质必须耐腐蚀。如不锈钢、镍钢、钛钢等。

（2）热交换器

废水进入反应器之前，需要通过热交换器与出水的液体进行热交换，因此要求热交换器有较高的传热系数，较大的传热面积和较强的耐腐蚀性，且必须有良好的保温性能，对于含悬浮物多的物料常采用立式逆流套管式热交换器，对于含悬浮物少的有机废水常采用多管式热交换器。

（3）气液分离器

气液分离器是一个压力容器，当氧化后的液体经过热交换器后温度降低，使液相中的氧气、二氧化碳和易挥发的有机物从液相进入气相而分离，分离器内的液体，再经过生物处理或直接排放。

（4）空气压缩机

湿式氧化法为了减少费用，常采用空气作为氧化剂，空气进入高温高压的反应器之前，需要使空气通过热交换器升温和通过压缩机提高空气的压力，以达到需要的温度和压力，通常使用往复式压缩机。根据压力要求来选定段数，一般选用 3～4 段。

5.38　过氧化氢的主要物理化学性质有哪些？

答　过氧化氢的分子式为 H_2O_2，分子量为 34。纯过氧化氢是一种紫色的黏稠液体，具有刺鼻臭味，沸点 152.1℃，冰点 -0.89℃，比水密度大得多（-4.16℃时 1.643g/cm^3），许多物理性质和水相似，可与水以任意比例混合，过氧化氢的极性比水强。在溶液中存在强烈的缔合作用，3% 的过氧化氢水溶液在医药上称为双氧水，具有消毒、杀菌作用。

过氧化氢分子中氧的价态是 -1，可以转化成 -2 价，表现出氧化性，可以转化成 0 价，而具有还原性，因此过氧化氢具有氧化还原性。在酸性溶液和碱性溶液中它都是强的氧化剂，只有与更强的氧化剂 $KMnO_4$ 反应时，才表现出还原性而被氧化。

（1）过氧化氢的氧化性

纯过氧化氢具有很强的氧化性，遇到可燃物即着火。在水溶液中，过氧化氢是常用的氧化剂，其在酸性溶液中过氧化氢的氧化性更强，但在酸性条件下过氧化氢的氧化反应速率极慢，碱性溶液中的氧化反应速率却是快速的。在用过氧化氢作为氧化剂的水溶液反应体系中，由于过氧化氢的还原产物是水，过量的过氧化氢可以通过热分解除去，所以不会在反应体系内引入不必要的物质，去除一些还原性物质时特别有用。

（2）过氧化氢的还原性

过氧化氢在酸性或碱性溶液中都具有一定的还原性。在酸性溶液中，过氧化氢只能被高锰酸钾、二氧化锰、臭氧、氯等强氧化剂所氧化。在碱性溶液中，过氧化氢显示出更强的还原性，除还原一些强氧化剂外，还能还原如氧化银、六氰合铁等一类较弱的氧化剂，过氧化氢氧化的产物是 O_2，所以它不会给反应体系带来杂质，许多过氧化氢参与的反应都是自由基反应。

（3）过氧化氢的不稳定性

过氧化氢在低温和高纯度时表现得比较稳定，但若受热温度达到 426K 以上便会猛烈分解。不论是在气态、液态、固态或者在水溶液中，H_2O_2 都具有热不稳定性，根据反应电动势，过氧化氢在酸性溶液中的歧化程度较在碱性溶液中稍大，但在碱性溶液中的歧化速度要快得多，溶液中微量存在的杂质，如金属离子（Fe^{3+}、Cu^{2+}、Cr^{3+}、Ag^+）、非金属、金属氧化物等都能催化过氧化氢的分解，研究认为，杂质可以降低过氧化氢的分解活化能，而且即便是在低温下，过氧化氢仍能分解。此外，光照、储存容器表面粗糙（具有催化活性）都会使过氧化氢分解。

为了抑制过氧化氢的催化分解，需要将它储存在纯铝（＞99.5%）、不锈钢、陶瓷、塑料及其他特殊材料制作的容器中。并且避光、阴凉处存放，有时还需要加一些稳定剂，如微量锡酸钠、焦磷酸钠等来抑制所含杂质的催化分解作用。

5.39　过氧化氢能够强化活性炭废水处理效果的原因是什么？

答　活性炭作为优良的吸附剂广泛用于水处理。在废水处理中，活性炭吸附一般只适用于浓度较低的废水或深度处理。对于高浓度的有机废水采用过氧化氢氧化与活性炭吸附相结合，取得了很好的结果。其原因主要是：过氧化氢与活性炭接触后，在活性炭表面迅速分解放出原子氧或生成羟基自由基，这些原子氧或羟基自由基可以氧化吸附于活性炭表面的有机分子，从而既增强了过氧化氢的氧化分解能力，又延长了活性炭的工作周期。

5.40　高锰酸钾的主要物理化学性质和应用有哪些？

答　高锰酸钾分子式为 $KMnO_4$，俗称灰锰氧、PP 粉，是一种有结晶光泽的紫黑色固体，易溶于水，在水溶液中呈现出特有的紫红色。高锰酸钾的热稳定性差，加热到 473K 以上就会分解释放出氧气。在水溶液中不够稳定，有微量酸存在时，发生明显分解而析出 MnO_2，使溶液变浑浊。在中性或碱性溶液中，$KMnO_4$ 的分解速率较慢，因此 $KMnO_4$ 在中性或碱性溶液中较为稳定。而光对 $KMnO_4$ 的分解有催化作用，因此高锰酸钾溶液通常需保存在棕色瓶中。加热沸腾后 $KMnO_4$ 溶液分解反应速率加快。

高锰酸钾中的 Mn 的价态是 +7 价，是锰的最高氧化态，因此高锰酸钾是一种氧化剂，还原产物可以是 MnO_4^{2-}、MnO_2 或 Mn^{2+}。根据标准电极电势，在酸性介质中 $KMnO_4$ 是强氧化剂，它可以氧化 Cl^-、I^-、Fe^{2+}、SO_3^{2-}，还原产物为 Mn^{2+}，溶液呈淡粉色，如果 MnO_4^- 过量，它可能和反应生成的 Mn^{2+} 进一步反应，析出 MnO_2；在中性、微酸性或微碱性介质中，高锰酸钾氧化性减弱，与一些还原剂反应，产物为 MnO_2，是棕黑色沉淀；在碱性介质中，MnO_4^- 的氧化性最弱，但仍然可以用作氧化剂，还原产物是 MnO_4^{2-}，溶液是绿色。

高锰酸钾是一种大规模生产的无机盐，常用于漂白毛、棉、丝以及使油类脱色。高锰酸钾对中性天然水源水中，无论是低分子量、低沸点有机污染物，还是高分子量、高沸点有机污染物，氧化去除效果均很好，明显优于酸性和碱性条件下的效果，剩余的有机污染物浓度很低。在酸性和碱性条件下，高锰酸钾对低分子量、低沸点有机污染物有良好的去除效果。但对高分子量、高沸点有机污染物，去除效果很差，有些有机污染物浓度反而高于原水，最高者增加达数倍，高锰酸钾在中性条件下的最大特点是反应生成二氧化锰，由于二氧化锰在水中的溶解度很低，会以水合二氧化锰胶体的形式由水中析出，正是由于水合二氧化锰胶体的作用，使高锰酸钾在中性条件具有很高的除微污染物的效能。二氧化锰是许多氧化反应的催化剂，试验表明，二氧化锰对高锰酸钾氧化有机物的催化作用也很显著。新生成的水合二氧化锰胶体，具有很大的表面积，能吸附水中的有机物，反应新生成的水合二氧化锰对微污染物的吸附，大大提高了高锰酸钾除微污染物的效果。

5.41　高铁酸钾的物理化学性质有哪些？

答　高铁酸钾是一种黑紫色具光泽的晶体粉末，干燥的高铁酸钾在常温下可以在空气中长期稳定存在，198℃以上时开始分解，在水溶液中或者含有水分时很不稳定，极易分解，其水溶液呈紫红色。高铁酸钾溶于水后，Fe(Ⅵ) 在水中分解并不直接转化为 Fe(Ⅲ)，而是经过 +5 价、+4 价的中间氧化态逐渐还原成 Fe(Ⅲ)，而且 Fe(Ⅵ) 还原成 Fe(Ⅲ) 过程中产生正态态水解产物，这些分解产物可能具有比三价铝、铁等水解产物更高的正电荷及更大的网状结构，各种中间产物在 Fe(Ⅵ) 还原成 Fe(Ⅲ) 过程中产生聚合作用，生成的 Fe(Ⅲ) 很快形成 $Fe(OH)_3$ 胶体沉淀。这种具有高度吸附活性的絮状 $Fe(OH)_3$ 胶体，可以在很宽的 pH 值范围内吸附絮凝大部分阴阳离子、有机物和悬浮物。

在酸性或中性溶液中，高铁酸根离子瞬间分解，被水还原成三价铁化合物，但其氧化性仍然存在。而在碱性溶液中高铁酸钾的稳定性较好，其分解速率受外界条件的影响较大，溶液的 pH 值和含碱量是两个主要因素。pH 值在 10～11 时，FeO_4^{2-} 表现非常稳定；pH 值在 8～10 时，FeO_4^{2-} 的稳定性也较好；pH 值在 7.5 以下时，FeO_4^{2-} 的稳定性急剧下降。此外，无机离子的存在对高铁酸钾溶液的稳定性也有很大的影响。

5.42 高铁酸钾的应用特性有哪些？

答 高铁酸钾（K_2FeO_4）是 20 世纪 70 年代开发的水处理剂，具有如下特点。

(1) 良好的氧化除污功效

高铁酸钾是一种比高锰酸钾、臭氧和氯气的氧化能力还强的强氧化剂。适用 pH 值范围广，整个 pH 值范围内都有很强的氧化性，可以有效去除有机污染物及无机污染物，尤其对其中难降解有机物的去除将具有特殊功效。利用其强氧化功能，选择性氧化去除水中的某些有机污染物质，尤其在用于饮用水的深度处理方面，具有高效、无毒副作用的优越性，且试剂价格低于高锰酸钾。

(2) 优异的混凝与助凝作用

高铁酸盐被还原的最终产物新生态 Fe(Ⅲ) 是一种优良的无机絮凝剂，它的氧化和吸附作用又具有重要的助凝效果，可去除水中的细微悬浮物，其对悬浮颗粒物具有高效絮凝的作用。

(3) 优良的杀菌作用

高铁酸钾比次氯酸盐的氧化杀菌能力强，FeO_4^{2-} 的还原产物 Fe^{3+} 具有补血功能，消毒过程不会产生二次污染。由于高铁酸钾的强氧化和无污染特性，使其成为一种理想的氧源杀菌剂的替代品。

(4) 高效脱味除臭功能

高铁酸钾能迅速有效地除去生物污泥中产生的硫化氢、甲硫醇、氨等恶臭物质，高铁酸钾通常用于污泥脱臭的多种化学物质，能升高 pH 值；氧化分解恶臭物质；氧化还原过程产生的不同价态的铁离子；与硫化物生成沉淀去除；氧化分解释放的氧气促进曝气；将氨氧化成硝酸盐，硝酸盐能取代硫酸盐作为电子接受体，避免恶臭物生成。因而，高铁酸钾是一种集氧化、吸附、絮凝、助凝、杀菌、除臭功能为一体的高效多功能水处理剂。

5.43 超声波氧化的影响因素有哪些？

答 超声波氧化的本质是自由基氧化，影响因素主要有超声频率、超声功率强度等超声场的影响，溶液的温度、pH 值，空化气体及反应器结构等。

(1) 超声场

① 超声频率。超声频率对有机物降解的影响与有机物的物化性质有关。超声频率过高时，声周期变短，气泡崩溃时产生的温度低，不利于水分解成 •OH 和 •H；超声频率过低时，则气泡寿命长，气泡内自由基会相互结合而失活。因此对每一种具体的化学物质来说，其降解皆有一个最佳操作频率，但并非超声波频率越高，对其超声降解速率越大越快。在采用超声对某一物质进行降解时，超声频率与强度之间可能有一个最佳匹配的问题，而且频率的选择还与被降解物质的结构、性质以及降解的反应历程有关。例如，900kHz 的超声波对

CS_2 没有明显的声解作用，而 20kHz 的超声波却能将 CS_2 分解为碳和单晶硫。

② 超声强度。声能强度（W/cm^2）是影响超声降解的一个重要因素。一般地说，当超声波的频率一定时，超声波的强度增加，超声化学效应也增强，超声降解反应的速率和效率也相应地增加。

③ 声压振幅。声强和声压振幅的平方成正比。声压振幅的提高，增加了产生空化的有效液体区域和空化气泡的尺度范围，从而提高了超声效果。

④ 超声辐照时间。随作用时间的延长，降解速率有所增加，但超过一定时间其增长渐渐减缓。

（2）空化气体

空化气体是指为提高空化效应而溶解于溶液中的气体，空化气泡内的气体性质对空化的效果有较大的影响。一般说来体系中所含气体越多，越容易产生空化气泡。废水中溶解气体对超声降解速率和降解程度的影响主要有两个方面的原因：

① 溶解气体对空化气泡的性质和空化强度有重大影响；

② 溶解气体本身产生的自由基也参与了降解反应过程，从而影响了降解反应机理和反应的热力学与动力学行为。

（3）水溶液的性质

① 水溶液的温度。通常提高水溶液的温度有利于加快超声辐射时降解有机物的反应速率，因为温度升高时容易产生空化气泡，但超声辐射时温度的升高往往会导致气体溶解度的减小、表面张力的降低、饱和蒸汽压的增大，反而会引起降解效果的下降。故对某个具体的降解物应选择一个最佳的空化温度。

② 初始 pH 值。超声辐射处理废水时，溶液的 pH 值是有变化的。废水起始 pH 值的不同，对前期有机物的降解速率影响较大。pH 值较小时有利于有机物的超声降解。最佳 pH 值的选择，除了要考虑被降解物本身的酸碱性之外，还要考虑超声降解的机理。

③ 降解物的初始浓度。降解速率随降解物的初始浓度的升高而下降。

（4）反应器结构

声的传播和产生空化效应的强弱与反应器的结构密切相关，超声波反应器良好的结构设计是降低处理成本的一个有效途径。目前超声波反应器主要有超声清洗槽式反应器、平行板式近场声处理器（NAP 反应器）、声变幅杆浸入式声化学反应器等。

第6章

混　凝

6.1　混凝沉淀的主要机理是什么?

答　(1)　双电层压缩机理

胶团为双电层的构造,胶粒表面处反离子的浓度最大,随着胶粒表面向外的距离越大则反离子浓度越低,最终与溶液中离子浓度相等,当两个胶粒互相接近时,由于扩散层厚度减小,ξ电位降低,因此它们互相排斥的力就减小了,也就是溶液中离子浓度高的胶粒间斥力比离子浓度低的要小。胶粒间的吸力不受水相组成的影响,但由于扩散层减薄,它们相撞时的距离就减小了,这样相互间的吸力就大了。其排斥与吸引的合力由斥力为主变成以吸力为主(排斥势能消失了),胶粒得以迅速凝聚。

(2)　吸附电中和作用机理

吸附电中和作用指胶粒表面对异号离子、异号胶粒或链状高分子带异号电荷的部位有强烈的吸附作用,由于这种吸附作用中和了它的部分电荷,减少了静电斥力,因而容易与其他颗粒接近而互相吸附。

(3)　吸附架桥作用机理

吸附架桥作用主要是指高分子物质与胶粒相互吸附,但胶粒与胶粒本身并不直接接触,而使胶粒凝聚为大的絮凝体。还可理解成两个大的同号胶粒中间由于有一个异号胶粒而联结在一起。高分子絮凝剂一般具有线状或分枝状长链结构,它们具有能与胶粒表面某些部位起作用的化学基团,当高聚合物与胶粒接触时,基团能与胶粒表面产生特殊的反应而互相吸附,而高聚合物分子的其余部分则伸展在溶液中可以与另一个表面有空位的胶粒吸附,这样聚合物就起了架桥连接的作用。

（4）沉淀物网捕机理

当金属盐（如硫酸铝或氯化铁）或金属氧化物和氢氧化物（如石灰）作凝聚剂时，当投加量大得足以迅速沉淀金属氢氧化物［如 $Al(OH)_3$，$Fe(OH)_3$，$Mg(OH)_2$］或金属碳酸盐（如 $CaCO_3$）时，水中的胶粒可被这些沉淀物在形成时所网捕。当沉淀物是带正电荷［$Al(OH)_3$ 及 $Fe(OH)_3$；在中性和酸性 pH 值范围内］时，沉淀速度可因溶液中存在阴离子而加快，例如硫酸根离子。此外水中颗粒本身可作为这些金属氢氧化物沉淀物形成的核心，所以凝聚剂最佳投加量与被除去物质的浓度成反比，即胶粒越多，金属凝聚剂投加量越少。

以上介绍的混凝的四种机理，在水处理中常不是单独孤立的现象，而往往可能是同时存在的，只是在一定情况下以某种现象为主而已，可以用来解释水的混凝现象。

6.2 混凝沉淀处理的基本工艺流程和主要设备是什么？

答 在污水处理过程中，向污水投加药剂，进行污水与药剂的混合，从而使水中的胶体物质产生凝聚或絮凝，这一综合过程称为混凝过程。

混凝沉淀处理流程包括投药、混合、反应及沉淀分离几个部分。

（1）投药

混凝剂的配制与投加方法可分为干法投加和湿法投加两种。

① 干法投加。干法投加指把药剂直接投放到被处理的水中。干法投加劳动强度大，投配量较难控制，对搅拌机械设备要求高。目前，国内较少使用这种方法。

② 湿法投加。湿法投加指先把药剂配成一定浓度的溶液，再投入被处理污水中。湿法投加工艺容易控制，投药均匀性也较好，可采用计量泵、水射器、虹吸定量投药等设备进行投加。

（2）混合

混合是指当药剂投入污水后发生水解并产生异电荷胶体与水中胶体和悬浮物接触形成细小的絮凝体（俗称矾花）这一过程。

混合过程在 $10\sim30s$ 内完成。混合需要搅拌动力，搅拌动力可采用水力搅拌和机械搅拌两种，水力搅拌常用管道式、穿孔板式、涡流式混合等方法；机械式可采用变速搅拌和水泵混合槽等装置。

（3）反应

当在混合反应设备内完成混合后，水中已经产生细小絮体，但还未达到自然沉降的粒度，反应设备的任务就是使小絮体逐渐絮凝成大絮体以便于沉淀。反应设备有一定的停留时间和适当的搅拌强度，使小絮体能相互碰撞，并防止生成的大絮体沉淀。但搅拌强度太大，则会使生成的絮体破碎，且絮体越大，越易破碎，因此在反应设备中，沿着水流入方向搅拌强度越来越小。

（4）沉淀

废水经过加药、混合、反应后，完成絮凝过程，进入沉淀池进行泥水分离。沉淀池可采用平流、辐流、竖流、斜板等多种结构形式。

6.3 加药系统运行操作过程中应注意哪些问题？

答 为了保证处理效果，不论使用何种混凝药剂或投药设备，加药设备操作时应注意做到以下几点。

① 保证各设备的运行完好，各药剂的充足。

② 定量校正投药设备的计量装置，以保证药剂投加量符合工艺要求。

③ 保证药剂符合工艺要求的质量标准。

④ 定期检验原污水水质，保证投药量适应水质变化和出水要求。

⑤ 交接班时需交代清楚储药池、投药池浓度。

⑥ 经常检查投药管路，防止管道堵塞或断裂，保证抽升系统正常运行。

⑦ 出现断流现象时，应尽快检查维修。

6.4 影响混凝的主要因素有哪些?

答 影响混凝效果的因素是多方面的，主要有混凝剂的种类、浓度、用量、混凝处理时的搅拌状况、pH 值、温度及其变化等，应根据具体情况采用不同的对策。

(1) 混凝剂的种类和用量

对不同的废水应选用不同的混凝剂。混凝剂的用量在很大程度上影响混凝的效果，过量与不足都将导致溶胶粒子的分散和稳定。因此都应该通过实验确定最佳投加量，一般来说，无机混凝剂的用量较高，常达几百至上千 mg/L，而有机高分子聚合物混凝剂主要用于助凝作用，投加量较少，通常在 1～10mg/L，最高不超过 25mg/L。

(2) 搅拌及反应时间的影响

把一定的混凝剂投加到废水中后，首先要使混凝剂迅速、均匀地扩散到水中。混凝剂充分溶解后，所产生的胶体与水中原有的胶体及悬浮物接触后，会形成许许多多微小的矾花，这个过程又称为混合。混合过程要求水流产生激烈的湍流，在较快的时间内使药剂与水充分混合，混合时间一般要求几十秒至 2min。混合作用一般靠水力或机械方法来完成。

在完成混合后，水中胶体等微小颗粒已经产生初步凝聚现象，生成了细小的矾花，其尺寸可达 5μm 以上，但还不能达到靠重力可以下沉的尺寸（通常需要 0.6～1.0mm 以上）。因此还要靠絮凝过程使矾花逐渐长大。在絮凝阶段，要求水流有适当的紊流程度，为细小矾花提供相碰接触和互相吸附的机会，并且随着矾花的长大这种紊流应该逐渐减弱。目前一般采用三级或两级搅拌的方式进行，其搅拌特点是混合阶段搅拌速率快，时间短，搅拌速率一般为 100～150r/min，搅拌时间 0.5～2min，而后进入反应阶段，反应阶段搅拌速率较慢，时间较长，一般搅拌速率为 40～60r/min，搅拌反应时间 15min 左右，沉淀停留时间常为 60～120min。

(3) pH 值、碱度的影响

pH 值对混凝操作具有很大的影响，所以废水在进行混凝处理时，必须充分注意其有效的 pH 值范围。有机聚合物混凝剂对 pH 值的限制不太严格，但 pH 值偏小时对助凝效果有较大的影响。无机混凝剂对废水的 pH 值比较敏感，由于混凝剂水解反应不断产生 H^+，因此要保持水解反应充分进行，水中必须有足够的碱度去中和 H^+，如碱度不足，水的 pH 值将下降，水解反应不充分，对混凝过程不利。例如 Al^{3+} 的水解产物在低 pH 值时，多产生高电荷低聚合度的络合物；随 pH 值升高，则低电荷高聚合度络合的比例增大。因此，必须根据具体处理对象控制 pH 值，一般以 pH 值 6.0～8.5 最为适宜，而使用硫酸亚铁作混凝剂时，最佳 pH 值应在 9.0～12.0。无机或有机高分子混凝剂，受 pH 值影响也小，因而受到广泛应用。

（4）温度的影响

水温对混凝效果也有影响，无机盐混凝剂的水解反应是吸热反应，水温低时不利于混凝剂水解。水的黏度也与水温有关，如水温低时水的黏度大，致使水分子的布朗运动减弱，不利于水中污染物质胶粒的脱稳和聚集，因而絮凝体形成不易。因此，冬天混凝剂用量比夏天多。温度升高有利于胶粒间的碰撞而产生凝聚，但温度超过 90℃ 易使絮凝剂老化或分解生成不溶性物质，反而降低混凝效果。温度对硫酸铝最佳投放剂量有明显影响。低温下投放量增多，由于其水解困难，难以形成带正电荷羟基配合物。硫酸铝最适宜在 $20\sim40$℃ 水温下使用，而 $FeCl_3 \cdot H_2O$ 却在低温下效果好。

（5）共存杂质

阴离子如磷酸根、亚硫酸根、高级有机酸离子阻碍高分子絮凝，氯离子、螯合物、水溶性高分子物质和表面活性剂都不利于混凝，而一些电解质离子能降低 ξ 电势，促进胶体凝聚。如水中存在的二价以上的正离子，对天然水压缩双电层有利。杂质颗粒级配越单一均匀、越细越不利，大小不一的颗粒将有利于混凝。杂质的化学组成、带电性能、吸附性能也都有影响。有机物对憎水胶体有保护作用。杂质的浓度过低，也就是低浊度，将不利于颗粒间碰撞而影响凝聚。因此，需要人工添加黏土，才能获得较好效果。

6.5　如何确定混凝剂种类、投加量？

答　混凝剂种类和投加量是影响混凝效果的关键因素，对于给水处理中已有较成熟的经验，但对污水的深度处理尚缺乏可以直接引用的数据。通常采用实际污水水样在实验室做烧杯试验，并连续一段时间，多次采样，对药剂和投加量进行综合评价，对混凝剂及投加量进行初步筛选确定，不能采用一次的实验结果。

在有条件的情况下，一般还应对初步确定的结果进行扩大的连续试验，以求取得可靠的设计数据。

6.6　常用的几种无机混凝剂的性能和特点是什么？

答　常用的无机混凝剂有硫酸铝、聚合氯化铝、三氯化铁、硫酸亚铁等。

（1）硫酸铝

硫酸铝或为固态，或为液态。固态的硫酸铝为片状、粒状或粉状，理论分子式为 $Al_2(SO_4)_3 \cdot 18H_2O$，通常由氧化铝含量，即 Al_2O_3 来表示，其值约为 17%。粉状硫酸铝的表观密度在 $1000kg/m^3$ 左右。液态硫酸铝与固态一样也是以氧化铝 Al_2O_3 含量表示的。其浓度通常为 $8.0\%\sim8.5\%$，为粉状含量的 $48\%\sim49\%$，即每升水溶液含 $630\sim650g$ $Al_2(SO_4)_3 \cdot 18H_2O$。

硫酸铝用于混凝时，须有适宜的 pH 值范围。在去色时，pH 值适宜范围为 $5\sim6$；在去浊度时，pH 值适宜范围在 $6\sim8$ 之间。生产上最佳 pH 值范围一般为 $6.5\sim7.5$。由于铝的相对密度较小，所以铝盐形成的矾花轻而疏松，特别冬天水温低时，难以结成大、重而易沉的颗粒。

（2）聚合氯化铝

聚合氯化铝，又名碱式氯化铝。通常使用液态的，其理论分子式为 $\left[Al_n(OH)_m Cl_{3n-m}\right]$，为无机高分子混凝剂。聚合氯化铝作用机理与硫酸铝相似，但它的效能优于硫酸铝，相同水质下，投加量比硫酸铝要少，对 pH 值的适应范围也较宽，可在 5.0～9.0 之间。对处理高浊度水和低温水效果较好，腐蚀性小，投药方便，成本较低。

（3）三氯化铁

三氯化铁有固态的和液态的，但多数使用液态的。固态的氯化铁的外观是黄褐色的容易潮解的结晶物质，理论分子式为 $FeCl_3 \cdot 6H_2O$，作用机理也与硫酸铝相似，但对 pH 值的适应范围宽（在 6.0～8.4 之间），形成的絮凝体比铝盐絮凝体大、重、密实，处理低温或低浊度水的效果优于硫酸盐。缺点是三氯化铁腐蚀性较强，易吸湿潮解。

（4）硫酸亚铁

硫酸亚铁（$FeSO_4 \cdot 7H_2O$）是半透明绿色结晶体，俗称绿矾。使用时受水温影响较小，形成的絮凝体大、重而易沉。较适于浊度高、碱度高和 pH 值为 8.5～9.5 的原水。硫酸亚铁用于混凝，会使处理后的水带色，特别是当 Fe^{2+} 与水中有色胶体作用后，将生成颜色更深的溶解物，影响水的使用。所以采用硫酸亚铁作混凝剂 pH 值较低时，常用氯将二价铁 Fe^{2+} 氧化成三价铁 Fe^{3+}。

6.7 如何确定混凝剂的投加顺序？

答 混凝剂的投加有无最佳投放顺序，需试验确定。一般先投无机混凝剂，再投有机混凝剂。但当处理胶粒粒径在 $50\mu m$ 以上时常先加有机混凝剂吸附架桥，再加无机混凝剂压缩扩散层而使胶体脱稳。无机混凝剂石灰与硫酸铝投加顺序，其先后决定 pH 值的条件，pH 影响硫酸铝在水中的形态。又如三氯化铁与石灰的投药顺序对污泥脱水效果有影响，实践证明先投三氯化铁后投石灰时用药剂量少。

6.8 改善混凝作用的常用方法有哪些？

答 （1）投加少量高分子助凝剂

此法配合无机混凝剂使用，可提高混凝效果，常用的高分子助凝剂有活化硅酸、聚丙烯酰胺、骨胶、海藻酸钠等。

例如对低温、低浊水可用活化硅酸助凝剂，配合铝盐或铁盐混凝剂使用，不仅絮凝速率快，絮凝体颗粒大而密实，且可节省混凝剂用量 30%～50%。投加顺序通常是：先投混凝剂，后投助凝剂，其间的时间间隔应在 30～60s 以内。对于高浊度水，目前常用的助凝剂是聚丙烯酰胺。

（2）同时投加酸或碱

其目的是调节水的 pH 值或碱度。用硫酸铝处理黏土类胶体和悬浮物时，适宜 pH $\geqslant$ 6.5；处理高色度水时适宜 pH 值在 5～6 的范围内。用亚铁类无机混凝剂处理色度废水时，适宜 pH 值为 8 左右。

（3）同时投加氧化剂

其目的是氧化亲水有机杂质，提高混凝效果。所用氧化剂有次氯酸钠、漂白粉及臭氧等。但应注意氯与有机污染物如腐殖酸及富里酸等反应会产生三氯甲烷致癌物；有机物经臭氧氧化以后，有可能将致突变物及二卤甲烷的母体如腐殖酸等大分子分解成小分子中间产物，其中也可能存在致突变物，安全的做法是最后用活性炭吸附。但投加氧化剂的方法适合于气浮工艺，在混凝沉淀工艺上，应谨慎采用。

（4）接触絮凝方法

采用高浓度泥渣、活性污泥或无烟煤作为接触絮凝介质投入澄清池进行接触絮凝，增强其絮凝核心作用，加快水体中悬浮体和胶体的絮凝速率及对杂质的吸附作用，提高水的处理深度。

（5）沉淀污泥部分回流

沉淀污泥中仍含有少量絮凝剂，沉淀污泥部分回流可充分利用混凝剂，同时还可起到助凝作用，提高絮凝效果。

（6）改变混凝剂投加方式

这里指混凝剂一次投加还是分批投加，后者有时会有更好的混凝效果，或全部投入一部分水体中，经充分混合后，再与另一部分未加混凝剂的水混合，有时也会出现更好的混凝效果。

6.9 混凝剂的投加方法有哪些？

答 混凝剂的投加分干投法和湿投法两种。干投法是将经过破碎易于溶解的固体药剂直接投放到被处理的水中。其优点是占地面积少，但对药剂的粒度要求较高，投配量控制较难，机械设备要求较高，而且劳动条件也较差，故这种方法现在使用较少。目前用得较多的是湿投法，即先把药剂溶解并配成一定浓度的溶液后，再投入被处理的水中。

6.10 混凝剂配置的方法有哪些？

答 通常情况下，在湿投法系统中，混凝剂的配制必须通过溶解和配成投加浓度两个过程。首先通过溶解池将固体（块状或胶状）药剂溶解成浓药液。溶解池应有搅拌装置，搅拌的方法有机械搅拌、压缩空气搅拌或水力搅拌等。一般投药量小时用水力搅拌，投药量大时用机械搅拌。溶解后的药剂通过自流、耐腐泵或射流泵等方式将浓药液送入溶液池，并用自来水稀释到所需浓度。溶液池通常设两个，交替使用。溶解池、溶液池、搅拌设备、泵及管道均应考虑防腐。特别是用 $FeCl_3$ 时，工作间的墙面和地面也应采取防腐措施。

目前，大部分污水处理工程的混凝加药系统是一次性在储药池中配制好投药所需浓度，然后直接进行投加。另外，目前液体药剂的使用逐渐为人们所重视，因为直接使用液体药剂既可节省溶药设备，又可降低工人的劳动强度，而且成本也相对较低。

6.11 各种机械溶药搅拌叶轮的特点是什么？

答 选择适宜的叶轮形式，设计出符合流动状态特性的搅拌器是非常重要的。搅拌槽内的液体进行着三维流动，为了区分搅拌桨叶排液的流向特点，根据主要排液方向，按圆柱坐标把典型桨叶分成径向流叶轮和轴向流叶轮。

齿片式叶轮、平叶桨式叶轮、直叶圆盘涡轮式叶轮和弯曲叶涡轮式叶轮在无挡板搅拌槽中除了使液体产生与叶轮一起回转的周向流外，还形成强大有力的径向流，故称这些叶轮为径向流叶轮。径向流叶轮搅拌器旋转时，物料由轴向吸入再径向排出，叶轮功率消耗大，搅拌速度较快，剪切力强。

在湍流状态下，推进式叶轮除了产生周向流动外，还产生大量轴向流动，是典型的轴向流叶轮。折叶圆盘涡轮式叶轮与直叶圆盘涡轮式叶轮、弯曲叶涡轮式叶轮相比，其轴向流成分较多，多用于轴向流的场合。螺带式和螺杆式叶轮，使高黏度物料产生轴向流动，也属轴向流叶形式。轴向流叶轮搅拌器不存在分区循环，单位功率产生的流量大，剪切速率小，且在桨叶附近较大范围内分布均匀，具有较强的最大防脱流能力。

6.12　混凝剂的常用投加方法、优缺点及注意事项有哪些？

答　原则上药剂溶液投加到原水，需要适当的设备，投药设备需要按原水中应投的药剂剂量准确控制药液流量，并能根据原水水量和水质的变化随时调节。药液的投配要求计量准确，调节灵活，设备简单，操作方便。下面简介几种常见的药剂投加方法。

（1）重力投加法

作用原理：利用重力的作用，将高位水池或罐中的药液投入管道内或水泵吸入管喇叭口处。

优缺点：操作简单，投加安全可靠，但必须设高位池或罐。

适用范围：中小规模水厂，直接向无压管道或混合池加药。

（2）压力投加法

作用原理：利用水射器或计量泵将混凝剂投入处理水中。水射器定量投加设备是利用空气管末端与虹吸管出口间的水位差不变，而保证恒量投加；计量泵投加设备最为简单可靠，一般采用柱塞泵、隔膜泵或螺杆泵，通过调节柱塞行程控制投药量，适于向压力管道或容器内投药。

优缺点：可确保加药量，不受加药点位置高低及管道压力限制，并可实现加药量的自动控制。

适用范围：各种规模水厂均可使用。

（3）虹吸投加法

作用原理：虹吸式定量投加设备可通过改变虹吸管进口和出口高差来控制投量。

优缺点：操作简单，加药量较稳定，但必须设高位池或罐。

适用范围：中小规模水厂，直接向无压管道或混合池加药，应用较少。

6.13　混合反应设备的类型、特点及适用范围有哪些？

答　混合反应设备的主要作用是将加入到水中的药剂在短时间内，均匀地分散到水中，水解并形成胶体，使之与水中的悬浮微粒、胶体等接触，生成微小的矾花，充分发挥药剂的絮凝效果。这一过程时间较短，一般不超过 2min。在混合过程中，要求搅拌强度要大，使水流产生激烈的湍流。

混合设备包括机械混合设备和水力混合设备两类。

（1）机械混合设备

常用的机械混合有水泵混合和桨板式搅拌机混合。水泵混合适用于一级泵站与反应设备距离很近时。水泵混合就是利用水泵叶轮的高速转动使药剂与污水剧烈快速混合。药剂一般在吸水管上或吸水口加入，水泵混合的效果较好，而且不需另建混合设备。但过早形成的絮凝体容易在管道输送过程中打碎，影响絮凝效果。另外一些混凝剂对泵的叶轮具有较强的腐蚀作用，因此，对于有腐蚀性的混凝剂，最好不用水泵混合；桨板式搅拌机混合设备其转速可调，桨板外缘的线速度一般采用2m/s左右，混合时间为10～30s。适应于不同水质，混合效果良好，但需要一套机电设备，耗电能较多，并增加维护和管理工作量。适于各类水厂，进水泵或吸水管较少，投药点距絮凝池较近（距离一般在100m之内）。

（2）水力混合设备

① 利用压力水管混合。该方法设备简单，无需构筑物和额外的动力消耗，但管内流量变化大时，会影响加药效果。适用于各类水厂，但要求管道流量变化不大，投药口至压力管道末端，距离不小于50倍进水管径。

② 利用静态混合器混合。该方法投资省，在管道上安装容易，能快速混合效果好，但会有一定的水头损失。适用于流量变化小的水处理工程，其结构如图6-1所示。

图 6-1　静态混合器结构示意

③ 隔板混合池。隔板混合池是常用的水力混合设备。隔板混合是通过在混合池内设置数块挡板，利用污水在混合池内的折回流动以及水流通过隔板孔道时产生急剧的收缩和扩散，形成涡流，使药剂与原水充分混合，特别是在处理水量稳定时效果较好，但水头损失较大。隔板间距一般为池宽的2倍，流过通道孔的流速不应小于1m/s，池内平均流速不小于0.6m/s，混合时间10～30s。适用于处理水量相对稳定的场合。

6.14　絮凝反应设备的要求和类型有哪些？

答　在混合作用完成后，水中便产生初级矾花（尺寸可达5μm以上），但仍不能自由沉降。絮凝阶段的主要任务是，利用反应设备，创造适当的水力条件，使药剂与水混合后所产生的微絮凝体，在一定时间内凝结成具有良好物理性能的絮凝体，它应有足够大的粒度（0.6～1.0mm）、密度和强度（不易破碎），并为杂质颗粒在沉淀澄清阶段迅速沉降分离创造良好的条件。

絮凝设施要求有一定的停留时间和适当的搅拌强度，以便小絮体能相互碰撞，并防止生成的大絮体沉淀，但搅拌强度不能过大，否则会使生成的絮体破碎，且絮体越大，越易破碎，因此在絮凝设施操作中，应注意搅拌强度的调节控制。

絮凝设备形式的选择，应根据水质、水量、处理工艺高程布置、沉淀池形式及维修条件等因素确定。絮凝设备也可分为水力和机械两大类。前者简单，使用得较为普遍，且种类也较多，主要有隔板式、旋流式和涡流式，用的较多的是隔板式反应池，但不能适应流量的变化。后者能进行调节，适应流量变化，但机械维修工作量较大。

6.15　隔板反应池的特点和主要参数是什么？

答　隔板反应池是利用水流断面上流速分布不均匀所造成的速度梯度，促进颗粒相互碰撞实现絮凝的。为避免絮体被打碎，隔板中的流速应逐渐减小。隔板反应池结构简单，管理方便，效果较好。但反应时间较长，所需容积和占地面积较大。

隔板反应池的主要参数如下所述。

① 反应池中板间的流速，起端部分为 $0.5\sim0.6m/s$，末端部分为 $0.15\sim0.2m/s$，隔板间距从进口到出口，逐渐放宽，以保证反应池中的流速逐渐减小。

② 池数一般不少于 2 个，反应时间为 $20\sim30min$，当色度高、难于沉淀的细颗粒较多时宜采用高值。

③ 隔板间净距应大于 $0.5m$，小型池子当采用活动隔板时可适当减小。进水口应设挡水措施，避免水流直冲隔板。

④ 反应池超高一般采用 $0.3m$。

⑤ 隔板转弯处的过水断面面积，应为廊道断面面积的 $1.2\sim1.5$ 倍。

⑥ 池底坡向排泥口的坡度，一般为 $2\%\sim3\%$，排泥管直径不应小于 $100mm$。

6.16 机械搅拌反应池的主要参数有哪些？

答 ① 设计尺寸：每台搅拌设备上桨板总面积为水流截面积的 $10\%\sim20\%$，不超过 25%，桨板长度不大于叶轮直径的 75%，宽度为 $10\sim30cm$。

② 叶轮半径中心点的旋转速度在第一格用 $0.5\sim0.6m/s$，以后逐渐减小，最后一格采用 $0.1\sim0.2m/s$，不得大于 $0.3m/s$。

③ 反应时间为 $15\sim20min$。

6.17 加药计量设备有哪几种？

答 加药计量设备有以下两种。

(1) 计量泵

采用计量泵简便可靠，是计量加药的常用设备。我国生产的计量泵型号较多，足以供给投药使用，通常大型水厂采用计量泵，将药液定量注入水中。

(2) 孔口计量设备

孔口计量设备的药液液位由浮球保持恒定，在恒定液位下，一定口径的苗嘴（也称管嘴）或是一定开启度的孔板的出流量是恒定的。当需要调节投药量时，可以更换苗嘴或者调节孔口的大小。

6.18 计量泵的种类及特点是什么？

答 计量泵包括柱塞泵和隔膜泵，隔膜泵又分为机械传动隔膜泵和液压传动隔膜泵。由于水处理工程中所用的混凝剂多为腐蚀性液体，所以多采用隔膜泵。

隔膜计量泵投药特点是集计量与投加功能于一体，计量准确，运行平稳，可根据流量信号和水质信号自动进行复合后投加，确保水质符合国家标准。

6.19 隔膜泵计量系统的基本组成有哪些？

答 ① 计量泵。由驱动部分和隔膜加药泵头组成，由三相交流电动机驱动，经连杆将电机的旋转运动转变为活塞的往复运动。

② 滤网。隔滤药液中的杂质，应定期清洗。

③ 安全阀。为保证管道安全，当压力超过设定值时，药液自动地由安全阀、溢流管排出。

④ 防脉冲气囊。由于往复泵流量呈脉冲形，所以必须设气囊来均衡出药量。

⑤ 背压阀。为保证一定的投加压力，设背压阀。当压力小于设定压力时，药液不能通过此阀。

⑥ 单向阀。为防停泵时形成虹吸，设单向阀。

⑦ 控制器。分现场控制器和远程控制器。

6.20　隔膜泵的基本原理及控制方式是什么？

答　在隔膜加药泵头内，活塞在液压油缸内运动。在压力冲程阶段，活塞向左推动一定容积的液压油，液压油推动隔膜，隔膜作用于药液，使相同容积的药液从加药头经压力阀进入加药管线。在吸入冲程阶段，活塞向右运动，在负压下关闭上面的阀球，而吸入阀球上升，药液流入加药头。通过冲程调节装置，可使泵的流量由 0～100％线性变化，流量精确。

此种泵可接收 4～20mA 的电信号，实现自控。例如，在配水井至反应池之间管路上安装的流量计可向加药间发出 4～20mA 流量信号，此信号经放大进入调频控制器，通过改变电机频率来调节计量泵流量。此方法为按水量比例自动加药法，即流量配比法。另外，装在反应池后的水质探头可向计量泵提供水质信号，通过伺服电机改变冲程长度，进而改变计量泵流量。

第7章

过滤、吸附、膜分离设备

7.1 过滤的机理是什么？

答 滤料层通过以下三个方面的作用完成对悬浮物的过滤过程。

（1）隔滤

滤料层是由大小不同的滤料颗粒组成，其间有很多孔隙，好像一摞筛子。当污水经过滤料层时，粒径较大的悬浮物首先被截留在表层滤料的孔隙中。随着此层截留物的增多，滤料间的孔隙变得越来越小，截污能力变得越来越大，逐渐形成一层由被截留的团体颗粒构成的滤膜，继而由它起重要的过滤作用，去截留那些较小粒径的悬浮物。这种作用又称为筛滤作用。

（2）重力沉降

由于滤料层具有很大的表面积，当污水通过滤料层时，粒径较小的悬浮物可以沉淀在滤料表面上。重力沉降强度主要与滤料直径及过滤速度有关。滤料越小，沉淀面积越大，滤速越小，水流则越平稳，这些都有利于悬浮物的沉降。

（3）吸附及接触絮凝

由于滤料具有很大的比表面积，它与悬浮物之间有明显的物理吸附作用。此外，在污水通过滤料层的过程中，要经过弯弯曲曲的水流通道，悬浮颗粒与滤料的接触机会很多，在接触的时候，由于分子间相互作用力的结果，出现吸附和接触絮凝作用，尤其是过滤前投加了絮凝剂时，这种作用显得更为突出。

在实际过滤过程中，上述三种作用往往同时发生，只是依条件不同而有主次之分。对粒径较大的悬浮颗粒，以隔滤作用为主，由于这一过程主要发生在滤料表层，通常称为表面过滤。对于细微悬浮物，以发生在滤料深层的重力沉降、吸附和接触絮凝为主，故又称为深层过滤。

7.2 废水处理中常用的吸附剂有哪些？其基本性能要求是什么？

答 目前在废水处理中常用的吸附剂有活性炭、磺化煤、活性白土、硅藻土、活性氧化铝、活性沸石、焦炭、树脂吸附剂、炉渣、木屑、煤灰、腐殖酸等。

对吸附剂性能的要求是吸附力强，吸附选择性好，吸附容量大，吸附平衡浓度低，机械强度高，化学性质稳定，容易再生和再利用，制作原料来源广，价格低廉。

7.3 影响吸附的因素有哪些？

答 （1）吸附剂结构
① 比表面积。由于吸附现象是发生在吸附剂的表面上，所以吸附剂的比表面积越大、吸附能力越强，吸附容量也越大，因此比表面积是吸附作用的基础，在能够满足吸附质分子扩散的条件下，吸附剂的比表面积越大越好。例如，粉状活性炭比颗粒状活性炭性能好的主要原因就在于其比表面积比粒状活性炭的大。
② 孔结构。孔结构包括孔径、孔容、孔径分布。
a. 孔径。吸附剂内孔的大小对吸附性能影响很大。孔径太大，表面积小，吸附能力差；孔径太小，则不利于吸附质的扩散，并对直径较大的分子起屏蔽作用。
b. 孔容。影响吸附量，孔径一定时，比表面积与孔容成正比。
c. 孔径分布。影响吸附量，分布越窄，吸附性能越好。
③ 表面化学性质。表面活性中心数与表面化学性质有关。活性中心越多，吸附量越大。表面酸性氧化物基团对碱金属氢氧化物有很好的吸附能力而碱性氧化物可吸附酸性物。有螯合基团时可吸附金属离子。当表面氧化物成为选择性吸附中心时，有助于对极性分子的吸附，此时主要通过氢键或电子转移形成吸附络合物。

（2）吸附质的性质
对于一定的吸附剂，由于吸附质的差异，吸附效果不一样。通常有机物在水中的溶解度随着链长的增长而减小，而活性炭的吸附容量却随有机物在水中溶解度的减少而增加，也即吸附量随有机物相对分子质量的增大而增加。如活性炭对有机酸的吸附按甲酸＜乙酸＜丙酸＜丁酸的次序而增加。活性炭对芳香族化合物的吸附效果比脂肪族化合物好，吸附不饱和链有机物比饱和链有机物好。

极性相近愈易吸附原则：极性树脂较易吸附极性物质，非极性树脂较易吸附非极性物质。作为两亲分子，它既可被极性树脂吸附，也可被非极性树脂吸附。活性炭总体为非极性的易吸附非极性或极性小的吸附质。

对于静电吸附，吸附质带电荷越多，吸附量越大。对分子吸附来说，芳香族比脂肪族易吸附。吸附质相对分子质量大的一般吸附量也大，但相对分子质量过大，吸附量有时反而低。溶解度小的物质比溶解度大的易被吸附；离子化倾向小的电解质比离子化倾向大的易被吸附。

（3）溶液 pH 值
pH 值影响溶质的溶存状况（分子、离子、络合物），也影响吸附剂表面电荷特性和化学特性，进而影响吸附效果。一般 pH 值对电解质的影响比较大，对非电解质影响极小。阳离子吸附在高 pH 值下有利；而低 pH 值下吸附阴离子有利。在吸附两性物质时，影响比较复杂。一般吸附法处理的废水应呈酸性，有机物吸附 pH 值一般在 2～3。

（4）溶液温度

吸附过程通常是放热过程，因此低温有利于吸附；升温有利于脱附。温度影响吸附质在吸附剂孔中扩散速度，从而影响吸附速率，温度过高容易造成吸附质脱附，而温度过低影响吸附质在孔中的扩散速度，影响吸附速率。在通常的水处理条件下温度变化并不明显，因而温度对吸附过程的影响不大。通常是在常温下进行吸附操作，而在活性炭再生的场合，则通过大幅度升温以使吸附质分子解吸。

（5）杂质影响

在物理吸附过程中，吸附剂可对多种吸附质产生吸附作用，因此多种吸附质共存时，吸附剂对其中任一种吸附质的吸附能力，都要低于组分浓度相同但只含该吸附质时的吸附能力，即每种溶质都会以某种方式与其他溶质竞争吸附活性中心点。此外，废水中有油类物质及悬浮物存在时，前者会在吸附剂表面形成油膜，后者会堵塞吸附剂孔隙，分别对膜扩散、孔隙扩散产生干扰、阻碍作用，因而需要采取预处理措施。废水中大量汞、铁等离子存在时，能在活性炭表面反应，形成沉淀，堵塞小孔，影响吸附进行。

（6）搅拌或流速

采取机械搅拌或增大流速能提高扩散速度，减小吸附剂表面液膜厚度，有利于吸附过程的进行。

（7）接触时间

吸附剂与吸附质有足够的接触时间时才能达到吸附平衡，吸附剂的吸附能力才能得到充分利用。达到吸附平衡所需的时间长短取决于吸附速度，吸附速度越快，达到平衡所需要的接触时间就越短。

7.4 吸附剂再生的原因和方法有哪些？

答　吸附工序中，吸附剂因吸附大量的吸附质，会逐渐趋向饱和并最终丧失工作能力，因而必须对失效吸附剂进行更换或是再生。再生是在吸附剂结构基本不发生变化的前提下，采用某种方法使吸附质解吸，以恢复吸附剂吸附性能的过程。通过再生可实现吸附剂的循环使用，降低处理成本，减少系统废渣排放量，也可对有利用价值的吸附质进行回收。

吸附剂的再生方法主要包括加热再生、药剂再生、化学氧化再生等。实际应用中，需根据处理系统所用吸附剂的种类、性质、吸附反应机理以及吸附质的回收价值、再生费用高低等酌情选择具体的再生方法。

7.5 颗粒活性炭的再生方法有哪些？

答　（1）加热再生法

改变吸附平衡，达到脱附和分解目的。应用最广的方式是加水蒸气、惰性气体、燃烧气体、CO_2，加热至 700～900℃。

（2）化学氧化再生法

O_2、空气、O_3、氯水、溴水、高锰酸钾、H_2O_2 等氧化剂，电解氧化（在阳极），酸碱浸洗等。

（3）生物再生法

好气菌、厌气菌、将炭上吸附有机物氧化分解成 CO_2 和 H_2O，使炭再生。

（4）药剂再生法（萃取法）

用苯、丙酮、甲醇、异丙醇、卤代烷等有机溶剂清洗。

（5）电热再生法

直接电流加热；微波再生 $900 \sim 4000MHz$，高频脉冲放电再生。

目前，在污水处理上，应用较多的是加热再生法。

7.6 活性炭加热再生操作方法有哪些？

答 活性炭的加热再生过程是在再生炉中进行的，炉型有立式多段炉、转炉、立式移动床炉、流化床炉及电加热再生炉等。其中，采用较为广泛的是立式多段再生炉。加热再生法是指在高温（$800 \sim 1000℃$）下，吸附质分子从吸附剂活性中心点脱离；同时，吸附的有机质被氧化分解，或以气态分子，或断裂成短链，降低吸附剂对它的吸附能力，从而达到脱附的目的。高温加热再生活性炭的过程由下列几个步骤组成。

（1）脱水干燥

首先将活性炭和输送液相分离，然后将活性炭加热至 $100 \sim 150℃$，把活性炭细孔中的水分（含水率将近 $40\% \sim 50\%$）蒸发出来，同时使部分低沸点的有机质也挥发出来，另一部分被炭化，留在活性炭的细孔中。干燥所需热量约为再生总能耗的 50%，所用容积占总再生装置的 $30\% \sim 40\%$。

（2）炭化

加热至 $300 \sim 700℃$，使低沸点的有机物全部挥发出来。高沸点的有机物出现热分解，一部分成为低沸点有机物挥发脱附，另一部分被炭化后留在活性炭的细孔中。升温速度和炭化温度随吸附剂类型而定。

（3）活化

继续加热至 $700 \sim 1000℃$，并向活性炭细孔中通入活化气体（如水蒸气、二氧化碳及氧气等），将残留在微孔中的碳化物分解为一氧化碳、二氧化碳和氢等活化气体逸出，达到重新造孔的目的。

（4）冷却

把活化后的活性炭用水急剧冷却，防止氧化。

影响再生的因素很多，如活性炭的物理性质、化学性质、吸附性质、吸附负荷、再生炉型、再生过程中操作条件等。再生后吸附剂性能恢复率可达 95% 以上，烧损率在 5% 以下。该再生方法适合于绝大多数吸附质，不产生有机废液，但能耗及设备造价均较高。

上述干燥、炭化、活化三步是在再生炉中进行的，再生炉的炉型很多，如回转炉、移动床炉、立式多段炉、流化床炉及电加热再生炉等。

7.7 活性炭加热再生对活性炭的吸附量有何影响？

答 活性炭再生后，活性炭本身及炭的吸附量都不可避免地会有损失。对加热再生法，再生一次损耗炭约 $5\% \sim 10\%$，微孔减少，过渡孔增加，比表面积和碘值均有所降低。对于主要利用微孔的吸附操作，再生次数对吸附有较重要的影响，因而做吸附试验时应采用再生后的活性炭，才能得到可靠的试验结果。对于主要利用过渡孔的吸附操作，则再生次数对吸附性能的影响不大。

7.8 活性炭药剂再生操作方法有哪些？

答 药剂再生法又称化学再生法，指利用化学药剂与吸附质之间的化学反应使吸附质解吸的再生方法。药剂再生又分无机药剂再生和有机溶剂再生两种方法。

无机药剂再生以 H_2SO_4、HCl 或 NaOH 等为再生剂，使吸附在活性炭上的污染物转化为易溶于水的物质而得到解吸。例如，将处理含酚废水的饱和活性炭用 NaOH 再生，使酚转化成溶于水的酚钠盐而脱附；将处理含铬废水的失效活性炭用 $10\%\sim20\%$ 的 H_2SO_4 浸泡，使铬转化为硫酸铬，或是用 NaOH 再生，使 Cr^{6+} 转化成 Na_2CrO_4 溶解脱附。有机溶剂再生法是用苯、丙酮或甲醇等有机溶剂将吸附在活性炭上的有机物在溶剂的萃取作用下得以解吸。例如，用丙酮或甲醇脱附酚，用异丙醇脱附 DDT 类物质，用丙酮脱附 TNT 等。

药剂再生可直接在吸附塔中进行，设备及操作管理简单，且有利于回收有用物质。但再生不完全，随再生次数的增加，活性炭的吸附性能会明显降低，需要补充新炭，废弃部分饱和炭。

7.9 活性炭化学氧化再生操作方法有哪些？

答 化学氧化再生法主要指湿式氧化法，主要用于粉状活性炭的再生。其工艺流程是：将饱和失效的粉状活性炭用高压泵送入换热器，再经水蒸气加热器送入再生反应器。在 220℃、5.3MPa 的高温、高压条件下，活性炭吸附的有机物与送入塔内的空气中的氧发生氧化分解反应，使活性炭得到再生。再生后的炭经换热器冷却后，送入再生储槽待用。

湿式氧化法具有适用范围广（包括对污染种类和浓度的适应性）、处理效率高、二次污染低、氧化速率快、装置小、可回收能量和有用物质等优点。

7.10 动态吸附的操作方法和优缺点是什么？

答 动态吸附是在废水不断地流过装填有吸附剂的吸附床（柱、塔、罐）的过程中，使废水中的污染物与吸附剂接触并被吸附，在流出吸附柱之前，污染物浓度降低至处理要求值以下，直接获得净化出水。实际中的吸附处理系统一般都采用动态连续式吸附工艺。

根据吸附剂在吸附床中的不同充填方式和状态，动态吸附又分为固定床、移动床和流化床三种方式。

(1) 固定床

固定床是废水处理常用的吸附处理方式，因填充的吸附剂固定在吸附床中而得名。当废水连续流经吸附剂时，欲去除的吸附质——污染物不断被吸附。吸附剂的数量足够多时，出水中污染物的浓度可降低至接近于零。在实际运行中，随吸附过程的进行，吸附柱上部饱和层厚度不断增加，下部新鲜吸附层则不断减少，出水中污染物的浓度会逐渐增加，其浓度达到出水要求的限定值时须停止通水，转入吸附剂的再生工序。此时，尚有部分吸附剂未达饱和，故吸附剂的利用不充分。如果所采用的是单个吸附床，则停止进水后就要对吸附剂进行再生，再生和吸附可在同一设备中进行，也可全部卸出由专门设备再生。

固定床又有降流式（水流从上向下）和升流式（水流从下向上）两种。降流式有吸附和过滤两种作用，出水水质好，但容易发生悬浮物、微生物等杂质的淤积、堵塞现象，造成水头损失大，需定期反冲洗。在升流式固定床中，水流自下而上流动，当发现水头损失增大，可通过提高水流速度，使填充层稍有膨胀就可以达到自洁的目的。其优点是由于层内水头损失增加缓慢，所以运行时间长；其缺点是污水出口处吸附层的冲洗较困难。另外，由于流量或操作失误，容易造成吸附剂的流失。

根据污水处理的水量、原水水质和处理水质要求，固定床可分为单床并联等方式。

（2）移动床

污水从移动床吸附塔塔底部流入，自下而上流过吸附层，处理后水从塔顶流出。吸附剂从塔顶加入，接近饱和的吸附剂从塔底间歇排出，送入专门再生设备。移动床较固定床能充分利用床层吸附容量，出水水质良好，且水头损失较小。由于原水从塔底进入，水中夹带的悬浮物随饱和炭排出，因而不需要反冲洗设备，对原水预处理要求较低，操作管理方便。目前较大规模的污水处理多采用这种操作方式。

（3）流化床

流化床亦称流动床，其操作特点是水从下往上流动，吸附剂在柱内处于膨胀或流化状态，即吸附剂以悬浮状态处在水流中，因而使吸附剂与污水中的杂质有更多的接触机会，单位吸附剂的废水处理能力更高，并能够处理悬浮物含量较高的废水。流化床一般采用连续性卸炭和加炭，要求吸附剂在膨胀悬浮状态下仍保持层状移动，因此其运行的操作管理更为严格。

7.11　如何进行滤料的选择？

答　滤料是滤池的主要部分，是滤池运行好坏的关键。滤料的种类、性质、形状和级配等是决定滤层截留杂质能力的重要因素。选择滤料的材料须考核以下几个方面。

（1）具有足够的机械强度

滤料必须具有足够的机械强度，以避免在冲洗过程中颗粒发生过度的磨损而破碎。因为破碎的细粒容易进入过滤水中，且磨损与破碎使颗粒粒径变小，这样更增加滤层的水头损失，而且在冲洗时也将会被水流带出滤池，增加了滤料的损耗，所以必须有足够的机械强度，如石英砂。一般磨损率应小于 4%，破碎率应小于 1%，磨损破碎率之和应小于 5%。

（2）具有足够的化学稳定性

足够的化学稳定性可避免在过滤的过程中，发生溶解于过滤水的现象，引起水质的恶化。严格说起来，一般滤料都有极微量的溶解现象，但不影响普通用水的水质要求。例如石英砂有微量溶解于水，但在生活用水中，对 SiO_2 没有严格的含量要求，所以作为滤料是没有问题的；无烟煤几乎在酸性、中性、碱性水中都不溶，对于 SiO_2 的含量有严格要求时，可用无烟煤代替石英砂作为滤料。

（3）能就地取材、价廉

在水处理中最常用的滤料是石英砂，它可以是河砂或海砂，也可以是采砂场取得的砂。但需严格清洗，不能含有对人体健康和生产有害的物质。

（4）外形接近于球状，表面比较粗糙而有棱角

这样吸附表面比较大，棱角处吸附力最强，有一定的颗粒级配和适当孔隙率，提高过滤效率。滤料粒径是指颗粒正好通过某一筛孔时的孔径。滤料粒径级配是指滤料中各种粒径颗粒所占的质量比例。为了使滤料粒径满足生产要求，做筛分试验，绘制筛分曲线，然后采用最大粒径 d_{max}、最小粒径 d_{min} 和不均匀系数 K_{80} 来控制滤料粒径分布。K_{80} 以下式表示：

$$K_{80} = \frac{d_{80}}{d_{10}}$$

式中　d_{80}——通过滤料质量 80% 的筛孔孔径；

　　　d_{10}——通过滤料质量 10% 的筛孔孔径。

K_{80} 越大，表示粗细颗粒尺寸相差越大，颗粒越不均匀，这对过滤和冲洗都很不利。如果 K_{80} 越接近 1，滤料越均匀，过滤和反冲洗效果越好。为了保证过滤和反冲洗效果，通常要求不均匀系数 $K_{80} < 2$。同时限制 d_{max}，可防止大粗颗得不到很好冲洗，限制 d_{min}，可防止细颗粒冲洗时冲出池外。且小粒径颗粒是产生水头损失的主要部分。

滤料的选择应尽量采用吸附能力强、截污能力大、产水量高、过滤出水水质好的滤料，以利于提高水处理厂的技术经济效益。

7.12　活性炭应用过程中应注意的问题有哪些？

答　① 活性炭处理属于深度处理工艺，通常只在废水经过其他常规的工艺处理之后，出水的个别水质指标仍不能满足排放要求时才考虑采用。

② 确定选用活性炭工艺之前，应取前段处理工艺的出水或水质接近的水样进行炭柱试验，并对不同品牌规格的活性炭进行筛选，然后通过试验得出主要的设计参数，例如水的滤速、出水水质、饱和周期、反冲洗最短周期等。

③ 活性炭工艺进水一般应先经过过滤处理，以防止由于悬浮物较多造成炭层表面堵塞。同时进水有机物浓度不应过高，避免造成活性炭过快饱和，这样才能保证合理的再生周期和运行成本。当进水 COD_{Cr} 浓度超过 $50 \sim 80mg/L$ 时，一般应该考虑采用生物活性炭工艺进行处理。

④ 对于中水处理或某些超标污染物浓度经常变化的处理工艺，对活性炭处理单元应设跨越或旁通管路，当前段工艺来水在一段时间内不超标时，则可以及时停用活性炭单元，这样可以节省活性炭床的吸附容量，有效地延长再生或更换周期。

⑤ 采用固定床应根据活性炭再生或更换周期情况，考虑设计备用的池子或炭塔。移动床在必要时也应考虑备用。

⑥ 由于活性炭与普通钢材接触将产生严重的电化学腐蚀，所以设计活性炭处理装置时应首先考虑钢筋混凝土结构或不锈钢、塑料等材料。如选用普通碳钢制作时，则装置内面必须采用环氧树脂衬里，且衬里厚度应大于 1.5mm。

⑦ 使用粉末活性炭时，必须考虑防火防爆，所配用的所有电器设备也必须符合防爆要求。

7.13　滤池的常见类型有哪几种？

答　滤池的形式多种多样，分类方案也较多。若按滤速来分，可分为慢滤池、快滤池和高速滤池；若以滤料类型分，可分为砂滤池、煤滤池、煤-砂滤池等；按滤料结构分，可分为单层滤池、双层滤池和多层滤池；按水流过滤层的方向，可分为上向流、下向流、双向流、辐射流、水平流和从"细到粗"或从"粗到细"等类型；按水流性质，可分为压力滤池和重力滤池；按进出水及反冲洗水的供给和排出方式，可分普通快滤池、虹吸滤池和无阀滤池等。

7.14 影响冲洗效果的因素有哪些？

答 为了保证冲洗达到较好效果，都应有一定的冲洗强度、滤层膨胀度和冲洗时间。

(1) 冲洗强度 q

单位表面积滤层上所通过的冲洗流量称为冲洗强度，以 $L/(s \cdot m^2)$ 或者换算成冲洗流速，以 cm/s 计，$1cm/s = 10L/(s \cdot m^2)$。

$$q = 10kV_m \quad [L/(s \cdot m^2)]$$

式中 V_m——最大粒径滤料最小流态化冲洗速度，cm/s；

$\quad\quad k$——安全系数。

(2) 滤层膨胀度 e

反冲洗时，滤层膨胀后所增加的厚度与膨胀前厚度之比，称为滤层膨胀度，用 e 表示：

$$e = \frac{L - L_0}{L_0} \times 100\%$$

式中 L_0——滤料膨胀前厚度，cm；

$\quad\quad L$——滤料膨胀后厚度，cm。

滤层膨胀度和冲洗强度在滤料颗粒大小及水温一定时，两者成直线关系，即冲洗强度越大，滤层膨胀度也就越大。

(3) 冲洗时间 t

当冲洗强度及滤层膨胀度都满足要求，但反冲洗时间不足时，一方面颗粒没有足够的碰撞摩擦时间，难以去除滤料表面杂质；同时冲洗废水因来不及排除而导致污泥重返滤层，或覆盖于滤层表面形成"泥毡"，或深入滤层形成"泥球"。

7.15 过滤过程中应注意的重要参数有哪些？

答 **(1) 滤速和滤池面积**

滤速相当于滤池负荷，是指单位滤池面积上所通过的流量（并非水流在沙层孔隙中的真正流速），单位为 $m^3/(m^2 \cdot h)$ 或 m/h。滤速是控制滤池投资、影响水质和运行管理的一个重要指标。过滤速度有两种情况：一种是正常工作条件下的滤速，这是设计的主要依据；另一种是当某格滤池因为冲洗、维修或其他原因不能工作时，其余滤池必须采取的滤速，即所谓强制滤速，这个滤速由滤池的工作状态所决定。单层石英砂滤料滤池的滤速 8～10m/h，强制滤速为 10～14m/h，双层滤料滤池 10～14m/h，强制滤速为 14～18m/h。

(2) 水头损失及工作周期

水头损失是指滤池过滤时滤层上面的水位与滤后水在集水干管出口处的水位差。水头损失是决定滤池冲洗的一个指标，一般普通快滤池冲洗前的期终水头损失约控制在 2～3m。

滤池从过滤开始到冲洗结束的一段时间，称为快滤池的工作周期。从过滤开始至过滤结束称为过滤周期。根据滤池进水的水质和滤速，工作周期一般为 12～24h。

(3) 杂质穿透深度和滤层含污能力

在过滤过程中，自滤层表面向下某一深度处，若所取水样恰好符合过滤水水质要求时，该深度就叫杂质穿透深度。在保证滤池出水水质前提下，杂质穿透深度越大越好，这表明整个滤层能充分发挥作用。

在一个过滤周期内，如果按整个滤层计，单位体积滤料中所截留的杂质量（单位为 kg/m^3）称为滤层含污能力。含污能力大，表明滤层所发挥的净水作用大。滤层含污能力与杂质穿透深度有着密切联系。

7.16 快滤池的常见故障及排除方法有哪些？

答 **（1）气阻**

滤料过滤中，在滤料层中有时会积聚大量空气，特别是当滤料层内出现负水头时，使水中的溶解气体逸出并积聚在滤料层中，以致滤水量显著减少。冲洗时，气泡会冲出滤层表面，使滤层产生裂缝，影响水质甚至大量漏砂、跑砂，这种现象称为气阻或气闭。

产生这种现象的原因较多，比如当滤池发生滤干后，未经反冲排气又再过滤；工作周期过长，水头损失过大；冲洗水塔的存水用完，空气随水夹带进入滤池或水中溶气量过多等。为了防止气阻现象的发生，应保持滤层上足够的水深，消除负水头。在池深已定时，可采取调换表层滤料，增大滤料粒径的办法。其次，在配水系统末端应设排气管，防止反冲洗水中带入气体积聚在垫层或滤层中。有时也可适当加大滤速，促使整个滤层纳污比较均匀。使水塔储存的水量比一次反冲洗水量多一些等。一旦发生，可用清水倒滤，排出气泡。

（2）结泥球

由于冲洗强度、冲洗时间不够，或者是配水系统不均匀，使滤料层面上逐渐累积胶质状污泥并互相黏结，称为结泥球。反冲洗过程中，因其质量较大而沉入滤层深处，造成布水不匀和再结泥球的恶性循环。这种污泥的主要成分是有机物，结球严重时会腐化发臭，影响滤池的正常运转和净水效果。防止办法是改善冲洗效果。

为解决结泥球问题，首先应当从改善冲洗着手。检查冲洗时滤料膨胀程度和冲洗污水通道是否畅通，适当调整冲洗强度和冲洗时间。对于已结泥球的滤池就可以用液氯或漂白粉溶液等浸泡滤料，氧化污泥，加氯量约每平方米滤池 1kg 漂白粉，情况严重时必须大修翻砂。

（3）跑砂、漏砂

如果冲洗强度过大、滤料级配不当或有气阻现象发生，反冲洗时会冲走大量细滤料，称跑砂；如果冲洗水配水不均匀，使垫料层移动，进一步使冲洗水分配更不均匀，最后使某一部分垫料层被掏空，以致滤料通过配水系统漏失，称漏砂。如果出现这种情况应检查配水系统，消除冲洗时产生的大量气泡，并适当调整冲洗强度。

（4）水生生物繁殖

在水温较高时，沉淀池出水中常含多种微生物，极易在滤池里繁殖，微生物会在滤池表面砂层繁殖，使过滤阻力增大。可在滤前加氯解决。

7.17 影响过滤效果的因素有哪些？

答 **（1）滤料的影响**

① 粒度。与粒径成反比，即粒度越小，过滤效率越高，但水头损失也增加越快。在小滤料过滤中，筛分与拦截机理起重要作用。

② 形状。角形滤料的表面积比同体积的球形滤料的表面积大，因此，当体积相同时，角形滤料过滤效率高。

③ 孔隙率。球形滤料孔隙率与粒径关系不大，一般都在 0.43 左右。但角形滤料的孔隙率取决于粒径及其分布，一般约为 0.48～0.55。较小的孔隙率会产生较高的水头损失和过滤效率，而较大的孔隙率提供较大的纳污空间和较长的过滤时间，但悬浮物容易穿透。

④ 厚度。滤床越厚，滤液越清，操作周期越长。

⑤ 表面性质。滤料表面不带电荷或者带有与悬浮颗粒表面电荷相反的电荷，有利于悬浮颗粒在其表面上吸附和接触凝聚。通过投加电解质或调节 pH 值可改变滤料表面的电动电位。

(2) 悬浮物的影响

① 粒度。几乎所有过滤机理都受悬浮物粒度的影响。粒度越大，通过筛滤去除越容易。原水投加混凝剂，待其生成适当粒度的絮体后，进行过滤，可以提高过滤效果。

② 形状。角形悬浮颗粒因比表面积大，其去除效率比球形颗粒高。

③ 密度。颗粒密度主要通过沉淀、惯性及布朗运动机理影响过滤效率，因这些机理对过滤贡献不大，故影响程度较小。

④ 浓度。过滤效率随原水浓度升高而降低，浓度越高，穿透越易，水头损失增加越快。

⑤ 温度。温度影响密度及黏度，进而通过沉淀和附着机理影响过滤效率。降低温度对过滤不利。

⑥ 表面性质。悬浮物的絮凝特性，电动电位等主要取决于表面性质，凝聚过滤法就是在原水加药脱稳后尚未形成微絮体时，进行过滤。这种方法投药量少，过滤效果好。

(3) 滤速

滤池的滤速不能过慢，因为滤速过慢，单元过滤面积的处理水量就会小。为了达到一定的出水量，势必要增大过滤面积，也就要增大投资。但如果滤速过快，不仅仅增加了水头损失，过滤周期也会缩短，也会使出水的质量下降，滤速一般选择在 10～12m/h。

(4) 反洗

反洗是用以除去滤出的悬浮物，以恢复滤料的过滤能力。为了把悬浮物冲洗干净，必须要有一定的反洗速度和时间。这与滤料大小及密度、膨胀率及水温都有关系。滤料用石英砂时，反洗强度为 $15L/(s \cdot m^2)$；而用相对密度小的无烟煤时，反洗强度为 $10～12L/(s \cdot m^2)$。反洗时，滤层的膨胀率为 $25\%～50\%$。反洗效果好，才能使滤池的运行良好。

7.18 如何进行转盘过滤器的维护保养？

答 ① 设备反冲洗系统的滤网和喷嘴必须每周定期检查和清洗，以保证反冲洗水压力在 7～7.5bar（1bar＝10^5Pa）。如果滤网和喷嘴不能及时清洗，将导致设备滤膜过滤处理能力的下降。

② 定期检查喷淋系统摆动丝杆，避免丝杆松动，导致喷淋管撞击转鼓。

③ 设备运行 2～3 月后，若设备处理能力大幅下降。必须按照设备说明，进行化学清洗。

化学清洗前必须保证反冲洗系统正常，检查喷嘴和反冲洗过滤器，保证无堵塞。先用 5%浓度的次氯酸钠进行化学清洗，每次喷淋后，停滞 3～5min，一圈盘片喷淋完毕后用反冲洗水进行反冲洗。酸洗采用 5%～10%的稀盐酸，进行喷淋。每次喷淋后，停滞 3～5min 即可。酸洗的周期与水质有关，推荐每年至少酸洗 4 次。当反冲洗频率越来越高的时候可以进行化学清洗。

7.19　如何判断钻石滤布滤池滤布的清洁性？

答　最好且最快的判断滤布的清洁性有三种方式：反冲洗间隔、反冲洗后的水位差和反冲洗循环间的真空读数。

反冲洗间隔是指一次反冲洗循环开始到下一次反冲洗循环开始之间的时间。在操作界面的状态画面上有当前的间隔记录。一次反冲洗开始时该记录归零，一直记录到下次反冲洗开始。PLC还记录有反冲洗历史，可在界面上显示。依不同界面，该历史可显示前40～50次的间隔。

水位差是滤池内液位和出水室内液位之间的提升差值。该值也在操作界面的状态画面有显示。该水位差是由水流通过过滤介质、支撑框架和过滤器的长度的液压损失造成的。通过支撑框架和过滤器的长度的损失在给定的流速下是不变的。通过过滤介质的损失取决于介质的状态和介质上附着固体的数量。当反冲洗循环充分清洗介质时，反冲洗循环后的水位差在给定的流速下应该是一致的。在过滤器设计流量下，池中液位的提升通常下降9in（1in＝0.0254m）左右，有0.3ft（1ft＝0.3048m）的水位差。该值会因所使用的介质类型、过滤器的尺寸和其他因素而不同，所以最好每个工地都记录有期望水位差。反冲洗后记录水位差指的是记录在反冲洗循环结束时状态画面上报告的水位差，将该数值与大致的流速作对比。

泵的真空读数可由泵的抽吸侧的仪表测量。仪表会直接安装在泵前的管道中，标准安装时是唯一的仪表。真空的产生取决于滤布介质与泵之间的抗性和通过泵的流速。在正常反冲洗运行中，该数值应在15in水银范围内。该数值也会因提升、滤池深度和所使用的介质类型而不同。另外，可以安置真空发射器，在真空超过预定值时能提醒操作人员。

7.20　什么会影响滤布滤池进水固体的过滤性？

答　如果确定没有因为潜在的机械问题造成的滤布滤池出水污染而使滤布滤池出水质量下降，可能是上游处理工艺有变化影响了滤布滤池流入固体的过滤性。可能的原因包括：

① 初沉池或者污泥处理工序过来的短循环固体；
② 鼓风机故障造成氧气供应不足；
③ 一个或更多曝气池关闭；
④ 有机物负荷上升；
⑤ 给曝气池添加过量的氯来进行污泥膨胀控制；
⑥ 二沉淀池出水堰和/或调解次均化池加氯日常清洗；
⑦ 生物处理系统的运行工艺的改变（如SRT的缩短）；
⑧ 氧气供应方式的改变（从空气到纯氧）；
⑨ 生物处理系统的其他变化。

如果滤布介质滤池前的生物处理系统为活性污泥系统，建议系统运行污泥龄（MCRT）为5～20d来增强二级出水里悬浮物的可过滤性。

7.21　反冲洗后滤布滤池没有恢复，或者反冲洗突然比平时频繁是为什么？

答　反冲洗后滤布滤池没有恢复，或者反冲洗突然比平时频繁的原因是反冲洗时滤布表面的固体没有被清除。可能有以下几种原因：

① 过高的流量和/或滤布滤池进水悬浮物（TSS）浓度；

② 进水的污水特性改变；

③ 过量絮凝剂和/或有机聚合物；

④ 反冲洗泵和/或反冲洗控制阀的故障；

⑤ 由于长期运行滤布上堆积截留物；

⑥ 反冲洗吸嘴和滤布介质没有对准。

7.22　磷的形态对滤布滤池可去除性的影响有哪些？

答　**（1）可溶可反应磷（TRP）**

经 $0.45\mu m$ 过滤后测定的磷，可被化学沉淀，然后经沉淀/过滤去除。

（2）不可溶磷（IP）

颗粒磷或者可用/不用如凝结的预处理步骤沉淀/过滤去除的磷。

（3）可溶无反应磷（SNP）

既不能化学凝结也不能过滤去除的磷。去除这部分磷的唯一的方法是通过反向渗透（RO），一般这部分磷只是总磷中的一小部分。但当 TP 排放要求低于 $0.2mg/L$ 时，这对方式选择和系统控制更加重要。

7.23　连续流砂滤器的主要控制参数有哪些？怎样控制？

答　**（1）进水**

在进水中不能含有粒径大于 $4\sim6mm$ 的颗粒物，因为这些物质对砂滤器的良好工作性能带来危害。如果水中存在这些物质，则在砂滤器的上游需要安装一滤网，如果滤网有被阻塞的危险，则需要安装液位开关以保护进料泵。例如在市政污水处理厂中，砂滤器上游的水中有可能会有树叶坠入，故在这种情况下必须在砂滤进水前端安装一过滤网。

为连续运行连续流砂滤器，供料水量至少是排出清洗水量的 2 倍。如果无法保证的话，建议增加过滤水（和清洗水）回流管路，回流至砂滤进水口。如此即便在没有足够的进水情况下也能保证连续运行，这就避免了因频繁启动和关闭供料泵而造成过滤器运行性能下降的情况。

单位时间内供料流量不能增加过多，单位时间内最大可增加的流量需视砂滤器的应用情况而定。

砂滤器有其设计最大 TSS 负荷和设计最大水力负荷。实际运行时，不能超过最大设计负荷。

（2）固体负荷

TSS 浓度和水力负荷决定了过滤器的固体负荷 $[kg/(m^2 \cdot h)]$。如果需要投加混凝剂，混凝剂所生成的固体也需要计入固体负荷。

（3）水力负荷

水力负荷是通过将流量（m^3/h）除以过滤面积（m^2）计算而得。水力负荷表示为 $m^3/(m^2 \cdot h)$ 或 m/h。水力负荷决定了（面积的）水向上通过过滤床的流速，结合 TSS 的浓度，同时也决定了砂滤器固体负荷 $[kg/(m^2 \cdot h)]$。

（4）砂循环率

通过气提和砂洗砂器，砂床得到连续的清洗。砂循环率决定了从砂床被连续去除的固体的量。因此在过滤工艺中砂循环率是最重要的工艺参数之一。

过滤床中的较高的悬浮物的滞留量会引起较高的压头损失，因此对空气/砂/水混合物提升至气提的驱动力增加从而形成较高的砂循环率。砂循环最重要的控制参数是空气量。为保证良好的过滤效果，有必要在过滤床中保持一定量的颗粒物质。当砂粒之间的间隙部分地被颗粒物填充时，砂滤器的固体颗粒去除效率会得到改善。当砂滤器被用于生化处理的目的，例如脱氮时，为进行生物转化砂床内必须滞留一定量的微生物。

砂循环率的监测可以用所通过的厘米刻度的标尺测量。在总的过滤床面积中分四个象限，必须距离砂滤器外圆周相同的距离测量砂循环量，推荐约30cm。

测量标尺需要插入砂床中，同时会随着砂粒下沉。以经过的时间和下沉的距离来计算砂循环率，以 mm/min 表示。

(5) 压头损失

压头损失或压力降是由于水流通过（被悬浮物附着的）砂床而引起的。压头损失可以通过连接在进水管上一段透明管（水压计）读出。压头损失被定义为过滤器过滤水位在透明管中的水柱高度，以 cmH_2O（厘米水柱）表示。

影响压头损失的因素有温度、进水流量、砂床高度、滤料粒径、水力负荷、颗粒负荷、砂循环率，其中颗粒物负荷、水力负荷或砂循环率为主要影响因素。

(6) 清洗水

必须形成过滤水和清洗水之间最低限度的液位差，以保证有足够的逆向清洗水流流过迷宫，从而使砂粒得到有效的清洗。

(7) pH 值

如果需要投加混凝剂，pH 值是一个重要参数。正确的 pH 值可以促使足够的混凝作用从而达到的良好的固体颗粒去除效率。

7.24　如何停运连续流砂滤器？

答　① （如可能）停止投加泵，冲洗投加泵及其管路。停止过滤器进水后，请立即停止气提的供气。

② 在停运砂滤器前两天，可以停止混凝剂的投加，以便通过洗砂清洗砂床，为停运做准备。

③ 如果在过滤器上部有脏物积累，应用刷子打扫。同样需清洗洗砂槽的上部。

④ 在长时间停运期间，有生长微生物和/或阻塞砂床的危险性。如果停运时间超过 7d（视固体颗粒的性质而定），砂床需要清洗。

⑤ 在重新启动砂滤时，需要保证砂滤顶部出水堰已形成溢流的情况下再启动气提。

7.25　离子交换的基本原理是什么？

答　离子交换法是一种借助于离子交换剂上的离子和污水中的离子进行交换反应而除去污水中有害离子的方法。离子交换过程是一种特殊的吸附过程，其特点是吸附剂吸附水中的离子，并与水中的离子进行等量交换。在水处理中，此法主要用于去除水中溶解性离子物质。通常，离子交换反应是一种可逆性化学吸附。

离子交换过程通常分为 5 个阶段：

① 交换离子从溶液中扩散到交换剂颗粒表面；

② 交换离子在交换剂颗粒内部扩散；

③ 交换离子与结合在交换剂活性基团上的可交换离子发生交换反应；

④ 交换下来的离子从交换剂内扩散到交换剂颗粒表面；

⑤ 被交换下来的离子从交换剂颗粒表面通过液膜，从液膜表面扩散到溶液中。

当离子交换剂的吸附达到规定的饱和度时，通过某种高浓度电解质溶液，将被吸附的离子交换下来，使交换剂得到再生。

7.26 离子交换剂的分类有哪些？

答 离子交换剂按母体材质不同可以分为无机和有机两大类。无机离子交换剂有天然沸石和人工合成沸石，是一类硅质的阳离子交换剂。沸石既可作阳离子交换剂，也能用作吸附剂，成本较低，但不能在酸性条件下使用。有机离子交换剂有磺化煤和各种离子交换树脂。磺化煤是烟煤或褐煤经发烟硫酸磺化处理后制成的阳离子交换剂，成本较低，但交换容量低，机械强度和化学稳定性较差。

目前在水处理中广泛使用的是离子交换树脂，它具有交换容量高（是沸石和磺化煤的8倍以上）、制备成球形颗粒后水流阻力小、交换速度快、机械强度高、化学稳定性好等优点，但成本较高。

7.27 离子交换树脂的基本结构类型有哪些？

答 离子交换树脂的结构是由骨架和活性基团两部分组成。骨架又称为母体，是形成离子交换树脂的结构主体。它是以一种线型结构的高分子有机化合物为主，加上一定数量的交联剂，通过横键架桥作用构成空间网状结构。活性基团由固定离子和活动离子组成。固定离子固定在树脂骨架上，活动离子则依靠静电引力与固定离子结合在一起，两者电性相反电荷相等，处于电性中和状态。活动离子遇水离解并能在一定范围内自由移动，可与其周围水中的其他同性离子进行交换反应，又称为可交换离子。能与溶液中阳离子交换的树脂叫做阳离子交换树脂，能与溶液中阴离子交换的树脂叫做阴离子交换树脂。

阳离子交换树脂的活性基团是具有酸性的基团，按其酸性强度，可分为强酸性和弱酸性两种。而阴离子交换树脂的活性基团呈碱性，按其碱性强弱，可分为强碱性和弱碱性两种。

树脂颗粒的大小与形状对其机械性能和操作条件有重要影响，通常采用球状树脂。根据其粒径大小分为大粒径（0.6～1.2mm）、中粒径（0.3～0.6mm）和小粒径（0.02mm）。

7.28 衡量离子交换树脂质量的指标有哪些？

答 离子交换树脂的性能质量对水处理效率、再生周期及再生剂的消耗量有很大影响，一般可依据以下几项指标，衡量离子交换树脂的性能质量。

(1) 树脂的选择性与选择系数

树脂对不同的离子具有不同的亲和能力，对亲和能力强的离子优先选择，和它结合力强使之不易泄漏。但由于结合牢固，再生时，该离子置换下来就很困难。树脂对离子亲和能力的差异，取决于两个方面。

① 树脂自身的性能，尤其是自身的交联度。交联度越大，对离子的选择性就越大，其

亲和能力就越强。反之，就越弱。

② 与溶液中离子的性质、组分和浓度有关。

在常温和低浓度溶液中，各种树脂对不同离子的选择性大致有如下几点规律。

① 强酸阳离子交换树脂。这种树脂对溶液中价数越高的离子，亲和能力越强。在同价数离子中，原子序数越大，亲和能力就越强，其选择性顺序如下：

$$Fe^{3+} > Co^{3+} > Al^{3+} > Ca^{2+} > Mg^{2+} > Ag^+ > K^+ > Na^+ > Li^+$$

② 弱酸阳离子交换树脂。这种树脂对氢离子选择能力特别强，对多价离子的选择能力也优于低价离子，其选择性顺序如下：

$$H^+ > Fe^{3+} > Al^{3+} > Ca^{2+} > Mg^{2+} > K^+ > Na^+ > Li^+$$

③ 强碱阴离子交换树脂。一般而言，强碱阴树脂的选择性是随溶液中阴离子的价数增加而增大，其亲和能力规律如下：

$$Cr_2O_7^{2-} > SO_4^{2-} > CrO_4^{2-} > NO_3^- > Cl^- > OH^- > F^- > HCO_3^-$$

④ 弱碱阴离子交换树脂。弱碱阴树脂对离子的选择规律，取决于溶液中的离子价态、水合离子半径和离子结构。但弱碱阴树脂对 OH^- 具有更强的选择性。弱碱阴树脂对离子的选择顺序如下：

$$OH^- > Cr_2O_7^{2-} > SO_4^{2-} > NO_3^- > Cl^- > HCO^-$$

离子的选择性除与其本身及树脂有关外，还与温度、浓度及 pH 值等因素有关。上述树脂的选择规律，只适于低浓度的水溶液中。在高浓度水溶液中（一般离子浓度在 3mol/L 以上），情况就比较复杂，甚至会出现相反的选择顺序。树脂的再生就是利用高浓度的酸、碱、盐来实现的。

（2）含水率

由于离子交换树脂的亲水性，因此它总含有一定数量的水化水（或称化合水分），称为含水率。含水率通常以每克湿树脂（去除表面水分后）所含水分百分数来表示（一般在 5% 左右），也可折算成相当于每克干树脂的百分数表示。

（3）密度

树脂密度是设计交换柱、确定反冲洗强度的重要指标，也是影响树脂分层的主要因素。树脂密度分为干密度和湿密度。干密度是在温度 105℃ 真空干燥后的密度。湿密度又分为湿真密度和湿视密度。

① 湿真密度。指树脂在水中充分膨胀后的质量与真体积（不包括颗粒孔隙体积）之比（g/mL），一般为 1.04～1.30g/mL。不同类型树脂，湿真密度不同。即使同一类型的阳树脂或阴树脂，由于所含交换离子种类不同，湿真密度大小也不相同。其大小顺序如下：

阳树脂 　　　　　　　R—H < R—NH₄ < R—Ca < R—Na

阴树脂 　　　　　　　R—OH < R—Cl < R—CO₃ < R—SO₄

② 湿视密度。湿视密度又称堆积密度，是指树脂在水中充分溶胀后，单位体积树脂所具有的质量，该值一般为 0.60～0.85g/mL。湿视密度可用来计算离子交换柱内填充树脂的所需量。

（4）离子交换容量

离子交换容量是定量表示树脂交换能力的指标，可用质量法和容积法表示。质量法是指单位质量的干树脂中离子交换基团数量，用 mmol/g 干树脂或 mol/g 干树脂来表示；容积法是指单位体积的湿树脂中离子交换基团的数量，用 mol/L 湿树脂或 mol/m³ 湿树脂表示。

由于树脂一般在湿态下使用，因此常用的是容积法。在树脂结构中，交换功能基越多，可交换的离子就越多，交换容量就越大。交换容量在不同条件下具有不同的表达形式，其数值也不相同。全交换容量，是指每单位量的树脂（g 或 L，在 105℃ 干燥至质量恒定）能够交换的离子总量。工作交换容量，是指在某一指定的工作条件下，树脂实际上所能表现出来的离子交换的总量，工作交换容量一般小于全交换容量。由于运行条件不同，测得的工作交换容量也就不同。影响工作交换容量的因素很多，例如水的离子浓度、交换终点的控制指标、树脂层高度、交换速度、树脂粒度及交换基团形式等。穿透交换容量，是指在使用中的离子交换柱出流液中，出现要除去的某种离子时，树脂所交换的离子数量。在纯水的制备和废水处理过程中，这是一项控制指标。

（5）溶胀性

指干树脂浸入水中，由于活性基团的水合作用使交联网孔增大、体积膨胀的现象。溶胀程度用溶胀度来表示。溶胀度是指膨胀前后树脂体积变化量与溶胀前树脂的体积相比增大的百分率。树脂的交联度越小，活性基团越多，越易离解，其溶胀率越大。水中电解质浓度越高，由于渗透压增大，其溶胀度越小。

（6）耐热性

各种树脂都有一定的工作温度范围，操作温度过高、容易使活性基团分解，从而影响交换容量和使用寿命。如温度低于 0℃。树脂内水分冻结使颗粒破裂。通常控制树脂的储藏和使用温度在 5～40℃ 为宜。树脂的热稳定性与构成树脂结构中的各部分成分密切相关。盐型树脂比酸型、碱型都稳定。如钠型磺化聚苯乙烯树脂能在 120℃ 下使用，而其氢型只能在 100℃ 以下使用。强碱性聚苯乙烯树脂可在 60℃ 下使用。带有羟基的酚醛阴树脂只允许在 30℃ 下长期使用。

（7）机械强度

反映了树脂保持颗粒完整性的能力。树脂在使用中由于受到冲击、碰撞、摩擦以及胀缩作用，会发生破碎。因此，树脂应有足够的机械强度，以减少每年树脂的损耗量。树脂的机械强度取决于交联度和溶胀度。交联度越大，溶胀度越小，则机械强度越高。

（8）化学稳定性

① 耐酸碱性能。一般无机离子交换剂是不耐酸碱的，只能在 pH＝6～7 条件下使用。有机合成强酸、强碱性树脂可在 pH＝1～14 中使用。弱酸阳树脂可在 pH≥4 时使用，弱碱阴树脂应在 pH≤9 时使用。一般树脂的抗酸性优于抗碱性。无论是阳树脂还是阴树脂，当在碱的浓度超过 1mol/L 时，都会发生分解。

② 抗氧化性能。各种氧化剂如氯、次氯酸、双氧水、氧、臭氧等会对树脂有不同程度的破坏作用，在使用前需要除去。不同类型的树脂，受到损坏的程度不同。就其抗氧化的能力来讲，交联度高的树脂优于交联度低的树脂；聚苯乙烯类树脂优于酚醛类树脂；钠型树脂优于氢型树脂；氢型树脂优于氢氧型树脂。大孔树脂优于凝胶树脂。

（9）树脂的交联度

树脂的骨架是靠交联剂连接在一起的。交联度是指交联剂所占有的份数，一般用交联剂占单体质量百分数来表示；例如，聚苯乙烯树脂用二乙烯苯作交联剂，其用量占单体总料量的 8% 时，则这种树脂的交联度为 8%。交联度直接影响树脂的性能。交联度越高，树脂的机械强度就越大，对离子的选择性越强，但离子的交换速率就越慢。这是因为交联度高，表明树脂的结构紧密，孔隙率低，同时树脂在水中溶胀率也低，因而水中的离子在树脂内扩散速度小，影响了离子间的交换能力。

7.29　离子交换剂——沸石的结构特性是什么?

答　沸石是一种呈结晶阴离子型架状结构的多孔隙硅铝酸盐矿物质，它们的含水量随外界温度和湿度的变化而变化。

本试验用的滤料为甘肃产沸石，其化学组成见表7-1。

表 7-1　沸石的化学成分

化学成分	SiO₂	Al₂O₃	Fe₂O₃	CaO	MgO	K₂O	Na₂O	TiO
百分比/%	68.52	11.59	1.04	3.27	1.13	1.69	0.68	0.1

其化学通式为：
$$(\mathrm{Na,K})_x \cdot (\mathrm{Mg,Ca,Sr,Ba}) \cdot \left[\mathrm{Al}_{x+y}\mathrm{Si}_{n-(x+2y)}\mathrm{O}_{2n}\right] \cdot m\mathrm{H_2O}$$

式中　x——碱金属离子数；
　　　y——碱土金属离子数；
　　　n——硅、铝离子个数之和；
　　　m——水分子数。

构成沸石结晶阴离子型架状结构的最基本单元是硅氧（SiO₄）四面体和铝氧（AlO₄）四面体。在这种四面体中，中心是硅（或铝）原子，每个硅（或铝）原子的周围有 4 个氧原子，各个硅氧四面体通过处于四面体顶点的氧原子互相连接起来，形成所谓的巨大分子见图 7-1。

图 7-1　沸石骨架结构基本单元

其中在铝氧四面体中由于 1 个氧原子的价电子没有得到中和，使得整个铝氧四面体带有 1 个负电荷，为保持电中性，附近必须有 1 个带正电荷的金属阳离子（M⁺）来抵消极性（通常是碱金属或碱土金属离子）。这些阳离子和铝硅酸盐结合相当弱，具有很大的流动性，极易和周围水溶液中的阳离子发生交换作用，交换后的沸石结构不被破坏。沸石的这种结构决定了它具有离子交换性。

沸石具有空旷的骨架结构，晶穴体积为体积的 40%～50%，独特的晶体结构使其具有大量均匀的微孔，孔径大多在 1nm 以下。其均匀的微孔与一般物质的分子大小相当，由此形成了分子筛的选择吸附特性，即沸石孔径的大小决定了可以进入其晶穴内部的分子大小，只有比沸石孔径小的分子或离子才能进入。

沸石的这种结晶阴离子型架状结构产生了特定的阳离子选择顺序，这是由该结构产生的表面吸附选择效应和分子筛选择效应共同形成的。一方面，每一种沸石都有自己特定的结晶阴离子格架并产生各自特定的电场，各种阳离子与每种沸石格架及其相关的电场间相互作用的方式不一样，使得沸石与各种阳离子的亲和力也不一样，产生了特定的阳离子静电吸附选择效应；另一方面，各种阳离子在水中形成的水合离子半径不同，使得进入沸石微孔的难易程度不同，从而产生了分子筛选择效应。

斜发沸石对不同阳离子的选择吸附性可由选择性系数表示，即 $K_a^B = (A)_z^{nA}(B_n)^{nB} / (B)_z^{nB}(A_n)^{nA}$，式中（$A_n$），（$B_n$）表示阳离子 A 及 B 在平衡溶液中的当量浓度；（$A)_z$，（$B)_z$ 表示阳离子 A 及 B 在沸石上的当量部分；nA，nB 表示在 A 及 B 的交换反应化学方程式中 A 及 B 的物质的量。

7.30　沸石用于离子交换的原理是什么？

答　沸石有特定的阳离子交换顺序，通常斜发沸石的阳离子交换顺序为：$Cs^+ > Rb^+ > NH_4^+ > K^+ > Na^+ > Li^+ > Ba^{2+} > Ca^{2+} > Mg^{2+}$，沸石优先与一价阳离子交换，后与高价离子交换。常规强酸性树脂的阳离子选择顺序为：$Fe^{3+} > Ca^{2+} > Mg^{2+} > K^+ > NH_4^+ > Na^+ > H^+ > Li^+$，树脂优先与高价阳离子交换，后与一价离子交换。因此，再生水深度处理时，选择斜发沸石和交换树脂组合工艺，既可充分发挥沸石的脱氮作用，有效去除再生水的铵氮，又可降低再生水的硬度。

例如：沸石与 NH_4^+ 的交换过程可用下式表示：

$$X^+Z^- + NH_4^+ \longrightarrow NH_4^+Z^- + X^+$$

其中 Z 表示铝硅酸盐的阴离子骨架，X 表示交换离子。通常，此过程在沸石填充柱中进行。柱床耗尽后，一般对其进行再生。

7.31　沸石柱床再生方法有哪些？

答　**（1）化学再生**

用含有适当再生剂（H_2SO_4、HCl、HNO_3、NaOH、NaCl）的液相处理所用过的斜发沸石。化学再生的过程实际上是离子交换过程的逆过程，可表示如下：

$$NH_4^+Z^- + X^+ \longrightarrow X^+Z^- + NH_4^+$$

其中 Z 表示铝硅酸盐的阴离子格架，X 表示 Na^+ 或 H^+。因此，再生时，可采用碱性条件下，Na^+ 置换。在此条件下，方程式左边的 Na^+ 离子浓度高，右边的 NH_4^+ 在碱性条件下转变为分子状态的 NH_3，NH_4^+ 浓度减小，使反应更易向右，即再生的方向进行。

（2）热再生

将用过的沸石加热到不同的温度（300～600℃）进行再生。有报道沸石经热再生后，NH_4^+ 去除能力有显著的提高。

（3）生物再生

利用硝化细菌将吸附的铵氮硝化为硝态氮，再经反硝化细菌还原为氮气排出，实现沸石的再生。

7.32　pH 值对沸石吸附 NH_4^+-N 的影响是什么？

答　通常情况下，沸石吸附 NH_4^+-N 时 pH 值一般控制在 4～8。pH 值过低时 H^+ 会与 NH_4^+ 发生交换竞争，因为 NH_4^+ 直径为 0.286nm，H^+ 直径为 0.240nm，两者均可进入沸石孔道。pH 值过高时，沸石上的 NH_4^+ 转变为 NH_3 的形态存在，使水中的 NH_4^+ 浓度降低，K^+、Na^+ 等离子将会占据原 NH_4^+ 与沸石的结合位点，沸石吸附的 NH_4^+ 被 K^+、

Na$^+$等离子置换出来。

7.33 单层固定床离子交换器的结构和操作方法是什么?

答 单层固定床离子交换器包括罐体、进水装置、排水装置、再生液分布装置及体外有关管道和阀门,常用的单层固定床离子交换器见图 7-2。

离子交换的运行操作主要包括交换、反洗、再生、清洗四个步骤。

(1) 交换

操作时,开启进水阀 1 和出水阀 2,其余阀门关闭 (图 7-3)。交换过程主要与树脂层高度、水流速度、原水浓度、树脂性能以及再生程度等因素有关。废水自上而下通过树脂层,欲脱除的有害或有利用价值的离子与树脂的活动离子进行交换并结合在树脂上,从而直接与出水分离。当树脂渐近饱和、出水中处理离子的浓度达到某一规定的限值时,需停止交换操作,转入下阶段的反洗工序。

图 7-2 单层固定床离子交换器结构示意

图 7-3 单层固定床离子交换器阀门示意

(2) 反洗

反洗是反冲洗的简称。该工序由交换器的出水端通入冲洗水 (必要时还包括压缩空气),以松动树脂层并清除悬浮物杂质、破碎树脂等,使后续工序中的再生剂能与树脂充分有效地接触。反洗前先关闭阀门 1 和 2,打开反洗阀 3,然后再逐渐加大排水阀 4 进行反洗。反洗用原水,反洗使树脂层膨胀 40%～60%。反冲流速约 15m/h,历时约 15min。

(3) 再生

再生过程也就是交换反应的逆过程。借助具有较高浓度的再生液流过树脂层,将先前吸附的离子置换出来,使其交换能力得到恢复。再生是固定床运行操作中很重要的一环。再生前先关闭阀门 3 和 4。打开排气阀 7 及排水阀 5,将水放到离树脂层表面 10cm 左右,再关闭阀门 5,开启进再生液阀门 8,排出交换器内空气后,即关闭阀门 7,再适当开启阀门 5,进行再生。再生液浓度对树脂再生程度有较大影响。对于阳离子交换树脂,食盐再生液浓度一般采用 5%～10%,盐酸再生液浓度一般用 4%～6%,硫酸再生液浓度不应大于 2%。对于弱酸、弱碱性树脂,因树脂固定离子本身对 H$^+$ 和 OH$^-$ 具有较强的亲和力,用酸或碱再生时较低浓度的再生剂即能实现再生目的。

(4) 清洗

清洗是将树脂残留的再生废液清洗掉,直到出水水质符合要求为止。清洗时,先关闭阀门 8，然后开启阀门 6 和 5，清洗水最好用交换处理后的净水。清洗用水量一般为树脂体积的 4～13 倍，过流速度约 2～4m/h。

7.34 离子交换操作过程中的影响因素有哪些?

答 **(1) 悬浮物及油类物质**

悬浮物会造成离子交换床水流分布不均而增加过流阻力，油类物质会在交换树脂表面形成油膜，增加液膜扩散阻力。两者均会使树脂的工作交换容量下降，因此需采取必要的沉淀、过滤等预处理措施。

(2) 有机物

有机物对树脂的污染有两种形式：其一是有机物的羧基与强碱性阴离子树脂的固定离子一旦结合，很难进行再生；其二是有机物附着在交换树脂微孔中，堵塞交换及再生的通道。两种污染形式均会影响树脂的再生率和再生后的交换容量，导致树脂使用寿命降低、水处理成本增加，因此也需要对其采取预处理措施。

(3) 高价金属离子

高价金属离子（如 Fe^{3+}、Al^{3+}、Cr^{3+} 等）与阳离子交换树脂之间具有较高的交换选择性，一经交换不易被再生洗脱，由此导致的树脂交换性能的丧失被称作树脂中毒。可采用高浓度酸长时间浸泡的方法，恢复树脂的交换能力。还可在工艺设计中增加小容量阳柱，仅对其用高浓度强酸再生，其他阳柱仍用常规低浓度酸再生，以降低运行费用。

(4) pH 值

强酸性阳树脂和强碱性阴树脂在各种 pH 值条件下均能充分电离，其交换能力不受 pH 值影响。弱酸性和弱碱性树脂活性基团的电离程度则与溶液中的 OH^- 和 H^+ 浓度相关，即有其适宜的 pH 值范围。例如，羧酸型阳树脂的有效 pH 值范围为 pH>6，伯胺型阴树脂的 pH 值范围为 pH<4。此外，螯合树脂对金属离子的结合与 pH 值有很大关系，每种金属都有其交换的适宜 pH 值范围。

(5) 水温

在树脂允许使用的温度范围内，提高水温有利于提高离子交换的扩散速度。但水温过高会造成树脂活性基团的分解破坏，影响树脂对交换离子的"吸着"强度及树脂自身的稳定性，降低交换能力。进水温度一般以 30～40℃为宜。

(6) 氧化性物质

废水中 Cl_2、O_2、$Cr_2O_7^{2-}$ 等氧化性物质的存在，会加速树脂的老化，还会对强碱性阴离子交换树脂的活性基团产生氧化作用，导致其交换能力丧失。可通过增加树脂交联度或在树脂中填加适当的还原剂等途径，减轻氧化性物质的影响。

7.35 影响离子交换速度的因素及预防措施有哪些?

答 在离子交换过程中，交换与被交换下来的离子，都要经过穿过树脂表面膜层、树脂空隙内扩散、在功能基位置上进行交换这样相同的三个过程。实际上化学交换在瞬间即可完成，因而影响离子交换速度的因素，只能产生于离子在膜层扩散和在树脂孔隙内扩散这两个过程之中。因此，提高离子交换速度的措施可仅从这两个方面着手。

提高离子穿过膜层的速度的措施如下。

① 加快交换体系搅拌速度或提高溶液的过流速度，以减低树脂表面的膜层厚度。

② 提高溶液中的离子浓度。

③ 增大交换剂的表面积，即减小树脂的粒度。

④ 提高交换体系的湿度，以加快扩散速度。

加快离子在树脂空隙内扩散速度的措施如下。

① 降低凝胶树脂的交联度，增加大孔树脂的致孔剂，以此提高树脂的孔隙率、孔度、溶胀度，有利于离子的扩散。

② 提高交换体系温度，以加快扩散速度。

③ 离子在孔隙内的扩散速度还与离子自身性质有关，离子价数越低或离子半径越小，则其扩散速度越快。

7.36　如何选择树脂再生剂？

答　再生剂的选择应针对特定性质的废水及树脂种类，兼顾再生速度、效率、费用和有利于再生液回收利用等因素进行选择。

① 强酸型阳离子交换树脂的再生剂主要有 HCl、H_2SO_4 等强酸以及 $NaCl$、Na_2SO_4 等。其中，HCl 的再生效果要优于 H_2SO_4，树脂的交换容量可提高约 50%，但 HCl 的浓度较低，价格相对较贵，对设备管道的腐蚀性也较强。H_2SO_4 的二级电离度较小，酸利用率低，且存在再生产物 $CaSO_4$ 等在树脂表面结垢及间隙沉积问题，但 H_2SO_4 具有浓度高、价格便宜、易于储运的特点，因此仍有较广泛的实际应用。

② 弱酸型阳离子交换树脂可采用 HCl、H_2SO_4、$NaOH$ 再生。

③ 强碱型阴离子树脂多采用 $NaOH$ 及 $NaCl$ 再生，可在充分洗脱饱和树脂所附着的阴离子的同时，使树脂恢复较强的碱性。

④ 弱碱型阴离子树脂可采用的再生剂有 $NaOH$、NH_4OH、HCl、Na_2CO_3、$NaHCO_3$ 等。

7.37　如何进行树脂的再生？

答　在离子交换过程中，当树脂功能基上可交换的离子与溶液中的离子大部分或绝大部分进行了交换，或者当交换柱的出流液中，残存的离子浓度超过某一规定指标时，则可认为交换过程达到了平衡或树脂已饱和，需要进行再生，为下一个交换过程创造条件。树脂再生的方式和控制条件如下。

（1）固定床树脂的再生方式

① 顺流再生。在交换柱中再生液与被处理的溶液流向相同。一般在交换柱的上部进液，底部排出。

② 逆流再生。在交换柱中再生液与被处理的溶液流向相反。一般被处理的溶液在交换柱顶部进底部出，而再生液则底部进顶部出。

③ 分流再生。再生液从交换柱的顶部、底部同时进入，从交换柱的体侧流出。

④ 串联再生。当两个（或几个）离子交换柱串联使用时，被处理液由柱顶进入底部，再由底部串入下一个柱顶，以此串至最后，从柱底排出。再生液则由最后一个柱顶进入底部排出，然后再串入下一个柱顶，直至首个交换柱底部排出。

⑤ 体外再生。在阴阳离子混合交换柱中，树脂饱和后，两种树脂全部或只有阴树脂移

出交换柱，去进行再生。再生后的树脂再移回到混合交换柱中。

（2）再生剂的用量

再生剂用量与树脂再生效果和运行费用密切相关。再生剂用量还同再生方式、树脂类型和再生剂的种类有关。

（3）再生液的浓度

再生液浓度与再生方式、树脂类型有关。

（4）再生液温度

在树脂允许的温度范围内，再生液温度越高，再生效果就越好。为节省运行费用，一般均在常温下再生。为了除去树脂中一些有害物质或再生困难的离子，再生液可加热到35～40℃。

（5）再生液的流速

再生液流速涉及再生液和树脂的接触时间，直接影响再生效果。在离子交换柱中，再生液的流速一般控制在 4～8m/h。

（6）树脂再生后的清洗

树脂再生后，树脂层内残存一定量的再生剂，需用产品水（或去离子水）进行正洗或反洗，清洗水量可通过计算确定，在一般小型软化或纯水系统中，清洗水量占总产品水量的10%～20%。也有采用清洗至出水 pH 为中性或接近于中性为止。

7.38 如何控制树脂的再生程度？

答 树脂的再生程度是指再生后所恢复的工作交换容量与该树脂全部工作交换容量的比值。树脂再生程度的影响因素包括再生剂的种类、浓度、数量、过流速度、再生方式（如顺、逆流再生）、操作控制条件（如反洗、清洗状况）等。对于确定的交换处理工艺系统，树脂的再生程度主要取决于再生剂的用量。

理论上，树脂的再生过程同样依从等当量交换的原则，但由于再生是以低交换势离子脱除附着在树脂上的高交换势离子的过程，且清洗工序会带走相当数量的再生剂，加之对再生速度与效率的考虑，实际中再生剂的使用量一般为理论值的 2～3 倍。一定范围内增加再生剂用量，再生程度随之提高，但再生剂用量达到某一值后，再生程度不再随再生剂用量变化。故从离子交换的技术经济合理上考虑，宜将树脂的再生程度控制在 60%～80%的范围。

此外，在再生剂总用量一定的前提下，适当增加再生剂浓度，也可以提高再生效率。但当再生剂浓度过高时，会因再生剂总体积过小，造成再生过程接触时间的不足，进而导致再生效率的降低，因而再生剂的浓度亦有其最佳值范围。几种常用再生剂的适用对象、浓度范围及相对用量见表 7-2。

表 7-2　几种常用再生剂的适用对象、浓度范围及相对用量

再生剂种类	适用树脂类型	再生剂含量/%	再生剂理论用量倍数
HCl	强酸性、H 型阳离子交换树脂	3～9	3～5
	弱酸性、H 型阳离子交换树脂	4～10	1.5～2
	强碱性、Cl 型阳离子交换树脂	8～12	4～5
	弱碱性、Cl 型阳离子交换树脂	8～12	1.5～2

再生剂种类	适用树脂类型	再生剂含量/%	再生剂理论用量倍数
NaCl	强酸性、Na 型阳离子交换树脂	8～10	3～5
NaOH	弱酸性、Na 型阳离子交换树脂	4～6	1.5～2
	强碱性、OH 型阴离子交换树脂	4～6	4～5
	弱碱性、OH 型阴离子交换树脂	3～5	1.5～2
NH₄OH	弱碱性、Cl 型阴离子交换树脂	3～5	1.5～2

7.39 常用树脂的性能参数有哪些?

答 常用树脂的性能参数列于表 7-3。

表 7-3 常用树脂的性能参数

离子交换性质	弱酸氢离子交换		弱碱氢氧离子交换	强碱氢氧离子交换				混合离子交换	
交换柱形式	顺流再生固定床		顺流再生固定床	顺流再生固定床	逆流再生固定床		浮动床	混合床	
交换剂品种	弱酸树脂		弱碱树脂	强碱树脂	强碱树脂		强碱树脂	强酸树脂	强碱树脂
运行流速/(m/h)	20～30		20～30	一般 20,瞬时 30	一般 20,瞬时 30		一般 30～40,最大 50	40～60	
再生剂品种	H₂SO₄	HCl	NaOH	NaOH	NaOH		NaOH	HCl	NaOH
再生剂消耗量/(g/mol)	约 60	约 40	40～50	100～120	60～65		60～65	100～150	200～250
工作交换容量/(mol/m³)	1500～1800		800～1200	250～300	Ⅰ型 250～300 Ⅱ型 400～500		Ⅰ型 250～300 Ⅱ型 400～500	500～550	200～250

离子交换性质	钠离子交换					强酸氢离子						
交换柱形式	顺流再生固定床		逆流再生固定床		浮动床	顺流再生固定床		逆流再生固定床		浮动床		
交换剂品种	强酸树脂	磺化煤	强酸树脂	磺化煤	强酸树脂	强酸树脂		强酸树脂		强酸树脂		
运行流速/(m/h)	15～25	10～20	一般 30～40,瞬时 30	10～20	一般 30～40,最大 50	一般 20,瞬时 30		一般 20,瞬时 30		一般 30～40,最大 50		
再生剂品种	NaCl	NaCl	NaCl	NaCl	NaCl	H₂SO₄	HCl	H₂SO₄	HCl	H₂SO₄	HCl	
再生剂消耗量/(g/mol)	100～120	100～200	80～100	80～100	80～100	100～150	70～80	≤70	50～55	≤70	50～55	
工作交换容量/(mol/m³)	800～1000	250～300	800～1000	250～300	800～1000	500～650	800～1000	500～650	800～1000	500～650	800～1000	

注:1. 表中数据系有关设计规范数据的综合;

2. 有关阴树脂的工作交换容量以工业液体烧碱作为再生剂的数据。

7.40 膜分离技术中膜的主要分类有哪些?

答 固体膜按照形态和结构可分为多孔膜和致密膜,多孔膜是通过机械截留作用实现分离(即通过筛分),其机理与传统的过滤机理相似。多孔膜主要用于超滤、微滤等过程。致密膜是在某种程度上是依靠透过液组分与膜材料之间的物理化学作用实现分离,具有较高的选择性,如反渗透、电渗析和纳滤等能从水中分离离子,电渗析以电位差为推动力实现分离。

7.41 膜分离技术中膜的主要材料及优缺点有哪些?

答 反渗透膜应用的膜材料有醋酸纤维素(CA)和聚酰胺(PA)。

纳滤常用的材料有芳香聚酰胺、聚呱嗪酰胺、聚乙烯醇等。

常用的超滤膜与微滤膜制膜材料有聚丙烯(PP)、CA、PA 和聚砜(PS),也可用聚偏氟乙烯(PVDF)、聚醚砜(PES)、聚四氟乙烯(PTFE)等。

无机超滤膜和微滤膜主要有陶瓷材料(氧化铝、二氧化钛、碳化硅和氧化锆),还可用玻璃、铝、不锈钢和增强的碳纤维作为膜材料,所有这些材料都具有比有机聚合物更好的化学稳定性、耐酸碱、耐高温、抗微生物能力强及机械强度大等优点。表 7-4 列出了各种膜材料的优缺点。

表 7-4　各种膜材料的优缺点

聚合物	优　点	缺　点
TiO₂/ZrO₂	热稳定性好、化学稳定性好、机械稳定性好,寿命长,水透过量大,以控制孔径大小、尺寸分布	价格昂贵,仅限于 MF 和 UF,材料较脆,需要特殊构型和组装体系
醋酸纤维	价格低,抗氯,溶剂浇注	热稳定性、化学稳定性、机械稳定性差
聚砜	广泛的消毒性,抗 pH,溶剂浇注	对碳氢化合物的截留较差
聚丙烯	抗化学腐蚀性强	未经表面处理具有疏水性
聚四氟乙烯	具有良好的疏水性,抗有机污染。良好的化学稳定性,具有灭菌性	疏水性强,价格昂贵
聚酰胺	良好的化学稳定性,热稳定性	对氯化物较敏感

7.42 膜的主要构型及其优缺点是什么?

答 膜主要有两种结构形式,即平板构型和管式构型。板框式和卷式膜组件均使用平板膜,而管式、毛细管式和中空纤维式膜均组合成管式膜件。

① 管式膜组件的流体力学条件好,容易控制膜的污染。

② 毛细管膜组件的管径比管式膜组件的要小,所以同样的能耗情况下毛细膜组件管内的流速要大,这样就可减轻膜内形成污染覆盖层,但膜污染后清洗要比管式膜组件困难得多。

③ 中空纤维膜组件的管径比毛细管膜组件的管径小得多,组件的装填密度可以达到很高,但这类膜组件最易被污染,且不好清洗。

④ 平板式膜组件最突出的优点是每两片膜之间的渗透液都是被单独引出来的，因此可以通过关闭个别膜组件来消除操作中的故障，而不必使整个膜组件停止运转。缺点是平板膜组件中需要各自密封的数目太多。另外，内部压力损失也相对较高。

卷式膜组件首先是为反渗透过程开发的，但目前也被广泛地用于超滤和气体渗透过程。

螺旋卷绕式膜组件在应用中已获得很大程度的成功，因为它不仅结构简单、造价低廉，而且相对来说不易污染。各种膜结构形式的优缺点见表 7-5。

表 7-5　各种膜结构形式的优缺点

项目	特　征	优　点	缺　点	应用领域
管式	直径 6～25mm 进料流体走管内	湍流流动 对堵塞不敏感 易于清洗 膜组件中的压力损失小	装填密度小（<100m²/m³） 单位膜面积的进料体积流量较小 需要有弯头连接，增加了压力损失	MF、UF、交叉过滤高悬浮物水流
毛细管式	直径 0.5～6mm 进料流体走管内 自承压式膜	装填密度比管式膜组件高 制造费用低	大多数情况下为层流，物质交换能力差 抗压强度较小	UF、GP（气体渗透）、DL（渗析）、PV（渗透汽化）
中空纤维	直径 40～500μm 进料流体走管内或管外 自承压式膜	装填密度很高 单位膜面积的制造费用相对较低 在外压情况下，耐压稳定性高	对堵塞很敏感 在某些情况下纤维管中的压力损失较大	GP、RO、UF
平板式		可更换单对膜片 不易污染 平板膜无需黏合即可使用	需要很多密封 由于流体的流向转折而造成较大的压力损失 装填密度相对较小	UF、MF、RO、PV、ED（电渗析）
卷式膜		装填密度相对较高（<1000m²/m³） 结构简单，造价低廉 由于有进料分隔板，物料交换效果良好	渗透侧流体流动路径较长 膜污染后难以清洗 膜必须是可焊接的或可粘贴的	RO、NF、GP、PV

7.43　膜分离技术的特点有哪些？

答　膜技术作为分离、萃取、浓缩、净化技术，具有以下的特点。

① 膜分离技术在分离和浓缩过程中，不发生相变化，是一个纯物理性的单元操作，不消耗相变能，耗能较少。

② 在膜分离过程中，不需要从外界加入其他物质，可以节省原材料和化学药剂。

③ 在膜分离过程中，分离和浓缩同时进行，可以很方便地回收有价值的物质。

④ 根据膜的选择透过性和膜孔径的大小的不同，可以将不同粒径或者不同分子量的物质有选择地分开，使物质得到了纯化而又不改变它们的原有属性。

⑤ 膜分离工艺是以组件的形式构成的，可以适应不同生产能力的需要，而且会使水厂用地大大减少；膜分离是一种相对简单的分离工艺，操作维护方便，易于实现自动化控制，使水厂成为真正意义上的"造水工厂"。

⑥ 膜分离工艺不损坏对热敏感或对热不稳定的物质，可以在常温下实现从有机物到无机物、从细菌到微粒广泛体系的分离，而且还可以实现许多特殊体系如共沸物或近沸点体系的分离。

⑦ 膜分离技术是一种纯物理处理单元操作，其处理效果受原水水质及工艺操作条件的影响较小，处理效果稳定可靠。

7.44 影响膜工艺驱动力的因素有哪些？

答 影响驱动力的因素，即膜及其界面处总阻力的增加有很多影响因素，其中每项因素对膜工艺的设计、运行都有很大影响。

① 截留液的浓度（如在 RO 和 UF 中）以及界面处透过离子的浓度（如在电渗析中）。

② 膜面附近离子的去除（如 ED）。

③ 膜面处大分子颗粒的沉积（凝胶层的形成）。

④ 截留固体在膜表面的积累（如在 MF 中）。

⑤ 在膜表面或其内部污染物的积累。

7.45 各种膜工艺驱动力选择和污染物去除特点有哪些？

答 各种膜工艺驱动力选择和污染物去除特点列于表 7-6 中。

表 7-6 各种膜工艺驱动力选择和污染物去除特点

膜分离工艺	驱动力	膜类型、孔径	去除污染物的大小	透 过 液
微滤（MF）	净水压力差 20～200kPa	对称或非对称膜（0.1～2μm）	0.2～100μm	从悬浮物中分离水（在 MBR 中截留活性污泥）
超滤（UF）	净水压力差 50～1000kPa	非对称膜（2～5nm）	5～500nm	从大分子溶解性固体或胶体中分离水
反渗透（RO）	净水压力差 600～10^4kPa	复合膜均质超薄膜	0.2～10nm	从低分子溶解性固体或离子中分离水
萃取/曝气	浓度差/压力差	复合膜均质超薄膜	0.2～10nm	从水/气中萃取挥发成分得到水，如膜生物反应器曝气系统以及萃取 MBR
渗析（DL）	浓度差	均质膜	50～5000nm	从大分子物质中分离小分子物质
电渗析（ED）	电位差	离子交换膜	<0.1～0.5nm	从水中分离离子

7.46 膜污染的机理是什么？

答 膜污染是水中各种物质不断吸附、沉积在膜表面、孔隙内部或完全阻塞膜孔，从而增加膜阻这一过程的总称。

膜污染是因一系列物理化学作用和生化作用而产生的。浓差极化会加剧膜的污染，因为它会增加膜附近污染物的浓度。对于膜材料和其应用来说，单一组分的污染一般较固定。总的来说，物理-化学污染是与生物增长无关的污染，主要与进水中的成分有关，即蛋白质和胶体/颗粒物。

由内到外膜污染的程度是物理性质（如表面孔隙率、通量）和膜表面化学性质共同决定的。对相同公称直径不同材质的膜进行污染研究时发现，通过增大表面孔隙率来维持高通过是最不可取的。并发现低通量运行膜内部污染会增加。

UF膜不易被大分子颗粒污染，因为其孔径小，大分子不易通过。UF膜和MF膜的表面化学性质，如亲水性和表面电荷，都对膜的污染程度起重要的决定作用。

7.47 常用的膜清洗的方法有哪些？

答 （1）**物理清洗**

物理清洗是指利用机械、水力、热能、电流、超声波以及紫外线的作用清除膜体表面污垢的方法。

物理清洗具有不造成环境污染、对工人的健康损害小、对清洗物基本没有腐蚀破坏作用等优点。物理清洗存在的缺点就是清洗不够彻底，存在死角。

（2）**化学清洗**

化学清洗就是利用化学药品或其他水溶液的反应能力清除膜体表面污垢的方法。具有作用强烈、反应迅速的特点。化学药品通常都是配成水溶液形式使用，由于液体有流动性好、渗透力强的特点，容易均匀分布到所有清洗表面，所以适合清洗形状复杂的物体，而不至于产生清洗不到的死角。

化学清洗的缺点是化学清洗液选择如果不当，会对清洗物造成腐蚀破坏、造成损失。化学清洗产生的废液排放会造成对环境的污染，因此化学清洗必须配备废水处理装置。另外，化学药剂操作处理不当时会对工人的健康、安全造成危害。

7.48 膜的化学清洗方法有哪些？

答 化学清洗的方法很多，按化学清洗剂的种类可分为碱清洗、酸清洗、表面活性剂清洗、络合剂清洗、聚电解质清洗、消毒剂清洗、有机溶剂清洗、复合型药剂清洗和酶清洗等。

（1）**碱清洗**

碱清洗的药剂有氢氧化物、碳酸盐、磷酸盐、过硼酸盐等。

氢氧化物能溶解 SiO_2 和蛋白质、皂化脂类等，如 $2NaOH + SiO_2 \longrightarrow Na_2SiO_3 + H_2O$。

碳酸盐和磷酸盐的碱性很弱，一般用来调节pH值，磷酸盐还常用做分散剂；过硼酸钠可用于清洗膜孔内的胶体物质。

（2）**酸清洗**

酸清洗的药剂有盐酸、硫酸、硝酸、磷酸、氨基磺酸、氢氟酸等。酸能有效地去除碳酸盐组成的硬垢和金属氧化物盐垢，这些酸与金属的碳酸盐或氧化物反应，使之转变为可溶性金属盐类。发生的化学反应如下：

$$CaCO_3 + 2H^+ \longrightarrow Ca^{2+} + H_2O + CO_2$$
$$FeO + 2H^+ \longrightarrow Fe^{2+} + H_2O$$
$$Fe_2O_3 + 6H^+ \longrightarrow 2Fe^{3+} + 3H_2O$$

$$Fe_3O_4 + 8H^+ \longrightarrow Fe^{2+} + 2Fe^{3+} + 4H_2O$$

酸能溶解碳酸盐、磷酸盐、硫化铁及金属的氧化物，但酸（除氢氟酸外）对硅酸盐无效，对于脂类、悬浮物和微生物生长形成的沉积物，酸洗的效果很差。

① 盐酸。盐酸与水垢或金属氧化物形成金属氯化物。绝大多数的金属氯化物在水中的溶解度很大或较大，故盐酸对碳酸钙一类的硬垢和铁的氧化物的清洗特别有效。

② 硫酸。硫酸能与金属氧化物形成可溶性的化合物，但硫酸与碳酸钙反应生成硫酸钙的溶解度很小，故硫酸不宜作为碳酸钙和硫酸钙垢的清洗剂。硫酸可在较宽温度范围内使用，不挥发。

③ 硝酸。硝酸的稀溶液是一种强酸，大多数的硝酸盐的溶解度很大，故硝酸有很强的清洗能力。

④ 氨基磺酸。氨基磺酸是一种无色无臭的粉状药剂，加入水后能与碳酸钙反应而进行清洗。氨基磺酸对钙盐的溶解度很大，适用于清洗由钙、镁等金属的碳酸盐或氢氧化物等物质组成的硬垢，但氨基磺酸的缺点是价格偏高，清除氧化铁的能力较差。

（3）表面活性剂清洗

表面活性剂主要有阴离子、阳离子和非离子表面活性剂三种，它们能分散膜表面的油类、脂类和微生物产生的沉积物，还可改善清洗剂和膜表面沉积物的接触，减少用水量，缩短清洗时间。

（4）络合剂清洗

络合剂清洗是利用各种络合剂（其中包括螯合剂）对各种垢离子（如钙离子、镁离子、铁离子等）的络合作用（配位作用）或螯合作用，使之生成可溶性的络合物（配位化合物）或螯合物而进行清洗。络合剂清洗中常用的无机络合剂有聚磷酸盐，常用的有机螯合剂有柠檬酸、乙二胺四乙酸（EDTA）和氮三乙酸（NTA）等。柠檬酸能溶解氧化铁和氧化铜，其原理一方面是柠檬酸溶液的酸性可以促进氧化铁的溶解；另一方面柠檬酸又能结合铁而将氧化铁除去。但铁被柠檬酸络合后的络合物——亚铁柠檬酸酸性盐难溶解，会再沉淀出来，再次污染膜。如果用含氨的柠檬酸溶液，就能生成溶解度很大的柠檬酸亚铁氨和柠檬酸高铁氨络合物，从而可有效地和彻底地去除铁的氧化物。

pH 值越高，EDTA 中以 Y^{4-} 形式存在的比例越高，越有利于络合清洗，但 pH 值不能太高，因为 pH 值越高，可能生成更稳定的难溶金属氢氧化物。如三价铁在 pH 值过高（pH ≥ 12）时，所生成的 $Fe(OH)_3$ 很稳定，不能被 EDTA 络合溶解，所以，EDTA 作为清洗液进行络合清洗时，不仅要考虑酸增加使 Y^{4-} 减少的一面，还要考虑碱度增加导致出现难溶沉淀的一面。适宜的 pH 值范围因金属离子的不同而有差异，铁盐垢的 pH 值则不宜太低。

（5）酶清洗剂清洗

酶能将膜表面的蛋白质、多糖类、油脂类等有机物降解，从而可去除膜表面的这些有机污染物。酶降解有机物的速度很慢。所以在清洗膜时需浸泡很长的时间，并且残留的酶清洗剂会抑制微生物的生长，另外，酶的价格很昂贵。

（6）消毒剂清洗

常用的膜消毒清洗剂有次氯酸钠和双氧水。这两种消毒剂具有很强的氧化能力，在杀菌消毒的同时能有效清除掉膜表面和膜孔内的有机物。次氯酸钠能高效地氧化膜上的有机堵塞物，反应速率很快，只需很短的清洗时间。缺点是腐蚀性太强，且溶解出的氯气会刺激人的呼吸系统。双氧水是一种较温和的消毒剂，对于被有机物污染的膜清洗有较好的效果。

（7）复合型药剂清洗

复合型药剂是碱性清洗剂、磷酸盐、络合物、酶清洗剂等的混合物，对膜的清洗是一种综合的作用，能很好地去除膜表面的有机和无机污染物。

7.49 电渗析在污水处理方面的应用有哪些？

答 电渗析在污水处理方面的应用可归纳为以下三个方面。

① 作为离子交换工艺的预除盐处理，可大大降低离子交换的除盐负荷，扩展离子交换对原水的适应范围，大幅度减少离子交换再生时废酸、废碱或废盐的排放量，一般可减少90%，甚至更多。在某些情况下，电渗析可以完全取代离子交换，直接制取初级纯水。

② 将废水中有用的电解质进行浓缩、回收，并再利用。如电镀含镍废水的回收与再利用等。

③ 改革原有工艺，采用电渗析技术，实现清洁生产。如采用电渗析法制取初级纯水或软化水代替离子交换法，以消除再生废液的产生；采用树脂电渗析法制取高纯水，取消树脂的化学再生；采用离子交换膜扩散渗析法，从钢铁清洗废液中回收酸等。

采用电渗析处理废水目前处于探索应用阶段。在采用电渗析法处理废水时，应注意根据废水的性质选择合适的离子交换膜和电渗析器的结构，同时应对进入电渗析器的废水进行必要的预处理。

7.50 电渗析器的基本构成有哪些？

答 电渗析器由膜堆、极区和夹紧装置三部分组成（图 7-4）。另外有辅助设备，整流器电源、水泵、流量计、过滤器、水箱和仪器仪表等。膜堆包括若干膜对（一阳膜一阴膜）和隔板组成，隔板上有水道、进出水孔。极区包括电极、集水框和保护室。夹紧装置由盖板和螺杆组成。

图 7-4 电渗析示意

电渗析器常由几十到几百个膜堆组成，又分多级多段，其定义如下。

① 级。一对正负电极间的膜堆称为一级通道。膜堆包括若干对阳、阴膜，膜之间有隔板，有水通道。

② 段。具有同一水流方向的两组或两组以上并联（指水流并联）膜堆称一段。

③ 分级的原因。降低工作电压，因电极间膜对多时电位差大，所以理论上每对电极间可设置无数对膜，实际操作时为控制电压不要太高，膜堆只有一定数目。

④ 分段的原因。加长水的流程长度，提高水纯度，即提高水质。

⑤ 电极。设在膜堆两端，要求耐腐蚀，导电性能好，机械性能好，化学稳定性好，可用石墨、炭板、惰性贵金属、钛、铁、铅、不锈钢等为电极。现在常用铁上镀钌作阳电极，称永久电极，其寿命长，耐腐蚀、但价格高。铅、不锈钢较便宜，但耐久性差。阴极常用不锈钢。

7.51 运行操作过程中如何确定电渗析的电流效率?

答 电流效率 η 指理论电能消耗与实际电能消耗比值。电渗析的耗电量大小，直接影响水处理成本，而且一定程度上反映操作技术水平。总电能消耗 $W_{总}$ 包括电渗析器工作电能消耗、辅助设备动力电能消耗。其中 $W_{本}$ 为电渗析本身电能消耗，即制备单位体积水的电能消耗。有关公式如下：

$$W_{总} = W_{本} + W_{动}$$

$$W_{本} = \frac{VI \times 10^{-3}}{Q_d} \quad (kW \cdot h/m^3)$$

式中 Q_d——淡水产量，m^3/h；

$\quad\quad V$——工作电压，V；

$\quad\quad I$——工作电流，A。

电渗析器工作电压组成：

$$V = E_d + E_m + IR_m + IR_s + IR_j$$

式中 E_d——电极反应所需电势（理论电势加超电势）；

$\quad\quad E_m$——克服膜电位所需电势；

$\quad\quad R_m$——膜电阻；

$\quad\quad R_s$——溶液电阻（浓水、淡水、极水电阻）；

$\quad\quad R_j$——金属接触电阻（包括电极金属电阻）。

现在用自来水制纯水（工业级），电能消耗 $0.3kW \cdot h/t$，用海水一般 $10kW \cdot h/t$。

电渗析的主要电压降在溶液电阻，其次是 E_d，前者占总电压的 $60\% \sim 70\%$。

膜对电压一般在 $1 \sim 2V$，膜中水流速 $4 \sim 35cm/s$。

电流效率（η）指理论电能消耗与实际电能消耗比值，一般为 $70\% \sim 90\%$，或用实际脱盐量与理论脱盐量比值表示。

7.52 影响电流效率的因素有哪些?

答 ①浓差扩散——使淡化室浓化，脱盐率下降，降低电流效率；②水的电渗透作用，伴随离子迁移的水（水化水）也使电流效率下降；③水的渗透；④压差渗漏；⑤机械漏水；⑥极化作用；⑦漏电。

7.53 电渗析离子交换膜浓差极化现象有哪些危害?

答 离子交换膜浓差极化现象是指电渗阴膜或阳膜中离子迁移速率大于溶液中同种离子迁移速率，当电流提高到相当程度时，在膜表面出现该离子浓度趋向于零，此时水会电离产生 H^+ 和 OH^-，参与传导电流，以补充离子不足的现象。

极化危害：阴膜发生极化时，OH^- 和 CO_3^{2-} 在电场作用下，透过阴膜迁移到浓水室，使浓水室 pH 值升高，OH^- 和 CO_3^{2-} 可以与滞留在浓水室的 Mg^{2+}、Ca^{2+} 生成 $Mg(OH)_2$ 和 $Ca(OH)_2$ 及 $CaCO_3$ 和 $MgCO_3$ 沉淀，沉淀堵塞水流通道，使膜有效面积减少，影响水质，并增加耗电量和降低电渗析器使用寿命。同时淡水室 pH 值减小，膜一边呈碱性另一边呈酸性，也影响膜寿命。

阳膜淡化室一侧极化时，由于阳膜只允许 H^+ 通过，它迁移至浓水室，结果使浓水室 pH 值减低，而淡化室 pH 值升高，由于淡化室无 Ca^{2+}、Mg^{2+}，因此无沉淀危险，但阳膜两边一边酸性一边碱性，膜寿命也受影响。

7.54 衡量电渗析离子交换膜性能的指标有哪些？

答 电渗析法的关键在于电渗析器的性能，而电渗析器性能的关键又取决于离子交换膜的性能。离子交换膜性能的具体衡量指标有以下几方面。

(1) 膜的选择透过性指标

膜的选择透过性是离子交换膜最重要的性能，可用迁移数和膜电位来表征膜的选择透过性。极端情况下，理想膜只允许反离子通过，不允许同离子通过，即此时反离子的迁移数为 1，同离子的迁移数为零。因此可用迁移数定量地表示膜的选择透过性。

用离子交换膜分隔两种浓度不同的电解质溶液，横跨膜的电位差就是膜电位。膜电位的大小取决于膜的离子选择透过性和膜两侧溶液的浓度差。因此，在一定的浓差及温度下，可以用膜电位表征膜的选择透过性。

(2) 交换容量

交换容量指单位膜样品中所含活性基团的数量。通常以单位干重（g）的膜所含可交换离子的物质的量（mmol）表示。膜的选择透过性及导电性能均与膜的交换容量大小相关。膜的交换容量一般在 1～3mmol/g 干膜。

(3) 导电性

膜的导电性可以用电阻率、电导率或面电阻表示。面电阻是指单位膜面积所具有的电阻，单位 Ω/cm^2 膜。完全干燥的膜基本不导电，膜的导电性能是由含水膜中的电解质溶液实现的，因此膜的导电性与溶液及膜中的离子种类、浓度以及溶液温度、膜自身的特性等相关，通常要求膜的导电能力应大于溶液的导电能力。

(4) 含水率

含水率表示湿膜中所含水的百分数（可以单位质量干膜或湿膜计）。含水率与膜的活性基团数量、交联度以及电解质溶液的离子种类、平衡浓度相关。其数值通常在 30%～50% 范围。

(5) 厚度

膜的厚度与膜电阻和机械强度相关。在保证一定机械强度的前提下，膜越薄，其电阻就越小，导电性能也就越好。通常异相膜的厚度约 1mm，均相膜厚度 0.2～0.6mm，最薄的为 0.015mm。

(6) 破裂强度

膜在实际应用中所能承受的最大垂直压力。破裂强度是衡量膜的机械强度的重要指标之一。在电渗析器操作中，膜两侧所受到的流体压力不可能相等，因此膜必须具备足够的机械强度，以免因膜的破裂造成浓室和淡室贯通而使电渗析器无法运行。

国产膜的破裂强度为 0.3~1.0MPa。

7.55 如何选定电渗析的电源?

答 直流电源可通过整流器或直流发电机供应。国内大都通过整流器获得,考虑到原水水质的变化和调整的灵活性,整流器应选用从零起的无级调压硅整流器或可控硅整流器。选用可控硅整流器时,其额定电压和额定电流宜比电渗析器的工作电流和工作电压大一倍左右。

多级并联供电时,总电压应选取最大的计算极间电压值,并应保证电渗析器的要求;多级串联或并联组装的电渗析器,如果各级的计算电压不同,有条件时,最好每级由各自的整流器分别供电,以便可随时根据工作条件调整设备的工作参数,使之在最佳状态下工作。

7.56 如何选定电渗析的流速?

答 每台电渗析器都有一定的额定流量范围,如果电渗析器进水压力不高,流量不大,使得电渗析器中水流速过低,将会产生以下不良影响。

① 进水中所带的微量悬浮物,因流速太慢而沉积在电渗析器中,造成阻力损失增大。

② 流速过低易在流水道中产生死角,而且会使各隔室的配水不均匀,这样容易发生局部极化。

③ 流速过低会使膜和水流界面处的滞流层变得过厚不利于防止极化。

但进入电渗析器的流量和压力也不能过大,过大也会产生不良影响。

① 容易使电渗析器产生漏水和变形。

② 淡水在设备内的停留时间减少,淡水的出水水质下降。

③ 增大动力电耗。

由上可知电渗析器中的流速不能过小也不能过大。隔板流水道中的流速大小主要取决于隔板形式。回路隔板的流程短,水流速度一般较低,而有回路隔板流程长,水流速度可采用较高的数值。隔板流水道中的流速可按下列情况选用。

(1) 填网式隔板

有回路厚隔板(厚度$>1mm$)10~15cm/s;有回路薄隔板(厚度$\leqslant 1mm$)5~15cm/s。

(2) 冲模式隔板

有回路隔板 15~20cm/s;无回路隔板 10~15cm/s。

在同一级内多段串联时,各段都有相同的平均电流密度,而后一段淡水含盐量总比前段为低,为了使各段均在相同的极限电流密度下运行,必须使后段流速大于前一段流速,这可以用减少后段膜对数的方法来达到。

7.57 如何选定电渗析的电流?

答 在电渗析器的设计和运行时,应考虑防止产生极化和有效地清除水垢等问题,合理选择电渗析工作电流密度,可有效防止产生极化使电流效率降低和造成结垢。原则上工作电流应当低于极限电流。工作电流的选择还应当结合原水的含盐量、离子的组分、流速和温度等情况,如原水为碳酸盐型水质,则可选择较高的工作电流。温度对电渗析器的性能有着重要影响,温度升高,水中离子迁移速度增大,膜和溶液的电阻降低,都会使设备除盐量增大，除盐率增加，淡水水质提高。实践证明，水温在 40℃ 以内温度每升高 1℃，电渗析器的脱盐率大约可提高 1%。因此如有条件时，可利用废热适当提高水温，以提高出水水质和水量。为了使电渗析器安全运行，并不使运行效果太差，进水温度应在 5～40℃ 范围内。

一般来说，原水含盐量高，可以选用较大的电流密度。在除盐量、水质要求一定的情况下，采用较大的电流密度，可以减小电渗析器，降低造价，但日常运行电费增加。采用较小的电流密度，日常运行电费降低了，但须选用较大的电渗析器，造价增大。使造价和日常运行电费之和最小的电流密度称为经济电流密度（或称最佳电流密度），极限电流密度和经济电流密度二者不一定相等，如不等，应选取较低的值。

7.58 电渗析运行管理过程中浓水循环应注意哪些问题？

答 应用电渗析器淡化水，要排掉一部分浓水和极水，如果极水和浓水全部由原水供给，就增加了前处理设备的负担和水处理费用。一般采用减少浓水流量，浓水另作他用，从浓水中回收淡水和浓水循环等方法来提高原水的利用率。浓水循环有动力消耗小，耗电量减少等优点，但是设备增加，操作管理麻烦，尤其是随着浓缩程度的增高，带来了结垢增加，电流效率降低等问题。在浓水循环中应注意以下几点。

(1) 硫酸钙沉淀

硫酸钙沉淀不易清除，所以采用的浓缩倍率不应使浓水中的硫酸钙的离子积超过其浓度积所确定的数值。超过此值时，应降低浓缩倍率或投加隐蔽剂如六偏磷酸钠等。

(2) 水垢沉淀

浓水循环使得浓水的离子质量分数大为增高，从而增加碳酸盐水垢沉淀的可能性，为了防止这种沉淀，通常采用在浓水系统中加酸的办法使沉淀物溶解，国内一般加盐酸，使浓水的 pH 值在 3.0～4.0 之间，pH 值小于 3，电流效率将明显降低。国外在浓水循环系统中则经常加硫酸，使浓水的 pH 值维持在 4～6 之间。

(3) 浓缩倍率

浓水循环工艺的关键是正确控制浓缩倍率即浓水浓度与原水浓度之比。随着浓水浓度的增高，浓水和淡水之间的浓度差增大了，膜的选择透过性降低，盐的反扩散和水的电渗透增长，亦即电流效率下降，除盐率降低，甚至会造成沉淀。影响浓缩比的因素很多，如原水含盐量，水的离子组分，pH 值及离子交换膜的性能等。含盐量高、硬度、碱度较高的原水，浓缩倍率要控制得低一些，对于不同的原水水质和膜，应当通过试验确定。

7.59 电渗析运转管理中防止与消除结垢的方法有哪些？

答 **(1) 控制极限电流**

控制工作电流不超过极限电流可以预防水垢的产生。一般选取极限电流的 70%～90% 为工作电流。电渗析器的极限电流常采用电压-电流极化曲线确定。

(2) 倒换电极

定时倒换电极的极性，随之淡室和浓室交替变换，使得阴膜上的水垢处于时而析出、时而溶解，时而在阴膜的这一面、时而在阴膜的那一面的不稳定状态，从而减轻了水垢的积累。

(3) 定期酸洗

结在阴膜上的碳酸钙水垢，在电渗析器不解体的情况下，可用 $1\%\sim2\%$ 的稀盐酸进行酸洗。酸洗周期根据结垢情况确定，一般为 $1\sim4$ 周。

(4) 浓水加酸

由于 $CaCO_3$ 和 $Mg(OH)_2$ 的溶度积远远小于 $CaSO_4$ 和 $CaCl_2$、$MgCl_2$，采用浓水加酸的办法，使碳酸盐硬度转变成非碳酸盐硬度，可防止碳酸盐硬度水垢的产生，同时防止 $Mg(OH)_2$ 的析出。一般投加盐酸和硫酸，将浓水的 pH 值调整到 $4\sim6$ 之间为宜。采用浓水加酸的办法还有利于实现浓水循环，可把水的利用率提高到 90% 以上。

(5) 预软化

原水进入电渗析器之前预先软化，以去除原水中的钙、镁离子，消除结垢的内因。

(6) 解体清洗

每半年或一年把电渗析器完全拆散，解体清洗一次。将膜和隔板进行机械清刷和化学酸洗。

7.60 频繁倒极电渗析有哪些优点？

答 ① 由于极性倒换频繁，每小时破坏极化层 $2\sim4$ 次，因而防止极化结垢的效果显著提高，对防止碳酸钙结垢的效果也很好。在没有化学药剂添加，浓水中硫酸钙的浓度达到饱和值的 175% 时，尚可不在电渗析器内结垢。

② 由于排放浓水的浓度提高了，电渗析的水回收率可以达到 80% 以上。如果向浓水系统中投加化学药剂，如六偏磷酸钠等阻垢剂，可使水的回收率提高到 90% 以上。

③ 由于倒极频繁，水中带电荷的胶体和细菌胶团的运动方向也频繁变换，从而减轻了黏泥性物质在膜面上的附着和积累。

④ 由于倒极频繁，电极极性和淡水出口阀门的切换均采用全部自动控制，减少了人员的劳动强度。

7.61 反渗透设备的工作原理是什么？

答 反渗透设备应用较多的卷式膜元件，是将半透膜、导流层、隔网，按一定排列黏合及卷制在有排孔的中心管上，形成元件。原水从元件一端进入隔网层，在经过隔网层时，在外界压力作用下，一部分水通过半透膜的孔渗透到导流层内，再顺导流层的水道流到中心管的排孔，经中心管流出，剩余部分（称为浓水）从隔网层另一端排出。

反渗透技术是当今最先进的膜分离技术之一。具有耗能低、无污染、操作简单、运行可靠诸多优点，广泛应用于海水、苦咸水淡化和生活饮用水、电子、医药、化工、电力行业纯水制备。

7.62 反渗透流程中原水预处理的作用是什么？具体内容有哪些？

答 原水预处理作用是使进水符合设备运行要求，保障反渗透设备正常运行，保证膜的使用寿命。预处理过程中包括以下内容。

（1）杀菌、灭藻

用药剂如液氯、NaClO、$CuSO_4$ 等消毒杀菌灭藻，防止菌类、藻类堵塞膜通道，缩短膜的使用寿命和降低反渗透装置效率。

（2）絮凝过滤

加无机和有机絮凝剂，如 $FeCl_3$、聚铝、聚铁、聚丙烯酰胺等使水体中胶体悬浮物凝聚沉降，经澄清池澄清后过滤，除去悬浮颗粒，防止悬浮物堵塞渗透膜。进高压泵前的保安过滤用 $5\mu m$ 滤芯，阻挡粒径大于 $5\mu m$ 的颗粒杂质进入高压泵，确保系统安全长期运行。

（3）化学调节处理

当原水盐度高，硬度大时，对设备腐蚀较大，水体中的碳酸钙、硫酸钙结垢后可堵塞膜孔，降低反渗透设备的工作效率。其解决办法：可用离子交换法软化原水，或向原水中加入阻垢剂和加酸调节水的 pH 值在 $6.0\sim7.0$ 之间，以分解水中 HCO_3^- 和 CO_3^{2-}，防止碳酸钙沉淀。

（4）除余氯

当水体用液氯杀菌灭藻时，余氯对膜起氧化作用影响膜使用寿命，可通过加活性炭或还原性物质如硫代硫酸钠、亚硫酸钠、亚硫酸氢钠等去除余氯，要求进水余氯含量在 0.1×10^{-6}（质量分数）以下，氧化还原电势在 $280\sim320mV$。亚硫酸氢钠投加量是余氯量的 3 倍。

7.63 反渗透工艺渗透膜胶体污染一般采用哪些方法进行预处理？

答 胶体污染可严重影响反渗透元件性能。胶体污染物主要是指原水中含有细菌、黏土、胶状硅和铁的腐蚀产物等。胶体污染的一个重要控制指标是污染密度指数（SDI），不同膜组件要求进水有不同的 SDI 值，中空纤维组件一般要求 SDI 值为 3 左右，卷式组件 SDI 值为 5 左右。

反渗透工艺渗透膜胶体污染预处理一般采用如下方法。

（1）滤料过滤

双层滤料过滤可去除悬浮物与胶体颗粒。当水流过此种颗粒床时，会附着在过滤颗粒的表面，滤出液的品质取决于悬浮固体的过滤媒体的大小、表面电荷、几何形状以及水质和操作参数。一个设计及操作良好的过滤，通常可达 SDI<5 的标准。最常用的过滤媒介为砂和无烟煤。

（2）氧化过滤

水中还原态的 Fe^{2+} 极易转化为 Fe^{3+}，继而产生不溶性氢氧化物的胶体。当以地下水为水源，含铁量较高时可采用曝气法，使水中 Fe^{2+} 氧化成 Fe^{3+}，由于氧化生成的 $Fe(OH)_3$ 在水中溶解度极小，进一步用天然锰砂滤池过滤除去 $Fe(OH)_3$ 沉淀。

（3）混凝沉淀

如原水悬浮物及 SDI 均较高，可采用混凝、沉淀过滤后作为 RO 进水。

（4）保安过滤器

进入反渗透装置前的最后一道过滤为保安过滤器，过滤精度为 $5\mu m$。

（5）微滤、超滤

由微滤（MF）或超滤（UF）处理过的水可除去所有悬浮物，设计良好及操作维护得当的微滤及超滤系统 SDI 值<1。

7.64 反渗透膜生物污染的危害及防治方法是什么？

答 反渗透膜的生物污染可严重影响到 RO 系统的性能，最终导致薄膜的机械性损伤及流量下降，甚至在渗透液侧污染产品出水。由于生物膜很难去除，因此生物污染的预防措施是以前处理为主，一般采用加氯以保证水中游离氯含量为 0.5～1mg/L，同时通常必须在进 RO 系统前采用活性炭吸附法将游离氯除去，以保证膜不被氧化。

7.65 反渗透膜有机物污染的防治方法是什么？

答 分子量高、疏水性、带正电荷的有机物极易被吸附于膜面，引起反渗透膜的堵塞。当进水 TOC 超过 3mg/L 时，需考虑前处理。当供水中油含量>0.1mg/L 时，也必须在进入 RO 系统前除去。

在实际工程中，可根据原水的水质，采用混凝过滤、超滤、活性炭吸附等方法预防有机物的污染。

7.66 反渗透能量回收装置的作用及常见类型有哪些？

答 能量回收装置是反渗透装置中的节能设备，可有效降低能耗，降低运行费用。反渗透装置高压浓缩水排放量可占进水流量的 60%～70%，压力一般从 0.5～1.0MPa 降至常压，能量损失约 70%。

为了降低淡化水的操作费用，通常在浓盐水排放管线上安装能量回收装置，用于回收高压浓盐水能量的设备有涡轮机（包括冲击式水轮机），各种旋转泵（离心泵和叶片泵），正位移泵和流动装置。通常涡轮机和旋转泵仅限于大型海水淡化装置，小型装置多用其他回收装置。一般的能量回收装置可以回收浓盐水能量的 60%～90%，大大降低了运行费用。用于海水淡化的能耗已降到 $3kW \cdot h/m^3$。

7.67 反渗透装置运行过程中的工艺参数有哪些？

答 **(1) 盐除率与水回收率**
根据溶质的物料平衡有：

$$Q_f C_f = Q_c C_c + Q_p C_p$$

式中　Q_f、Q_c 和 Q_p——进水、浓水和淡水流量；
　　　C_f、C_c 和 C_p——进水、浓水和淡水浓度。
浓水侧溶质平均浓度可用下式计算：

$$C_m = \frac{Q_f C_f + Q_c C_c}{Q_f + Q_c}$$

盐（溶质）去除率可用下式计算：

$$R_m = \frac{C_m - C_p}{C_m}$$

水回收率可用下式计算：

$$y = \frac{Q_\mathrm{p}}{Q_\mathrm{f}}$$

对于净化水质可求得：

$$C_\mathrm{p} = C_\mathrm{m}(1 - R_\mathrm{m})$$

海水脱盐水回收率一般为 $25\% \sim 35\%$，操作压高至 8.3MPa 时，回收率可达 50%。

（2）膜平均透水量和反渗透装置工作压力

在固定膜进水浓度和流速情况下，透水量是膜两侧压力差 Δp 的函数，膜平均透水量计算公式如下：

$$F_\mathrm{a} = k_\mathrm{w}(\Delta p - \Delta \pi) \quad [\mathrm{mg/(cm^2 \cdot s)}]$$

式中　$\Delta \pi$——膜两侧的渗透压差，Pa；

　　　Δp——膜两侧压力差，Pa；

　　　k_w——水的透过系数，$\mathrm{mg/(cm^2 \cdot s \cdot Pa)}$。

实际工作压力要比溶液初始渗透压大 $3 \sim 10$ 倍，例如大多数苦咸水渗透压为 $0.2 \sim 1.05\mathrm{MPa}$，工作压力在 2.8MPa 以上，海水渗透压 2.7MPa，工作压力 10.5MPa。

（3）膜的透盐量

计算公式如下：

$$F_\mathrm{y} = \Delta C \times \delta \quad [\mathrm{mg/(cm^2 \cdot s)}]$$

式中　δ——透盐常数，代表膜的透盐能力，cm/s；

　　　ΔC——膜两侧的浓度差，$\mathrm{mg/cm^3}$。

（4）浓差极化

反渗透中也有浓差极化现象，引起渗透压升高和溶质扩散增加，分离效力下降，能耗增加。为降低浓差极化，采用提高流速、激烈搅拌、浓水循环等方法。

（5）膜污染与清洗

引起膜污染主要是原水中悬浮物质、油类有机物质、微生物和无机盐类沉淀，可用预处理水，物理及化学法清洗膜。

物理法主要是淡水冲洗，用臭氧、紫外线照射；加 $CuSO_4$、$NaHSO_3$ 消除微生物污染。

化学清洗是用酸碱、酶等清洗无机盐沉淀和有机物污染。

7.68　反渗透工艺运行操作的控制要素有哪些？

答　为了确保反渗透处理系统正常、可靠地运转，需要对工艺系统操作运行的工况条件加以控制，具体控制要素包括以下几个方面。

（1）pH 值

不同材质的反渗透膜具有不同的 pH 值适用范围，如醋酸纤维膜的 pH 值适用范围为 $3 \sim 8$，芳香聚酰胺膜 pH 值范围为 $4 \sim 10$；杜邦型尼龙中空纤维膜 pH 值范围为 $1.5 \sim 12$。料液的 pH 值超出膜的使用限定范围时，将会对膜产生水解和老化等有害作用，引起产水量下降，并造成膜的性能的持续性降低，直至膜的损坏。通常，醋酸纤维膜运行时的 pH 值应控制在 $4 \sim 7$ 之间，而芳香聚酰胺膜运行时的 pH 值应控制在 $3 \sim 11$ 之间，复合膜的 pH 值允许范围为 $2 \sim 11$。

（2）温度

反渗透过程中，料液温度随操作的进行会有所提高。在一定范围内，温度升高引起料液黏度的降低，有利于反渗透产水量的增加，通常温度每增加 1℃，膜的透水能力约增加 2.7%。商品膜所标注的膜透水能力一般为水温在 24～25℃ 的数据值，需通过校正系数推算工况温度下的实际透水能力。应注意的是，操作温度不可超过膜的耐热温度，否则将影响膜的使用寿命。

（3）预处理

处理料液的 pH 值、所含悬浮物及微生物量的高低等，都会影响反渗透的效果，因此必要时需对原水采取行之有效的预处理措施，如 pH 值调节、过滤、消毒等，以充分发挥反渗透的工作效率。

（4）操作压力

在反渗透过程中，维持和提高操作压力有利于提高透水率，并且由于膜被压密，盐的透过率会减小。但操作压力超出一定极限时，由于膜压实变形严重，会导致膜的透水能力衰退和膜的老化。因此，应根据实际处理料液和所选反渗透膜的耐压性能，选择适当的运行操作压力。

（5）膜组件的清洗效果

膜污染是反渗透运行中必然产生的一种影响系统正常运行的现象。即使在操作之前对料液进行预处理，也不能完全消除膜的污染，膜污染产生后，轻则引起产水量及除盐率下降，重则对膜的寿命产生极大影响，甚至造成处理系统运行瘫痪。因此，需要根据实际情况定期对膜组件进行清洗。

膜的清洗分物理法和化学法两种。

① 物理法包括水力冲洗、水汽混合冲洗、逆流冲洗及海绵球冲洗。水力冲洗主要采用减压后高流速的水力冲洗以去除膜面污染物。水汽混合冲洗是借助于汽液与膜面发生剪切作用而消除极化层，压力约 0.3MPa，用淡水或空气与淡水的混合液冲洗膜面，清洗时间一般为 30min。逆流清洗是在中空纤维式组件中，将反向压力施加于支撑层，引起膜透过液的反向流动，以松动和去除膜进料侧活化层表面的污染物。海绵球清洗是依靠水力冲击使直径稍大于管径的海绵球流经膜面，以去除膜面的污染物。但此法仅限于在内压管式膜组件中使用。

② 化学法是采用一定的化学清洗剂，在一定的条件下一次冲洗或循环冲洗膜面的方法。在化学清洗中，必须考虑到两点：

a. 清洗剂必须对污染物有很好的溶解和分解能力；

b. 清洗剂必须不污染和不损伤膜面。

因此，根据不同的污染物确定其清洗工艺时，要考虑到膜所允许使用的 pH 值范围、工作温度及其膜对清洗剂本身的化学稳定性。常用的清洗药剂包括硝酸、磷酸、柠檬酸、氢氧化钠以及酶洗涤剂等。清洗剂种类、浓度及清洗时间的选择需视实际具体情况，根据经验或清洗试验的结果确定。

7.69 超滤装置的结构和运行维护有哪些？其主要用途有哪些？

答 工业超滤装置有板框式、管式、螺旋卷式，其中螺旋卷式应用较多。超滤膜材料有醋酸纤维素（CA）、聚砜（PSF）、聚醚砜（PES）、聚碳酸盐树脂、聚丙烯腈（PAN）和聚合电解质络合物等。

超滤装置运行过程中，主要的运行维护内容是清洗滤膜，清洗方法分为物理方法和化学方法。物理方法一般采用温水（40~50℃）冲洗。化学方法是用化学清洗剂，如酸、碱、表面活性剂溶液等清洗。对于不同种类的膜要慎重选择化学清洗剂，以防止化学清洗剂对膜的损害。经良好清洗的膜，透水率可恢复95%~100%，超滤膜的使用寿命可达到一年以上。

在废水处理中，目前超滤主要用来去除污水中的淀粉、蛋白质、树胶、油漆等有机物，以及黏土、微生物等，此外在废水处理中还可用于污泥脱水，代替澄清池等，以及用于纯化甘露醇。

7.70 超滤过程中浓差极化问题的解决办法是什么？

答 超滤过程中，由于膜的选择透过性，被截留的溶质组分在高压侧溶液-膜界面上积聚，使界面上的溶质浓度高于溶液主体的浓度，这种现象称为浓差极化。浓差极化对于以压力为驱动力的膜过程的分离效果及过程可靠性具有很大的影响。

解决办法：
① 降低超滤膜两侧的压力差，可以减轻已经生成的浓差极化现象；
② 提高超滤料液湍流程度以降低膜表面的溶质浓度。

7.71 超滤膜污染的原因、危害和防治措施是什么？

答 超滤膜的污染主要是内膜材料及溶液溶质的化学特性所导致的，膜与溶质之间相互作用而产生的后果。无论是在何种应用场合，超滤处理所分离的对象大多为溶解态或胶体态的大分子量有机物质，当这些物质和由人工合成的有机高分子材料制成的超滤膜相接触时，在溶质与膜材料之间会产生较为强烈的附着、吸附乃至结合的倾向，从而在膜表面上形成吸附污垢层，造成膜的污染。此外，膜的污染还包括料液中悬浮物在膜表面的沉积。

超滤膜一旦被污染，将引起膜透水通量的下降，并且这种通量的衰减通常是不可逆的，这样就会导致超滤过程无法进行较长时间的稳定操作，影响超滤效率的充分发挥。

膜污染的防治措施有：
① 通过有效的清洗将膜的透水性能得到恢复；
② 采取过滤、混凝沉降等措施对料液进行预处理；
③ 增加膜面的切向流速，降低边界层厚度，提高传质系数；
④ 选择适宜的操作压力，避免增加沉淀层密度及厚度；
⑤ 研制开发具有较优抗污染性能的制膜材料。

7.72 如何选择超滤装置的超滤膜及其膜组件？

答 超滤工艺所采用的超滤膜及其膜组件类型的选择，应根据所处理溶液的化学和物理性能、处理规模和对产品质量要求进行选择。

（1）超滤膜选择

应根据所处理溶液的水质特点，包括处理溶液的最高温度、pH值、分离物质分子量范围等，选择适合的超滤膜材料和型号。要求选择的超滤膜在截留相对分子质量、允许使用的最高温度、pH值范围、膜的水通量及其膜的耐污染等性能等方面，能够满足设计目标所提出的要求，同时超滤膜也具有很好的化学稳定性。

（2）组件选择

根据不同的用途，可供设计的膜组件有管式、平板式、卷式和毛细管式等多种，应根据所处理溶液的特点选择膜组件。高污染的料液为避免浓差极化可考虑选用组件流动状态好、对堵塞不敏感和易于清洗的组件，例如管式或板框式。但同时要考虑其组件的造价、膜更换费和运转费。近年来，毛细管式组件和卷式组件的改进提高了其抗污染的能力，在一些领域正在取代造价高的平板式和管式组件。

7.73 如何进行超滤装置泵的选型？

答 在超滤装置组件的排列组合方式确定后，需进行泵的选型。首先根据工艺或实验结果的操作压力确定泵的扬程，泵的流量根据膜表面流速来确定。如果采用螺旋卷式膜组件，可直接根据单根膜组件的进料流量与并联的组件数量的乘积进行选型。

卷式组件一般都给出单根组件进料流体流量的下限和上限。上限是为了保护第一根膜组件和使组件的压力降趋于合理，下限是为了保证容器末端有足够的横向流速，以避免和减少浓差极化。

7.74 如何选择超滤膜的清洗液？

答 由于超滤工艺中处理对象多为大分子和胶体溶液，膜极易被污染，超滤膜需要定期清洗。清洗溶液的配方一般根据膜的性质和污染物的种类来确定。例如加酶洗剂对蛋白质、多糖类及胶体污染有较好的清洗效果；乳化油废水，例如机加工企业的冷却液、羊毛加工行业的洗毛废水，多采用表面活性剂和碱性水溶液对膜面进行清洗；乳胶污染常采用低分子醇及丁酮；纤维油剂污染除用温水清洗外，还定期用工业酒精清洗；用膜工艺处理生活污水时常采用次氯酸钠溶液等。如果没有现成的资料，其清洗配方和清洗周期需通过试验确定。

7.75 影响超滤效率的因素有哪些？

答 由于受料液超滤过程中的浓差极化和膜污染的影响，在操作的压力及温度相同的条件下，超滤膜工作时的料液透水通量往往远小于膜的纯水通量，因此需要针对超滤工艺过程的影响因素采取有效措施，以实现提高超滤效率的目的。超滤工艺过程的影响因素主要有以下几个方面。

（1）操作压力

当超滤过程在膜表面形成产生浓差极化现象的凝胶层后，系统操作压力的增加并不能增加透水通量，只消耗于溶质在凝胶层上的积聚，使凝胶层厚度增加，系统阻力急剧增大，直至积聚的溶质与从凝胶层扩散到溶液主体的溶质量相等为止。因此，形成凝胶层后，系统压力的增加对超滤效率无益。通常，把刚形成凝胶层时的操作压力称作临界压力，在实际操作中应控制在低于临界压力的条件下运行。

（2）操作温度

系统的操作温度主要影响操作料液的黏度，在膜的材质和所处理料液允许的条件下，提高操作温度有利于增加传质效率，提高透水通量。实际操作中，由于膜面阻力的能耗及机械摩擦等原因，料液温度通常会随超滤的进行而自行增加，故一般并不需要人为进行增加温度的操作。

（3）料液流速

膜的水通量随膜表面流速的提高而增加。提高膜表面料液流速，可以使膜面液流的湍流加剧，有利于防止和改善膜表面浓差极化，使膜的产水量增加，提高设备的处理能力。但提高膜表面流速使工艺过程泵的能耗加大，增加了运转费用。因此，应将料液流速控制在适宜的范围，一般情况下的超滤料液流速为 $1\sim3m/s$。

（4）料液的预处理

在进行超滤操作之前对料液进行预处理，是保证超滤系统正常稳定运行、提高超滤效率的有效手段。料液预处理的主要对象是悬浮物和 pH 值，可以相应采用过滤、化学混凝和pH 值调节等方法。当所分离浓缩的对象为溶解态高分子有机物质且分子量分布范围较宽时，可以采用投加絮凝剂使溶解态溶质分子量经微絮凝作用而成倍增加的预处理方法，从而可以在保证截留效率的前提下，通过采用较大截留分子量的超滤膜来获得较高的超滤效率。

（5）操作时间

随着超滤过程的进行，逐渐在膜面形成凝胶极化层，膜的水通量逐渐降低。当超滤运行一段时间，膜的水通量下降到一定水平后，需要进行膜清洗，这段时间为一个运行周期。具体操作时间与料液性质、膜组件的水力特性及膜的特性有关。

（6）膜的清洗效果

在规定的操作条件下，超滤膜的使用寿命通常为 $12\sim18$ 个月。由于超滤过程中溶质与超滤膜之间的相互作用，会使膜表面形成吸附积淀层而导致膜的污染，因而必须对膜进行定期的清洗，以恢复和保持膜的透水通量，延长膜的寿命。膜的清洗方法有水力清洗、药剂清洗和机械清洗等方式，通常应根据膜及处理料液的性质以及膜组件的形式进行确定。

第8章

厌氧处理

8.1 如何确定厌氧处理的合适温度？

答 厌氧生物的降解过程与所有的化学反应和生物化学反应一样，受到温度和温度波动的影响。在厌氧反应器中，厌氧微生物通过不停地进行代谢活动以维持自身种群发展所需的能量，同时也产生维持厌氧环境所需的能量，如甲烷。厌氧生物的温度适应范围比好氧生物宽得多，但是就某一具体的厌氧生物而言，其温度适应范围仍然是较窄的。厌氧微生物可分为嗜冷微生物、嗜温微生物和嗜热微生物，各类厌氧菌的温度范围见表 8-1。以这三类微生物为优势种群的厌氧处理工艺分别称为低温厌氧处理、中温厌氧处理和高温厌氧处理。

表 8-1　各类厌氧菌的温度范围

细 菌 种 类	生长的温度范围/℃	最适温度/℃
常温菌	10～30	10～20
中温菌	30～40	35～38
高温菌	50～60	51～53

对任何一种生物或微生物，在其温度适宜的范围内，从最低生长温度开始，随着温度的上升，其生长速率逐渐上升，并在最适温度区达到最大值，随后生长速率随着温度的上升迅速下降。就厌氧微生物的 3 个温度区间而言，有 3 个相似的温度-生长速率曲线。但是，就某一具体的微生物种类，其温度-生长速率曲线可能是跨区间的。微生物的温度-生长速率曲线是不对称的，从最佳温度到最高生长温度之间范围很窄，也就是在温度达到最适温度时，温度如果继续上升，则很快就会达到极限温度，而超过极限温度时往往会造成十分严重的后

果，例如细胞的死亡，而产生不可逆转的影响。但是在低于最适温度的范围内温度的变化所引起的影响总是相对轻得多，即使超过最低温度也不至于产生不可逆转的影响，一旦温度恢复正常，厌氧反应器即可恢复正常运行。

当厌氧反应器运行在低温区（10～34℃）、中温区（35～40℃）和高温区（50～55℃）时，不是三种情况都能达到同样的代谢速率。在低温厌氧反应器中，只是因为这个区域的温度适合于嗜冷微生物，相比之下，即使嗜冷微生物处在其最适的生长温度，它的代谢速率也会低于中温厌氧反应器。在大多数厌氧反应器中，都基本符合温度每增加10℃反应速率增加1倍的规律。

根据温度对厌氧微生物代谢速率的影响，不宜选用低温厌氧工艺，特别是当处理的废水水温处在中温区间时。但是，对于一些温度较低废水，当需要消耗很多能量使水温升高时，低温厌氧工艺也是可以选择的。由于中温菌（特别是产甲烷菌）种类多，易于培养驯化、活性高，因此厌氧处理常采用中温消化。但因中温消化的温度与人体温接近，故对寄生虫卵及大肠菌的杀灭率较低。而高温厌氧工艺需要维持厌氧反应器中的温度，当维持高温状态需要耗能时，高温厌氧也不是最佳选择，但高温消化更有利于对纤维素的分解与对病毒、病菌的灭活作用，对寄生虫卵的杀灭率可达99%，大肠菌指数可达到10～100，能满足卫生要求（卫生要求对蛔虫卵的杀灭率95%以上，大肠菌指数为10～100），对于处理高温工业废水是有利的。

根据甲烷菌对于温度的适应性，可分为两类，即中温甲烷菌（适应温度区为30～36℃）和高温甲烷菌（适应温度区为50～53℃）。当温度处于两区之间时，反应速率反而减退，说明消化反应与温度之间的关系是不连续的。

利用中温甲烷菌进行厌氧消化处理的系统叫中温消化，利用高温甲烷菌进行厌氧消化处理的系统叫高温消化。中温消化条件下，有机物负荷为 $2.5～3.0kg/(m^3 \cdot d)$，产气量 $0.3～1m^3/(m^3 \cdot d)$；而高温消化条件下，有机物负荷为 $6.0～7.0kg/(m^3 \cdot d)$，产气量 $3.0～4.0m^3/(m^3 \cdot d)$。微生物对生长温度的需求是物种固有的特性，一般不能通过驯化的方式使菌种适应。菌种对温度的要求，对于一个反应器来说，其操作温度以稳定为宜，波动范围一般一天不宜超过±2℃。而中温或高温厌氧消化允许的温度变动范围为±(1.5～2.0)℃。当有±3℃的变化时，就会抑制消化速率。有1.5℃的急剧变化时，就会突然停止产气，使有机酸大量积累而破坏厌氧消化。

所以，在选择厌氧处理的温度时，要根据废水本身的温度及环境条件（如气温、有无废热可供利用等），根据废水能产生的沼气量与废水处理过程中的能耗平衡等来选择最经济的厌氧处理温度。随着各种新型厌氧反应器的开发，温度对厌氧消化的影响由于生物量的增加而变得不再显著，因此处理废水的厌氧消化反应常在常温条件（20～25℃）下进行，以节省能量的消耗和运行费用。

8.2 pH值对厌氧处理有何影响？

答 一般而言，微生物对pH值的变化的适应要比其对温度变化的适应慢得多。产酸菌自身对环境pH值的变化有一定的影响，而产酸菌对环境pH值的适应范围相对较宽，一些产酸菌可以在pH值为5.5～8.5的范围内生长良好，有时甚至可以在pH值为5.0以下环境中生长。产甲烷菌的最适pH值随甲烷菌种类的不同略有差异，适宜范围大致是6.6～7.5。pH值的变化将直接影响产甲烷菌的生存与活动，一般来说，反应器的pH值应维持在

6.5～7.8，最佳范围在 pH 值为 6.8～7.2。

在厌氧反应器中，pH 值、碳酸氢盐、碱度及 CO_2 之间有一定的比例关系，操作合理的厌氧反应器的碱度一般在 2000～4000mg/L 之间，正常范围为 1000～5000mg/L，一个厌氧反应器最佳运行的 pH 值、酸碱度、CO_2 含量需由废水中的有机物而定。

厌氧反应器中的混合液含有多种成分，特别是一些弱酸弱碱盐类的物质，如消化液中的 CO_2 及 NH_3（以 NH_3 和 NH_4^+ 的形式存在），NH_4^+ 一般是以 NH_4HCO_3 存在，故重碳酸盐（HCO_3^-）与碳酸（H_2CO_3）组成缓冲溶液，这就使反应器成为一个酸碱缓冲器。例如，厌氧反应器中产酸产甲烷所形成的 CO_2 或者 HCO_3^- 能够中和废水中突然出现的强碱物质，使混合液的 pH 值不会出现急剧增加的现象，减少了因 pH 值变化而产生的风险。厌氧反应器中产酸是主导的反应，反应器系统对酸的缓冲能力相对较弱，如果一个厌氧反应器中混合情况不好，使反应器中碱度及缓冲能力不够，则可能导致局部酸化，抑制产甲烷反应的程度，使反应器的效率大大降低。在消化系统中，应保持碱度在 2000mg/L 以上，使其有足够的缓冲能力，可有效地防止 pH 值的下降。

进水 pH 值条件失常首先表现在使产甲烷作用受到抑制，即可使在产酸过程中形成的有机酸不能被正常代谢降解，从而使整个消化过程各个阶段的协调平衡丧失。如果 pH 值持续下降到 5 以下，不仅对产甲烷菌形成毒害，对产酸菌的活动也产生抑制，进而使整个厌氧消化过程停滞。这样一来，即使将 pH 值调整恢复到 7 左右，厌氧处理系统的处理能力也很难在短时间内恢复。如果因为进水水质变化或加碱量过大等原因，pH 值在短时间内升高超过 8，一般只要恢复中性，产甲烷菌就能很快恢复活性，整个厌氧处理系统也能恢复正常，所以厌氧处理适宜在中性或弱碱性的条件下运行。

厌氧处理要求的最佳 pH 值指的是反应器内混合液的 pH 值，而不是进水的 pH 值，因为生物化学过程和稀释作用可以迅速改变进水的 pH 值，反应器出水的 pH 值一般等于或接近反应器内部的 pH 值，含有大量溶解性碳水化合物的废水进入厌氧反应器后，会因产生乙酸而引起 pH 值的迅速降低，而经过酸化的废水进入反应器后，pH 值将会上升。含有大量蛋白质或氨基酸的废水，由于氨的形成，pH 值可能会略有上升。因此，对不同特性的废水，可控制不同的进水 pH 值，可能低于或高于反应器所要求的 pH 值。

8.3　污泥投配率对污泥消化处理有何影响？

答　消化工艺的投配率是每日投加新鲜污泥体积占消化工艺有效容积的百分数。投配率的大小同时也决定了污泥消化的水力停留时间和泥龄。投配率是消化工艺设计的重要参数，投配率过高，可能影响产甲烷菌的正常生理代谢，反应器内脂肪酸可能积累，pH 值下降，污泥消化不完全，投配率过低，污泥消化较完全，产气率较高，消化工艺容积大，基建费用增高。根据我国污水处理厂的运行经验，城市污水处理厂污泥中温消化的投配率以 5%～8% 为宜，相应的水力停留时间即消化时间为 12.5～20d，在此消化时间内产气量可达到产气总量的 90%。

8.4　C/N 比对污泥消化有何影响？

答　厌氧消化工艺中，细菌生长所需营养由污泥提供。合成细胞所需的碳（C）源担负着双重任务：其一是作为反应过程的能源；其二是合成新细胞。麦卡蒂（Mccarty）等提出污泥细胞质（原生质）的分子式是 $C_5H_7NO_3$，即合成细胞的 C：N 约为 5：1。此外还需要作为能源的碳。因此要求 C：N 达到 （10～20）：1 为宜。如 C/N 值太高，细胞的氮量不足，消化液的缓冲能力低，pH 值容易降低；C/N 值太低，氮量过多，pH 值可能上升，铵盐容易积累，会抑制消化进程。

8.5 厌氧消化中硫离子的来源是什么？其对厌氧处理有何影响？

答 硫离子对甲烷消化有毒害作用，硫离子的来源有三种。

① 硫化碱等原料的应用，直接带入水中。

② 由无机硫酸盐还原而来，如通过以下反应：

$$SO_4^{2-}+8H^+ \longrightarrow S^{2-}+4H_2O$$
$$SO_3^{2-}+6H^+ \longrightarrow S^{2-}+3H_2O$$

硫酸盐还原时作为氢受体释出 S^{2-}，硫酸盐浓度超过 5000mg/L，即有抑制作用。而且，从反应方程式可知，1mol SO_4^{2-} 还原时用去 8mol H^+，将少产生 2mol CH_4，1mol SO_3^{2-} 还原时用去 6mol H^+，减少 1.5mol CH_4。

③ 由蛋白质分解释放出 S^{2-}。硫元素对微生物有正反两方面的影响。有利方面是，低浓度硫是细菌生长所需要的元素，可促进消化进程；硫直接与重金属络合形成硫化物沉淀。有害方面是，若重金属离子较少，则消化液中过多的 H_2S 将释放出进入消化气中，降低消化气的质量并腐蚀金属设备（管道、锅炉等）；降低 CH_4 的产量。另外，硫酸盐的存在将促进硫酸盐还原菌的作用，而硫酸盐还原菌与产甲烷菌之间会有一定程度的竞争，使产甲烷作用受到抑制。

8.6 如何进行污泥消化池的调试运行？

答 **（1）消化污泥的培养与驯化**

新建的厌氧消化池，需要培养消化污泥，培养方法有两种。

① 一次培养法。将生污泥投入消化池，投加量占消化工艺容积的 1/10，以后逐日加入新鲜污泥至设计泥面，然后加温，控制升温速度为 1℃/h，最后达到所需消化温度，此后控制池内 pH 值为 6.5～7.5，稳定 3～5d 后污泥成熟，产生沼气，此时可再投加新鲜污泥。如当地已有消化工艺，则可取消化污泥驯化更为简便。

② 逐步培养法。将每天排放的初次沉淀污泥和浓缩后的活性污泥投入消化工艺，然后加热，使每小时温度升高 1℃，当温度升到消化温度时，维持温度，然后逐日加入新鲜污泥，直至设计泥面，停止加泥，维持消化温度，使有机物水解、液化，需 30～40d，待污泥成熟、产生沼气后，方可投入正常运行。

（2）正常运行的控制参数

① 新鲜。污泥投配率、消化温度需严格控制。

② 搅拌。气循环搅拌可全日工作。当采用水力提升器搅拌时，可间歇进行，如采用搅拌 0.5h，间歇 1.5～2h。

③ 排泥。有上清液排除装置时，应先排上清液再排泥，没有上清液排除装置时应采用中、低位管混合排泥或搅拌均匀后排泥，以保持消化工艺内污泥浓度不低于 30g/L，否则后

续消化很难进行。

④ 沼气气压。消化池正常工作所产生的沼气气压由沼气柜设计压力确定，一般沼气柜压力和消化池分别设压力计控制，过高或过低都说明沼气柜或消化池工作不正常或输气管网中有故障。

⑤ 营养物质适宜。厌氧法中碳氮磷的比值控制在 COD_{Cr}：N：P＝（200～300）：5：1。有时需补充某些必需的特殊营养元素，如铁、镍、锌、钴等可提高某些系统酶活性的微量元素，铁、镍、锌、钴等对甲烷菌有激活作用。

(3) 正常运行的化验指标

正常运行的化验指标有：产气率，沼气成分（CO_2 与 CH_4 所占体积分数），投配污泥含水率（96%～98%），有机物含量（60%～70%），有机物分解程度（45%～55%），脂肪酸（以醋酸计，一般为 2000mg/L 左右），总碱度（以重碳酸盐计，一般大于 2000mg/L），氨氮（500～1000mg/L）。

8.7 影响微生物厌氧消化的主要因素有哪些?

答 (1) 水力停留时间

消化工艺的水力停留时间（HRT）等于污泥龄。有机物降解程度是污泥龄的函数，而不是进水有机物的函数。因此消化工艺的容积设计不应按有机负荷设计，而应以污泥龄或水力停留时间设计。所以只要提高有机物浓度，就可以充分地利用消化工艺的容积。由于甲烷菌的增殖较慢，对环境条件的变化十分敏感，因此，要获得足够多的产甲烷菌以及稳定的处理效果就需要保持较长的污泥龄。水力停留时间一般采用投配率表示，投配率是消化工艺设计的重要参数，投配率过高，可能影响产甲烷菌的正常生理代谢，反应器内脂肪酸可能积累，pH 值下降，污泥消化不完全，投配率过低，污泥消化较完全，产气率较高，消化工艺容积大，基建费用增高。根据我国污水处理厂的运行经验，城市污水处理厂污泥中温消化的投配率以 5%～8% 为宜，相应的消化时间为 12.5～20d。

(2) 温度

根据甲烷菌对温度的适应性可分为两类，即中温甲烷菌（适应温度区为 30～36℃）和高温甲烷菌（适应温度区为 50～53℃）。当温度处于两区之间时，反应速率反而减退，说明消化反应与温度之间的关系是不连续的。中温或高温厌氧消化允许的温度变动范围为±（1.5～2.0）℃。当有±3℃的变化时，消化速率就会受到一定程度的抑制，有±5℃急剧变化时，就会突然停止产气，使有机酸大量积累而破坏厌氧消化。

(3) 搅拌和混合

厌氧消化是由细菌体内的内酶和外酶与底物进行接触反应，因此必须使两者充分混合。搅拌的方法一般有：泵加水射器搅拌法、消化气循环搅拌法和机械混合搅拌法。

(4) 氮的守恒与转化

厌氧消化工艺中，氮的平衡是非常重要的因素。消化系统中的一部分硝酸盐将被还原成氮气而存在于消化气中。故只有很少的氮转化为细胞物质（因为细胞的增殖很少），大部分可生物降解的氮都转化为消化液中的 NH_3，因此消化液中氨的浓度要高于进入消化工艺的原污泥。

(5) 有毒物质

所谓"有毒"是相对的，事实上大多数物质对甲烷消化都具有两方面的作用，即有促进甲烷细菌生长的作用与抑制甲烷细菌生长的作用。关键在于它们的浓度界限，即毒域浓度。也有的有毒物质不作用于产甲烷菌而对产酸菌或同型产乙酸菌产生影响，如青霉菌，这也会对厌氧消化产生较大的影响。

（6）pH 值、碱度

缓冲溶液的 pH 值是弱酸电离常数的负对数及重碳酸盐浓度与碳酸浓度比例的函数。当溶液中脂肪酸浓度增加时，由于消化液中 HCO_3^- 与 CO_2 的浓度都很高，故脂肪酸在一定范围内变化，也不足以导致 pH 值变化。因此在消化系统中，应保持碱度在 2000mg/L 以上，使其有足够的缓冲能力，可有效地防止 pH 值的下降。故在消化系统管理时，碱度可以作为一个工程应用参数来测定。消化池中的脂肪酸是甲烷发酵的底物，其浓度也应保持在 2000mg/L 左右。

8.8 消化池运行过程中常见的异常现象和处理措施有哪些？

答 （1）产气量下降

产气量下降的原因与解决办法如下。

① 投加的污泥浓度过低，甲烷菌的底物不足。应设法提高投配污泥浓度。

② 消化污泥排量过大，使消化池内甲烷菌减少，破坏甲烷菌与营养的平衡。应减少排泥量。

③ 消化工艺温度降低，可能是由于投配的污泥过多或加热设备发生故障。解决办法是减少投配量与排泥量，检查加温设备，保持消化温度。

④ 消化池容积减少，原因是消化池内浮渣的积累，使消化池的容积减小。应及时排除浮渣。

⑤ 沼气漏出。原因是消化池、输气系统的装置和管路漏气，应及时进行检修。

⑥ 过多的酸生成。投加污泥量过大，使池内 pH 值下降，对厌氧菌产生抑制，使产气量减少。对策是先减少或终止投泥和排泥，继续加热，观察池内 pH 值的变化情况。

（2）消化池排泥不畅

由于池内浮渣与沉砂量增多，检查池内搅拌效果及沉砂池的沉砂效果，尽量减少大量无机物排除浮渣与沉砂。

（3）有机酸积累，碱度不足

其解决办法是首先控制 pH 值，同时减少投配量，观察池内碱度的变化，如不能改善，则应增加碱度，如石灰、$CaHCO_3$ 等。

（4）沼气的气泡异常

沼气的气泡异常有三种表现形式。

① 连续喷出像啤酒开盖后出现的气泡，这是消化状态严重恶化的征兆，原因可能是排泥量过大，池内污泥量不足，或有机物负荷过高，或搅拌不充分，或温度下降，或池内浮渣较多。解决办法是减少或停止排泥，加强搅拌，减少污泥投配。

② 大量气泡剧烈喷出，但产气量正常，池内由于浮渣层过厚，沼气在层下集聚，一旦沼气穿过浮渣层就有大量沼气喷出。对策是破碎浮渣层充分搅拌。

③ 不起泡。可暂时减少或中止投配污泥，充分搅拌，调节消化温度到正常值。

（5）消化池沼气压力升高

其主要原因是消化池沼气输出管道产生阻力，一般有以下几种情况：采用沼气非连续搅拌时，搅拌初期池内沼气因搅拌而大量溢出，造成流量短时间内增大，引起压力升高。一般采用缩短搅拌周期的办法，即可避免此类现象发生；沼气管存在水阻现象，一般沼气管 U 形弯处易发生此类情况。在最低点处设放水阀，并定期放水即可，沼气过滤和脱硫系统因结垢引起阻力增大。定期清洗沼气过滤器和脱硫系统中的滤料，即可防止结垢过多。

（6）化学沉积

在消化系统出水管的弯头及后浓缩池出水口处，常产生鸟粪石沉积，铵氮和镁离子浓度较高是鸟粪石形成的主要原因，严重时鸟粪石的厚度可达 5cm，常发生堵塞管道现象。解决办法：在弯头处增设法兰短管，定期拆开清理；投加铁盐，与磷酸根结合生成磷酸铁，阻止或减缓鸟粪石结晶体的形成。

8.9　消化池运行管理过程中应注意的问题有哪些？

答　① 常规固定盖式消化池在排泥和进泥时，若操作不当，有可能使池内造成负压或超压，导致严重后果。一般在出气总管道上接一个水封装置，用来控制消化池中的沼气压力，水封罐的最大限压为 9000Pa。当沼气压力过高时，水封被破坏，沼气从水封罐中冲出，起到了泄压保护消化池的作用。因此，在日常运行中，应经常定时地向水封罐中补充水（尤其是夏季，水分蒸发较快），以保证水封高度。冬天要有防冻措施，否则水封将不起作用。若冰冻严重，还可能将水封罐胀裂，造成沼气的泄漏事故。

② 平衡箱与消化池底部排泥管道相连，实际上是一个连通器，用来控制消化池中的泥位。可以通过更换平衡箱中进泥短管的高度，来控制消化池的泥位，平衡箱的出泥管口低于进泥管，消化池排泥（也就是平衡箱的进泥）动力来自于消化池内污泥液位的静压力，当进入平衡箱后，依靠自身重力经出泥管溢至浓缩池。因此，在运行中，应保证平衡箱中的进出泥管道畅通。若堵塞，可用高压水进行反向和正向冲洗。

③ 除了保证每天足够的进泥量外，污泥搅拌也是一项重要内容。连续而均匀地进泥与排泥可使消化池内有机物最大限度地维持在一定水平上，搅拌则能使池内的有机物浓度、微生物的分布、温度、pH 值等都均匀一致地处在最有利的状态。但是，由于搅拌，池内污泥不可能得到澄清，排出的熟污泥中将不可避免地混有生污泥，给污泥的进一步浓缩脱水增加了负担。因此，宜将沼气压缩机设置为间歇运行。

④ 沼气管道上应尽量避免 U 形管段的出现。因为，沼气中含有一定量的饱和水蒸气，该饱和水蒸气遇低温很容易在 U 形管道的底端冷凝积存起来，形成一段水柱，沼气必须克服这段水柱的压力才能通过该管段。这样，无形中增加了消化池内沼气的压力，从而很容易将消化池的水封破坏掉。这不但会影响正常的生产运行，而且还可带来很大的不安全因素。所以，即使在设计中不可避免地要存在 U 形管段，也应在管段底部安装放水阀门，并定期检查放水。

8.10　砾石过滤器的作用是什么？

答　污泥消化产气过程中，厌氧污泥及浮渣等有可能随气流带出，尤其是采用沼气搅拌的厌氧处理工艺。砾石过滤器是沼气输出过程中的第一道预处理设施，设在沼气提升泵之前，其作用是过滤沼气产生和搅拌过程中，随沼气带出的污泥、浮渣等杂物，对沼气进行初步净化，以防影响沼气提升泵的运行及后续的脱硫系统。

8.11 砾石过滤器运行过程中应注意的问题是什么?

答　① 定期开启冲洗阀门，对过滤器中的砾石进行冲洗。每次冲洗前，可进行放空操作，以清除沉淀在过滤器底部的污泥等。

② 定期将过滤器打开，取出砾石进行全面清洗。在运行过程中，由于微生物、喷淋水等的作用，砾石表面会有单质硫析出，正常的冲洗过程难以洗脱；另外，消化池带出的部分浮渣也会存留在砾石层表面。若不全面清洗的话，会使砾石过滤器的阻力增大，造成消化池内沼气压力升高。其清洗周期跟沼气中硫化氢浓度有关，硫化氢浓度越高，清洗周期越短，一般一年清洗一次。

③ 砾石过滤器内的喷淋嘴亦需要定期清洗。由于水中具有一定的硬度，在喷头运行过程中，水垢会逐渐积累，最终堵塞喷头，影响正常的喷淋清洗。

④ 经常检查砾石过滤器下部的水封管有无漏气现象。一般在消化池压力异常升高或长时间未喷水的情况下，容易造成水封水缺失，而发生这类问题。

8.12 UASB 反应器的基本工作过程是什么?

答　在 UASB 反应器里待处理废水应尽可能均匀地引入反应器的底部，污水向上通过包含颗粒污泥和絮状污泥的污泥床，厌氧反应发生在废水与污泥颗粒的接触过程，在厌氧状况下，产生的沼气（主要是甲烷和二氧化碳）引起了内部的循环，这有利于颗粒污泥的形成和维持。在污泥层形成的沼气一部分附着在污泥颗粒上，附着和没有附着的沼气向反应器顶部上升。上升到表面的污泥触及三相分离器气体的底部，引起附着气泡的污泥絮体脱气，气泡释放后污泥颗粒将沉淀到污泥床的表面，沼气被收集到三相分离器顶部的集气室，由沼气管道接出。根据沼气产量情况，可通入储气柜综合利用，也可经水封罐后设火炬燃烧或直接排放。三相分离器的作用是防止沼气气泡进入沉淀区，否则将引起沉淀区的紊动，会阻碍颗粒沉淀。包含一些剩余固体和污泥颗粒的液体经过分离器缝隙进入沉淀区。

由于分离器的斜壁沉淀区的过流面积在接近水面时增加，因此上升流速在接近排放点降低。由于流速降低污泥絮体在沉淀区可以絮凝和沉淀，累积在三相分离器下的污泥絮体在一定程度将超过其保持在斜壁上的摩擦力，其将滑回到反应区，这部分污泥又可与进水有机物发生反应。图 8-1 所示为 UASB 反应器的原理示意图。

图 8-1　UASB 反应器原理示意

8.13　UASB反应器的构成有哪些?

答　**(1) 布水器**

即进水配水系统。其功能主要是将污水均匀地分配到整个反应器,并具有进水水力搅拌功能。这是反应器高效运行的关键之一。

(2) 反应区

反应区包括污泥床区和污泥悬浮层区,有机物主要在这里被厌氧菌所分解,是反应器的主要部位。污泥床区位于反应器的底部,为一层由颗粒污泥组成的沉淀性良好的污泥,其浓度在 30000～50000mg/L,容积约占整个 UASB 反应器的 30%,它对反应器的有机物降解量占整个反应器全部降解量的 70%～90%。因此,在污泥床层内产生大量的沼气,并通过上升作用使得整个污泥床层得到良好的混合。颗粒污泥的形成主要与有机负荷、水力负荷及温度、pH 值等有关。污泥悬浮层区位于反应器的中上部,其容积约占整个 UASB 反应器床体的 70%。悬浮层的污泥浓度低于污泥床,通常为 15000～30000mg/L 或更小,由絮体污泥组成,为非颗粒污泥,靠来自污泥床中的上升气泡使该层污泥得到良好的混合。它对反应器的有机物降解量占整个反应器全部降解量的 10%～30%。

(3) 三相分离器

三相分离器是反应器最有特点和最重要的装置。由沉淀区、回流缝和气封组成。其功能是把气体(沼气)、固体(污泥)和液体分开。分离的固体颗粒沿沉淀区底部的斜壁滑下,重新回到反应区(包括污泥床和污泥悬浮层),以保证反应器中的污泥不致流失,维持污泥床中的污泥浓度,气体分离后进入气室。三相分离器的分离效果将直接影响反应器的处理效果。

(4) 出水系统

其作用是把沉淀区水面处理过的水均匀地加以收集,排出反应器。

(5) 集气室

也称集气罩,其作用是收集沼气。

(6) 浮渣清除系统

其功能是清除沉淀区液面和集气室液面的浮渣,如浮渣不多可省略。

(7) 排泥系统

其功能是均匀地排除反应区的剩余污泥。UASB 反应器可分为开敞式和封闭式两种。

① 开敞式反应器是顶部不加盖密封,出水水面敞开,主要适用于处理中低浓度的有机污水。

② 封闭式反应器是顶部加盖密封,主要适用于处理高浓度有机污水或含硫酸盐较高的有机污水。

UASB 反应器断面一般为圆形或矩形,圆形一般为钢结构,矩形一般为钢筋混凝土结构。

8.14　三相分离器的作用是什么?

答　厌氧反应其最重要的设备是三相分离器,这一设备安装在反应器的顶部并将反应器分为下部的反应区和上部的沉淀区。为了在沉淀区中取得对上升流中污泥絮体/颗粒的满意的沉淀效果，三相分离器第一个主要的作用就是尽可能有效地分离从污泥床/层中产生的沼气，特别是在高负荷的情况下。在集气室下面反射板的作用是防止沼气通过集气室之间的缝隙逸出到沉淀室。另外挡板还有利于减少反应室内高产气量所造成的液体紊动。

UASB 系统的原理是在形成沉降性能良好的污泥絮凝体的基础上，并结合在反应气内设置污泥沉淀系统，使气相、液相和固相三相得到分离。形成和保持沉淀性能良好的污泥（可以是絮状污泥或颗粒污泥）是 UASB 系统良好的运行的根本点。

常见的三相分离器形式如图 8-2 所示。

图 8-2 常见的三相分离器形式

8.15 如何进行 UASB 反应器的接种?

答 对于一个新建的 UASB 反应器来说，启动过程主要是用现成的厌氧污泥、颗粒污泥或污水处理厂的消化污泥进行接种，并经过一定时间的启动调试运行，使反应器达到设计负荷并实现有机物的去除效果。除了上述污泥之外，可用作接种的物料很多，例如牛粪和各类粪肥、下水道污泥等。一些污水沟的污泥和沉淀物或富微生物的河泥也可以被用于接种，甚至好氧活性污泥也可以作为接种污泥。污泥的接种浓度以 $6 \sim 8 kgVSS/m^3$（按反应器总有效容积计算）为宜，至少不低于 $5kgVSS/m^3$，接种污泥的填充量应不超过反应器容积的 60%。

8.16 UASB 厌氧反应器运行过程中应控制的环境因素有哪些?

答 **(1) 温度**
厌氧消化可在不同的操作温度下进行。其中，低温消化的操作温度为 $15 \sim 25℃$；中温消化为 $30 \sim 40℃$；高温消化为 $50 \sim 55℃$。一般认为中温消化的适宜温度范围为 $35 \sim 38℃$，城市污泥以 $35 \sim 37℃$ 为好。

厌氧消化系统对温度的突变十分敏感，温度的波动对去除率影响很大，如果突变过大则会导致系统停止产气。

(2) pH 值
厌氧反应器中的 pH 值对不同阶段的产物有很大影响。产甲烷的 pH 值范围在 $6.5 \sim 8.0$ 之间，最佳的 pH 值范围在 $6.5 \sim 7.5$ 之间，若超出此界限范围，产甲烷速率将急剧下降；而产酸菌的 pH 值范围在 $4.0 \sim 7.5$ 之间。因此，当厌氧反应器运行的 pH 值超出甲烷菌的最佳 pH 值范围时，系统中的酸性发酵可能超过甲烷发酵，会导致反应器内呈现"酸化"

现象。

在实际运行中，挥发酸数量的控制比 pH 值更为重要，因为有机酸累积至足以降低 pH 值时，厌氧消化的效率显著降低，正常运行的消化池中，挥发酸（以醋酸计）一般在 200～800mg/L 之间，如果超过 2000mg/L，产气率将迅速下降，甚至停止产气。挥发酸本身不毒害甲烷菌，当挥发酸数量多，造成氢离子浓度的提高和 pH 值的下降时，则会抑制甲烷菌的生长。

重碳酸盐及氨氮等是形成厌氧处理系统碱度的主要物质，碱度越高，缓冲能力越强，这有利于保持稳定的 pH 值，一般要求系统中的碱度在 2000mg/L 以上，氨氮浓度介于 50～200mg/L 为好。

（3）氧化还原电位

厌氧环境是厌氧消化赖以正常运行的重要条件，并主要以体系中的氧化还原电位来反映。不同的厌氧消化系统要求的氧化还原电位不尽相同，即使同一系统中、不同细菌菌群所要求的氧化还原电位也不相同。在厌氧发酵过程中，不产甲烷细菌对氧化还原电位的要求不甚严格，甚至可在 $-100～+100$mV 的兼性条件下生长；产甲烷细菌的最佳氧化还原电位在 $-350～-400$mV，氧化还原电位受 pH 值的影响。

（4）有毒物质

在厌氧消化过程中，某些物质（如重金属、氯代有机物等）会对厌氧过程产生抑制和毒害作用，使得厌氧消化速率降低；此外，部分厌氧发酵过程的产物和中间产物（如挥发性有机酸、H_2S 等）也会对厌氧发酵产生抑制作用。

重金属离子对厌氧过程的抑制作用主要表现在两方面。

① 重金属离子与某些菌结合，使菌失去活性，使某些生化代谢不能进行。

② 某些金属离子及其氢氧化物的凝聚作用，使某些酶产生沉淀，而失去催化活性。

8.17 如何实现 UASB 反应器内污泥的颗粒化过程？

答 当采用非颗粒污泥接种时，为了培养出沉降性能好的颗粒污泥，一般是采取一个将絮状污泥和分散的细小污泥从反应器内"洗出"的过程，这是 UASB 反应器实现颗粒化的先决条件之一。控制微生物逐步筛选和进化过程的关键因素之一，是反应器内的水力停留时间或上升流速。经验表明，合适的升流速度的范围应在 0.4～1.0m/h 之间，对处理水量较小的 UASB，可以采用出水回流的方式以适当提高反应器内的升流速度。一般来说，在颗粒污泥培养期内随出水而被冲出反应器的污泥是没有必要再将其回流到反应器中的。污泥的颗粒化过程一般分为以下 3 个阶段。

阶段 1：即启动的初始阶段，这一阶段是低负荷的阶段 $[2kg\ COD/(m^3 \cdot d)]$。

阶段 2：即当反应器负荷上升至 2～5kg COD/$(m^3 \cdot d)$ 的启动阶段。在这阶段污泥的洗出量增大，其中大多数为细小的絮状污泥。实际上，这一阶段在反应器里对较重的污泥颗粒和分散的、絮状的污泥进行选择。使这一阶段的末期留下的污泥，开始产生颗粒状污泥或保留沉淀性能良好的污泥。

阶段 3：这一阶段是指反应器负荷超过 5kg COD/$(m^3 \cdot d)$，在此时，絮状污泥变得迅速减少，而颗粒污泥加速形成直到反应器内不再有絮状污泥存在。

当反应器负荷大于 5.0kg COD/$(m^3 \cdot d)$ 时，由于颗粒污泥的不断形成，反应器的大部分被颗粒污泥充满时，其最大负荷可以超过 20kg COD/($m^3 \cdot d$)。当反应器运行负荷小于 5.0kg COD/($m^3 \cdot d$) 时，系统中虽然可能形成颗粒污泥，但是，反应器的污泥性质是由占主导地位的絮状污泥所确定。

8.18　影响污泥颗粒化的主要因素有哪些?

答　（1）接种污泥的类型对颗粒化的影响

大量的试验表明，厌氧消化污泥、河底淤泥、牲畜粪便、化粪池污泥及好氧活性污泥等均可以作为种泥来培养颗粒污泥，但是生产性装置中应用好氧污泥接种培养出颗粒污泥的报道还很少。在啤酒废水的试验研究中，有人曾分别用厌氧消化污泥和好氧活性污泥作为接种污泥，成功地培养出颗粒污泥，这对于我国目前厌氧处理设施较少，厌氧污泥来源困难，可选择好氧污泥接种具有较大实用价值。好氧污泥接种时，应进行较长时间的驯化，以实现污泥中的微生物以好氧菌群占优势到厌氧菌群占优势的转化，另外从颗粒化进程来看，好氧污泥远没有厌氧消化污泥生长迅速。

（2）接种污泥量对颗粒化的影响

推荐的接种浓度范围为 10～20kg VSS/m^3（按反应区容积计算）。接种污泥量过大，污泥的生长量和流失量基本持平。反应器接种污泥低，开始运行过高的污泥负荷会导致厌氧消化菌种比例的不平衡，也会对污泥颗粒化产生不利影响。

（3）惰性颗粒对颗粒化的影响

观察颗粒污泥形成的微观过程中，惰性颗粒作为菌体附着的核，对颗粒化起着积极的作用。研究表明，投加粉末活性炭、硅藻土等无机颗粒可以加速厌氧污泥颗粒化过程。

（4）水力负荷对颗粒化的影响

研究表明，水力负荷提高到 0.6m^3/($m^2 \cdot h$)，可以冲走大部分的絮状污泥，使密度较大的颗粒状污泥积累在反应器的底部，形成颗粒污泥层，这部分污泥层可首先获得充足的营养而较快地增长。但是，提高水力负荷不能过快，否则大量絮状污泥的过早淘汰会导致污泥负荷过高，影响反应器的稳定运行。

（5）碱度对于污泥颗粒化的影响

碱度对于污泥颗粒化有一定的影响。一般控制厌氧污泥的碱度大于 1000mg/L。

8.19　UASB 厌氧反应器运行过程中应控制的工艺参数有哪些?

答　（1）水力停留时间

水力停留时间对 UASB 厌氧反应器的影响是通过上升流速来表现的。一方面，高的液体流速增加污水系统内进水区的扰动，因此增加了生物污泥与进水有机物之间的接触，有利于提高去除率。在采用传统的 UASB 系统的情况下，上升流速的平均值一般不超过 0.5m/h，这也是保证颗粒污泥形成的重要条件之一。另一方面，为了保持系统中足够多的污泥，上升流速不能超过一定的限值，反应器的高度也就受到限制。特别是对于低浓度污水，水力停留时间是比有机负荷更为主要的工艺控制条件。

（2）有机负荷

有机负荷反映了基质与微生物之间的供需关系。有机负荷是影响污泥增长、污泥活性和有机物降解的重要因素，提高负荷可以加快污泥增长和有机物的降解，同时使反应器的容积缩小，但是对于厌氧消化过程来讲，有机负荷对于有机物去除和工艺的影响十分明显。当有机负荷过高时，可能发生甲烷化反应和酸化反应不平衡的问题。对某种特定废水，反应器的容积负荷一般应通过试验确定，容积负荷值与反应器的温度、废水的性质和浓度有关。有机负荷不仅是厌氧反应器的一个重要的设计参数，同时也是一个重要的控制参数。对于颗粒污泥和絮状污泥反应器，它们的设计负荷是不相同的。

（3）污泥负荷

当容积负荷和反应器的污泥量已知，污泥负荷可以根据这两个参数计算。采用污泥负荷比容积负荷更能从本质上反映微生物代谢同有机物的关系，特别是厌氧反应过程由于存在甲烷化反应和酸化反应的平衡关系，采用适当的负荷可以消除超负荷引起的酸化问题。

8.20 厌氧工艺运行监控的常用指标有哪些？

答 甲烷产生量、pH 值和 VFA 是厌氧工艺的三个常用指标，其揭示了系统运转状态。例如，没有甲烷产生表明系统中关键的甲烷菌的生物生长受到影响。没有甲烷的产生也就没有任何有机污染物 BOD/COD 的去除。另外，甲烷化速率和 pH 值可以反映生物活性的状况。VFA 浓度或碱度可以被监测，可提供当厌氧工艺开始偏离正常时的值，据此可进行工艺参数的调节。

8.21 UASB 运行过程中 pH 值控制的方法有哪些？

答 为了保持厌氧反应器中的 pH 值稳定在适宜的范围内，就必须采取一定的措施，对反应器的运行状况进行调节和控制。在实际运行中，主要通过以下几种方法来调节和控制厌氧反应器内的 pH 值。

（1）投加致碱或致酸物质

在进水中或直接在反应器中加入致碱或致酸物质，是最直接的调控厌氧反应器内 pH 值的方法。实际运行中所使用的致碱物质主要有 $NaHCO_3$、Na_2CO_3、$NaOH$ 以及 $Ca(OH)_2$ 等。这种方法要消耗化学药品，从而增加了运行费用，而且在废水中加入多少致碱物质不好掌握。

一般情况下，在废水 pH 值小于 6.0 时，应进行加碱调节。

（2）出水回流

一般情况下，厌氧反应器的出水碱度会高于进水碱度，所以可采用出水回流的方法来控制反应器内 pH 值，同时出水回流还可起到稀释作用。采用该法来控制反应器内的 pH 值时，回流比一般应控制在 5～20 之间。

（3）出水吹脱 CO_2 后回流

出水中的 CO_2 是主要的致酸物质，把出水中的 CO_2 经吹脱去除后再回流，可调控厌氧反应器内的 pH 值。但在采用该法时，由于一般均采用空气进行吹脱，所以回流中会含有一定的溶解氧。溶解氧的带入会对反应器的运行产生一定的不利影响。一般情况下较少采用。

8.22 硫酸盐对 UASB 厌氧反应器的抑制作用机理是什么？

答 硫酸盐还原作用对厌氧消化产生的不利影响归纳为以下两个方面：一是由于硫酸盐

还原菌和产甲烷菌都可以利用乙酸和 H_2，而产生基质的竞争性抑制作用；二是硫酸盐还原的终产物——硫化物对产甲烷菌和其他厌氧细菌直接产生的毒害作用。

（1）基质竞争性抑制作用

由于硫酸盐还原菌可利用基质的范围较广，其适于生长的 pH 值、温度、氧化还原电位等环境条件的范围也比产甲烷细菌要广，所以在自然界和厌氧反应器的厌氧环境中，硫酸盐还原菌比产甲烷菌更容易生长。同时，由于硫酸盐还原菌和产甲烷菌都能利用乙酸和 H_2 等作为生长基质，在利用厌氧法处理含硫酸盐废水时，必然会发生硫酸盐还原菌和产甲烷菌之间的基质竞争作用。有机物浓度与硫酸盐浓度比值越高，产甲烷菌的竞争性就越强。

（2）硫化氢对产甲烷菌的毒害作用

硫化物是硫酸盐还原作用的最终产物，在含硫酸盐有机废水进行厌氧处理时，必然会有硫酸盐还原作用的发生，因而必然会有硫化物的生成，这些硫化物不仅会增加沼气中硫化氢的含量，增大沼气处理的费用，增加出水的 COD_{Cr} 值，对厌氧出水的后续处理产生不利影响，更重要的是还会对厌氧细菌特别是产甲烷菌产生抑制作用，而对整个厌氧消化过程产生不利的影响，有时这种影响会非常严重，甚至会导致整个厌氧反应器无法正常运行。一般认为，在几大类厌氧细菌中，产甲烷菌对硫化物的抑制最为敏感，而其他厌氧细菌如发酵性细菌、产氢产乙酸菌以及硫酸盐还原菌本身的敏感程度稍差。

硫化氢的抑制机制：硫化氢（H_2S）是弱酸，可以离解成 HS^- 和 S^{2-}。通常用硫化物指上述两种形体。硫化物的抑制作用主要取决于水中游离硫化氢的浓度。因为细胞一般带负电，只有中性的硫化氢分子才能接近并穿透细菌的细胞膜进入细菌体内发生毒害作用。一旦硫化氢穿透细胞壁它就能破坏细胞的蛋白质。硫化氢还可以通过形成硫链干扰代谢辅酶 A 和辅酶 M。

8.23 影响硫酸盐还原菌生长的主要因素有哪些？

答 如果废水中硫酸盐含量过高，会影响 UASB 的正常运行，利用硫酸盐还原菌可有效地去除废水中的硫酸盐。影响硫酸盐还原菌生长的主要因素有以下几点。

（1）温度

与产甲烷菌相似，硫酸盐还原菌也在两个温度段表现出较强活性，一个是中温段，一个是高温段。大多数硫酸盐还原菌是中温型的，最佳生长温度在 30～37℃ 之间；少数是高温型的，最佳生长温度在 40～70℃ 之间。

（2）pH 值

硫酸盐还原菌生长的最适 pH 值一般是在中性偏碱 pH 值 7.1～7.6 的范围，但大多数硫酸盐还原菌都可以在 pH 值为 4.5～9.5 的范围内生长。

（3）氧化还原电位

硫酸盐还原菌是严格的厌氧细菌，其生长环境的氧化还原电位应严格控制在 $-100mV$ 以下，而产甲烷菌所要求的氧化还原电位为 $-300mV$ 以下。

（4）营养要求

硫酸盐还原菌是异养菌。但一般来说，其生长除了需要有机物外，还需要有硫酸盐、亚硫酸盐、硫代硫酸盐等含有氧化态硫的化合物作为电子受体。研究还表明，脱硫肠状菌属的大部分菌种及脱硫弧菌属的部分菌种在有合适碳源存在时，还可利用单质硫生长，如 1976

年 K. Ming 等发现了一种硫还原细菌，它能在氧化乙酸的同时将单质硫还原为硫化物。有些菌种也能在无硫酸盐存在时直接利用丙酮酸盐生长。

（5）生长刺激物

硫酸盐还原菌的生长一般都需要维生素等生长刺激物，在维生素中以生物素、叶酸、盐酸硫胺等的促进作用较大，而氨基苯甲酸、核黄素等的刺激作用较小。一般来说，在实验室进行硫酸盐还原菌的培养时，加入一定量的酵母浸出液即可。

（6）生长抑制剂

许多物质对硫酸盐还原菌具有抑制作用。研究表明，一定浓度的 Na_2AsO_4、K_2CrO_4、$PbCl_2$、$CoCl_2$、Na_2MoO_4 等对硫酸盐还原菌都有抑制作用，而对产甲烷菌则有不同程度的激活作用；另外，硒酸根离子和钼酸根离子对硫酸盐还原菌还有较强的抑制作用，前者作为硫酸盐还原作用的拮抗性抑制剂已应用于生理学方向的研究，后者则常被应用于生态学方向的研究。另外，超声波、紫外线等在一定条件下，对硫酸盐还原菌也能起抑制或灭活的作用。

8.24　厌氧反应器运行中的欠平衡现象及其原因是什么？

答　启动后，厌氧消化系统的操作与管理主要是通过对产气量、气体成分、池内碱度、pH 值、有机物去除率等进行检测和监督，调节和控制好各项工艺条件，保持厌氧消化作用的平衡性，使系统符合设计的效率指标稳定运行。

保持厌氧消化作用的平衡性是厌氧消化系统运行管理的关键。厌氧消化过程易出现酸化，即产酸量与用酸量不协调，这种现象称为欠平衡。厌氧消化作用欠平衡时可以显示出如下的症状：

① 消化池挥发性有机酸浓度增高；
② 沼气中甲烷含量降低；
③ 消化液 pH 值下降；
④ 沼气产量下降；
⑤ 有机物去除率下降。

以上症状中最先显示的是挥发性有机酸浓度的增高，因此是一项最有用的监视参数，有助于尽早察觉欠平衡状态的出现。

厌氧消化作用欠平衡的原因是多方面的，例如：有机负荷过高；进水 pH 值过低或过高；碱度过低，缓冲能力差；有毒物质抑制反应温度急剧波动；池内有溶解氧及氧化剂存在等厌氧消化作用欠平衡状态时，就必须立即控制并加以纠正，以避免欠平衡状态进一步发展到消化作用停顿的程度。可暂时投加石灰乳以中和累积的酸，但过量石灰乳能起杀菌作用。解决欠平衡的根本办法是查明失去平衡的原因，有针对性地采取纠正措施。

8.25　厌氧工艺运行管理的安全要求有哪些？

答　厌氧设备的运行管理很重要的问题是安全问题。沼气中的甲烷比空气密度小，非常易燃，空气中甲烷含量为 $5\%\sim15\%$ 时，遇明火即发生爆炸。因此消化池、储气柜、沼气管道及其附属设备等沼气系统，都应绝对密封，无沼气漏出，并且不能使空气有进入沼气系统的可能，周围严禁明火和电气火花。所有电气设备应满足防爆要求。沼气中含有微量有毒的硫化氢，但低浓度的硫化氢就能被人们所察觉。硫化氢比空气密度大，必须预防它在低凹处积聚。沼气中的二氧化碳也比空气密度大，同样应防止在低凹处积聚，因为它虽然无毒，却能使人窒息。因此，凡需因出料或检修进入消化池之前，务必以新鲜空气彻底置换池内的消化气体，并做好持续的足量通风，才可进入。

8.26 如何进行厌氧生物处理反应器的启动和运行？

答 废水厌氧生物处理反应器成功启动的标志，是在反应器中培养出活性高、沉降性能优良并适于待处理废水水质的厌氧污泥。由于厌氧微生物，特别是产甲烷菌增殖很慢，厌氧反应器的启动需要一个较长的时间，这被认为是厌氧反应器的一个不足之处。在实际工程中，生产性厌氧反应器建造完成后，快速顺利地启动反应器成为整个废水处理工程中的关键性因素。

UASB 反应器的启动可分为两个阶段，第一个阶段是接种污泥在适宜的驯化过程中获得一个合理分布的微生物群体，第二个阶段是这种合理分布群体的大量生长、繁殖。

（1）接种污泥

在生物处理中，接种污泥的数量和活性是影响反应器成功启动的重要因素。不同的污泥接种量宏观地表现为反应器中污泥床高度不同。污泥床高度对反应区的水流的影响较大，一般污泥床厚度以 2m 左右为宜，如太厚会加大沟流和短流。

（2）反应器的升温速率

不同种群产甲烷细菌适宜的生长温度范围均有严格要求。控制合理的升温有利于反应器在短时间内成功启动。研究发现，反应器升温速率过快，会导致其内部污泥的产甲烷活性短期下降，为了确保反应器在短时间内快速启动，建议较合理的升温速率为 $2\sim3℃/d$。

（3）进水 pH 值的控制

在厌氧发酵过程中，环境的 pH 值对产甲烷细菌的活性影响很大，通常认为最适宜的 pH 值为 $6.5\sim7.5$。因此，启动初期进水 pH 值应根据出水 pH 值来进行控制，通常控制在 $7.5\sim8.0$ 范围内比较适宜。由于在有些情况下待处理废水的 pH 值较低，因此，开始启动时进水需经中和后再进入反应器中，当反应器出水 pH 值稳定在 $6.8\sim7.5$ 之间时可逐步由回流水和原水混合进水过渡到直接采用原水进水。

（4）进水方式

在反应器的启动初期，由于反应器所能承受的有机负荷较低，进水方式可在一定程度上影响反应器的启动时间。采用出水回流与原水混合，然后间歇脉冲的进料方式，一天进料 $5\sim6$ 次，反应器可在预定的时间内完成正常的启动。

（5）反应器进水温度控制

与厌氧消化池相同，温度对反应器的启动与运行都具有很大影响，反应器消化温度的影响因素主要包括：进水中的热量值、反应器中有机物的降解产能反应和反应器的散热速率。在生产性反应器的启动期，应采取一定的有效措施，平衡诸影响因素对反应器消化温度的影响，控制和维持反应器的正常消化温度。通过对回流水加热，将进水温度维持在高于反应器工作温度 $3\sim5℃$ 范围，可保证反应器中微生物在规定的工作条件下进行正常的厌氧发酵。

（6）反应器容积负荷增加方式

反应器的容积负荷反映了基质与微生物之间的平衡关系。在确定的反应器中，不同运行时期微生物对有机物降解能力存在着差异。反应器启动初期，容积负荷应控制在合理的限度内，过高导致反应器酸化，过低则微生物得不到足够的养料进行新陈代谢影响反应器的正常启动过程。

（7）启动终止与否检测

反应器的有机负荷、污泥活性和沉降性能、污泥中微生物群体、气体中甲烷含量等参数在启动过程中均发生不同程度的变化。采用冲击负荷试验方法，通过分析反应器耐冲击负荷的稳定性，可评价反应器启动终止与否。有机负荷的突然增大使得反应器出水 COD、产气量和 pH 值都迅速发生变化，但由于反应器中已培养出了活性较高、沉降性能优良的厌氧污泥，当冲击负荷结束后系统很快能恢复原来状态，说明系统已具有一定的稳定性，此时认为反应器已经完成了启动过程，可以进入负荷提高或运行阶段。

（8）出水循环

出水循环在启动阶段应特别注意出水中未被降解的 COD 总量和浓度的变化。但是，出水循环同时也伴随着难降解有机物的累积，如常见的丙酸积累问题，因此，采用出水循环需要慎重考虑，可以在特定条件下有限使用。表 8-2 所示为 UASB 反应器出水循环量参考。

表 8-2　UASB 反应器出水循环量参考

废水 COD 浓度/(mg/L)	应　用　要　点
＜5000	不需要出水回流，但要控制亚硫酸盐浓度＜100mg/L
5000～20000	采用出水循环，使进水浓度保持在 5000mg/L
＞20000	在启动阶段再用其他水稀释，如生活污水等，使进水浓度保持 5000mg/L。以确保产甲烷菌的增值与活性，如不能则至少稀释到 20000mg/L 以下，并同时采用出水循环

8.27　在两相厌氧反应器运行中控制两相分离的方法有哪些？

答　在两相厌氧反应器运行中控制两相分离的方法有物理化学法和动力学控制法。

（1）物理化学法

在产酸相反应器中投加产甲烷细菌的选择性抑制剂（如氯仿和四氯化碳等）来抑制产甲烷细菌的生长；或者向产酸相反应器中供给一定量的氧气，调整反应器内的氧化还原电位，利用产甲烷细菌对溶解氧和氧化还原电位比较敏感的特点来抑制其在产酸相反应器中的生长；或者调整产酸相反应器的 pH 值在较低水平（如 5.5～6.5 之间），利用产甲烷细菌要求中性偏碱的 pH 值的特点来保证在产酸相反应器中产酸细菌占优势，而产甲烷细菌受到抑制；采用可通透有机酸的选择性半透膜，使得产酸相的末端产物中只有有机酸才能进入后续的产甲烷相反应器，从而实现产酸相和产甲烷相分离。这些方法均是选择性地促进产酸细菌在产酸相反应器中的生长，而在一定程度上抑制产甲烷细菌的生长，或者是选择性地促进产甲烷细菌在产甲烷相反应器中生长，以实现产酸细菌和产甲烷细菌的分离，从而达到相分离的目的。

（2）动力学控制法

产酸细菌和产甲烷细菌在生长速率上存在着很大的差异，一般来说，产酸细菌的生长速率很快，其世代时间较短，一般在 10～30min 范围内；而产甲烷细菌的生长很缓慢，其世代时间相当长，一般在 4～6d。因此，将产酸相反应器的水力停留时间控制在一个较短的范围内，可以使世代时间较长的产甲烷细菌被"洗出"（wash-out），从而保证产酸相反应器中选择性地培养出以产酸和发酵细菌为主的菌群，而在后续的产甲烷相反应器中则控制相对较长的水力停留时间，使得产甲烷细菌在其中也能存留下来，同时由于产甲烷相反应器的进水是来自于产酸相反应器的含有很高比例有机酸的废水，这保证了在产甲烷相反应器中产甲烷细菌的生长，最终实现相的分离。

第9章

污泥脱水设备

9.1 转鼓真空过滤机的基本组成及运行操作过程是什么?

答 转鼓真空过滤机主要用于经预处理后的初次沉淀污泥，化学污泥及消化污泥等的脱水。转鼓真空过滤机由空心转鼓、污泥槽、真空系统、空气压缩机等组成（图9-1）。

图 9-1　转鼓真空过滤机结构

Ⅰ—滤饼形成区；Ⅱ—吸干区；Ⅲ—反吹区；Ⅳ—休止区

1—空心转鼓；2—污泥槽；3—扇形间隔；4—分配头；5—转动部件；6—固定部件；7—与真空泵相通的缝；8—与空压
机相通的孔；9—与各扇形格相通的孔；10—刮刀；11—泥饼；12—皮带输送器；13—真空管路；14—压缩空气管路

转鼓真空过滤机运行操作过程如下。覆盖过滤介质的空心转鼓浸在污泥槽内。转鼓用径向隔板分隔成许多扇形间隔，每隔有单独的连通管，管端与分配头相接。分配头内两片紧靠在一起的转动部件与固定部件组成。固定部件和缝与真空管路相通，孔与压缩空气管路相通。转动部件有一列小孔，每孔通过连接管与各扇形间隔相连。转鼓旋转时，由于真空的作用，将污泥吸附在过滤介质上，液体通过介质沿真空管路流到气水分离罐。吸附在转鼓上的滤饼转出污泥槽后，若扇形间隔的连通管在固定部件的缝范围内，则处于滤饼形成区Ⅰ及吸干区Ⅱ内继续脱水，当管孔与固定部件的孔相通时，便进入反吹区Ⅲ与压缩空气相通，滤饼被反吹松动剥落介质然后由刮刀刮除。经皮带输送器外输。再转过休止区Ⅳ进入滤饼形成区Ⅰ，周而复始。

9.2 板框压滤机的工作原理是什么?

答 板框压滤机分为手动箱式、液压自动箱式、液压隔膜箱式等。

板框压滤机由滤板框排列组成，滤板的两面覆有滤布。用压紧装置将一组滤板压紧，滤板之间形成滤室。在滤板上端相同位置开孔，压紧后各孔连成通道，污泥通过该通道进入滤室。滤板的表面刻有纵横交错的浅槽，下端设有滤液通道，滤液通过滤布沿浅槽汇集经滤液通道排出。

板框压滤机一般为间歇运行工作制，一个工作周期约有 1.5～4.5h，工作周期的长短与污泥的脱水性能有关。板框压滤机的优点是单位面积过滤速度高，运行平稳，不易产生故障，脱水后泥饼含水率可在 65% 以下，适用于亲水性较强的各种污泥。板框压滤机的缺点是工作效率低、作业工况较差。目前自动运行的板框式压滤机已得到使用，但价格较高。

9.3 板框压滤机的操作过程是什么?

答 板框压滤机结构示意如图 9-2 所示。

图 9-2　板框压滤机结构示意
1—污泥池；2—进料泵；3—回流阀；4—进泥阀；
5—压力表；6—导轨；7—板框；8—压紧装置

板框压滤机的操作过程如下。

① 先手动将板框合并排列整齐，启动压紧装置压紧板框。

② 打开进泥阀 4，关闭旁通回流阀 3，启动进料泵 2 进料入机。

③ 观察压力表 5，在过滤中压力自然逐渐上升。根据实际情况控制过滤压力，略打开旁通阀，使压力<1MPa（板框式<0.5MPa）。

④ 用旁通阀调节进料压力，直至过滤出液量很小，即可关闭进料泵。

⑤ 松开压紧装置，手动一片一片地推开板框，卸出泥饼，将泥饼清运后，即可进入下一脱水周期。

9.4 板框压滤机搬运安装时应注意哪些问题？

答 ① 板框压滤机机组吊运时，先将液压站卸开，如机组较大，则应将滤板和滤框卸下，以免损伤滤板和滤框，起吊用的钢丝绳应勾住主梁两端突出部分，若机组油缸座和止推板有起吊用的吊环，则钢丝绳应勾住吊环，然后进行起吊。吊运时必须找准中心，钢丝绳选择合理，钢丝绳与部件接触部位需用布或其他软质材料衬垫。

② 在滤布开孔前，必须进行缩水处理，滤布开孔大小应为板上孔径的 70% 为宜，不得过大，以免漏液。安装滤布时，需注意滤布孔与滤板孔要对准，不得有折叠现象。滤布左右每边大于滤板 30mm。滤布使用一段时间后要变硬，其截流性能下降，因此滤布要定期检查，若有变硬现象，则用相应的低浓度弱酸、弱碱中和，浸泡 24h，可恢复其性能。

③ 烫滤布时要小心滤布的过滤部分不要烫着，否则滤布上有小孔，浆料很容易穿过滤布，造成出液浑浊及两边压力差不一样，严重时会损坏滤板。

④ 滤布片上穿绳子的小孔应避开手柄及水嘴位置，且保证滤布平整的包在滤板外面。

⑤ 滤布要缝合好，否则使用一段时间后，容易造成缝合处开裂，使滤出液浑浊。

⑥ 滤板和滤框数量不得减少，以防行程不够。滤板和滤框必须严格按照说明书依次排列整齐，尤其注意压紧板端的塑料滤板不得移至其他位置使用，如需移动，谨防损伤封面和手柄。如有破损及时更换。滤板和滤框应在规定温度范围内使用。

⑦ 搬运、更换滤板和滤框时，用力要适当，防止碰撞损坏，严禁棒打、撞击，以免破裂。滤板、滤框的位置切不可放错。

9.5 板框压滤机使用过程中应注意哪些问题？

答 ① 压紧滤板前，务必将滤板和滤框整齐排列，且靠近止推板端，平行于止推板放置，避免因滤板和滤框放置不正而引起主梁弯曲变形。

② 过滤时，进料阀应缓慢开启，进料压力必须控制在出厂标牌上标定的压力以下。

③ 过滤时不可擅自拿下滤板和滤框，以免油缸行程不够而发生意外；滤板和滤框破裂后，应及时更换，不可继续使用，否则会引起其他滤板和滤框的破裂。

④ 冲洗滤布和滤板时，注意不要让水溅到油箱的电源上。

⑤ 液压油（$20^{\#} \sim 30^{\#}$ 机械油，合成锭子油）应通过空气滤清器充入油箱。必须达到规定油面。并要防止污水及杂物进入油箱，造成液压元件生锈、堵塞。

⑥ 电器箱要保持干燥，各压力表，电磁阀线圈以及各个电器元件要定期检查，确保机器正常工作。停机后需关闭空气开关，切断电源。

⑦ 油箱、油缸、油泵、电磁阀和溢流阀等液压元件，需定期进行空载运行循环法清洗。在一般工作环境下使用的压滤机每 6 个月清洗 1 次。工作油的过滤精度为 $20\mu m$。新机在使用 1~2 周时，需更换液压油，换油时将脏油放净，并将油箱擦洗干净；第 2 次换油周期为 1 个月，以后每 3 个月左右换油 1 次（根据环境情况而定）。

9.6 板框压滤机常见故障及排除方法有哪些？

答 **(1) 滤板炸板**

原因：不遵守操作规程，在压滤机进料时突然打开阀门，使滤板在过高的压力下炸开；

卸料时对板框上进料口检查清理不够，进料口堵塞，局部压力差增大；板框没有按照要求的数量配齐，或没有使用隔板分隔，导致相邻滤板逐渐被炸开；进料阻力突然上升，推动力超过了滤板承受能力；滤板支撑横梁强度不够，弯曲后造成板框受力不均；一侧进泥，滤板平面上受力不均。

解决办法：加强操作工责任心和技术培训，严格控制阀门开启速度，经常检查进料口状态，进泥质量不合格时需要进行必要的改造，如将横梁支撑改为吊柱支撑，将中心空一侧液压改为两侧液压或进泥管多点进泥等。

（2）滤饼压不干

原因：滤布过滤性能差；污泥比阻太高；挤压力低，挤压时间短，调压阀门失灵。

解决办法：清洗或更换滤布；对进泥进行调理，提高挤压力和挤压时间；维修或更换阀门。

（3）板框无渣排出

原因：投配槽无泥开空车；滤布穿孔太多；板框密封性不好。

解决办法：检查投配槽泥位；更换滤布和板框密封条。

（4）板框喷泥

原因：板框密封条磨损；板框内卡有异物；挤压力过大；滤布跑偏。

解决办法：更换或维修密封条；清除杂物；调解压力和对滤布纠偏。

（5）传感器故障

原因：传感器感应铁块松动，位置过远；负荷过高导致滤布传感器报警。

解决办法：坚固铁块，调整位置，降低负荷。

（6）电机故障

原因：负荷过高，泵、减速机和滤布卡死，电机报警；联轴器连接不好，传感器位置调节不当；控制转换开关未打到自动位置而报警；电气线路故障；电机烧坏。

解决办法：降低负荷；检查联轴器和控制开关；检修电气线路；电机维修或更换。

9.7 带式压滤机的基本结构形式有哪些？

答 主机由许多导向辊轴，压榨辊轴和上、下滤带以及滤带的张紧、调速、冲洗、纠偏和驱动等装置组成。压榨辊轴的布置方式一般有两大类：P 形布置和 S 形布置。P 形布置的辊轴相对，直径相同，滤带平直，辊轴与滤带的接触面小，压榨时间短，污泥所受到的压力大而强烈，这种布置的带式压滤机适用于无机疏水的污泥脱水；S 形布置的辊轴错开，直径有相同的，也有不同的，滤带呈 S 形，辊轴与滤带接触面大，压榨时间长，污泥所受到的压力较小而缓和。这种结构的带式压滤机一般适用于城市污水处理厂污泥和有机亲水污泥的脱水。

9.8 带式压滤机脱泥效果的考核因素有哪些？

答 为搞好带式压滤机的运行，对脱水后污泥的质量可采用以下几个因素进行考核。

（1）含水率

带式脱水机的运行与进泥的含水率有关，进泥含水率低，处理的成本比较经济，相反进泥含水率高，所处理的成本则高。进泥含水率应控制在 95%～96% 之间比较经济，脱水后污泥的含水率是衡量整个脱水过程好坏的重要指标。脱水后的污泥的含水率低，则认为整个过程比较好，脱水后污泥的质量比较高。但过低的含水率会增加整个脱水的成本。对带式压滤机含水率控制的指标为 $70\%\sim78\%$。

（2）回收率

脱水后污泥的固体总量与脱水前污泥的固体总量之比的百分数。在脱水过程中，没有凝聚的污泥颗粒，则回收率低，反之则高，一般应在 95% 左右，一般需投加絮凝剂。

（3）成饼率

在运行中，由于没有调整好脱水过程中的各项参数，使脱水后的出泥不能形成泥饼，或所形成的饼不均匀，成饼率是指在整个出泥滤布上，泥饼的面积占整个出泥滤布面积的百分数。带式压滤机在运转过程中，要求成饼率应满足 90% 以上。

（4）污泥处理能力

带式脱水机污泥的处理能力是指在单位时间内所能处理的干物质的质量，脱水机厂家所给的处理能力是指在额定状态下的脱水后干物质的量。运行中，所得到的处理量是含水率为 75% 左右的泥饼。运行中，应根据泥质情况，药剂的絮凝情况，机械的运行调整情况加以调整，来达到或超过额定的处理能力。

9.9 带式压滤机运行操作中常见故障及排除方法有哪些？

答 **（1）泥饼水分突然增大**

原因：絮凝剂与污泥混合不好或药剂量不当；滤带堵塞。

解决办法：调整混合时间、强度；调整药剂量；清洗滤带。

（2）滤带打滑

原因：超负荷；滤带张力不够；辊转动失灵或轴承损坏。

解决办法：调整进泥量；调整压力；调整挡泥板和刮泥板压力，更换轴承。

（3）滤带跑偏严重

原因：污泥偏载；滚筒表面黏结或磨损；滤带质量差；辊轴不平行。

解决办法：检查、调整进泥和配泥装置，使布泥均匀；清理或更换滚筒；更换滤带；检查调整辊轴的平行度。

（4）污泥外溢

原因：污泥太稀；滤带张力太大；带速过快。

解决办法：延长污泥浓缩时间；降低滤带压力；降低带速。

（5）滤带起拱

原因：压力脱水区缠绕在辊子表面的两条滤带不重合，滤带内部张力不均。

解决办法：检查起拱处相邻辊子的转动状况，对轴承进行维护；检查起拱滤带的张紧装置，排除故障，减小张紧导向杆的移动阻力；调整张紧气压。

（6）滤带上沾泥过多

原因：刮泥板磨损；水冲洗不彻底。

解决办法：更换刮泥板；清洗冲洗喷嘴，加大冲洗水压。

9.10 离心脱水机的基本原理是什么？

答 离心脱水的推动力是离心力，推动的对象是固相颗粒，离心力的大小可控制，比重力大几百倍甚至几万倍，因此脱水的效果较好，脱水污泥含水率可控制在75%以下。

离心机有不同的类型，根据分离因数 α（离心力 C 与重力 G 的比值称为分离因数，即 $\alpha = C/G$）的大小可分为高速离心机（$\alpha > 3000$），中速离心机（$\alpha = 1500 \sim 3000$）和低速离心机（$\alpha = 1000 \sim 1500$）三种；根据离心机的几何形状，可分为转筒式离心机（包括锥形、圆筒形、锥筒形三种）、盘式离心机、板式离心机等。

污泥脱水常用的是低速转筒式离心机（主要是锥筒式离心机），亦称卧螺式离心机（图9-3）。

图9-3 卧螺式离心（脱水）机示意

转筒（锥筒）式离心机主要由转筒、螺旋输送器及空心转轴、罩盖及驱动装置等组成。螺旋输送器与转筒由驱动装置传动，向同一个方向转动，但两者之间有速度差，前者稍快后者稍慢。依靠这个速度差的作用，输送器将浓缩的污泥从筒内缓慢推出。

污泥由空心转轴送入转筒后，在高速旋转产生的离心力作用下，密度较大的污泥颗粒浓集于转筒的内壁，密度较轻的液体汇集在浓集污泥的内层，进行固液分离，分离液从筒体的末端流出，浓集的污泥在螺旋输送器的缓慢推动下，刮向锥体的末端排出，并在刮向出口的过程中，继续进行固液分离和压实固体。

污泥离心脱水采用的设备一般是低速离心机，其优点是主机体积小，由于不需冲洗滤带，辅助设备也最少，污泥离心脱水可连续生产，能长期自动安全运行，操作管理简便，基本没有异臭味散发，卫生条件好，占地面积小，耗电量低于板框和真空压滤机，是污泥脱水的主要方法。缺点是噪声高，污泥中含有砂砾时磨损快，由于是密闭高速转动设备，所以要求有较高的维修技术能力，污泥的预处理要求较高，必须使用高分子调节剂进行污泥调节，但对初沉池的污泥不加调理剂也可取得较好的脱水效果。另外，离心脱水机不适用于固液密度相差很小或液相密度大于固相密度的固液分离。

9.11 离心脱水机的特点是什么？

答 ① 污泥泵可连续给料，固体泥饼可连续的排出，可在监控状态下连续自动运转。

② 对污泥的性质可调整。

③ 只需要在开始、停止时对离心设备进行调整；运转正常后，无需人员管理。

④ 没有滤布、冲洗及再生装置，结构紧凑，密封性好，运行操作简单。

⑤ 整个设备密闭，无味，作业环境整齐，设备的使用寿命长。

⑥ 不需要附属设备。

⑦ 电耗比较大，噪声高。

卧螺式离心机的主要缺点是造价和运行费用较高，噪声和振动较大。

9.12　离心脱水机运行工况有哪些？

答　① 进泥含水率的变化，对离心脱水机的影响较大。进泥含水率低，易于脱水，运转费用及絮凝剂的投加费用都比较低，反之则高，运转中应控制进泥含水率在 96% 以下为宜。

② 投药量与污泥的性质关系较大，当污泥絮凝比较好，絮团大，易于离心机脱水。

③ 转速及转速差对设备的影响因素较大，转速与转速差应根据污泥的性能确定。在转速一定时，提高或降低转速差对处理后泥饼的产量及泥饼含水率影响较大。在运行调速中应注意一般控制的转速在 2000～3500r/min，转速差为 12～15r/min。

④ 回收率。影响回收率的因素除来自设备方面的，如转速差外，更主要的是污泥的絮凝情况，所以选择好的絮凝剂，确定最佳的投药量，是提高脱水率的重要组成部分。

⑤ 离心脱水机处理的泥饼含水率一般在 70%～85%，根据需要可进行调整。

⑥ 离心脱水机运转的噪声较高，在 75～80dB（A）之间。

9.13　离心脱水机启动前应做哪些准备工作？启动后要做哪些调试调整工作？

答　离心脱水机启动前应做以下工作。

① 对进泥泵、絮凝剂调配罐、药剂计量泵、离心脱水机等设备进行检查是否具备运行条件，对各设备进行润滑检查和使之处于准备启动状态。

② 检查并配制絮凝剂到所需要的浓度和预定要开车连续时间内的药液量。

③ 检查通风除臭设施，并开启。

④ 如果在冬季还要保证药液和室内温度在 10℃ 以上。

⑤ 手动检查设备上的可调部件是否灵活可靠转动。完毕后对设备启动，并继续观察设备有无异常情况，如振动、异常响声等。

设备启动后应做以下工作。

① 设备运转后，先空载运行 2min，如无异常现象发生时，可进泥逐渐加至额定负载并同时调整各工艺参数。

② 将转鼓转速调到最高，将转差速调到最大，调节溢流堰（堰值）使液环层厚度调到最大。

③ 按已确定的额定泥量进泥，等稳定 15min 后，测定泥饼及分离液的含固率并计算出回收率。

④ 如果固体回收率（R）大于 90%，泥饼含固率＞25% 则进行以下调节。

a. 逐渐降低转鼓转速并保持转速差不变，当固体回收率降至 90% 时，停止降低维持该转速。

b. 逐渐调节堰板，减小液环层厚度，当固体回收率开始下降时，停止调节，维持在该厚度运行。

c. 逐渐降低转速差，并观测螺旋的扭矩，当扭矩接近允许值时，停止降低，维持在该转速差运行。

d. 以上调节几次，逐渐确定出转鼓转速、液环层厚度、转速差的合理值，并使固体回收率＝90%，出泥含固率＝25%。

⑤ 如果 $R>90\%$，出泥含固率<25%，则进行以下调节。

a. 逐渐降低转速差，当出泥含固率>25%时，停止降低，维持该值运行。

b. 逐渐减低转鼓转速，当 R 降低至90%，停止降低，维持在该转速运行。

c. 逐渐降低液环层厚度，当 R 开始下降时，停止降低维持在该液环层厚度运行。

⑥ 如果 $R<90\%$，出泥含固率>25%，则进行如下调节。

a. 逐渐降低转速差，当 $R>90\%$ 停止降低，维持该值运行，但应保持扭矩不大于允许最大值。

b. 逐渐降低转鼓速度，当 R 开始下降时停止降低，维持该值运行。

c. 逐渐降低液环层厚度，当 R 开始下降时，停止降低，维持在该厚度值运行。

⑦ 如果 $R<90\%$，出泥含固率<25%，则进行以下调节：逐渐降低转速差，当 $R>90\%$ 且出泥含固率>25%时，则停止降低，维持在该值运行。如果扭矩达到允许最大值，仍不能使 $R>90\%$ 时，出泥含固率>25%，则应分析污泥调质是否达到要求的效果或者进泥的含固量太低。

以上各步骤中的 R 和出泥含固率值与污泥泥质有关系。离心脱水的工艺控制是一项复杂的操作，需进行大量的反复调试，但只要参数值控制合理，一般都能得到比较满意的脱水效果。

9.14 离心脱水机的日常维护和管理应注意什么？

答 ① 离心机在进污泥时，一般不允许大于0.5cm的浮渣进入，也不允许65目以上的砂粒进入，因此应加强前级预处理系统对浮渣和砂粒的去除。

② 离心脱水机的脱水效果受温度影响很大，北方地区秋季泥饼含固率一般可比夏季低2%～3%，因此在冬季寒冷季节时一定要注意保持药液温度，室内温度>10℃。

③ 在脱水机运行过程中，要按时检查和观测的项目有：油箱的油位、轴承的润滑状况、电流、电压表的读数、设备的震动情况、噪声情况，发现问题及时停机解决。

④ 对药液计量泵、进泥泵、变速箱或变频箱应定期维修。保养按照操作说明书或成熟的经验进行保养。

⑤ 对于离心脱水机的计量仪表（如泥量、药量等）每年应到标准计量权威部门鉴定。

⑥ 离心脱水机停车时，应先停止进泥，然后注入清水最好是热水，以便溶解沾在机器内的泥水混合液，约10min再停车，保证再次启动开机时，机器内壁干净，不生锈。

⑦ 应定期检查离心脱水机的磨损情况，及时更换磨损件。

⑧ 离心脱水机应每班进行化验的项目有：进泥含固率、泥饼含固率、滤液的 SS、氨氮和总磷。每班应计算的项目有：总进泥固体量、固体回收率、干泥投药量、处理1000kg 干污泥的电耗。

9.15 离心脱水机常见故障有哪些？应如何排除？

答 **(1) 分离液浑浊，回体回收率低**
解决方法：

① 进泥量大，应降低进泥量；

② 转速差大，应降低转速差；

③ 液环层薄，应增大厚度；

④ 进泥含固率高，应降低进泥量；

⑤ 螺旋输送器磨损严重，应及时更换；

⑥ 转鼓转速太低，应增大转速。

（2）泥饼含固率降低

解决方法：

① 转速差太大，应减小转速差；

② 液环层厚度太厚，应降低其厚度；

③ 转鼓转速太低，应增大转速；

④ 进泥量太大，应减小进泥量；

⑤ 调质加药过量，应降低干污泥投药量。

（3）转轴扭矩太大

解决方法：

① 进泥量太大，减小进泥量；

② 进泥含固率高，应降低进泥量；

③ 转速差太小，应增大转速差；

④ 浮渣或砂进入离心机，造成缠绕或堵塞，应立即停车检修清理，恢复正常生产；

⑤ 齿轮箱出故障，应及时维修，如坏损严重，应拆开换件。

（4）离心脱水机震动过大

解决方法：

① 检查转动部分，有无损坏。检查固定件，有无松动。检查电机有无故障；

② 可能有浮渣进入机器内，缠绕在螺旋上，造成转动失衡，应立即停车检查清理；

③ 机座松动，应及时修复，恢复该功能。

（5）能耗增大、电流增大

解决方法：

① 如果能耗突然增加，则离心机出泥口被堵塞，主要是转速差太小，导致污泥在机内大量积累，可增大转速差。如不行则停车清除污泥后再修理；

② 如果能耗逐渐增加则说明螺旋输送器被严重磨损，应进行大修或更换主要机件。

9.16　如何改变卧螺式离心脱水机排出固体的含水率和液体的澄清度？

答　（1）转鼓转速

增加转鼓转速可以增加离心机的效率使清液更清澈，固渣更干。然而，实践证明增加离心机转速在保证成本效益的前提下并非能提高分离质量。转速过高会增加能耗，离心机零部件磨损和导致堵料。在这种情况下，应该降低转鼓转速。

（2）螺旋差速

增加——清液变清澈，固渣含固量降低。

降低——清液变浑浊，固渣含固量增加。

当螺旋差速降低时，离心机排出的固渣量减少，螺旋的负载增大。当负载达到某一个特定临界点时，清液质量会迅速下降。同时，发生堵料的可能也会增加。所以最佳螺旋差速值应接近此临界点，并在此点之上。为了使离心机能与物料的多样性（如物料含固量）相匹配，达到最佳分离效果，可以通过一套自动控制系统来控制螺旋差速。因此，可根据最佳螺旋负载来设定螺旋差速。

（3）堰板直径

减少——→清液变清澈，固渣含固量降低。

增加——→清液变浑浊，固渣含固量增加。

9.17　卧螺式离心脱水机运行管理中应注意的问题有哪些？

答　① 卧螺式离心脱水机在停机前最先关闭进泥泵、进泥阀门，切断电源开关后离心机尚继续运转一段时间，此时用适量的水对离心机进行清洗，其目的是防止污泥在机内黏结，同时还可以减小开机和停机时的振动。

② 污泥中大块垃圾可能会引起进泥口堵塞，或使离心脱水机产生较大的振动，因此需要进行格栅、沉淀或破碎等处理。

③ 对原污泥进行絮凝处理，可以提高离心机的工作效率，提高泥饼的含固率和保证出水质量。投加有机高分子絮凝剂前需要注意溶药效果，以保证絮凝效果和减少絮凝剂投加量，冬季操作时通常采用蒸汽或热水溶药。

9.18　污泥脱水机的日常运行维护管理的主要内容是什么？

答　① 经常观察、检测脱水机的脱水效果。若发现泥饼含固率下降，分离液浑浊，回收率下降，应及时分析情况，采取针对措施予以解决。

② 日常应保证脱水机的足够冲洗时间，以便使脱水机停机时，机器内部及周身冲洗干净彻底，保证清洁，降低恶臭。否则积泥干后冲洗非常困难。每天要保证一定的冲洗时间，冲洗水压一般不低于 0.6MPa。另外，应定期对机身内部进行清洗，以保证清洁，降低恶臭。

③ 密切注意观察污泥脱水装置的运行状况，针对不正常现象，采取纠偏措施，保证正常运行。如防止滤带打滑、滤带堵塞、滤带跑偏。防止离心脱水机中进入较大砂粒、螺旋浆的缠绕。由于污泥脱水机的泥水分离效果受污泥温度的影响，因此在冬季应加强保温或增加污泥投药量。

④ 按照脱水机说明书的要求，做好经常观测项目的观测机器的检查维护。例如水压表、泥压表、油压表和张力表等运行控制仪表。

⑤ 经常注意检查脱水机易磨损件的磨损情况，必要时予以更换。例如滤布、转辊等。

⑥ 及时发现脱水机进泥中粗大砂粒对滤带或转鼓和螺旋输送器的影响，破坏情况严重时应立即停机更换。

9.19　污泥带式脱水机异常问题有哪些？应如何排除？

答　**（1）滤饼含固量下降**

其原因及解决办法如下。

① 调质效果不好，一般由于加药量不足。当进泥质发生变化，脱水性能下降时，应重

新试验，确定合适的投药量。有时是由于配药浓度不合适，配药浓度过高，絮凝剂不容易充分溶解，虽然药量足够，但调质效果不好。也有时是由于加药点位置不合理，导致絮凝时间太长或太短。以上情况均应进行试验并予以调整。

② 带速太大。带速太大，泥饼变薄，导致含固量下降，应及时降低带速，一般保证泥饼厚度为 5～10mm。

③ 滤带张力太小。此时不能保证足够的压榨力和剪切力，使含固量降低。

④ 滤带堵塞。滤带堵塞后，不能将水分滤出，使含固量降低，应停止运行，冲洗滤带。

（2）固体回收率降低

其原因及控制对策如下。

① 带速太大，导致挤压区跑料，应适量降低带速。

② 张力太大，导致挤压区跑料，并使部分污泥穿透滤带，随滤液流失，应减小张力。

（3）滤带打滑

其原因及控制对策如下。

① 进泥超负荷，应降低负荷。

② 滤带张力太小，应增加张力。

③ 滚压筒损坏，应及时修复或更换。

（4）滤带时常跑偏

其原因及控制对策如下。

① 进泥不均匀，在滤带上摊布不均匀，应调整进泥口，修理或更换平泥装置。

② 滚压筒局部损坏或过度磨损，应予以检查更换。

③ 滚压筒之间相对位置不平衡，应检查调整。

④ 纠偏装置不灵敏，应检查修复。

（5）滤带堵塞严重

其原因及控制对策如下。

① 每次冲洗不彻底，应增加冲洗时间或冲洗水压力。

② 滤带张力太大，应适当减小张力。

③ 加药过量。PAM 加药过量，黏度增加，常堵塞滤布。另外，未充分溶解的 PAM，也容易堵塞滤带。

④ 进泥中含砂量太大，也容易堵塞滤布。应加强污水预处理系统的运行控制。

9.20 卧式离心脱水机的工作原理和结构是什么？

答 卧式离心脱水机结构主要由螺旋输送器和转鼓组成，污泥进入脱水机的转鼓中，在脱水机的转鼓高速转动时产生的离心力作用下实现了固体污泥和水的大部分分离，密度较大的固体污泥分离到转鼓中的外侧，由螺旋输送器推送到转鼓末端并排到脱水机外，形成脱水污泥，由螺杆泵排到污泥料箱内。密度较小的水在转鼓内通过溢流的方式排到脱水机外的污泥池内进行沉淀，沉淀后的污水形成上清液输送到进水口处进行进一步的处理。

9.21 卧式离心脱水机运行前后注意事项和启动顺序是什么？

答 ① 卧式离心机运行前要检查进出口阀门是否打开，脱水机内是否冲洗干净。

② 卧式离心脱水机在运行后停止使用前应该用清水将脱水机内的残留污泥清洗干净，避免存在固体污泥附着在转鼓上，使得再次使用时产生异常振动。

③ 离心脱水机的开启程序如下。

a. 在脱水机的电控箱进行开机操作，接通电源，开启电机。

b. 开启电机后，等待几分钟，直到转鼓达到脱水机设定的转速。

c. 开启脱水机的其他附属设备。

d. 开启进泥阀门。

e. 最后开启进泥泵进行污泥脱水。

9.22 改变卧式离心脱水机的操作参数应注意什么？

答 改变卧式离心脱水机参数对污泥脱水的效果有着重要的影响。

（1）进泥量

进泥量越少，脱水率越高。

（2）改变差速器数值

在进泥量是固定值情况下，差速器数值越小，脱水后污泥的含水率越小，但污泥与水分离的效果不佳。差速数值越大，脱水后污泥的含水率越高，污泥脱水的效果不佳，所以，在脱水机的运行中应该调试出最佳的差速器数值。

（3）调节液位数值

调节液位的数值也是重要的一环，液位数值越大，脱水后污泥的含水率越高；液位数值越小，脱水后污泥的含水率越低。

（4）改变转鼓速度

在脱水机正常运转的情况下，转鼓速度越高，脱水后污泥的含水率越低。

9.23 卧式离心脱水机的安全注意事项有哪些？

答 卧式离心脱水机安全注意事项如下。

① 脱水机内有异物的情况下不能开启。

② 转鼓达到脱水机设定的转速前不能开启进泥泵和阀门。

③ 开启脱水机前必须保证安全防护措施正常工作。

④ 脱水机必须由厂家或专门的操作人员进行操作或维修。

⑤ 脱水机振动出现异常时，必须停机检修。

⑥ 运行结束冲洗脱水机时，脱水机及附属设备不能关闭。

9.24 带式压滤脱水机的工作原理和维护注意事项有哪些？

答 （1）带式压滤脱水机的工作原理

带式压滤脱水机由电机、齿轮箱、滤带、辊筒、气动张紧装置、气动调偏装置、高压冲洗装置组成。带式压滤脱水机的工作原理是由两条尺寸不一的滤带和多个辊筒形成的不同功能的压滤区域，对进入脱水机的污泥进行压榨，将污泥中的大部分水分通过滤带的空隙中滤出，从而降低脱水污泥的含水率，将污泥进行脱水。这四个区域是：重力脱水区、楔形脱水区、低压脱水区和高压脱水区。带式压滤机脱水示意图见图9-4。

图 9-4　带式压滤机脱水示意

(2) 带式压滤脱水机的日常维护

① 带式压滤脱水机滤带的使用寿命与进泥的均衡度、辊筒的张紧程度、辊筒的偏离角度、滤带的安装、冲洗水的压力等因素有关，所以在日常维护保养中必须定期检查以上方面是否存在问题，如有问题应及时解决，及时调整。

② 除了使用安装在脱水机上的高压冲洗喷嘴对滤带进行冲洗之外，还必须及时观察滤带表面存泥及滤带孔隙的堵塞情况，如有这种情况发生，必须采用人工进行彻底清洗。

③ 对脱水机上的电机、齿轮箱、气动阀门、气动元件、气缸元件等要定期进行润滑，以及更换润滑脂和齿轮油，对已经被腐蚀的元件要及时更换，以保证脱水机的正常运转。

9.25　多膛式污泥焚烧炉的结构和工作运行是怎样的？

答　多膛式污泥焚烧炉自上而下布置有4～14个由耐火材料制作的一层一层水平叠加的绝热炉膛，在多膛式污泥焚烧炉中心有一个可旋转的轴。立式多膛污泥焚烧炉示意图如图9-5所示。

图 9-5　立式多膛污泥焚烧炉示意

1—泥饼；2—冷却空气鼓风机；3—浮动风门；4—废冷却气；5—清洁气体；6—无水量旁路通道；
7—旋风喷射洗涤器；8—灰浆；9—分离水；10—砂浆；11—灰斗；12—感应鼓风机；13—轻油

立式多膛污泥焚烧炉截面示意图如图 9-6 所示。

图 9-6　立式多膛污泥焚烧炉截面示意

　　干燥区和冷却区的旋转齿耙由同心轴带动进行旋转，共设有 4 个齿耙。经过脱水的污泥进入干燥区进行干燥，干燥区内的温度在 400～750℃之间，干燥完的污泥被转动的齿耙送入焚烧区进行焚烧，焚烧区的温度在 750～900℃之间，焚烧完的泥渣被转动的齿耙送入冷却区进行冷却，冷却区的温度在 240～320℃之间，冷却空气由炉膛下部进入中心轴冷却套管外套管对中心轴进行冷却，经过预热空气回流至炉膛，作为焚烧污泥的空气使用。

9.26　流化床式污泥焚烧炉的结构和工作运行是怎样的？

　　答　流化床式污泥焚烧炉内侧面布有耐火材料，由两个燃烧区域组成，一个是流化区，另一个是沸腾区。沸腾式流化床污泥焚烧炉炉型横截面示意图如图 9-7 所示。

图 9-7　沸腾式流化床污泥焚烧炉炉型横截面示意

在流化区内经过脱水的污泥与流化床上的高温硅砂混合，由经过耐火格栅的高温高压的空气吹送呈悬浮状，这一区域的温度在700～900℃之间。在悬浮区域，污泥被干化、分解、焚烧。在沸腾区域，经悬浮区域焚烧污泥产生的可燃气体和未燃尽的固体颗粒在二次预热进风的扰动下进行充分燃烧，这个区域的焚烧温度在800℃左右，废气和飞灰经固气分离后，一部分排至室外，另一部分作为热源用来预热空气。流化床焚烧炉排出的废气经吸收塔进行空气净化处理后排到大气中。

第10章

沼气利用设备

10.1 如何进行沼气的收集和输送？

答 厌氧反应器中产生的沼气从污泥的表面散逸出来，聚集在反应器的上部。沼气产量一般为 $0.75 \sim 1.0 \mathrm{m}^3 / \mathrm{kgVSS}$，其热值为 $5000 \sim 6000 \mathrm{kcal} / \mathrm{m}^3$。集气室建于厌氧反应器的顶部，顶部的集气室应有足够尺寸和高度，以保持一定的容积。应保持气室的气密性，防止沼气外逸和空气掺入。同时避免误操作而使反应气外压过大，产生装置变形及其他不安全事故。例如在排放剩余污泥时排泥量大于进水流量。

沼气由集气室的最高处用管道引出，气体的出气口至少应高于集气室最高水位或污泥面，防止浮渣或消化液进入沼气管。

集气室至储气柜间的沼气管称为输气管，储气柜至用户之间的输气管称为配气管。沼气管道一般采用防腐钢管或不锈钢管。沼气在管中流动时随着温度的逐渐降低，不断有冷凝水析出。为了排出冷凝水，输气管应以 0.5% 的坡度敷设，而且在最低点设置凝结水罐。

10.2 气体收集装置的基本要求是什么？

答 气体收集装置应该首先能够可靠地取出积累在气室中的沼气，保持正常的气液界面。气体管径应该足够大，以避免由于气体中的固体（泡沫）进入管道而产生堵塞。安置一个在气体堵塞情况出现时使气体释放的附加装置是重要的，这样可以避免对反应器结构形成大的压力，一般采用水封罐形式。沼气中含有饱和蒸汽和硫化氢，具有一定的腐蚀性。对于混凝土结构的气室应进行防腐蚀处理，喷涂涂料，或内衬环氧树脂玻璃布等，涂层应伸入水面或泥位 $0.5\mathrm{m}$ 以下。对于钢结构的集气室除进行防腐处理外，还应防止电化学腐蚀。沼气由集气室的最高处用管道引出，气体的出气口至少应高于集气室最高水面或污泥面，防止浮渣或消化液进入沼气管。气管上应安装有闸门，同时在集气室顶部应装有排气、取样、测压、测温等特殊功能的接口，必要时要安装冲洗水管。

10.3 沼气输气管道的基本要求是什么？

答 当计算沼气管道时，管径应按日产气量选定。为了减少沼气管道的压力损失，还应采用高峰产气量进行核算，高峰产气量为平均产气量的 1.5～3.0 倍。沼气管道一般采用不锈钢管、防腐镀锌钢管或防腐碳钢管。沼气在管中流动时随着温度的逐渐降低，不断有冷凝水析出。为了排出冷凝水，输气管应以 0.5% 的坡降敷设，而且每隔一段距离或在最低处设置水封和排水口。

一般在沼气管道上的适当地点应设水封罐，以便调整和稳定压力，在消化池、储气柜、压缩机、锅炉房等构筑物之间起隔绝作用。水封罐也可兼作排除冷凝水之用，水封罐体截面积一般为进气管面积的 4 倍，水封高度为 1.5 倍气体压力。为了防止水封冻结，可采取加热、充装防冻溶液或连续供水等措施，也可置于室内。沼气中的 H_2S 含量较高，输气管应采取防腐蚀措施。

10.4 如何进行沼气的储存？

答 由于产气量和用气量经常不平衡，所以必须设置储气柜进行调节，其体积应按需要的最大调节容量决定。当没有此项资料时，一般按平均日产气量的 25%～40%，即按 6～10h 的平均产气量计算。为了防止腐蚀，储气柜内部必须进行防腐处理。储气柜有多种形式，日常采用的是浮罩式储气柜。浮罩式储气柜有低压柜和中压柜两种。前者维持的沼气压力为 0.98～2.94kPa（相当于 100～300mmH$_2$O），后者维持的沼气压力为 3.92～5.88kPa（相当于 400～600mmH$_2$O）。

低压储气柜在国内应用最广，主用于农村沼气池。低压储气柜由水封池和浮罩组成，水封池是一个由钢、钢筋混凝土或其他材料制造的圆筒形池子，建于地面或地下，池内装满水。浮罩是一个用钢板或其他材料制作的有顶盖的圆筒，筒壁插入水池内。当有沼气进入时，浮罩上浮；而当沼气排出时，浮罩下降。输、配气管路所需的静压，由浮动罩的质量和面积决定。所需压力高时，要在浮罩顶放置铸铁或混凝土重块配重，以保证沼气所需的压力。浮动罩下的水室在冬季时应有防冻措施，应设置热水盘管或通入蒸汽。

储气柜应设置自控沼气火炬，进、出气管上应装水封罐。水封罐起到阻火器的作用，可防止明火沿沼气管道流窜，引起储气柜、集气室及其他重要附属设施的爆炸。

中压储气柜一般多用于大型污水处理厂，其沼气可不经加压泵，直接供沼气风机、小型燃气锅炉、食堂炉灶等处使用。

10.5 储气系统运行过程中应注意的安全问题有哪些？

答 ① 浮动罩下的水室，在冬季时应有防冻措施。应设置热水盘管或通入蒸汽。

② 储气柜应设置安全阀，进、出气管上安装阻火器。阻火器的作用是防止明火沿沼气管道流窜，引起储气柜、集气室放其他重要附属设施的爆炸。管道上的阻火器一般设置为水封罐，水封罐应采取防冻措施。

③ 一般不允许将剩余沼气向空气中排放，以防止污染大气。在确有剩余沼气无法利用时，可安装余气燃烧器将其烧掉。燃烧器应装在安全地区，并应在其前安装阀门和阻火器，剩余气体燃烧器通常称为沼气火炬，是一种安全装置，要能自动点火和自动灭火。剩余气体燃烧器和消化池，或储气柜之间的距离，一般至少需要 15m，并应设置在容易监视的开阔地区。

④ 当空气中含有 8.6%～20.8%（按体积计）的沼气时，就可能形成爆炸性的混合气体。在沼气管道、阀门及其他装置中可能溢出沼气的地点，应装设可燃气体报警器。沼气的容重与空气的相同（1.292g/L），或略小一些。因此，室内上下均应设置换气孔。房间内应有足够的换气次数，一般为 8～12 次/h。所有电气计量仪表、设备均应按有关规定采用防爆型仪表设备。

10.6 沼气火炬的运行管理过程中应注意哪些方面？

答 **（1）防毒**

沼气火炬的阀门和过滤器一般都放置于地下操作井中，进入地下井前，应提前打开井盖通风，一般操作井中都应设有硫化氢报警探头。

（2）放水

因沼气中的水蒸气基本处于饱和状态，在管道输送过程中，温度的变化可能造成水蒸气的凝结。在沼气管道与地面火炬连通的拐角处，一般设有集水短管和放水阀。应根据具体积水情况，定期检查放水，防止影响沼气的畅通。

（3）清洗阻火器

沼气火炬的沼气进口处，设有沼气阻火器。沼气阻火器在防止火炬回火的同时，还可起到稳定气压、气流，过滤沼气中杂质的作用。其运行一定时间后，其阻力就会增大，出现火炬着火不稳定或经常断火、熄灭现象，这时需对阻火器进行清洗。

10.7 沼气净化处理的常用方法有哪些？

答 沼气中硫化氢的含量一般占 3000～5000mg/m³。在有水分的条件下，沼气中的硫化氢对沼气发动机将有很强的腐蚀性。当沼气作为燃料时，根据城市煤气的质量规定硫化氢允许含量应小于 20mg/m³。沼气脱硫装置有干法脱硫和湿法脱硫两种。

（1）干法脱硫

一般采用常压氧化铁法脱硫。脱硫剂一般以氧化铁为主，氧化铁含量大于 30%，为投换料方便，通常加工成颗粒状，放在脱硫塔中，厚 2～3m，气体以 1.0～2.0m/min 的速度通过。当沼气中硫化氢含量较低时，气速可适当提高，接触时间一般为 1～2min。硫化氢被脱硫剂吸收，沼气得以净化。其反应式如下：

$$Fe_2O_3 \cdot 3H_2O + 3H_2S \longrightarrow Fe_2S_3 + 6H_2O$$

$$Fe_2O_3 \cdot 3H_2O + 3H_2S \longrightarrow 2FeS + S + 6H_2O$$

再生时，将脱硫剂取出，洒上水，接触空气使其氧化，因该反应是放热反应，尤其是反应初期较为剧烈，易引起硫黄的燃烧，因此在实际操作时，一定要保证洒水均匀。其反应式如下：

$$2Fe_2S_3 + O_2 \longrightarrow 2Fe_2O_3 + 6S$$

$$4FeS + 3O_2 \longrightarrow 2Fe_2O_3 + 4S$$

脱硫装置应有保温措施，并根据出气硫化氢含量情况，确定换料频率。

（2）湿法脱硫

其装置由两部分组成，一为粗洗塔，另一为精洗塔。含 2%～3% 的碳酸钠溶液，由精洗吸收塔塔顶向下喷淋，沼气由下而上先进入粗脱塔，逆流接触，除去硫化氢。这样高浓度碱液与低浓度沼气在精脱塔内接触，有利于提高硫化氢的去除率。碳酸钠溶液吸收硫化氢的一般反应式为：

$$Na_2CO_3 + H_2S \longrightarrow NaHS + NaHCO_3$$

一般当沼气中硫化氢含量高，且气量较大时，适于用湿式脱硫方法。湿法脱硫占地面积较大，若用地面积较小时，则可采用干式脱硫装置。

10.8　如何进行湿式沼气脱硫装置的运行和管理？

答　湿式脱硫法是将纯碱（Na_2CO_3）溶解后，从两个洗气柱上端喷射，与沼气逆向充分接触混合，将其中的 H_2S 去除。其主要的运行管理内容如下。

① Na_2CO_3 的投加量计算。以每天产沼气量 $4500m^3$，沼气中 H_2S 的含量 0.2% 计算。要去除每天所产沼气中的 H_2S，至少需要 40kg 的 Na_2CO_3。实际操作过程中，由于其他因素的影响，用量一般要比理论值增加 50%。

② 自动投药装置。湿法脱硫工艺应配备自动投药装置，其溶药罐容积一般设计为 $3.0m^3$ 即可，其上设浮球行程开关，控制罐内液位。运行时，药液源源不断地流向小罐。当大罐中的液位降至一定高度，启动行程下位开关时，叶轮开始搅拌，同时进水阀打开，加药系统开启；当大罐中的液位升至一定高度，启动行程上位开关时，加药、进水均停止，叶轮搅拌一段时间后也停止。这样不但保证了投加量的准确与定时，而且将投药时间由每小时一次改进为每 12h 一次，将储药斗加满即可。

③ 脱硫装置的酸洗维护。由于水中 Ca^{2+}、Mg^{2+} 的存在，很容易与纯碱中的 CO_3^{2-} 生成 $CaCO_3$、$MgCO_3$ 沉淀，而在脱硫装置内部及各部件上沉积，造成堵塞，影响脱硫装置的正常运转。由于该脱硫装置本身及其各部件绝大部分都由 PVC 材料制成，具有良好的耐酸性，可采用 5% 的 HCl 或 HNO_3 溶液对其内部进行清洗。酸洗后的废液及时排出，以防与纯碱溶液重新生成沉淀。根据实际运行情况，该工作一般每 2～3 个月进行一次。

④ 对流量计、耐腐蚀泵和过滤网等，应一个月用酸清洗一次。

⑤ 设备运行前，必须注满清水，防止沼气泄漏。

⑥ 设备正常运转后，可调节流量计等，使设备在正常状态运行。

10.9　沼气储存常用设备有哪些？

答　用于沼气储存的设备主要有湿式储气柜和干式储气柜。湿式储气柜又分为二塔和三塔形式，二塔一般采用垂直导轨，三塔采用螺旋导轨，并配备有进水阀、放水阀和溢流口。干式储气柜为固定外壳加内置皮囊。

储气柜的主要作用是为沼气利用设备提供稳定的气源，确保沼气利用设备的稳定运行，避免沼气产量、压力不稳定等因素对设备造成影响。

10.10 如何进行湿式沼气柜的运行和管理?

答 脱硫后的沼气,经过沼气柜底的一个水封后,进入沼气柜储存起来,该水封的作用是防止沼气柜中的沼气倒流入消化池。沼气柜的出气管道上也应设有一个水封罐,同时可起到防止回火的作用。

① 该沼气柜一般分为二层或三层塔式结构,为导轨浮动式沼气柜。沼气柜顶层周边压有一定重量的铁块,以保证沼气柜的平衡和压力。初始运行时,沼气柜可能不平衡,通过调整沼气柜顶层的配重即可解决。

② 二塔与三塔之间存有一定高度的水封,以防沼气泄漏,由于蒸发等原因,水封中的水将不断减少。因此,为防止水分蒸发减少,需定期通过补水维持水封的高度。否则,会因水封高度不够,造成沼气泄漏事故。

③ 由于沼气中含饱和水蒸气,温度变化时产生凝结,使沼气柜下沼气管道上的两个水封罐中经常积存过多的水分,导致沼气柜与消化池内的压力异常,应定时从沼气柜下水封放水,以保持合适的水位。冬天,应有切实可行的防冻措施。对塔与塔之间的水封一般采取用加热盘管或高温水蒸气管防冻的方法。

④ 由于沼气柜的频繁升降,钢柜壁经常长时间处在水气交替状态,从而造成比较严重的锈蚀。因此,应根据实际运行情况,对沼气柜的表面定期进行除锈、上漆的工作。一般为每两年除锈、上漆一次。定期给沼气罐的导向轮加润滑油,一般每两个月进行一次。

⑤ 沼气柜是一个非常精密的平衡结构。任何能够破坏这种平衡因素,都可能使柜体重心偏移,影响其正常升降,从而导致沼气从柜体溢出。这不但污染了大气,而且一旦遇到火种有爆炸的危险。另外,沼气中的硫化氢是剧毒气体,易产生严重的人身伤害事故。因此,除了定期地为导轨轴承上油润滑保养外,还应注意压重铁块配重平衡。

⑥ 要经常转动沼气罐顶部的放气阀门,并加润滑脂润滑,以防长时间放置,旋转不开。

⑦ 定期补充沼气柜高度测量计中的防冻液。

10.11 沼气锅炉启动前应做好哪些准备工作?

答 ① 检查进气管线是否畅通,而且在进、出气管线上有没有障碍物。
② 检查热水循环管线是否畅通,热水循环泵压力是否正常。
③ 检查锅炉内是否有水。
④ 控制柜上有无故障显示,如有应先排除。
⑤ 打开主电源,选择所需的负载。
⑥ 检查温度控制装置。
⑦ 在上述条件满足之后,可启动锅炉。

10.12 沼气锅炉的启动过程是怎样的?

答 沼气锅炉的启动过程是由一个燃烧器来控制的,它提供了锅炉的工作程序,有自检和功能状态显示,当按下启动按钮后,锅炉要进行自检,在大约 1min 后,锅炉主火点燃,进行如下工作。

① 风机启动至风门最大（约 4s）。

② 风机开最大至风压检测（约 4s）。

③ 风压检测至火焰自检完毕（约 8s）。

④ 火焰自检完毕至关一级阀门（约 26s）。

⑤ 风门关小至第一次检测完毕（约 8s）。

⑥ 第一次到第二次火焰检测完毕（约 4s）。

⑦ 第二次检测到正常运行（约 4s）。

10.13 沼气锅炉应怎样操作运行?

答 沼气锅炉可进行手动或自动运行。

(1) 手动运行

① 合上主电源开关。

② 将总控制开关置于"手动"位置上。

③ 将负载开关置于"停止"位置上。

④ 将点火开关置于"点火"位置上。

此时，锅炉启动。锅炉在运行过程中，需根据实际需要利用负载开关对负载进行调整，将负载开关置于"最小负载"位置时，负载将减小，减小至需要量时，将负载开关置于"停止"位置即可。同样，如需增大负载，可将开关置于"最大负载"位置，负载将增大，增大至需要量后，再将负载开关置于"停止"位置即可。

(2) 自动运行

① 合上主电源开关。

② 将总控制开关置于"自动"位置上。

③ 将负载开关置于"自动"位置上。

④ 将点火开关置于"点火"位置上。

10.14 沼气锅炉不点火的原因有哪些? 应如何排除?

答 ① 点火电极相距太远。应进行调整。

② 点火电极沾污。应进行清洗。

③ 燃烧控制器故障。应更换新的燃烧控制器。

④ 绝缘体爆裂。应进行更换。

⑤ 点火变压器故障。应进行更换。

⑥ 点火电缆烧焦。应进行更换。

10.15 燃烧器不能启动的原因有哪些? 应如何排除?

答 ① 过载跳闸。应检查并复位。

② 接触器有缺陷。应进行更换。

③ 电容器故障。应进行更换。

④ 燃烧器电动机故障。应进行更换。

10.16　怎样清扫沼气锅炉?

答　沼气锅炉的炉膛每年至少要清扫 4 次,因为烟尘的聚集会使锅炉效率下降。清扫方法如下。

①　停止锅炉运行,并确信不能重新启动,让锅炉冷却下来。
②　关闭燃烧器上的总阀。
③　将燃烧器上的连接线路及进气管线拆下,以便打开燃烧室门。
④　摘下前面的隔热套,旋下燃烧器上的螺栓,将门从燃烧室上打开。
⑤　用钢刷彻底清扫燃烧室,刮下烟灰和硬物等。
⑥　用圆刷清扫管道。
⑦　将后部的烟气箱门打开,将烟气箱清扫干净。
⑧　炉内杂物清除干净后,将燃烧室门安装上,注意不要损坏垫圈。
⑨　将隔热套安装好。
⑩　将燃烧器安装好,并将管路及线路安装好。

10.17　怎样煮洗沼气锅炉?

答　沼气锅炉长时间运行后,在管壁上会形成水垢,会严重影响传热效率,因此要对锅炉进行煮洗,一般为每年煮洗一次。煮洗过程如下。

①　关闭锅炉的进出水管线上的阀门。
②　打开锅炉上面的外壳,并将检查孔打开。
③　打开排污阀,将锅炉内的水放干净。
④　用温水将磷酸三钠溶解后,从检查孔加入。
⑤　打开进水管线阀门,加水至浸过管道 5cm 为宜,以便放入温度计。
⑥　将温度计放入,注意探头不要接触管壁或露出水面。
⑦　将控制柜上的温度控制开关至于 90℃。
⑧　将锅炉放在自动位置上点燃,煮 24h,检查排污管排出水的水质情况。
⑨　降水排除后,再加水煮洗 2~3 次(4~6h)。
⑩　取出温度计,将检查口和上面的外壳安装好,进出水阀门打开。

10.18　沼气锅炉遇到紧急情况应如何操作?

答　沼气锅炉在遇到紧急情况后,应迅速按下控制柜上的急停按钮,或切断室外的沼气进气主管线。如遇到沼气泄漏,应迅速切断室外沼气进气主管线。

10.19　怎样进行沼气锅炉的维护保养?

答　沼气锅炉应定期做如下内容的维护保养。
①　锅炉燃烧室每年至少保证 4 次彻底的清灰和煮洗。
②　空气-沼气调节装置中的可动连接点和弹性带要经常润滑,一般一个月润滑一次。
③　点火电极要在每次清灰时进行清洁、调整或更换。

④ 每天排污一次，并检查水质情况。

⑤ 每周一次拉动安全阀手柄，检查其是否正常。

⑥ 每次巡视时，检查定压罐压力及软化水箱水位等。

10.20　沼气锅炉房值班人员日常巡视时应注意哪些问题？

答　值班人员应定期到车间内检查设备运转情况，并做数据记录。

① 值班人员必须时刻注意锅炉的工作状态。

② 保证软化水箱内有足够的软化水。

③ 注意热水循环泵的工作压力，及运转情况等。

④ 注意保持良好的通风，定期打开排气扇进行通风。

⑤ 每次交接班时，应对锅炉进行排污。

⑥ 认真做好值班记录。

10.21　启动沼气发动机前应做好哪些准备工作？

答　① 检查油位是否在测油尺的最大和最小刻度之间。

② 检查沼气进气管线和冷却水管线是否畅通。

③ 检查控制柜上有无故障显示，如有应解除。

④ 检查膨胀罐压力是否正常。

⑤ 检查鼓风机是否具备启动条件。

⑥ 启动。

10.22　如何启动沼气风机？

答　在发动机具备启动条件后，即可手动运行，也可自动运行。

（1）手动运行

将鼓风机放在自动和手动位置上都可，若放在手动位置，先开鼓风机，在启动准备信号灯亮了之后，按发动机启动按钮即可。若在自动位置，在启动准备信号灯亮了之后，按启动按钮即可。

（2）自动运行

将鼓风机和沼气风机的选择开关都置于自动位置上，将会自动启动运行。

10.23　沼气发动机在停机时应注意哪些问题？

答　沼气发动机在停机时，应注意首先要使鼓风机具备停机条件，然后按下鼓风机停止按钮，这样过大约5min后，发动机将会停止运行。

注意：为避免损坏设备，一般情况下不要按沼气发动机上的停止开关。但遇到紧急情况时，可按下急停开关。

10.24　沼气发动机启动后应做哪些检查工作？

答　沼气发动机启动后，值班人员不能马上离开现场，待设备进入正常状态后，进行下列内容的检查。

① 油温。

② 油压，正常值 4.0bar。

③ 进水温度，65℃左右。

④ 出水温度，85℃左右。

⑤ 冷却水压力，0.8~1.0bar。

⑥ 汽缸温度，500~600℃。

10.25　如何清洗沼气过滤器？

答　沼气过滤器应每半年清洗一次。

清洗方法：首先，将沼气进气阀门关闭，打开过滤气盖，取出过滤网，然后用高压气体从相反方向吹扫过滤网，至干净为止。注意：安装时应将密封圈放好。如果过滤网损坏或不能清洗干净，需更换新的过滤网。

10.26　如何更换沼气风机的火花塞？

答　**（1）拆卸**

在火花塞拆卸时，为避免火花塞套的松动，可使用专用工具进行拆卸。

插入套筒扳手，并放入专用工具。当用专用工具紧固好火花塞套时，就可用扭矩扳手旋下火花塞。移出专用工具，即可抽出火花塞。

（2）清洗

一般情况下，火花塞不需要清洗，只有在有油灰减弱了火花塞的点火功能的情况下，才进行清洗。清洗时应使用喷砂法或用柔软的黄铜刷进行。

（3）安装

用套筒扳手将火花塞小心放入，然后用 40N·m 的扭矩紧固。注意安装时，一定不要让火花塞一下子落下去，否则将会影响电极的空气间隙。

10.27　如何冷却沼气风机？

答　沼气风机的冷却分为内部冷却和外部冷却。

（1）内部冷却

内部冷却水主要是冷却发动机机体部分，内部冷却水的冷却是由外部冷却水通过热交换器进行的，使其温度保持在 81℃ 左右，当超过 97℃ 时，发动机将停止运行。

（2）外部冷却

外部冷却水主要用于冷却发动机内部冷却水，同时废气通过热交换器进行热交换，回收利用这些热源。一般出水温度可达 78℃。

另外，还设有紧急冷却水。当夏季温度过高时，紧急冷却水将自动启动，给外部冷却水冷却。

10.28　如何控制外部冷却水的进水温度？

答　根据发动机冷却的需要，对外部冷却水的温度一般应控制在 65℃ 左右。其控制由装在进水泵处的电动三通阀来控制。

当进水温度低于 65℃时，三通阀打开，使出水口的热水与进口热水相混合，使温度调整至 65℃。当进水温度高于 65℃时，紧急冷却水自动打开，使其温度降至 65℃。

10.29 如何更换沼气发动机润滑油？

答　① 首先要确认已停机，并将启动开关置于"停止"的位置上，并确认润滑油已经冷却。

② 将发动机上的排油阀门打开，将油控制盘上的各个阀门置于恰当的位置，打开废油泵，将油箱里的油排至废油箱内。

③ 将冷却器上的排油塞打开，排出里面的润滑油。

④ 如果需要，可更换油过滤器。注意：更换时在过滤器的 O 形密封圈处涂少许润滑油，以方便下次拆卸。

⑤ 关闭发动机的排油阀门。

⑥ 打开发动机的进油阀门，将有控制盘上的各个阀门至于恰当的位置，打开新鲜油泵，向发动机油箱内加油。

⑦ 加油时，不断检查油位，至刻度尺的最大刻度和最小刻度之间。

⑧ 加完油后，将进油阀门关闭。

10.30 如何更换油过滤器？

答　在油过滤器上端有一维修显示器，当需要更换油过滤器时，该红灯就亮了，此时，就应进行更换。更换工作一般是在换油时进行。

更换方法：在油过滤器底部放一个油桶，因为在更换时会有一部分润滑油流出，然后，用管钳慢慢地将过滤器旋下。安装时，应注意在新的过滤器的 O 形密封圈处涂上一层润滑油，以方便下次拆卸，然后将密封圈对齐，用力旋紧即可。

10.31 当沼气发动机出现油位过低或过高故障时应如何排除？

答　当沼气发动机出现油位过高或过低故障时，会停止运行。

排除方法：按复位键（控制盘上），如故障信号不能排除，则要改变其油位，当油位过高时，应打开废油泵排油，且边排油边按复位键，直至信号消失，迅速关闭废油泵。当油位过低时，应进行注油，且边注油边按复位键，直至信号消失，迅速关闭新鲜油泵。

10.32 沼气发动机出现冷却水温度过高的原因是什么？应如何排除？

答　如果沼气发动机的冷却水温度过高，发动机将停止运行。出现这种故障的原因主要有以下几个方面。

① 冷却水管线阻塞。应疏通管线。

② 冷却水泵损坏。应维修或更换一个新的冷却水泵。

③ 紧急冷却水不能及时地打开。应检查电磁阀和温度传感器是否有故障，并进行检修。

④ 外部冷水管道内存有气体，使水循环减慢。应从最高点进行放气，直至有水连续流出为止。

当沼气发动机出现水温过高故障时，在控制盘上有一红色信号灯显示故障。在故障排除后，可按复位键，解除故障。

10.33 沼气发动机出现冷却水压力过低故障时应如何排除？

答 当沼气发动机压力低于 0.5bar（1bar＝10^5Pa）时，发动机将不能启动。解决办法是向系统内补水，直至压力在 0.5～0.6bar 之间。补完水后，可按下复位键，使水压信号显示排除。

10.34 沼气发动机维护保养的时间间隔有哪些？

答 沼气发动机维护的时间间隔如表 10-1 所示。

表 10-1 沼气发动机维护的时间间隔　　　　单位：h

维修检查项目	定期运转	每日	250	500	1000	2000	2500	4000	8000	16000	32000
总装置检查	●										
可见总装置检查		●									
换油			●								
控制箱检查				●							
点火系统检查				●							
火花塞检查					●						
沼气混合泵检查									●		
曲轴箱通风清洗						●					
废气涡轮加载机检测								●			
用于点火电机的联轴器									●		
启动电机检查								●			
鼓风机压力试验									●		
铸件内表面检查									●		
汽缸头检查									●		
混合进口冷却器									●		
调速器特性检测									●		
减震阻尼器更换										●	
次要检查(发动机)										●	
主要检查											●
吸气过滤器检查				●							
废气温度检测		●									
沼气压力调整器检测						●					
装置接线箱检测								●			
沼气压力调整器膜更换									●		

10.35 沼气发电机组运行如何操作？

答 沼气发电机组运行有机组启动前的准备、机组启动、暖机运行、正常工作运行、停车五项内容。

(1) 机组启动前的准备

① 检查解裂保护装置的运行情况，如解裂保护装置故障或断电时升压变压器断路器必须断开，发电机禁止运行。

② 机组初次运转，长期停放后再次运转或日常工作启动，启动前应做好以下工作，使机组处于良好状态。

a. 机组及配套辅助系统。零部件应齐全、完整、各紧固连接部位连接正确、牢固；油、气、水管路密封良好，不泄漏，电路安全、可靠。旋转件部位附近不准有杂物。

b. 在润滑系统中。应检查油底壳机油油位应符合使用规定刻度位置，否则应补加机油。所用机油牌号应符合使用维护说明书规定，也可用公司批准使用的其他牌号机油。不同牌号的机油不能混用；当站内环境温度≤5℃时，应将机油预热至≥20℃，切禁止使用明火预热。

c. 冷却系统。检查冷却液存储器的液位是否符合规定液位刻度，否则应补加冷却液。冷却液性能指标应符合使用维护说明书规定；当环境温度低时，应将冷却液预热至≥20℃。

d. 燃料气供给系统。检查气源压力是否符合机组工作给定压力范围，供气管路、阀门是否渗漏并做处理；机器供气控制系统是否运动灵活，运动副部位及时补加润滑脂；开启燃气总阀，使燃气进入机组燃气供给控制系统待启动。

e. 启动系统。检查电启动柜电缆连接应正确，接触良好、紧固可靠。电源应接通。

f. 配套机组。对配套机组各联接部位应全面检查，确认设备连接正确，电气线路无误，元器件齐全；初次投入运行的机组应测量各电气回路对地及回路间的冷态绝缘电阻不低于2MΩ。

g. 盘车。盘车前应预供机油，使油路充满润滑油，人工盘转曲轴至少两圈。机组应转动灵活无卡滞、碰撞、异声。

(2) 机组启动

① 机组长期停放，第一次启动应关闭点火和燃气，在不点火的情况下，连续启动3次，每次5s，以确保进、排气管燃气排空。

② 打开电锁，断开磁电机点火接地线，打开燃气阀，合上启动开关，启动电动预供油泵，主道油压不低于100kPa。

③ 按下启动按钮，待机组启动后，立即释放启动按钮，并断开启动开关，每次启动时间为5s，若连续3次启动失败应查找原因，排除故障后再次启动。

④ 机组启动后应调节控制系统使机组进入怠速运动状态。

(3) 暖机运行

机组启动后检查无运行故障即可逐渐提速进入暖机运行做下列检查工作。

① 主油道油压≥350kPa。

② 打开气门上罩壳检查摇臂轴承供油是否充足。

③ 检查机组运行状态、观察眼器是否正常；有无异声、异味；有无漏油、漏水、漏气；仪表显示是否正常等。有故障就及时排除。

④ 当发电机油温、水温≥40℃时即可提速至标准转速，加负荷运行。

(4) 正常工作运行

① 当机组并网或并联运行时，并联前做好相序测试，保证本机组与其他机组或外界电源电网的相序相同。

② 机组正常运行发电后，应对发动机、发电机、控制屏等进行监视，做好运行状态记录；随时注意电压频率、功率及发动机监控仪表指标的变化，及时进行参数调整；若运行安全装置发出故障报警，操作者应立即卸负荷停车检查排出。

③ 按发动机、发电机、控制屏等产品说明书要求做好运行中的维护保养并做好当班记录。

（5）停车

① 正常停机应逐步卸去负荷并将电器开关全部置于停机位置上，各调节按钮也置于停机位置上，以便再次启动。

② 卸负荷后将"怠速/额定"转速选择开关置于"怠速"位置，发动机进入怠速运行状态。使发动机油温、水温降至≤60℃方可停机。

③ 机组运行中遇有紧急情况，可采取紧急停机措施。停车后立即切断点火开关，关闭燃气阀，人工盘车检查。

④ 停车后应关闭燃气阀，当环境温度≤5℃时又没采取防冻冷却液，停机后应将发动机的冷却水放净。

10.36 重膜式沼气柜的结构和工作原理、安全注意事项有哪些？

答 （1）重膜式沼气柜的结构和工作原理

重膜式沼气柜主要由固定环、内膜、外膜、充气系统、安全阀、止回阀、超声波传感器等组成。重膜式沼气柜结构示意图如图10-1所示。

图 10-1 重膜式沼气柜结构示意

A—外膜；B—内膜；C—充气系统；D—止回阀；E—橡胶软管；F—固定环；G—安全阀；H—观察窗；I—超声波传感器

内膜、外膜共同形成一个密闭储气球形腔。当储存沼气增多时充气设备就放出一部分空气，增加一定的容量。当内膜储存的气体减少时充气设备则充入一部分空气，使柜内的压强恒定，稳定外膜刚度。储存的沼气与调压空气之间使用内膜隔离开，不能混合。

（2）重膜式沼气柜安全注意事项

① 支撑鼓风机必须在毫无阻碍下运作，并采用不断电独立电源及设有备用鼓风机。

② 必须定期（尤其是冬季）检查安全阀门的填充物料的水平，确保安全阀正常工作。

③ 在沼气柜25m范围内，严禁进行切割、烧焊、抽烟、产生明火和火种及储存易燃易爆物品。

10.37 重膜式沼气柜的技术规格和维护保养有哪些?

答 (1) 重膜式沼气柜的技术规格(以 SATTLER,2500m³ 为例)

① 沼气柜型号　　　　　　B9 123/250
② 可用容积　　　　　　　2500m³
③ 沼气柜直径　　　　　　17.8m
④ 沼气柜高度　　　　　　15.4m
⑤ 气体操作压力　　　　　20mbar(+20℃,1mbar=100Pa,下同)
⑥ 最高耗气量　　　　　　754m³/h
⑦ 最高产气量　　　　　　754m³/h
⑧ 最大积雪负荷　　　　　150kg/m²
⑨ 最大风力负荷　　　　　150km/h
⑩ 空气温度　　　　　　　-30~+60℃
⑪ 气体温度　　　　　　　最高+40℃
⑫ 安全阀门型号　　　　　L200-600
⑬ 吹脱压力　　　　　　　25mbar
⑭ 支撑风机型号　　　　　S-T28/200/355/1E
⑮ 置换风量　　　　　　　754m³/h
⑯ 最高压力　　　　　　　20mbar
⑰ 标称功率　　　　　　　1.85kW,3×400V±5%,50Hz
⑱ 超声波量度仪表　　　　MultiRanger 200

(2) 重膜式沼气柜的维护保养事项

① 锚定钢圈的以下复查程序必须每年进行 2 次。维持螺钉需紧固在位,如有松动必须重新扭紧。镀锌部件遭锈蚀的地方必须维修及重新镀锌。

② 支撑鼓风机的表面保护层需每年进行 2 次维护性质的保养,遭锈蚀的地方必须维修。

③ 沼气柜的密封测试:在两片黄色的膜片(内层及底层)之间不容许有任何渗漏情况出现,可用肥皂水测试。

第11章

化验设备

11.1 污染监测的作用是什么?

答 对水质污染的监测是水质化验的重要任务之一。在生活污水、工业废水的排放口、生活饮用水、工业用水的取水口,采用自动监测仪器或定期、定点采集水样,分析水质情况或有害物质的浓度或排放量。

通过对污染物或水质污染进行分析监测,明确其污染趋势、数量及污染程度,查明污染来源、数量,寻求对策,以指导对水质污染的防治。

11.2 常用的采样设施有哪些?

答 为了进行化验分析而采集的水称为水样。用来盛放水样的容器称为水样容器。常用的水样容器为无色硬质玻璃磨口瓶和具塞聚乙烯瓶等。

(1) 无色硬质玻璃磨口瓶

由于玻璃无色、透明,有较好的耐腐蚀性和易洗涤等优点,所以硬质玻璃磨口瓶是常用的水样容器之一。但是由于玻璃成分中有硅、钠、钾、硼等杂质,而且玻璃容器可能存在的溶解现象,可能使上述杂质成分进入水样。因此,玻璃容器不适于存放测定这些微量元素成分的水样。

(2) 具塞聚乙烯瓶

由于聚乙烯具有很好的耐腐蚀性,抗冲击,不易破碎和不含重金属等无机成分等的优点,是使用较多的水样容器。但是由于聚乙烯有吸附有机物等的倾向,长期存放水样时,容易产生细菌、藻类繁殖问题。另外聚乙烯易受有机溶剂侵蚀,因此在使用时也应多加注意。

(3) 特定的水样容器

在水质化验中，有些特定成分在化验分析时，需要使用特定的容器，如锅炉用水中溶解氧、含油量等的测定，就属于这种情况。对于特定水样容器的使用，要遵守有关规程的规定。

11.3　化验人员取样操作时应注意哪些方面？

答　① 采集水样的数量应满足化验和复验的需要。一般来讲，供全分析用水样应不少于 5L，如果水样浑浊时，应分装两瓶；供单项分析用的水样应不少于 0.3L。

② 水样中的不稳定组分，一般应在现场取样时随取随测。如果不具备测定条件，在水样采集后应立即采取预处理措施，将不稳定组分转化为稳定状态后，立即送化验室进行化验测定工作。

③ 从低温管道或设备上采集水样时，必须充分反应污水处理厂运行状况的客观情况，反应污水在时间和空间上的变化规律，在有代表性的取样部位设置临时或永久性取样管，必要时可在取样管末端接一根聚乙烯软管或橡胶管。采样时打开取样阀门，使采样管充分冲洗后，将水样流量调至 0.5～0.7L/min 后进行取样。污水处理厂水质采样除了在污水厂入口、污水出厂口、主要设施近、出口设置常规采样点外，还可在一些特殊局部位置设置采样点。

④ 从高温、高压管道或设备上取样时，应通过取样器进行。此时应先开启冷却水门，调整水样温度不超过 40℃，并将采样管充分冲洗后，调整水样流量 0.5～0.7L/min 后进行取样。

⑤ 采样时间和次数。污水处理厂入厂口、出厂口采样点，应每班采样 2～4 次，并将每班各次的水样等量混合后测定一次，每日报送一次测试结果，或通过自动采样器采样。主要处理设施应每天采样 1 次，并分别测定、报送结果。在处理设施试运行阶段亦每班采样、测试。采样时，如遇原污水为事故性排放、高浓度排放或处理设施运行故障，与正常样品应有所区别。采样时应详细记录水样的感官性状环境特征。

11.4　如何进行样品的盛装和保存？

答　为避免水样盛装容器对样品测定成分的影响，水样瓶应按以下规定使用：测 pH 值、DO、油类、氯等水样用玻璃瓶；测重金属、硫化物、有机毒物、铬等水样用塑料瓶盛装；测 COD_{Cr}、BOD_5、酸碱等水样可用玻璃瓶或塑料瓶盛装。

水样采集后，应立即送检，否则会影响分析结果的准确性。为了使被测物质在运输过程中不发生损失，水样应加固定剂保存。样品保存的目的在于减缓微生物代谢作用，减缓化学因素影响（如氧化、还原、沉淀、溶解等），减缓物理因素影响（如被测组分的吸收、挥发等）。保存剂的选择原则是不使以后测试操作困难。如抑制细菌作用可采用 $HgCl_2$、加酸（H_2SO_4）、冷冻等，防止金属盐沉淀一般加酸（HNO_3^-）。检测样品可在 4℃下保存 6h。

11.5　水样在保存时应注意哪些问题？

答　**(1) 氮化合物（NH_4^+、NO_2^-、NO_3^-、有机氮等）**

易受微生物或氧化作用而产生分解，一般采用加酸冷藏的方法，以防止微生物等对氮化物的作用。对 NO_2^- 的测定应在 24h 内进行。

（2）金属元素

为了防止水样中金属元素的沉积或吸附损失，应将水样用 HNO_3 酸化至 pH＝1 保存。这样即可以消除有机物的干扰，也可以消除 CN^-、SO_3^{2-}、SO^{2-} 等离子的干扰。

（3）酚类化合物

这类化合物在水中容易分解，应该于采样后随即测定。如果需要较长的时间保管，则可在每升水样中加入氢氧化钠 2g，或储于冰箱内。

（4）油脂类

油脂类在碱性溶液中会产生"皂"作用，当有重金属离子存在时。还会生成难溶的金属皂附着在容器壁上，造成分析误差。一般在对含油水样的处理时，通常可向水样中加盐酸酸化至 pH 值小于 4 保存。

（5）氰化物

氰化物易被破坏，所以采样后应尽快分析（一般不超过 24h），否则应加氢氧化钠，使水样 pH 值提高至 11 以上，并保存于阴凉处。

（6）硫化物

水样中含有各种溶解性硫化物时，易分解成硫化氢（H_2S）而消失，特别是在水样 pH 值低的时候，空气中的氧能将硫化氢或硫化物氧化。所以测定水样中的硫化物最好在现场进行。如果不具备条件，可先测定水样的 pH 值，然后加入适量醋酸锌，使硫化物沉淀成硫化锌，这样就可以使硫化物"固定"下来。

（7）卤化物

溴化物、碘化物在中性或酸性溶液中可能易被氧化挥发，所以水样应加氢氧化钠调整 pH＝10 保存。

（8）COD

为了防止好氧微生物对水中耗氧物的氧化作用，用硫酸将水样调节至 pH＝2 左右保存。

11.6　化学分析操作中应如何选择化学试剂？

答　化学试剂的纯度对分析结果的准确性有较大的影响，但是试剂纯度越高，其价格也越贵。所以应该根据分析任务、分析方法及对分析结果准确度的要求选用不同规格的试剂。

（1）根据分析任务选用适当规格

对痕量分析应选高纯度规格的试剂，以降低空白值；对于仲裁分析则应选用优级纯或高级纯试剂。当然在进行上述化验分析时，对化验所使用的仪器洁净程度，实验用水等也有特殊要求；对于一般化学分析则可以根据需要采用优级纯或分析纯；对于制备实验或配制洗液等可以选用化学纯、试验试剂。

（2）根据不同的分析方法选用适当的规格

在进行络合滴定分析时，选用纯度较低（如化学纯）的试剂时，由于试剂中的杂质含量高可能使络合滴定使用的金属指示剂，产生"封闭"现象而使滴定终点不易观察而产生误差，此时则最好选用分析纯试剂。再如在进行分光光度分析时，由于试验要求试剂的空白值很小，则此时也应该选用纯度高的试剂。

11.7　化学试剂的使用方法有哪些规定?

答　① 为了保证试剂的质量和纯度,保证化验人员的人身安全,化验室应有完善的规章制度,并应严格执行。

② 化验人员应掌握常用化学试剂的性质,试剂在水中的溶解性及特性,有机溶液的沸点,并应正确操作,例如常用酸、碱浓度及配制;试剂的毒性,易燃易爆试剂的使用,保管及意外的发生及救护等。

③ 要注意保护试剂瓶的标签,它是表明试剂名称、规格、质量、配制时间等的重要标志。同时注意:从试剂瓶向外倾倒液体时,在任何情况下,都要使有试剂瓶签的一面向上;在标签脱落或模糊不清的试剂不要乱倒乱用,应取小样检定后再确定处理方法。

④ 为了保证试剂不受污染,应当用干洁的牛角勺从试剂瓶取出试剂。如:试剂有结块可用洁净的玻璃棒捣碎后取出;液体试剂可用洗干净的量筒倒取。同时注意,已取出的试剂不可放回原试剂瓶。

⑤ 打开易挥发的试剂瓶塞时不可将瓶口对准自己和别人,取完试剂后应立即盖紧瓶塞,不可盖错瓶塞。有毒、有气味的瓶口,如有必要可用蜡封口。

⑥ 对性质不明的试剂瓶,不可以用鼻子对准瓶口猛吸气。如果必须嗅试剂的气味,应将瓶口远离鼻子,并通过用手在试剂瓶上方扇动,使空气流向自己,而闻其味的方法鉴别。

⑦ 配制、使用有毒、有害、有挥发性的试剂或试验必须在通风橱中进行。

11.8　如何选购实验设备?

答　(1) 功能

必须满足实验要求。拟购置的仪器设备的功能应与可预见的发展计划任务相适应。"性能不足"的仪器设备当然不应该购置,也要防止选购拥有过多剩余功能的设备,要避免"高档"设备长期低档运行。

不恰当选配仪器也可能造成经济上的不合理开支,并造成检验成本的增加。

(2) 可靠性

最基本的要求是耐用、安全、可靠。可靠性包括精度的保持性、零件的耐用性和安全可靠性。只有精度合乎要求,又有足够的可靠性的仪器设备,才有实用价值。

(3) 维修性

结构要合理,要易于维修。维修性高的仪器设备,一般是构造合理、零件部件组合有规律,易于拆卸、检查和更换,易损零、部件容易采购或供应商配备有足够的备用件。在功效和费用相同的情况下,应选择维修性高的产品。

(4) 耐用性

耐用性不但包括自然寿命,还要考虑仪器设备在长期运行中精度下降及其与技术进步之间的差距,通常都在事实上缩短了仪器设备的实际可用寿命。寿命与需要适应才是真正耐用。

(5) 互换性

互换性好的新设备可以兼容旧型号设备(或其配件),有些还可以与相关设备方便地衔接,从而提高仪器设备的实际性能。

（6）成套性

选购设备应按实际需要配套，包括单机配套、机组配套和项目配套，以充分发挥主机的功能，切忌为求"新"而购买无法配套的"新型号"设备。成套性还包括仪器设备的系列化。

（7）节能性

节能不但是对主机的能量消耗的要求，而且是对包括从样品处理开始的分析测试的全过程能耗及其他辅助材料消耗的要求。

（8）环保性

这是近些年来对于仪器设备提出的新要求，也是社会发展的需要，主要是指仪器设备在运行中对环境的干扰和影响应尽可能小，避免污染环境。

在选择仪器设备的时候，不要过分相信厂家和供应商的宣传广告，特别是大型精密仪器，最好是亲自到制造厂家加以核实。对于技术水平较低的地区或企业，还要考虑到购入仪器设备发生故障时的维修等技术问题。必须注意，新型的先进设备由于得不到合格的维修而被迫停用，或降低性能运行的现象并不少见。制造厂家的技术水平和服务质量也应列入考察内容，切记不要被冠冕堂皇的承诺所蒙蔽，某些制造商为了推销产品往往会夸大其技术能力，这就需要在进行技术考察的时候认真研究。

选择仪器设备是一项综合技术，必须认真做好调查并对诸方面因素进行全面的综合评价。

11.9 仪器设备管理对实验人员的基本要求有哪些？

答 ① 掌握仪器设备的基础理论知识，熟知仪器设备的工作原理和结构、性能、适用范围、安全规范、保养要求和保养方法。

② 熟悉各种实验的目的、要求和实验注意事项。

③ 熟练掌握仪器设备的实际操作技能，能够正确使用和操作，能够排除故障，能正确处理紧急情况，能正确安装、拆卸所用仪器设备的配件和附件，能够进行一般的保养和维护。

④ 有高度的责任心，严肃认真、实事求是的工作态度，具有良好的职业道德，认真做好使用记录。

对于未能达到要求的实验人员，应进行培训或者送出进修。

11.10 如何进行实验设备的验收？

答 **（1）准备工作**

验收的准备工作包括人力、技术资料和场地的准备。

由于仪器设备属于高科技产品，要求验收人员具有较高的技术水平，通常需要由有丰富使用经验的工作人员或者是资深工程技术人员，对拟验收的仪器设备进行检查。

仪器设备的验收检查重点在于检测性能和测量精度，因此必须有可以进行试样测试的场地。

此外，还要准备有准确已知量值的（即具有某量的"约定真值"的）标准试样和实样，以供进行仪器设备的性能测试和校核。

进口仪器设备的验收，应有国家指定的法定检验机构派出的专家参加。

（2）核对凭证

核对凭证的目的是检查到货与采购物资与凭证是否相符。以确保购进的仪器设备与拟采购的仪器设备相符（包括生产单位、型号、规格、批号、数量等与采购单据是否一致），同时检查到货物资技术资料所显示的性能与需要物资的技术指标是否一致。凭证核对完成后才能进行实物的验收。

（3）实物点验

实物点验通常分两步进行。

① 数量点验和外观检查。检查物资的数量以及外观是否完好，仪器设备属于高档商品，一般情况下不允许存在外观上的损伤。数量点验还包括配套件是否齐全、完好。

② 内在质量检查。仪器设备的内在质量检查，通常的做法是进行试用。

试用检验包括使用标准试样和实样检验试验，二者的差异在于实样存在"干扰因素"，可以检查仪器设备的"抗干扰能力"。这对于企业生产检验具有重要意义。

大型或者贵重精密仪器设备，通常由生产厂家或供应商派出专家指导安装并进行调试，调试完成后再由采购单位进行实地技术验收。

（4）建账归档

所有验收工作完成后，要对被验收的仪器设备建立专门的账目和档案，移交使用并进行日常运行管理。

11.11 如何进行仪器设备的技术档案管理？

答 **（1）仪器设备的技术档案**

① 原始档案。包括申请采购报告、订货单及随同仪器设备附带的全部技术资料。

② 使用档案。

a. 运行工作日志及运行记录。

b. 仪器设备履历卡，内容包括故障的发生时间、故障现象、原因、处理等记录；维修记录；质量鉴定及鉴定证书（或记录）；精度校核记录；改造（改装）记录等资料。

（2）仪器设备的技术档案的管理

① 仪器设备的技术档案应于申请采购时即建立。

② 仪器设备的技术档案必须收录所有与该仪器设备有关的技术资料，包括主要生产厂家或供应商的产品介绍资料、说明书等书面材料。

③ 仪器设备在验收到报废的整个寿命周期中，发生的所有的现象及其处理均应详细如实记录，并按发生时间先后次序归档（特殊状况者可以另列专项目录，以方便查阅）。

④ 所有仪器设备技术档案必须妥善保管属于报废或淘汰的仪器设备的技术档案的处理，不得随意销毁。应报告企业主管部门，并按批复进行处理。

11.12 如何正确进行化验仪器设备的管理？

答 仪器设备保管的好坏直接影响仪器设备的使用寿命，仪器设备的管理主要从以下几方面进行。

① 化验室应建立健全的仪器设备的管理制度。

② 化验室的仪器设备无论是投入运行还是储存状态，均应有指定人员负责使用、保管。原则上贵重仪器设备设专人使用操作，一般性仪器设备设专人保管。

③ 仪器设备的使用、保管人员应同时负责仪器设备的日常维护、保养工作，负责日常运行档案的记录工作，并对仪器设备的状况有明确的了解。

④ 凡发现仪器设备运行异常，应及时停止运行，避免仪器设备在继续运行中发生更大的损坏。并应及时报告有关主管部门，组织检查维修。需要启动备用仪器设备的，应及时启动备用装置，以免影响分析化验工作。

⑤ 凡需要定期进行计量检定的仪器设备，使用人员应根据仪器设备状况定期申报检定。凡发现仪器设备计量异常，应随时报告，并根据实际情况申报临时报修和送检，以确保仪器设备的计量特性准确可靠。

⑥ 对暂时不用的仪器设备，应封存保管，并定期清扫、检查，做好防尘、防潮、防锈等维护工作，以保护封存仪器设备不致损坏。对不再使用或长期闲置的仪器设备，要及时调出，避免设备积压浪费。

⑦ 对不遵守有关规定使用一般性仪器设备者，保管人员应及时提出意见，避免发生损坏。不听从劝告者，应予批评。若造成设备损坏者，应追究当事人事故责任。

⑧ 使用、保管人员玩忽职守，导致仪器设备损坏，应追究事故责任。

11.13　如何正确使用仪器设备？

答　仪器设备的合理使用是延长仪器设备的使用寿命、保持仪器设备的应有精度、提高使用效率的重要保证。合理使用仪器设备必须做到以下几点。

① 合理安排仪器设备的任务和工作负荷。严禁仪器设备超负荷运行，也不要用高精度仪器设备"干粗活"（尤其是长时间在低性能要求下运行），既浪费了仪器设备的精度，也增加了仪器设备的损耗。

② 配备熟练的操作人员。从事仪器设备操作的工作人员应经过必要的技术培训，考核合格方能上机操作。大型精密仪器设备更应从严掌握。

③ 建立健全操作规程及维护制度，并严格执行。

④ 为仪器设备提供良好的运行环境。根据仪器设备的不同要求，采取适当的防潮、防尘、防振、保暖、降温、防晒、防静电等防护措施，以保证仪器设备的正常运行，延长使用寿命，确保实验操作的安全和数据的可靠。

⑤ 仪器设备一旦投入使用，便应充分利用。只有充分利用仪器设备，才能充分发挥资金的投资效益。但是，不要因为还有闲置的同类型设备便实行轮换使用，甚至连备用设备也投入运行，致使所有仪器设备同时"衰老"，失去备用仪器设备的后备作用。

⑥ 备用仪器设备必须经常保持优良的备用状态。备用设备应定期进行必要的试运行和性能检测，确保其工作性能稳定。

11.14　如何进行实验仪器设备的维护保养？

答　仪器设备在运行过程中，由于种种原因，其技术状况必然会发生某些变化，可能影响设备的性能，甚至诱发设备故障及事故。及时发现和排除这些隐患，才能保证仪器设备的正常运行。因此，仪器设备的维护和保养对仪器设备的正常运行具有重要的意义。

(1) 在用仪器设备的日常保养

① 对仪器设备做好经常性的清洁工作，保持仪器设备清洁。

② 定期进行仪器设备的功能和测量精度的检测、校验以及"磨损"程度的测定。

③ 定期地润滑、防腐蚀，做防锈检查，及时发现仪器设备的变异部位及程度，并做出相应的技术处理，防患于未然。

(2) "封存"仪器设备的保养

① 凡属于"封存"的仪器设备，在"封存"以前必须进行全面检查，并对其进行"防潮、防锈和防腐蚀"的密封包装，予以"封存"。

②"封存"的仪器设备应存放在清洁、干燥、阴凉、没有有害气体和灰尘侵蚀的地方（储物柜或架子上）。

③ 经常检查"封存"仪器设备的存放地点，如发现保存条件有变化，应适当"拆包"检查，长期"封存"的仪器设备也应定期"拆包"检查，并及时采取措施予以维护。

(3) 备用仪器设备的保养

① 备用的仪器设备，一般情况下是不运行的，因此可以像"封存"仪器设备那样进行"防潮、防锈和防腐蚀"处理，但不需要密封，而改用活动的"罩"或"盖"，把仪器设备与外界分隔开来即可。

② 备用的仪器设备必须定期进行"试运行"，以检查其工作性能，确保其处于优良状态。发现备用仪器设备有性能变劣现象时，除了及时予以维修以外，应迅速查找原因，并及时予以消除，以确保备用仪器设备的备用作用。

(4) 仪器设备保养的要求

① 制定仪器设备的保养制度，做到维护保养经常化、制度化，并与化验室的清洁工作结合进行，责任落实到人。

② 仪器设备的保养应坚持实行"三防四定"制度，做到"防尘、防潮、防震"和"定人保管、定点存放、定期维护和定期检修"。

③ 大型和重点仪器设备要规定"一级保养"和"二级保养"等维护保养工作周期、时间，列入工作计划并按期实施。

11.15 玻璃电极 pH 计的基本组成有哪些?

答 玻璃电极 pH 计是玻璃电极测定法的常用设备。玻璃电极测定法是以玻璃电极为指示，饱和甘汞电极为参比电极组成电池。在 25℃理想条件下，氢离子活度变化 10 倍，使电动势偏移 59.16mV。玻璃电极不受颜色、浊度、胶体物质、氧化剂、还原剂或高盐度的干扰，在 pH＞10 时有钠误差。使用专门的"低钠误差"电极可减小这种误差。

该仪器设备由电位计、玻璃电极、参比电极和温度补偿器所组成。把两个电极浸没在试液中，通过电位计完成一个平衡电路。许多 pH 计能读取 pH 数或毫伏数。有些 pH 计因刻度已扩展，pH 读数可达 0.001 单位，但是多数仪器没有那么准确。

常规检验使用的 pH 计，应当准确和可再现到 0.1pH 单位，pH 值范围为 0～14，并配备有温度补偿校正设备。

(1) 参比电极

由提供标准电极电位的半电池构成。一般使用的是甘汞和银电极，或者是使用各种类型的液体接合电极。氧化银参比电极的液体接合点是关键性的，因为在这一点，电极向水样或缓冲溶液形成一个盐桥，而且产生液接电位，它又影响氢离子产生的电位，参比电极结合部可能是陶瓷片、石英片或石棉纤维片，或者是套筒型的，石英型使用最广泛，石棉纤维型不适用于强碱溶液，而陶瓷片和套筒型的不适用于强酸溶液。使用时要遵照制造厂关于参比电极的使用说明和注意事项，除了电极密封以外，须用合格的电解质溶液重新填充到适当的高度，并且使接合部确保适当的湿润。

（2）玻璃电极

这个传感电极由一个特殊玻璃球做成，它含有固定浓度的 HCl 或氯化物的缓冲液，溶液与一个内参比电极接触。一个新电极浸入溶液之后，玻璃球的外表面形成一水化层。并且钠离子同氢离子交换建立一个氢离子表层，这样与在固定位置上带负电荷的与负离子相斥的硅酸一起，在玻璃-溶液界面上形成电位。这个电位是溶液中氢离子活度的函数。

现在有几种玻璃电极可以使用：可适用于高温使用的"低钠误差"电极，用于测定 pH 值大于 10 的水样；复合电极是将玻璃和参比电极组合于一个探头内。烧杯最好使用聚乙烯或聚四氟乙烯（TEF）烧杯。

11.16 玻璃电极法测定 pH 值的操作方法是什么？

答 ① 将水样与标准溶液调到同一温度，记录测定温度，把仪器温度补偿旋钮调至该温度处，选用与水样 pH 值相差不超过 2 个 pH 单位的标准溶液校准仪器。从第一个标准溶液中取出两个电极，彻底冲洗，并用滤纸吸干。再浸入第二个标准溶液中，其 pH 值约与前一个相差 3 个 pH 单位。如测定值与第二个标准溶液 pH 值之差大于 0.1pH 值时，就要检查仪器、电极或标准溶液是否有问题。当三者均无异常情况时方可测定水样。

② 水样测定：先用水仔细冲洗两个电极，再用水样冲洗，然后将电极浸入水样中，小心搅拌或摇动使其均匀，待读数稳定后记录 pH 值。

11.17 玻璃电极法测定 pH 值的注意事项是什么？

答 ① 玻璃电极在使用前应在蒸馏水中浸泡 24h 以上，用完后冲洗干净，并浸泡在水中。

② 测定时，玻璃电极的球泡应全部浸入溶液中，使它稍高于甘汞电极的陶瓷芯端，以免搅拌时碰破。

③ 玻璃电极的内电极与球泡之间以及甘汞电极与陶瓷芯之间不可存在气泡，以防断路。

④ 甘汞电极的饱和氯化钾液面必须高于汞体。并应有适量氯化钾晶体存在。以保证氯化钾溶液的饱和，使用前必须先拔掉上孔胶塞。

⑤ 为防止空气中二氧化碳溶入或水样中二氧化碳逸失，测定前不宜提前打开水样瓶塞。

⑥ 玻璃电极球泡受污染时，可用稀盐酸溶解无机盐结垢，用丙酮除去油污（但不能用无水乙醇）。按上述方法处理的电极应在水中浸泡一昼夜再使用。

⑦ 注意电极的出厂日期，存放时间过长的电极性能将变劣。

11.18 化验设备操作管理过程中应注意哪些安全措施？

答 ① 禁止将挥发性或易燃有机溶剂用火焰或电炉直接加热，应该用水浴加热，可燃物质如汽油、煤油、酒精、乙醚、苯、丙酮、氢气钢瓶等物应远离烘箱、电炉等热源。所有的加热、蒸馏操作至少要有一人在现场看护，高温电热炉操作时要戴好手套，蒸馏前先打开冷凝水然后才能加热。电热机械应有合适垫板，如加热石棉网等。

② 禁止用火焰在燃气管道上找漏气处，应使用肥皂水检查。

③ 酒精灯内酒精量应保持在灯具容量的 1/4～2/3，禁止在酒精灯未熄灭前补加酒精，更不允许两个酒精灯对口借火。

④ 性质不同的药品应分开存放，一般药品应放在阴凉干燥处，易燃易爆药品要储存在阴凉通风避光的地方，黄磷应储存于水中，金属钠应储存于煤油中，生化药品放在冰箱内。剧毒药品必须制定保管、使用制度，并应设专柜并双人双锁保管，有毒有害气体产生的实验操作必须放在通风橱内进行。

⑤ 洗液的配置应严格按照规范进行，稀释硫酸时必须仔细缓慢地将硫酸加到水中，而不能将水加到硫酸中；倒硝酸、氨水和氢氟酸等必须带好乳胶手套；启开乙醚和氨水等易挥发的试剂瓶时，绝不可使瓶口对着自己或他人；严禁用口吸取有害化学药剂或废水。

⑥ 离心机速度应逐渐加大，必须在完全停止转动后才能开盖。

⑦ 化验时应配备有消防设备，如黄沙桶和四氯化碳灭火器等，黄沙桶内的黄沙应保持干燥，不可浸水。

⑧ 每天工作结束后，要对水、气、电等进行仔细检查，确认安全后才可离开。

⑨ 加强对化验员安全知识教育和急救方法学习。

11.19 电磁流量计有什么特点？应如何运行和维护？

答 电磁流量计是利用电磁感应原理即"导线切割磁力线"而制成的流量测量仪表。只能测量有导电性能的介质。它的优点是没有深入管道内部的部件，不受被测液体的物理性质（温度、压力、黏度）变化的影响。其仪表安装时要与管道串联，可随管道直径大小而制造，以几毫米到 2m 以上都可配套。

电磁流量计主要由变送器和转换器两部分组成。被测介质的流量经变送器变换成感应电势后，再经转换器把感应电势信号转换成标准的 4～20mA 电流信号输出到显示器显示瞬时流量，同时输送到数据处理器累计全部流量或送到计算机控制系统进行监控。

电磁流量计在污水处理厂使用中应注意以下几点。

① 被测介质的含固率＜10％。

② 电磁流量计的非接触介质的部分如变送器外壳、线圈等怕潮湿、腐蚀气等，注意防护不被侵害。

③ 为保证电磁流量计正常工作必须将测量管道充满介质，气泡会强烈干扰电磁转换，导致测量仪表失效。

④ 电磁流量计的变送器应按安装说明要求可靠接地，防止影响仪表的准确性。

⑤ 电磁流量计的进、出管道口应设旁通管道和阀门，以便在维护、大修电磁流量计时能暂时旁通，保证运行不间断。

⑥ 电磁流量计的变送器设计和安装应满足前后直管段的要求。还要注意介质的腐蚀性、磨损性，合理选择流量计的衬里材料。

⑦ 电磁流量计的技术资料应齐全、准确、符合管理要求，即说明书、调试记录、运行

记录、零部件更换、维修记录等齐全、准确。

⑧ 定期维护和校验。每班巡视和检查，检查表体、连接管路、线路、密封件、阀门是否有泄漏、损坏、腐蚀。紧固件不得松动，每三个月进行一次零位调整和接地测试。冬季还应做好防冻保温工作。

11.20 涡街流量计有什么特点？在使用中应注意什么？

答 涡街流量计原理是将一根非流线型柱状物（如三角柱体）垂直于流体中。在柱状物的下游两列产生两列旋转方向相反、交替出现的旋涡，称为卡门涡街，通过对其测量计算可得出被测流体的体积流量。

涡街流量计在污水厂中多用在测量空气流量上，在鼓风机的送风管道上常见。其特点是测量精度高，结构简单，安装、维护方便。因该仪表是速度测量方法，管道内流速分布对其测量的准确性有较大影响，因此，在使用中应注意：严格按照说明书安装涡街流量计，并且要垂直向上安装，方向不能搞错，否则仪表指示错误或不能工作；漩涡发生体前面至少要有 $15D$（D 为管道直径）长，后面要有 $5D$ 长的直管段，如果管径大则直管段就更大；若被测介质中有沉积物或异物堵塞传感器可能造成传感器损坏，必要时可拆下检查。

11.21 转子流量计有什么特点？应如何运行和维护？

答 转子流量计的工作原理是利用节流装置，以压差不变、节流面积的变化来反映流量的大小，也可称为恒压差、变面积的流量测量方法。其装置主要由一根自上而下的倒垂直逐渐缩小的锥管和一只随流量大小可上下移动的转子组成（液体是自下而上升的）。锥管上标有流量的单位，供读表用。转子流量计因其简单的构造，维护也就很方便。常用在污泥处理加碱液装置上，如脱硫装置上，或加酸的地方，如出水消毒加氯计量用。但要特别注意检查锥管内结垢状况。如遇碱性结垢或酸性结垢，应分别酸洗或碱洗，保持锥管内壁光滑。在北方冬季寒冷的地方还要保温防冻。

转子流量计灵敏度高，压力损失少且恒定，但不足之处是精度易受被测介质密度、黏度、温度、压力等因素影响而比较低。

11.22 什么是差压式流量计？安装与运行应注意什么？

答 差压式流量计是应用节流装置（如孔板、喷嘴、文亘利管、均速管等）产生的压力差来实现测量流量。它由节流装置（包括节流件和取压装置）、引压管路和三阀组与差压计三部分组成。在污水处理过程中，常用孔板流量计来测量气体流量。如鼓风机出口的流量，进入曝气池的空气流量，消化池的蒸汽加温流量等。

安装差压流量计的正确与否，直接影响到仪表的测量精度。如果设计、使用等环节均符合规定，则测量误差应允许在 $\pm 1\%$ 范围以内。

① 节流装置的安装应注意以下几个问题：保证节流元件前端面与管道轴线垂直；保证节流元件的开孔与管道同心；密封垫不得突入管道内壁。

② 差压信号管路安装应注意以下几个问题：信号管路应按最短距离敷设，最好在 16m 以内，管径不得小于 6mm；引压管应带有阀门等必要的附件，以备维护和冲洗；引压管路应做好冬季保温工作。

③ 差压计的安装应注意以下几个问题：工况要满足正常工作条件且便于操作和维护；差压计前必须安装三阀组以便检查差压计的回零及冲洗排泥。

④ 三阀组的启动顺序：打开正压阀，关闭平衡阀，打开负压阀。停运的顺序是关闭正压阀和负压阀，打开平衡阀。

⑤ 差压计的主要特点是：结构简单、工作可靠、使用寿命长、适应性强，可测量各种工作状态下的单相流体量。不足之处是压力损失较大，维护、保养工作量大，对测量介质要求均匀，不能有颗粒杂质。

⑥ 日常维护应每班巡回检查，内容包括查看仪表供电是否正常；查看表体、连接管路、线路、阀门是否有泄漏、损坏、腐蚀。清洁仪表外部。

⑦ 定期进行正、负导管排污；每 6 个月进行一次精度检查、校验。

11.23　什么是在线 pH 计？安装和运行应注意什么？

答　在线 pH 计又称酸度计，是能连续测量水溶液中氢离子浓度的仪器。它由变送器和测量传感器两部分组成，并通过变送器把测量信号送到 PLC 去显示和记录。污水处理厂为了了解进、出水的性质，一般在进、出水渠道（管道）上安装。

在线 pH 计工作原理是在被测液体中插入两个不同的电极，其中一个电极的电位随溶液中氢离子浓度的改变而变为工作电极，另一个电极不随浓度变化而是固定不变的称为参考电极。这两个电极形成一个原电池，测定两个电极间的电势，在仪器上通过直流放大器放大后，以数字或指针的形式在仪表上显示出来，就可知道被测液体的 pH 值，因此也称为 pH 的电位法测量仪。pH 计的核心是电位计，通常装有温度补偿装置，用来校正温度对电极的影响。

pH 计的安装与选择要根据污水处理厂的实际情况而定。污水中不同的有害物质及现场的环境好坏对仪器的测量结果与使用寿命都有影响。

pH 计在运行操作和维护中应注意以下几点。

① 在线 pH 计的电极长期泡在污水里，电极的表面会产生污垢，虽然有的装有清洗装置，或多或少总会妨碍测量的准确性。为保证测量的准确，应根据污水的实际情况，确定清洗电极的时间，一般建议每 1～6 个月清洗一次。

② 如果电极上的附着物容易去除，可直接用清水冲洗，并用滤纸吸去或轻拭，不能用力过大。参比电极可用软毛刷蘸合适的清洗液清洗。如果玻璃电极上附着大量油脂或乳化物时，可放入清洗剂中清洗。如果附着无机盐垢，可将其浸泡于 0.1mol/L 浓度的盐酸溶液中，待结垢溶解后用水充分清洗。若效果不明显，可改用丙酮或乙醚进行清洗。再使用前，玻璃电极测量部位要在蒸馏水中浸泡 24h 以上，使之形成良好的水化层。如要保存电极时，应使电极的测量部位浸泡在饱和的 KCl 溶液中。

③ 仪器有故障需维修时，应注意有无漏电、击穿电路板情况。在维修电路板时，手先接触连接地面导体后再操作，防止静电击坏仪表。

④ pH 计电极在使用前需进行标定，标定是以 pH 值为 7 和 4 的两种标准液为基准进行的。将 pH 值电极先后浸泡在 7 号液和 4 号液中，当 pH 值稳定在≤±pH0.05 范围内超过 10s 后，测量值稳定，按下确认键，标定完成。如果环境条件不好或操作有误都会造成标定失败，需重新标定，直至达标。

11.24　什么是在线 COD 测量仪？如何运行和维护？

答　在线 COD 的测量分为传统试剂法（重铬酸钾法、高锰酸钾法等）和紫外线法。

① 传统试剂法（化学法）是用 PLC 控制原手工化验的步骤，用自动法完成在线测量 COD 值。

② 紫外线法是根据有机物对紫外线有吸收作用的原理，通过对被测物紫外线消光度的测定，而实现 COD 值的分析测量。

目前常用的紫外线法在线 COD 测定仪，与在线传统试剂法相比有无需进行采样和采样预处理，无需化学试剂（运行成本低），响应速度快（连续测量），自动补偿浊度的影响和自动清洗（通过压缩空气清洗）方便，结构简单（由传感器、变送器两部分组成）等优点。

紫外线法 COD 测定仪的安装地点流速不能太快，不能有漩涡，不能直接提电缆来取探头，探头测量狭缝方向应与水流方向一致（自净作用）。紫外线法 COD 测定仪的标定方式与传统试剂法不同，须借助化验室测量结果来标定。一般需每周一次人工清洗保证测量窗口的清洁，保持仪表的正常工作。标定时需两点标定：一点为蒸馏水样（测得频率，COD 值为 0）；另一点为实际水样（测得频率，通过试验室测得 COD 值），将这两点数据输入仪表完成标定。

传统试剂法 COD 测定仪，在日常维护检查时主要检查仪器的工作是否正常。比如进出管路是否畅通，有无泄漏；保持仪器的清洁，尤其是对转动部分和易损件要检查和更换，防止其损坏造成泄漏腐蚀仪器。重铬酸钾、硫酸银属于腐蚀性试剂，在工作现场易挥发和吸潮，应定期更换，一般至少 3 个月更换一次，蠕动泵经常吸取强腐蚀性试剂，应 3 个月左右检修或更换一次，保证其运行可靠。其测量反应室可每年进行一次彻底清检。仪器在出厂时存有设定的工作曲线，但由于现场工况的不同，应对其工作曲线进行校验，使其更准确地测定。可由实验室配制 COD 标准液进行校核，校准过程与测量循环过程相同。校准后更改有关参数，对工作曲线进行调节。

11.25　在线污泥浓度计有什么作用？

答　污泥浓度计也称悬浮物浓度计，是污水处理工艺中常要检测的参数之一。污水处理厂需要测量的污泥浓度有初沉池排泥管道（渠道）污泥、回流污泥、曝气池污泥、浓缩池污泥等的浓度。目前污泥浓度计从工作原理上来，大致有光学型、超声波型、辐射型三种。其中光学型较为普遍较为成熟。

光学型污泥浓度计与光学型浊度计的工作原理相同，都是利用光学原理，主要差别是由于污泥浓度计要测量的悬浮物浓度大大高于浊度计，因此利用光吸收原理。而浊度计测量的对象是悬浮物浓度较低、固体颗粒较小的物质，因此采用光散射原理。

污泥浓度计的维护、保养与浊度计的维护、保养基本相同。

11.26　什么是在线余氯计？有什么作用？

答　余氯是指加氧消毒时氯与水溶液接触一段时间后在水中所剩余的氯。加氯消毒常常是污水处理厂的最后一道工序。而加氯消毒过程里，水中余氯的浓度是必须监测和控制的重要参数。余氯有游离性余氯和结合性余氯。氯气加入水中后由氯分子、次氯酸分子、次氯酸离子产生的余氯称游离性余氯。氯和水中的氨结合后产生的一氯胺、二氯胺等化合物，称为结合性氯。在线余氯计就是用来连续测量水中余氯含量的仪表。一般在线余氯计是用电化学法原理制造的，其制造方法是将金阳极和银阴极两个电极置放在电解液中，电解液和电极由薄膜与被测溶液隔离开来，在两电极之间加极化电压。被测溶液中游离的氯元素以次氯酸（HClO）和次氯酸离子（ClO⁻）的形式出现，并渗透薄膜在金阳极和银阴极之间得失电子产生电流，这个电流被变送器放大送到显示仪上显示了被测参数，就是余氯数。

11.27　什么是在线气体监测仪？有哪些种类？

答　污水处理厂的各种地下管道、检查井、容器都可能泄漏有毒、有害及易燃易爆气体。这些气体如不被及早发现和采取有效措施，会对人身、设备造成严重损害。因此在污水处理厂的各个有可能发生毒气（H_2S、氯气）、易燃易爆气体（CH_4、CO、H_2）等地方都要设置在线报警仪，或者到这些地方工作时应携带便携式报警仪，穿戴防护服。

有毒、易燃气体监测仪种类繁多，它们的工作原理和用途基本相同，气体监测仪原理如图 11-1 所示。

图 11-1　气体监测仪原理

有毒、有害气体监测仪的操作要按照各监测仪的说明正确操作，隔一段时间要根据使用情况进行维护、保养和校准，每年还要到技术监督部门进行校核，始终保持良好的工作状态，确保安全生产。

11.28　哈希 COD 消解测定仪仪器具体操作及仪器维护保养项目有哪些？

答　根据不同的化验水样及水样测定值选用不同量程的试剂瓶及水样体积，见表 11-1。

表 11-1　不同量程的试剂瓶及水样体积

量程	试剂瓶/(mg/L)	水样体积/mL
低量程	0～150	2
高量程	0～1500	2
加高量程	0～15000	0.2

（1）水样消解

① 将蒸馏水或去离子水及将要测定的水样加入同一个试剂瓶中，拧紧瓶盖，试剂瓶旋转不同角度进行摇匀，以使测定的水样和蒸馏水或去离子水充分混合。

② 将混合好的试剂瓶外表面擦净干燥，在已事先预加热到 150℃ 的 COD 反应器中，放入试剂瓶后盖上防护罩。

③ 打开反应器的电源开关，使反应器的温度达到150℃的恒温，设置定时器定时2h进行恒温消解。

④ 反应器恒温2h后关闭加热开关，使试剂瓶冷却到120℃或以下时，将盛有水样的试剂瓶取出，室内放置，直至冷却到室温。

（2）用DR2500分光光度计比色

① 打开电源开关。

② 分光光度计自检后，按"HACH Program"键。

③ 选择语言，按"OK"键。

④ 选择COD测定范围，按"Start"键。

⑤ 将试剂瓶外表面擦净干燥，擦拭过程戴乳胶手套进行操作，在试剂瓶的外表面不留痕迹。

⑥ 轻轻地将盛有蒸馏水的试剂瓶放入比色池中。

⑦ 按"ZERO"键，显示0.0mg/L。

⑧ 这时可以把盛有蒸馏水的试剂瓶取出。

⑨ 把盛有样品的试剂瓶放入比色池中，放入过程中注意不能摇晃，不能使试剂瓶内的样品浑浊。

⑩ 按"Read"键，测定结果就显示出来了。

（3）注意及保养

① 在恒温加热过程中，必须在COD反应器前放置防护罩。

② 比色过程中不能使水样溢出流进比色池内。如果水样流入比色池内将会腐蚀并损坏电器元件。

③ 在操作的过程中绝不允许污染光度计的光学元件及系统，如有污染会造成读数不准。

④ 应定期检查并清洁样品池的光学配件。

⑤ 分光光度计的操作环境与外部环境不能温差过大。如果温差过大，会引起读数误差过大。

⑥ 用蘸酒精的绒布清洗COD消解测定仪器，清洗前应切断电源，待加热板冷却后再进行清洗。

（4）处理使用完的试剂

将使用完的试剂倒入废液桶内，将空瓶冲洗干净，置于垃圾桶内。

11.29　分析天平操作及保养规程有哪些？

答　（1）调节水平

在分析天平使用前，必须使用分析天平带有的水平调节地脚和调节水平的水平仪进行调节水平。当分析天平的水平仪调至水平时，说明天平已经处于水平状态。

（2）调校（校准）

① 先接通分析天平电源，然后按"ON"键打开分析天平，预热20～30min。

② 按"TARE"键，天平显示出"0.000g"。

③ 按"CAL"键，当天平的液晶显示屏最后显示出"0.000g"时，说明分析天平校准完毕。

④ 这时分析天平进入工作状态,可以开始称量了。

(3) 简单称量

把要称量的物品放在天平秤盘上,然后在显示屏读取物品的称量结果。

(4) 去皮称量

① 将空容器放在天平秤盘上。

② 显示其重量值。

③ 单击"TARE"键,天平显示"0.000",就可以进行去皮称重。

④ 在空容器中加入要称重的物品,天平显示器会显示物品的净重值。如果将空容器从天平上移去,这时天平显示器会显示空容器的负值。物品的净重值在按"TARE"键或天平关机后不再保存。

(5) 注意及保养

分析天平采用标准的交流电源供电,必须在洁净干燥的室内室温下使用。

11.30 pH 计操作及保养规程有哪些?

答 (1) 开机前准备

① 将复合电极插入电极插座中,调节电极夹夹牢电极。

② 拉下测量电极前端位置的电极套。

③ 将橡皮套从电极上端拉下,将复合电极上端小孔露出来。

④ 用蒸馏水清洗电极。

(2) 开机

① 插入电源线。

② 接通电源,使用前将 pH 计预热 30min。

(3) 标定

① 把选择开关旋钮调到 pH 档。

② 转动温度补偿旋钮,对准溶液的温度值。

③ 将 pH 计的斜率调节旋钮转动到 100% 位置,即顺时针扭到底。

④ 测量前,先用蒸馏水对电极进行清洗,然后将电极插入 pH=6.86 的缓冲溶液中。

⑤ 转动调节旋钮,使 pH 计的值等于缓冲溶液的 pH 值(在测量温度下)。

⑥ 在用蒸馏水清洗 pH 计电极后,再次插入 pH=4.00(或 pH=9.18)的缓冲溶液中,调节斜率旋钮使仪器显示读数与该缓冲溶液中当时温度下的 pH 值一致。

⑦ 重复步骤④~⑥直到不用再调节为止,从而完成标定。

(4) 测量 pH 值

① 转动温度调节旋钮,对准被测溶液的温度值。

② 测量前先用蒸馏水清洗电极,再用被测溶液清洗电极。

③ 在被测溶液均匀的情况下,将 pH 计电极插入被测溶液内,这时 pH 计就可以显示被测溶液的 pH 值。

(5) 维护与保养

① 电极插座必须保持干燥清洁。

② 在使用 pH 计进行测量时,为了保持 pH 计的稳定测量,pH 计的电极引线应保持

静止。

③ 在 pH 计使用前进行标定时，必须保证标准缓冲溶液的 pH 数值的准确性，否则将导致标定失败，造成测量结果不准确。

④ 在 pH 计使用前进行标定时，用作第一次标定的缓冲溶液的 pH 值应为 6.86，用作第二次标定的缓冲溶液的 pH 值与被测溶液接近。

⑤ pH 计电极玻璃应该小心放置，不能与硬物接触。

⑥ pH 计使用完后，应保持电极的湿润，保护电极，但不能浸泡在蒸馏水中。

⑦ 当 pH 计不使用暂时放置时，应该拉上电极橡皮套，保持电极的湿润。

⑧ pH 计电极不能长期在蒸馏水、蛋白质溶液和酸性氟化物溶液中浸泡。

⑨ 电极避免与有机硅油接触。

11.31 溶解氧测定仪操作及保养规程有哪些?

答 **(1) 探头检查**

溶解氧测定仪的电极在与仪器进行连接前，在电极初次使用或更新溶解氧电极膜时，需要对溶解氧测定仪的电极进行湿润和极化，操作如下。

① 取掉黑色塑料盖。

② 将溶解氧电极探头底部浸泡于高度大于等于 2.5cm 的电解液中，浸泡时间大约为 15min。

③ 用电解液冲洗一下电极薄膜，然后将无气泡的电解液装满电极。

④ 将 pH 计电极探头从浸泡电解液中拿出，探头向下放置，拧紧膜盖。这时电极已处于湿润状态，这样不会损坏电极。

(2) 探头极化

把电极与溶解氧仪连接，并将电极探头放入含水的保护套中，电极处于垂直放置状态并开机，开始进行电极极化，极化时间大约为 20min。

(3) 仪器校准

① 取掉保护盖。

② 按 "ON/OFF" 键，溶解氧仪开机（初次使用或更新溶解氧膜时，需要等待 20min），等待屏幕显示测量结果，溶解氧仪便可以进行校准。

③ 在溶解氧仪上按 "CAL" 键，再按 "RUN/ENTER" 键，液晶屏幕上 "AR" 图标将闪动，当 "AR" 停止闪动时，溶解氧仪校准完成。校准时溶解氧仪液晶屏幕显示的电极斜率数值在 0.6~1.25 范围内便可使用了。

(4) 测量

① 把溶解氧仪的探头插入被测溶液中，按 "O$_2$" 键切换溶解氧浓度和饱和度，切换到浓度测量模式。

② 按 "AR" 键，再按 "RUN/ENTER" 键，屏幕上 "AR" 闪动。当 "AR" 停止闪动时，这时的读数即为测量值。

③ 再按 "AR" 键，进行下一次的测量。

(5) 注意及保养

① 溶解氧仪使用的温度范围为 -10~55℃。

② 当溶液的盐度超过 1g/L 时，需要重新设置溶解氧仪的盐度数值。

③ 溶解氧仪在每次使用完后，必须要用蒸馏水清洗电极探头。

④ 溶解氧仪暂时不使用时，应将电极探头套上保护套，保持探头湿润。如果长期不使用，必须要将溶解氧仪电极进行干燥处理，以保护电极。

11.32 数显鼓风恒温干燥箱操作及保养规程有哪些?

答 ① 首先要打开数显鼓风恒温干燥箱门，把要进行干燥或加热的物品放在恒温干燥箱内的搁板上，然后关好恒温干燥箱门，打开恒温干燥箱顶部的通风口。

② 打开电源开关，设定好温控仪上的旋钮，设定要达到的温度值。

③ 按动开关，使鼓风机开始工作，恒温干燥箱开始工作。

④ 恒温干燥箱使用完毕后，关闭电源开关。

⑤ 注意及保养

a. 恒温干燥箱应放置于通风、干燥、洁净的房间内。

b. 恒温干燥箱工作电压的波动值应在±10%。

c. 恒温干燥箱内的搁板能承重 15kg。严禁将易燃品、挥发性物品放入恒温箱内进行加热。

d. 恒温干燥箱正在使用时，箱体温度较高，注意不能用手碰触箱体外表面，不能用湿布擦洗及用水冲洗。

e. 恒温干燥箱在检修、维修时必须切断电源才能进行。

11.33 生化培养箱操作及保养规程有哪些?

答 **(1) 生化培养箱使用前**

生化培养箱使用前先打开电源开关，这时电源指示灯常亮，LED 数码显示管常亮，生化培养箱就可以开始使用了。

(2) 温度调整

① 按生化培养箱的温度设定按钮，这时数码显示管显示的数字为设定温度值。

② 转温度调节旋钮到要设定的温度，按温度设定按钮，这时数码显示管的数字为培养箱内实际温度。

③ 生化培养箱显示加热和制冷工作情况的两个指示灯，指示灯常亮表示正在工作，指示灯不亮表示工作停止。当两个指示灯都不亮，表示生化培养箱的实际温度等于所设定温度。

(3) 注意及保养

① 生化培养箱应放置安装在环境洁净、通风干燥的室内，箱体外表面距离墙面至少 10cm。

② 在生化培养箱使用时，应注意在箱内放置的样品不宜过多，放置时箱内样品之间应留有间隙。生化培养箱安装轴流风机用来均衡箱内温度，应定期检查轴流风机的工作状态，保证其能正常工作，使得箱内的温度均衡。

③ 当生化培养箱暂时不使用时，应关闭电源，并将所有开关关闭。

④ 在生化培养箱使用过程中，当箱内温度出现异常时，应检查加热和制冷设备的保险

丝（6A 为制冷、加热及照明保险丝，1.5A 为电源变压器保险丝）。如保险丝完好，则要请维修人员进行检修。

⑤ 应定期清洁加热和制冷设备部件，保证生化培养箱能正常运转。

11.34 高温电炉操作及保养规程有哪些？

答 ① 高温电炉可以放置于室内固定位置进行使用，使用前将高温电炉的热电偶严格按正极、负极连接到高温温度显示表上。

② 按照高温电炉使用说明书的要求连接电源，电源电压与说明书要求的电源电压一致。

③ 高温电炉使用时，温度由低到高分段设定调温器，使高温电炉的温度逐渐提高，直至达到设定温度。

④ 当高温电炉完成一次高温烧灼后，应先关闭电炉电源，等待电炉温度降至 200℃以下时方可打开炉门，用长柄坩埚钳夹住坩埚取出样品，这样操作可以避免炉膛骤然降温碎裂。

⑤ 注意及保养。

a. 当高温电炉正在使用时，不能使之剧烈震动，避免电阻丝断裂。高温电炉应放置在干燥的环境中，否则受潮后容易产生漏电。

b. 放置高温电炉时，电炉的底座应垫上绝热板材，以免高温破坏地面和引起火灾。

c. 高温电炉停止使用时，应关闭电源，关闭炉门，保持炉膛内干燥、洁净，防止炉膛内的耐火材料受潮。

11.35 电热恒温水浴锅操作及保养规程有哪些？

答 ① 水浴锅使用前，应先注入适量的清水。

② 接通带有地线的电源，开始使用前应持续加热，当水浴锅温度达到设定值时，旋转自动控制旋钮至断接点，开始自动控制温度，这样就可以使水浴锅保持恒温。

③ 维护保养及注意事项。

a. 在加热过程中，保证水浴锅内一直有水，否则会因缺水烧干，致使水浴锅内的炉丝套管烧毁，甚至会造成触电危险。

b. 定期对水浴锅进行保养、清垢、除锈，并且要经常更换水浴锅内的水。如果长期不使用，必须将水浴锅内的水排净、擦干、保持水浴锅干燥。

11.36 显微镜操作及保养规程有哪些？

答 **（1）低倍镜的使用**

① 接通符合显微镜要求电压的电源，此电源必须接地线。

② 先调节显微镜的亮度调节旋钮旋至最低，再打开电源开关，再将调节旋钮调到工作位置。

③ 转动物镜转盘，使 10X 物镜对准光路中心位置。

④ 持续转动手轮，使聚光镜上升至工作位置。

⑤ 将观察标本放在显微镜观察平台上固定，摇动载物台纵横手轮使标本移动，使标本夹片位于聚光镜的光路中心。

⑥ 轻轻拨动光圈拨杆，使镜中心移至中心位置。

⑦ 先用粗调手轮进行调焦，使观察标本在物镜中出现轮廓，再用细调手轮进行精细对

焦观察标本的物像清晰。

⑧ 持续转动镜筒上的调节圈，用双眼不断观察直至标本成像清晰。持续转动双目镜外壳，调节两目镜的中心瞳距，使得两眼瞳距处于中心位置，观察的样本成像合二为一。

（2）高倍镜的使用

① 先使用低倍镜把要观察的标本移至目镜的框中，然后再使用高倍镜。

② 转动物镜转盘把高倍镜转到镜筒下面，轻轻转动物镜的精细调节器，逐渐上下移动，使高倍镜内所观察的标本物像逐步清晰。

③ 当使用100倍油镜观察标本时，应在物镜与标本、载玻片上与聚光镜前片之间充满香柏油。

（3）显微镜的维护保养

① 显微镜应放在阴凉、干燥、洁净和无腐蚀性气体的室内操作台上。

② 非专业人员不得拆装所有物镜。

③ 放置显微镜的操作台必须保持水平。

④ 当物镜或接目镜出现模糊时，可以用镜头纸进行擦拭，直至清晰。

⑤ 显微镜的目镜、物镜、聚光镜如果长期不使用，必须将其放置在装有干燥剂的容器内，避免镜头起雾。

⑥ 显微镜长期不用时，应切断电源，盖上防尘罩。

11.37　立式压力蒸汽灭菌器操作及保养规程有哪些？

答　（1）堆放
把需要消毒的物品归类捆扎，物品之间留有间隙，均匀放置在灭菌器消毒桶的隔板上。

（2）加水
在初次使用立式压力蒸汽灭菌器之前，以及在每次使用之前必须在消毒筒内加入适量的清水。连续使用时，必须详细观察消毒筒内的水位，补足清水，以免烧干，发生安全事故。

（3）密封
把安装好密封条的消毒筒盖顺时针均匀用力旋紧，使消毒筒盖旋入对位的翼形螺扣中，将筒盖和消毒筒紧密连接。

（4）加热
打开电源开关，开始加热初期，必须将消毒筒顶部的放气阀打开，排出筒内空气。继续加热待在放气阀口喷出有压力的蒸汽时，关闭放气阀。

（5）灭菌
按照所消毒物品和包装的不同种类，确定立式压力蒸汽灭菌器的温度和压力参数。当消毒筒内的压力达到设定值时，应调整加热程度，使消毒筒维持恒压并持续所设定的时间。

（6）冷却
在用消毒筒对瓶装溶液消毒结束时不能立即释放筒内的蒸汽，避免瓶内溶液因压力骤变而损坏。应该先使消毒筒在室温下自然冷却，直至冷却到筒内压力为零，再等待一段时间，最后打开放气阀开盖取出。

（7）注意与维护
① 在使用消毒筒进行灭菌前必须检查消毒筒内的清水量在3L左右。

② 每次消毒时，必须先打开放气阀，排出筒内空气，否则将达不到预期消毒效果。

③ 当对溶液样本消毒时，溶液样本应盛在耐热玻璃瓶中，溶液样本不应装满玻璃瓶。消毒时瓶口用棉纱布进行密封，不能使用橡胶或软木瓶塞，并且盛有溶液样本的耐热玻璃瓶应放在托盘中，防止消毒时溶液溢出或玻璃瓶破碎污染消毒筒内壁。

④ 当消毒完毕后，虽然消毒筒的压力表归零，但仍然不能打开消毒桶盖。这时需要打开消毒筒顶部的放气阀，然后可以打开盖子。

⑤ 在使用消毒筒消毒的过程中，如果出现压力表大于等于 0.165MPa 时，消毒筒的安全阀动作，这时应该马上切断电源，打开放气阀，进行卸压后才能打开盖子，出现这种现象应马上更换安全阀。

11.38 原子吸收分光光度计操作及保养规程有哪些？

答 （1）点燃火焰

在点燃火焰前要装满 U 型管里的水，同时按 "IGNITE"（白色）与 "PURGE"（黑色）按钮，点火直到火焰燃烧。

（2）自动归零

把原子吸收分光光度计的吸管放进蒸馏水中进行喷射。调出 MRT 工作表画面，单击工作表画面主窗口底部的 "START"（或 F5/F6）键，按 "AUTO ZERO"（或 F3）键进行归零。

（3）标准样测量

吸管放入标准样中并进行喷射，喷射图形信号不再变化后，按工作表画面主窗口底部的 "START"（或 F4）键，测量标准样时看看它是否符合当前行。在重复测量时，按 "START" 键在窗口中新插入一行，并进行参数设置。

在测完标准样并且检查标准曲线无误后，就可以测量待测水样。点击 "TYPE" 命令，可以在 "Change Calibration Curve Condition" 对话框内修改标准曲线的参数。

（4）空白样测量

吸管放入空白样中并进行喷射，按工作表画面 "BLANK"（或 F4）键，这时工作表中插入空白行并显示结果。如果工作表中有空白行则直接按 "START"（或 F5/F6）键。

（5）未知水样测量

吸管放入待测样中并进行喷射，喷射图形信号不再变化后，按工作表画面 "START"（或 F4）键，测量标准样时看看它是否符合当前行。在重复测量时，按 "START" 键在窗口中新插入一行，并进行参数设置。

（6）结束测量

在测量待测样后，把吸管放入蒸馏水里喷射一段时间后按分光光度计面板上的 "EXTINGUISH" 键，直到火焰熄灭。

（7）维护保养

① 在测量过程中当发现火焰异常时，必须停止测量并清洗火焰头。

② 喷雾器保养如下。

a. 取下喷雾器，清洗干净内部的细管后再重新装上。这时再点燃火焰，用蒸馏水喷射清洗喷雾器。

b. 如果吸液管损坏或太松，不能插紧，应该更换。

c. 清洗腔室。

③ 检查气体泄漏情况。定期检查仪器内外部的气管是否泄漏。

a. 关闭 AA—6200 的电源，检查光度计的所有软管的连接头是否牢固。

b. 打开主阀充气，经过 5s 后再行关闭。

c. 关闭主阀后观察燃料气的压力值是否小于 0.015MPa，氧化剂气压值是否小于 0.03MPa。

d. 压力值和气压值低于上述的数值，可判定存在泄漏。

e. 可用肥皂水判定泄漏的位置。

f. 确定泄漏的位置后进行维修或更换。

④ 检查仪器内部泄漏情况。

a. 启动应用程序，按取消键退回 "Wizard Selection" 对话框。从 "Instrument" 对话框中选择 "Connect"。从 "Instrument" 对话框中选择 "Gas Leak Check"，然后选择 "OK" 键。

b. 拔下喷管燃料管，将燃料管接到喷射装置。

c. 用一个 90 度的弯头连接燃料管和喷射装置，并选择 "OK" 键。

d. 按照 0.35MPa 的速率进行供气，气流调节旋钮保持不变。

e. 关闭主阀门，一段时间后如果压力值少于 0.03MPa，则可判定分度计内部有泄漏。

11.39　TU-1810 型分光光度计操作及保养规程有哪些?

答　(1) 设备操作规程

① 开启分光光度计、电脑、显示器电源。打开分光光度计的应用程序，这时分光光度计开始自检。

② 自检前，清空分析室，否则仪器不能自检。自检过程中不得开启样品室盖。

③ 自检完成后，启动光度计测量向导，建立标准曲线。编辑光度计标准曲线方法。建立光度计标准样品表、ID 以及浓度信息。对空白样进行测量调零，放入标准样品进行标准样品的采集。根据标准样品的测量建立并保存标准曲线，建立样品表。

④ 空白溶液校正。先把 1 号试样池为空白，对 2～5 号试样池的待测样品进行测定，按 F1 键使试样池架回到 1 号池，按 F2 键将移动试样池架移动到下一试样池。测量时点击 "读取" 对未知样品进行测量。

⑤ 测量完毕后，关机。

(2) 设备保养规程

测量完后，应清理分光光度计内部，使光度计保持干净整洁，定期用镜头纸擦拭镜头。每年由计量认证单位校验一次。

11.40　超纯水机操作及保养规程有哪些?

答　(1) 仪器的使用方法

① 使用超纯水机前应接通电源，打开阀门，一段时间后打开电源开关。

② 轻按出水按钮，即可出水。

③ 在断电的情况下才能更换纯水过滤芯。

④ 在每次启动或停机时，在进水压力小于 0.4MPa 的情况下冲洗 10min。

（2）实验室超纯水机保养规程

① 制取出的纯水/超纯水应做到随取随用，如果使用的是超纯水机的专用无菌水箱，可以储存。

② 当超纯水机需要更换过滤芯时，设备会进行报警提示，要定期消毒及清洁管道，避免微生物繁殖影响出水水质。

11.41 水分测定仪操作及保养规程有哪些?

答 ① 水分测定仪的使用。打开电源开关，这时 LCD 显示器开始显示，系统进入自检，自检完成时显示器显示读数。显示器上出现 "TAR" 时，就可以检测水分了。测定水分含量时先放上样品盘，按 "ENTER" 键去掉样品盘的重量，这时 "TAR" 消失，显示 0g。再按 "CF" 键（出现 "TAR"），接着按 "ENTER" 键。这时可以将样品放置在样品盘中开始检测。注意，水分测定仪在按 "ENTER" 工作前，必须除去样品盘的重量，称重样品。

② 水分仪在全自动干燥模式下开始工作，工作时显示屏会出现加热符号。工作过程中显示屏上的时间和测量结果将不断更新。当样品的重量没有明显变化时，工作过程将自动停止。测量的结果将保存直至按 "CF" 键同时出现 "END"。这时，就可以进行下一次测量了。

③ 水分测定仪可以根据实际需要设置参数。改变温度时间和打印间隔等参数可以按 "CF" 键（这时显示 "TAR"）、F1 键、F2 键或 O 键。按 "ENTER" 键可以保存设置的参数，如果不保存可以按 "CF" 键。

④ 设备保养。每天用完需清洁设备，保持设备干燥，做好通风。

11.42 PHOTOLAB7600UV-VIS 测定仪操作及保养规程有哪些?

答 **（1）设备使用方法**

打开电源开关，这时测定仪开始自检，选择测量所需要的程序，按 "ENTER" 键，按 "ZERO" 键测量空白样品，置零，将待测样品放入测定仪槽内，按 "ENTER" 键读取测量数据，测量完毕后，需要关闭程序和电源。

（2）设备保养

每天用完需清理内室，每周用乙醇溶液擦拭镜头，每月进行一次设备校准。

11.43 KHCOD-8 型 COD 消解装置操作及保养规程有哪些?

答 **（1）COD 消解装置的操作**

COD 消解装置使用前应从注水口处加满蒸馏水。

① 打开消解装置的电源开关。这时装置开始自检，自检完成后，消解的时间最长设定值 2h 30min，这时风扇开启。

② 按 "设定" 键，可以改变消解时间设定值。

③ 按 "启动" 键，消解装置开始进行回流消解。

④ 当消解装置显示"000"并闪烁，表示回流消解结束。

（2）COD 消解装置的使用注意事项和保养

① 回流管里面的水要及时补充。

② 保持通风，保持台面干燥。

③ 根据室温及时调整功率，以免消解回流的过程发生冒气，影响测定结果。

④ 回流结束后，消解的试剂要冷却以后方可加水，以免喷溅，造成伤害。

11.44 自动抽滤装置操作及保养规程有哪些？

答 （1）仪器使用操作

① 接通电源，将滤膜放在砂芯板。

② 用圆筒形刻度漏斗压住滤膜。

③ 用卡夹夹住上下法兰边。

④ 打开真空泵开关抽滤，用蒸馏水冲洗。

（2）仪器注意事项

① 自动抽滤装置用洗洁精擦洗、清水反复冲洗、蒸馏水洗净后才能使用。

② 使用时应将滤膜平铺在砂芯板，防止样品渗漏。

③ 自动抽滤装置不能用于热浓磷酸、热或冷浓碱溶液的过滤。

第12章

自动控制系统

12.1　格栅系统自动控制的要求是什么？

答　污水处理厂的控制系统均采用自动控制、遥控和就地控制三种控制方式。自动控制由可编程序控制按软件程序完成，遥控由中央控制室操作人员控制，就地控制即在设备现场的手动控制。

粗、细格栅自动控制系统对格栅设置两种控制方式：水位差自动控制、手动控制。在格栅前后设超声波液位差仪表，根据水位测量测得格栅前后水位差值自动控制机械格栅的运行，即水位差达到设定值时，自动启动格栅。PLC系统将根据软件程序自动控制输送栅渣压实机、机械格栅的顺序启停、运行、停车以及安全连锁保护。任何一台格栅启动时，均需启动栅渣压实机和栅渣输送机。

12.2　水泵自动控制系统的要求是什么？

答　水泵的自动控制系统是在泵吸水池设超声波液位计或液位传感器，根据水位测量仪测得的水池水位值，控制多台水泵的启停运行。

该系统应达到下述要求：水池水位高至某一设定的水位值时，PLC系统可按软件程序自动增加水泵运行的台数；相反，当水池水位降至某一设定水位时，PLC系统自动按软件程序减少水泵运行的台数。同时，系统能够积累各个水泵的运行时间，自动轮换水泵，保证各水泵积累的运行时间相等，使其保持最佳的运行状态。当水位降至最低水位时，自动控制全部水泵停止运行。通过监控管理系统和就地控制系统的操作，可以设定水位值。

12.3 水解酸化池自动控制系统的要求是什么？

答 水解酸化池的自动控制系统是根据运行需要，在水解酸化池设置在线酸碱度计、污泥浓度计、泥位计，实现水解酸化池的自动控制。自动控制系统包括泥位控制和污泥浓度控制。该系统应达到下述要求。

(1) 泥位控制

通过泥位液面检测仪，当泥位达到设定值时启动排泥阀，排除多余污泥。

(2) 污泥浓度控制

通过污泥浓度计控制水解酸化池污泥区污泥的浓度（$4.0 \sim 5.5$g/L），当污泥浓度低于设定值时，可减少排泥次数，或补充新鲜污泥；当污泥浓度高于设定值时，可及时排泥。

12.4 曝气池自动控制系统的要求是什么？

答 曝气池自动控制系统是在曝气池内设在线式溶解氧仪，由 PLC 按照溶解氧仪测定值来完成曝气生物处理系统中各种设备的启停。曝气池自动控制系统主要为空气曝气量调节，另外，对曝气生物滤池还包括反冲洗频率的控制。该系统应达到下述要求。

① 根据曝气生物池设定的溶解氧值调节风机的转速和空气管上的电动调节阀，控制空气量。其次根据风机空气总管的压力控制风机的运转台数。在保证满足池内空气量需求量的前提下，尽可能地节省能耗，上述各调节相互关联、相互影响，最终达到最佳状态。

② 曝气生物滤池的自动控制还需增加反冲洗的控制，主要控制反冲洗强度和反冲洗次数。反冲洗强度以反冲洗滤层的膨胀率为依据，控制在 10% 左右；反冲洗次数控制一般一天反冲洗一次，控制冲洗水量为进水水量的 $7\% \sim 10\%$。

12.5 现场检测仪表的要求是什么？

答 现场检测仪表是现场采集工艺参数的主要仪器，是污水厂（站）实施科学管理的主体。为了便于计算机系统连接和维护管理的方便，仪表全部是在线测量仪表。考虑到水质及现场环境的条件，为防止探头结垢，采用非接触式、无阻塞隔膜式、自清洗式的传感器，且户外安装的仪表变送器保护等级达到 IP65，浸没在水下的仪表传感器保护等级达到 IP68。为了保证仪表信号的可靠性仪表应带有温度传感补偿且采用 $4 \sim 20$mA 的输出信号，并带足专用电缆和安装附件。

12.6 如何进行监控仪表的维护管理？

答 现场仪表的监测点按工艺要求布设，不得随意变动，操作人员维护管理应注意以下几点。

① 各类仪表的传感器按要求定期清污除垢，发现异常及时处理。

② 由专业技术人员负责按要求定期检修仪表中各类元器件，转换器和变压器等仪表。

③ 监控仪表的各部件应完整、清洁、无锈蚀，表盘标尺刻度清晰，铭牌标记铅封完好。

12.7　如何进行计算机系统的维护？

答　计算机系统作为污水处理厂的核心监测和控制部分，它的日常维护与更新关系到整个系统的稳定，一个完整科学的维护与更新计划将对污水处理厂的生产安全、质量、效率、效益起到积极推动作用。

（1）计算机系统硬件的维护

为了保证计算机系统硬件运行正常，必须建设一个稳定、可靠的运行环境，包括室外计算机网络的安全检测、线路维护与巡查、室内计算机系统的温/湿度调节、电源电压的净化、静电防护、雷电雷击防护等。

（2）计算机系统的软件维护

通过建立计算机安全保证体系、计算机工作日志数据库、重要生产数据定期备份、病毒在线监测体系，保证计算机系统软件的正常运行。通过培训计算机操作人员的业务水平，避免计算机软件的人为性损坏。

（3）规章制度的建立

建立健全计算机系统的维护制度，也包括《计算机操作人员工作守则》《计算机控制室工作条例》《计算机系统日常维护程序》《计算机系统操作规范》等。

（4）人员岗位的设立

根据污水处理厂工作需要，宜设立计算机系统管理员、计算机系统操作员、计算机硬件维护工程师、计算机网络管理员等。

12.8　分析仪表的种类有哪些？

答　目前大部分的分析仪表是 E＋H（ENDRESS＋HAUSER）公司制造的，主要包括超声波液位计、超声波流量计、pH 计、温度计、电磁污泥流量计、溶解氧测试计等，在现场有显示器或操作面板，供维修人员现场进行仪表的维修调校。

① 超声波液位计是利用在液面上方一定位置固定一个具有接收反射区的超声波功能的超声波发射源（探头），通过一个变送器测出液位。该液位计只要把所需参数设置好，便可长期使用，不用定期调校，参数的设置根据产品说明书进行设置。

② 超声波流量计是利用安装在渠道壁上的两个超声波探头发射出超声波信号测量污水流速，同时在水面上方安装一个超声波液位计测量液位高度。将这两个信号送到变送器，根据设定的模式算出液体的流量。

12.9　检测仪表的种类有哪些？

答　污水处理行业的仪表很多都是分析仪表，主要有流量计、液位计、pH 计、溶解氧探头等。自动控制仪表是实现生产过程自动化的重要技术工具，在自动化系统中，检测仪表将被控参数转换成测量信号后，除了送显示器进行指示和记录外，还需送控制器，以便控制过程的正常运行。使用较多的自动控制仪表有执行器、调节器、运算器、变送器等装置。

工业部门经常用到的自动控制仪表有气动控制仪表、电动控制仪表。气动控制仪表发展与应用有多年的历史，主要特点有价格便宜、结构简单、性能比较稳定和可靠、具有安全防爆功能。电动控制仪表比气动控制仪表出现晚，电动控制仪表信号和放大变换处理比气动控制仪表容易，可以实现远距监视与操作，电动控制仪表方便和计算联用，故此类仪表的应用更加广泛。电动控制仪表的分类情况如下。

（1）按信号类型分类

电动控制仪表一般分为模拟仪表和数字仪表两大类。模拟仪表一般价格较低、线路简单、操作方便，使用者易于掌握。数字仪表控制功能更强、精准度更高，可以以电脑为核心完善功能，性能较好，能够解决模拟仪表不能解决的问题，能够满足更高质量的控制等。

（2）按结构分类

仪表可分为单元组合控制、组装电子综合控制装置、基地控制、分散型综合控制等。

① 单元组合控制。把一整套仪表划分为可以独立实现某种功能的若干单元，每个单元可以用统一的标准号来联系。

② 组装电子综合控制装置。在单元组合基础上发展的一种功能分离、控制机构组件化的整套装置，以模拟器件为主，采用了模拟技术和数字技术，可以和屏幕显示器、工业控制机、控制装置等工具一起使用。

③ 基地控制。主要记录仪表、指示为主，搭载控制机构构成。

④ 分散型综合控制。微型电脑为核心，在计算机（COMPUTER）技术、屏幕（CRT）技术、控制（CONTROL）技术、通信（COMMUNICATION）技术等4个"C"技术上发展研制成的。其设计思想是既能分散控制又能集中管理，基于4个"C"技术快速发展的基础上研制而来。

12.10　控制仪表及装置的传输方式和信号制有哪些？

答　① 信号制（或者信号标准）是指在成套仪表系列中用哪种统一联络信号进行信号传输的问题。

② 电动控制仪表类的联络信号一般有数字的、模拟的、频率的等。

③ 电模拟信号分直流与交流的两种，直流信号优点一般不受线路电容、电感、负载性质的影响，故不存在相移问题等。国际一般采用直流电压 V 或者直流电流 A 作为统一联络的信号。

④ 不同仪表所聚集上下限是不同的，二型表采用直流电流 0～10mA 作为联络信号，三型表采用直流电流 4～20mA 与直流电压 1～5V 作为联络信号。

⑤ 信号下限从 0 开始，方便模拟量的加、减、乘、除开方等数字运算，通用的刻度记录，仪表信号下限从某一确定值开始，确定一个活 0 点，机械 0 点与电气 0 点分开，方便检查信号传输线有无断线和仪表断电情况。

⑥ 国际电工委员会将电流信号 4～20mA、电压信号 1～5V 定为过程控制系统电模拟信号统一标准。

12.11　电信号传输方式有哪些？

答　电信号传输方式有如下几种。

（1）模拟信号的传输

电压信号传输仪表并联连接，电流信号传输仪表串联连接。电压信号传输时容易受到干扰，故电压信号不适用远距离传输。电流信号一般用于远距离传输，如果有电压输入需求的仪表，可以在电流回路串联一个电阻，从电阻两端引出电压供给接收的仪表。电流传输的不足之处：由于接收仪表是串联工作的，当一台仪表出故障时，会影响其他仪表正常工作。

（2）变送器与控制仪表间的信号传输

变送器是现场仪表，其输出信号传到中控室，其供电来自中控室，变送器信号传输与供电方式一般有两种。

① 四线制传输。输出信号与供电电源分开用两根导线传输，由于信号和电源分开传输，故电流信号 0 点及元器件的功耗没有要求。

② 两线制传输。控制器与变送器之间用两根导线传输，一般用两线制变送器可以节约大量的电缆线费用，利于安全防爆，但必须采用活 0 点的电流信号，其下限值不能过低，采用直流电流 4～20mA。

12.12 变送单元的概念和构成是什么？

答 在实际运转中，有许多工艺参数，需要把压力、温度、液位、流量等物理量转换成统一标准信号。

（1）构成原理

变送器是根据负反馈原理工作的，包括测量部分（即输入转换部分）、放大器及反馈部分。

（2）0 点迁移、0 点调整与量程调整

进行 0 点迁移，调整量程能提高仪表的灵敏姓。

（3）调节单元

调节单元把变送器的测量做比较后，产生的偏差进行比例积分（PID）运算后输出统一标准信号来控制执行单元动作。

由于在回路控制中有许多干扰，补控参数偏离给定值，致使设备管理偏差。调节器接受偏差信号后，按一定的运算规律输出控制信号，作用于补控对象，消除扰动对被控参数的影响，使被控参数回到给定值。

基本的运算规律有积分、比例与微分三种，所有调节器运算规律都是按照基本运算规律组合而来。

（4）运算单元

运算单元接受变送器（转换器）统一标准信号，能对一个或几个输入信号进行运算，可以实现各种算法，满足控制系统与自动检测需求。

（5）显示单元

显示单元的作用是对检测参数进行指示记录、计算和报警，包括指示、比例计算器、记录仪、报警器、开方计算器等。

12.13 仪表和变送器的维护有哪些？

答 为了保护仪表正常工作和精度要求，对于使用的仪表要进行定期的维护，对于一些浸入水中的探头，如溶解氧探头、pH 温度计探头等一般要求每周清洗一次，但因为污水水质不同，许多种类的探头应该多清洗几次。在清洗的过程中如出现探头损坏，影响测量精度，应及时更换。在清洗探头时，应用蒸馏水，以及洁净的软棉纱布仔细清洗。不要用力摩擦，清洗完后用干净的试纸把水珠擦掉。

（1）溶解氧测量仪的维护

在曝气池中的溶解氧测量仪由于其探头长期浸入污水中，探头的保护膜需要经常清洗，保护壳里的电解液需要定期更换，保护壳上的膜片为半透膜，容易老化，一般在换电解液时需一同换膜片。

溶解氧探头的清洗，电解液和膜片的更换以及仪表的校正步骤如下。

① 首先在现场把传感器与变送器连接的插口线头拔掉，这样就断掉了传感器的电源。

② 把传感器的探头从水中取出，清洗掉表面的脏物。

③ 拆下探头外面的保护壳和膜片，观察里面的电解液是否混浊。如混浊，需换新电解液。用手指触摸膜片是否平滑。如有皱纹或突起不平需更换。然后用洁净的软棉纱布轻轻地在清水中擦洗探头，注意别刮伤阴极或阳极。清水洗完后，再用蒸馏水对探头进行二次冲洗，然后晾干探头。

④ 把新的电解液倒入新的保护壳膜片中。注意倒的时候动作一定要轻、要慢，不要遗留有气泡附在壳壁上。然后探头竖直向下，保护壳竖直向上，慢慢放入电解液体里，最后拧紧。

⑤ 这时由于换上了新的电解液和保护壳，传感器需要一段极性化时间，然后重新进行标定。在标定过程中，要使传感器处于比较潮湿的环境中。因此最好把传感器放在比较接近水面的地方，但是一定要注意在整个标定过程中要使隔膜保持干燥（不要接触水）。

⑥ 然后通电，等大约 60min，使传感器完全极性化（显示值稳定即可），就可对传感器进行校对工作了。

⑦ 对传感器进行校正时，首先打开显示面板上的密码，把输出信号进行锁定，然后根据提示的校定程序进行校定。

⑧ 等大约 10min 校正完成，按显示键看显示的数值是否稳定，不闪烁。如果校正不成功，显示错误信息，可按检测键，查看是多少号错误，再查说明书上的错误诊断提示进行修理。

（2）pH 计的维护

① 首先从污水中提出探头，用软棉纱布轻轻地擦拭清洗，然后用蒸馏水对探头进行喷淋，清洗干净、晾干。

② 在显示面板上解开密码，键入信号使输出数值被锁住。

③ 按下校正 1 的键，同时把探头放入缓冲液。在 pH 值为 4 的校正液中，然后按回车键。当校正 1 完成后，数值显示为 4.00。

④ 按下校正 2 的键，同时把探头放入缓冲液。在 pH 值为 7 的校正液中，然后按回车键。当校正 2 完成后，数值显示为 7.00。

⑤ 当数值显示有偏差，可按检测键，查看是多少号错误，然后对照说明书上的诊断提示进行解决。

（3）超声波液位计的维护

大部分的超声波液位计一经设定就不需要维护了，但要注意及时清理探头上的蛛网等杂物，以免影响测量。在设备的说明书上会有对维护的要求，免维护也会标出。如有其他要求，请按说明书进行操作。

（4）电磁流量计的维护

电磁流量计维护主要包括：电磁流量计转换器定期校验、信号及电源回路检查、传感器定期检查（包括电极间电阻、励磁电阻测量、内衬是否腐蚀变形、电极磨损情况检查）。

① 校准仪器仪表。DC 电流表：0～30mA，精确度 0.1 级。AC 电流表：0～50mA，精确度 0.1 级。数字 V 表：4 位。数字万用表等。

② 校准接线。按照仪器说明书接好校准线路。

③ 转换 0 位调整。接通电源，预热 10min，把传感器管道注满水，电流表测量数据应为 4mA。如果不是 4mA 应调整 0 位电位器。

④ 阻尼调整。如果有输出波动，应调整阻尼微调电容器，阻尼时间应在 1～10s 之间。

⑤ 传感器激励电流的调整。接好传感器激励电流调整线。观察示波器上的波形，正、负方向是否对称，不是的话应进行检查。取下 1Ω 电阻，继续调整激励电流微调电容器，调整电流为 24mA。

⑥ 满量程流速设定。根据仪表流通口径与最大流速查出仪表常数 K。

（5）变送器的维护

由于许多仪表的变送器中含有精密的电子元件和电路板，所以维护时应注意防尘、保温，温度不应太高，一般不能高于 45℃，同时注意防潮，不能湿度太大。一般变送器都放在专门的仪表箱内，有一些特别精密的仪表箱中应该有空调。不同类型、不同规格的仪表，一些具体的维护措施可参照说明书进行维护。

12.14　PLC 的特点和构成是什么？

答　PLC 即可编程控制器，是在现代半导体集成电路制造技术及微型计算机技术基础上，面向工业设计的一种电子控制装置，自 1969 年由美国数字设备公司研制成功至今 PLC 功能不断地完善和提高，从最初用以取代常规继电器为主的单纯开关量逻辑控制逐步发展成为今天的集工业控制、信息处理通信功能于一体的复杂微机系统。PLC 应用领域也从最初的汽车行业扩大到了机械、化工、冶金、纺织、电力等行业。

（1）PLC 的特点

PLC 构成的控制系统与继电器控制、矩阵、矩阵式控制系统等相比，有着显著的特点。

① PLC 控制系统外部接线简单明了，因此可靠性高。PLC 无故障时间在几万小时以上，这是其他控制系统所不能比的。

② 中型以上的 PLC 多数采样积木式模块结构，有利于根据系统规模大小、功能要求任意组合，也便于系统变更时灵活修改。这也是其他控制系统所不能比的。

③ PLC 的编程语言简单、通俗易学，一般工程技术人员不难掌握。

④ PLC 环境适应性强，抗干扰能力强。这一点也是工业 PLC 能迅速扩大应用领域的主要原因。

（2）PLC 的硬件构成

PLC 的硬件有：中央处理单元、通信接口模板、输入输出模块、其他功能模块、电源等。

① 中央处理单元。中央处理单元（CPU）实现逻辑、过程顺序控制时序、连锁算术运算等，通过数字量或模拟量输出，适用不同机器和过程。CPU 还可以作为通信总线的主控制系统的本地 I/O、远程 I/O 等。

② 通信接口模板。主要包括远程 I/O、分布式 I/O、网络可选模板（NOM）。

远程 I/O、单双通道接口安装在同一个底板内，系统控制 CPU 模板，用于 CPU 与远程站 I/O 模板之间传输。远程 I/O 接口模板和一个或多个远程分支模板采用同轴电缆互相连接。分布式 I/O 模板在本底板上的 I/O 模板和另一底板上系统控制 CPU 之间进行双向数据传送，分布式 I/O 模板通过 Moubus＋网进行通信。

③ 输入输出模块。

a. 开关量输入模块。开关量输入（DI）模块检测并转换开关量。针对各种应用情况共有 16 种模块可选，模块可接输入点为 8 点、16 点、32 点，每个模块的输入电信号和控制器采用光电隔离，保证 PLC 可以接收正确信号。

b. 开关量输出模块。开关量输出（DO）模块转换可编程控制器内的逻辑信号为各种电压范围的输出。针对各种实际应用情况，共有 14 种模块可选，一个模块可接输入点为 8 点、16 点、32 点，外部电信号和控制器采用光电隔离。每个输入的通断状态可以由模块上的灯指示，每个模块都可以由通信故障检测，这样可以最大程度保证 PLC 输出正确信号。根据实际情况，模块采用双向可控硅或晶体管。开关控制连接到外部电源的负载。这些开关被设计成可承受典型工业负载的高浪涌电流。

c. 模拟量输入模块。模拟量输入（AI）模块将现场电压（电流信号）转换成 PLC 可以接收的数字信号。AI 模块可以检测压力、液位、温度、重量和位置等。检测元件可放在距离输入模块数几百米的地方，模块有 4 个通道和 8 个通道可供选择，每个通道间相互隔离，即一个模块各个通道可接收不同的信号，例如电压、电流的混接或不同的电压输入范围。

d. 模拟量输出模块。模拟量输出（AO）模块将 PLC 数字信号转换成对应的电压或电流输出信号。有 2 种模拟输出模块，每个模块均具有故障检测能力，以保证模块能接收正确的数据。每个模块可提供 4 个通道的输出，各通道之间相互独立，即一个模块的各通道可接收不同电压范围的输出或者电压和电流混接。

e. 功能模块。为了提高 PLC 的应用能力，使系统性能更强大，开发出了一些功能模块。这些模块具有智能化，如绝对编码模块网控制模块、高速计数模块。

f. 备件、附件。包括机架、电缆等。其中电缆包括电源电缆和信号电缆，用于每个站内机架之间的能量传输和信号流通。

④ 系统的硬件配置。系统根据被控工业对象要求来确定控制器型号、控制器应具有的控制功能、相应数量的 I/O 卡数，维持系统正常运行的一些特殊模块、配件等，组成一个完整的硬件系统。

（3）PLC 主机的选择方法

对于一个控制系统，一旦主机选定，系统的规模、功能也就基本上定下来了。一般情况下，如果知道具体应用 DI 与 DO 点数，以及模拟量输入和输出通道数，即可由此计算出所需控制器的内存，再根据各个控制器可控制的开关量和模拟数目就可以确定控制器的型号。

① PLC 所需存储器容量计算

所需存储器容量(KB)＝(1～1.25)×(DI×10＋DO×8＋AI/AO×100
＋CP×300)/1024

式中　DI——数字量输入总点数；

DO——数字量输出总点数；

AI/AO——模拟量 I/O 通道总数；

CP——通信接口总数。

② 系统所用 I/O 点数计算

系统所用 IO 点数＝DI＋DO＋16×(AI＋AO)

12.15　PLC 人机界面组态软件的特点和作用是什么？

答　工业自动化组态软件可以解决传统工业控制软件存在的问题，让用户根据自己的控制对象和控制目的任意组态，完成自动化控制工程。

(1) 组态软件概念

组态是用应用软件提供的工具、方法，完成工程中某一具体任务的过程。软件组态与硬件组装类似，软件组态比硬件组装有发挥空间，软件组态比硬件中的部件更多，每个部件都很灵活，软件有内部属性，改变属性可以改变规格。

组态软件是一种数据采集与过程控制的专用软件，具有自控系统监控层一级的软件平台和开发环境，是一种通用层次的软件工具。组态软件可以支持工控设备和常见的通信协议，通常应提供分布式数据管理与网络功能。组态软件使用户快速建立人机接口（human machine interface，HMI）软件或开发环境。

(2) 组态软件主要特点

① 封装性。通用组态软件所能完成的功能都用一种方便用户使用的方法包装起来。

② 通用性。利用通用组态软件提供的底层设备 开放式的数据库和画面制作工具就能完成，不受行业限制。

③ 延续性和可扩充性。当现场硬件设备、系统结构或用户需求发生改变时，不需做很多修改，方便完成软件的更新和升级。

(3) 组态软件的系统构成

① 按系统环境划分。组态软件一般是两部分组成：系统运行环境、系统开发环境系统运行环境。

② 按照成员构成划分。组态软件由若干程序组件构成：应用程序管理器、图形界面开发程序、图形界面运行程序、实时数据库系统组态程序、实时数据库系统运行程序、I/O 驱动程序。

(4) 组态软件的作用

① 自控系统的界面图形化。

② 运行数据的收集及处理。

③ 进行报警和事故处置。

④ 运行数据储存和分析。

⑤ 进行监控和远程控制。

⑥ 系统集成和拓展。

12.16 PLC人机界面组态软件的实例是怎样的？

答 PLC人机界面 Intouch 是创建运行在微软操作系统下的人机界面应用程序。利用 Intouch 可以开发功能齐备的应用程序，如动态数据交换（DDE）、对象链接与嵌入等应用程序，目前广泛应用，一般用于石油、汽车、食品加工、化工、制药、交通等。

Intouch 软件包括两个主要部分：WindowMaker 和 WindowViewer。

(1) 创建显示窗口

① 主画面。主要是为了表现污水处理厂的工艺流程，分水处理部分和泥处理部分。水处理部分共分 8 个单元，分别是：粗格栅单元、进水提升泵房、旋流沉砂池、初沉池、生物池、鼓风机房、回流污泥泵房单元、二沉池单元。

② 泥处理单气共分 6 个单元，分别是：前浓缩池单元、污泥消化池单元、污泥加热系统单元、后浓缩池单元、污泥脱水机房单元、热交换系统单元。

③ 另外设立 5 个单元，监控电机控制中心及高配间设备的运行状况，分别是：电机控制中心 1、电机控制中心 2、电机控制中心 3、电机控制中心 4、高配间。

上述每一个单元组成一个画面，主要表现这些单元中所有受 PLC 系统监控的设备、阀门、仪表的运行状况与数值。运用 WindowMaker 面对对象的图形技术来完成这些画面，可以通过改变这些对象的属性来完成图形的显示目标，可以实现根据设备的运行状况来改变其显示颜色。

报表应用程序共有 7 个。

① 水处理在线仪表。集中显示了水处理部分所有在线仪表的值。

② 泥处理在线仪表。集中显示了泥处理部分所有在线仪表的值。

③ 报警记录。显示一天内设备故障报警记录。

④ 上位机可改变参数。列举了所有上位机可改变的参数，包括进水泵房—液位上上限、液位下下限、液位上限、液位下限、正常开启判别等待时间、正常关闭判别等待时间；初沉池—液位上上限、液位下下限、液位上限、液位下限；鼓风机房—8# 鼓风机频率、9# 鼓风机频率、南池溶解氧上限、南池溶解氧下限、北池溶解氧上限、北池溶解氧下限、判别等待时间。

⑤ 设备运行时间记录。记录主要设备的累计运行时间，便于设备的维修与保养。记录运行时间的设备包括：进水泵、初沉污泥泵、曝气池助推泵、回流污泥泵、剩余污泥泵、鼓风机、旋流泵、前浓缩池污泥泵及脱水机。

⑥ 设备运行时间清零。当记录运行时间的设备更换时，应对其记录清零，便于对新设备重新记录。

⑦ 累计流量报表。对一些流量值进行累计，便于统计。这些值包括进水流量、出水流量、消化池进泥量、初沉池进泥量、剩余污泥进泥量、脱水机进泥量、产气量等。

污水处理厂要求以曲线的形式显示进水泵、鼓风机、回流污泥泵等主要设备的电流变化情况，以便于更好地掌握其运行状况。利用 Intouch 的实时趋势图来完成这些曲线，每一实时趋势图可以同时显示 4 条曲线，这 4 条曲线可以分别代表 4 台设备的电流变化趋势。应用程序中共创建了 3 个画面显示电流曲线，包括：进水泵电流曲线（分 3 个趋势图）、鼓风机电流曲线（分 3 个趋势图）、回流污泥泵和助推泵电流曲线（分 2 个趋势图）、前浓缩污泥泵电流曲线（分 1 个趋势图）。

（2）创建脚本

脚本功能在某些条件下满足时执行命令和逻辑操作。有以下几种类型的脚本：窗口脚本、键脚本、条件脚本、数据更改脚本、应用程序脚本、接触按钮动作脚本。在应用程序中主要运用了应用程序脚本、接触按钮动作脚本。

① 应用程序脚本链接到整个应用程序，并用于启动其他应用程序、创建过程仿真、计算变量等。如在累计流量报表中，需列出各流量计的累计流量。由于 PLC 传送过来的模拟量需经过计算才能显示于画面，故在应用程序脚本中建立算式。在应用程序运行期间将 PLC 传送的有关模拟量经过计算送入相应内存标记名中，再将相应累计流量对象与各内存标记名链接。

② 接触按钮动作脚本链接到接触链接动作按钮对象，在按下按钮时执行。

报警系统的作用是现场设备发生故障时上位机可以通知操作人员，以便最快地排除故障，恢复正常生产。在标记名数据字典中创建与 PLC 报警输出点相连的标记名，并将其配置为记录事件。对需要故障报警的设备对象进行显示链接。在报警记录中会出现设备发生故障时的时间、状态等。当操作人员对报警确认后，应进行消警。

（3）创建曲线

① 可以利用实时趋势和历史趋势。实时趋势是动态的，提供的图表标出并绘制了发生于任何制定的本地标记名，或者包含一个或多个本地标记名的表达式的变化。数据从趋势图的右边进入，同时趋势曲线将从右向左移动。在每个趋势图中，将显示当前时间以前 8h 内设备的电流变化情况，可发现异常情况，记录各设备的运行时间。

② 运行 Intouch 应用程序。完成了以上的开发工作，就可以启动 Intouch 的运行环境，即 WindowViewer。第一次启动 WindowViewer 时，应先启动 DDE 服务程序，并根据所用 PLC 进行配置，当与 PLC 成功通信后，该人机界面应用程序就已全部完成。利用该应用程序，可以及时监控污水处理厂的运行情况，实现科学的管理。

12.17　PLC 日常故障有哪些？

答　PLC 一般由电源模块、中央处理器、输入输出（I/O）模块、总线模块、通信模块等组成。PLC 控制系统包括用户程序接口电路等。故障产生的原因和部位也很多，设备故障一般分为系统故障、外部设备故障、硬件故障和软件故障。

① 系统故障是影响系统运行的全局性故障。系统故障可划分为固定性故障和偶然性故障。如故障发生后，可重新启动系统正常运行，则认定为偶然性故障，否则为固定性故障。固定性故障需要更换系统的软硬件才能正常运行。

② 外部设备故障是与实际过程直接联系的各种开关、负载等所发生的故障，直接影响系统的控制功能。

③ 硬件故障主要指系统中的模块损坏而造成的故障。这类故障一般比较明显，影响是局部的。

④ 软件故障是软件本身包含的错误所引起的。在实际工程应用中，由于软件设计工作复杂、工作量大，因此需要在控制系统调试过程中加以优化，使用过程中如果出现软件故障

需要专业的系统集成商解决。

12.18 PLC 日常检查与维护怎样进行?

答 (1) 定期检查

PLC 半年检查一次。如果 PLC 工作条件不符合规定的标准,一定要做一些应急处理,让 PLC 在规定的标准环境下运行。

① 交流电源。

a. 电压。

b. 稳定度加在 PLC 上的电压为额定值。

c. 电源电压是否出现频繁急剧的变化。

d. 电源电压波动在允许范围内。

② 环境条件。

a. 温度。

b. 湿度。

c. 振动及干扰。

d. 粉尘温度和湿度在相应的范围内温度 0~55℃。

e. 相对湿度 10%~85%,振幅小于 0.5mm (10~55Hz),远离大型设备,无大量灰尘、铁粉及腐蚀性气体。

③ 安装条件。

a. 基本、扩展单元的连接电缆插好。

b. 接线螺钉是否松动。

c. 外部接线是否损坏。

d. 基本单元和扩展单元是否安装牢固。

④ 外观情况。

a. 连接电缆不能松动。

b. 连接螺钉不能松动。

c. 外部接线外观有无异常。

⑤ 使用寿命。

a. 锂电池电压是否降低。

b. 继电器 OUT 触点。

c. 工作 5 年左右。

d. 寿命 300 万次 (35V 以上)。

(2) 日常维护

锂电池工作约 5 年,当锂电池的电压降低达一定程度时,PLC 基本单元上电池电压跌落指示灯亮,需要更换电池。更换锂电池步骤如下。

① 在拆装前,应先让 PLC 通电 15s 以上。

② 断开 PLC 的交流电源。

③ 打开基本单元的电池盖板。

④ 取下旧电池,装上新电池。

⑤ 盖上电池盖板。

更换电池时间一般不超过3min，如果时间过长，RAW中的程序会消失。

（3）故障查找

① 总体检查。根据检查流程找出故障点的大致方向，再逐渐细化，最后找出具体故障。

② 电源故障检查。电源灯不亮，需要对供电系统进行检查。

③ 运行故障检查。电源正常运行指示灯不亮，需要及时更换指示灯系统因某种异常停止正常运行，需进一步检查主回路，以及相关控制回路。

④ 输入输出故障检查。输入输出装置是PLC与外部设备进行信息交流的通道，检查输入输出单元、连接配线、接线端子、保险管等元件状态。

⑤ 外部环境的检查。对PLC工作的环境的温度、湿度、噪声、粉尘以及腐蚀性酸碱检查等。

12.19　现场总线的技术特点有哪些？

答　现场总线的技术特点如下。
① 系统的开放性。
② 互可操作性与互用性。
③ 系统结构的高度分散性。
④ 对现场环境的适应性。
⑤ 现场设备的高度智能化。

12.20　现场总线的优越性有哪些？

答　现场总线系统结构的简化使控制系统的设计、安装、投运到正常生产运行及其检修维护都体现出优越性。
① 节省硬件数量与投资。
② 节省安装费用。
③ 节省维护开销。
④ 用户系统集成主动权。
⑤ 提高系统的准确性与可靠性。

12.21　典型现场总线有哪些？

答　目前国际上有40多种现场总线，但没有任何一种现场总线能覆盖所有的应用面。按其传输数据的大小可分为3类。
① 传感器总线。属于位传输。
② 设备总线。属于字节传输。
③ 现场总线。属于数据流传输。

典型现场总线主要有FF现场总线、LonWorks、Profibus、CAN、Devicenet、HART、CC-Link、WorldFIP、Interbus。

12.22 污水处理仪表有哪些？

答 （1）污水处理过程水质参数在线检测分析仪表

DO、SS、pH 计、COD 仪表、氨氮仪表、ORP 总有机碳 TOC、磷酸盐仪表、TP/TN 仪表。

（2）污水处理生产过程中工艺参数检测仪表

超声波液位计、压力传感器、温度传感器、气体流量计、电磁流量计等。

12.23 污水处理仪表日常维护有哪些？

答 （1）仪表档案、资料管理

一台仪表的资料、档案是否齐全，对于日常维护、故障等判断及处理都有重要意义。对于每一台仪表，都要建立一本履历书作为档案。履历书内容如下。

①仪表位号。②仪表名称、规格型号。③精度等级。④生产厂家。⑤安装位置、用途。⑥测量范围。⑦投入运营日期。⑧校验、标定记录。⑨维修记录。⑩日常维护记录。⑪原始资料。

（2）日常维护、保养及检修

对于每台在线仪表的日常维护、保养及检修应遵循生产厂家提供的相关资料来进行。一般来说，日常维护工作分为 4 个部分。①每日巡视检查。②定期的清扫与清洗。③校验与标定。④有故障时对故障现象的分析，部件更换以及检修后校验。

12.24 污水处理厂智能化监控与管理系统云平台功能有哪些？

答 ①数据实时监测与处理功能。②图形处理功能。③自动报表生成功能。④历史数据存储功能。⑤实时/历史趋势查询、实时/历史报警查询功能。⑥自动报警功能。⑦输出、打印功能。⑧信息发布功能。⑨电子地图功能。⑩手机 APP 功能。⑪视频与报警联动功能。⑫设备信息备案功能。⑬门禁功能。⑭远程控制功能。

12.25 污水处理厂螺杆泵及管路运行中会遇到哪些难题？如何解决？

答 市政污水处理厂中运行着大量的螺杆泵，螺杆泵用于输送污泥或者污水等介质到各个构筑物。污水处理厂管路复杂，各个构筑物距离较远，污水处理厂运行到 2～3 年以上螺杆泵及管路经常发生断裂、堵、漏等现象，造成污水冒溢和设备损坏，导致一定程度的环境污染和经济损失。

目前螺杆泵的控制主要由手动或由时间继电器控制运行，此种方式存在一定的弊端，比如无法监控管路状况，若出现堵、漏不能及时停止螺杆泵，容易造成污水外溢，螺杆泵过载损坏。

解决方案：将螺杆泵、流量计的信号接入控制柜的 PLC 中，在上位机中构建控制画面和编写控制程序，并将控制程序写入 PLC。由上位机、PLC 和其他部件组成了一套流量监控系统，以便及时发现污水泄漏，避免设备损坏。

污水处理厂初沉池一般设有污泥螺杆泵，污泥螺杆泵的作用是将初沉池污泥泵入储泥池。初沉池污泥中含有大量毛发及纤维，管路设置较长，容易造成螺杆泵运转时因管道堵塞而过热，影响工艺生产，需要设计一套螺杆泵及管道流量闭环控制系统。螺杆泵闭环控制原理如图 12-1 所示。

图 12-1　螺杆泵闭环控制原理

控制器是 PLC，执行器是螺杆泵，被控对象是流量计，流量计通过反馈环节将信号传至中控室与设定的比较器进行比较。若满足给定值则继续开启螺杆泵，若不满足给定值则停止螺杆泵。螺杆泵的控制程序中增加了流量值与螺杆泵启停的连锁，当自动开启螺杆泵超过 30s 污泥流量仍小于 $15m^3/h$ 时，上位机发出报警，并且自动停止螺杆泵。待人工检查螺杆泵及管路无故障后，在上位机点击连锁复位按钮，此时可再次开启螺杆泵，这样可以避免螺杆泵因管路堵塞而发生故障。

第13章

电动机、泵类设备

13.1 潜污泵运行维护的主要内容是什么？常见故障有哪些？

答 潜污泵运行维护的主要内容如下。

① 泵启动前检查叶轮是否转动灵活、油室内是否有油。通电后叶轮旋转方向应正确。

② 检查电缆有无破损、折断，接线盒电缆线的入口密封是否完好，发现有可能漏电及泄漏的地方及时妥善处理。

③ 严禁将泵的电缆当作吊线使用，以免发生危险。

④ 定期检查电动机之间和地之间的绝缘电阻，低于允许值时，检查电泵接地是否牢固可靠。

⑤ 泵停止使用后应放入清水中运转数分钟，防止泵内留下沉积物，保证泵内的清洁。

⑥ 泵不用时，应从水中取出，不要长期浸泡在水中，以减少电机定子绕组受潮的机会。当气温很低时，需防止泵壳内冻冰。

⑦ 叶轮和泵体之间的密封不应受到磨损，间隙不得超过允许值，否则应更换密封环。

⑧ 运行半年后应经常检查泵的油室密封状况，如油室中油呈乳化状态或有水沉淀出来，应及时更换 $10^\#\sim30^\#$ 机油和机械密封件。冷却油应每年更换一次。

⑨ 不要随便拆卸电泵零件，需拆卸时不要猛敲、猛打，以免损坏密封件。正常条件下，工作一年后应进行一次大修，更换已磨损的易磨损件并检查紧固件的状态。

⑩ 对轨道式潜污泵，日常巡视过程中应注意进水泵的声音是否正常，有无异常振动，若有异常情况应及时处理。每半年应将潜水泵提出，检查水泵各部位的螺栓是否松动或损坏，若有问题应及时紧固或更换。

水泵常见故障有以下几种。

（1）泵不出水

其可能原因是泵内有空气存在，遇到这种情况时，可先将泵关闭，然后重新开启即可。另外，也可能是叶轮中存在木头等硬物将泵堵住，此时需将泵提出清理。

（2）泵杂声大，振动大

其可能原因是泵底座损坏，或是泵上的螺钉松动，需将泵提出检查。

（3）电流显示值比标准高出许多

在排除泵中夹有异物的前提下，需将泵关闭，由专业维修人员进一步检查。

13.2　离心泵工作原理是什么？

答　离心泵的泵体部分由叶轮和泵壳所组成，叶轮由电动机带动高速旋转时，充满在泵体中的液体被带着转动。由于离心力的作用，液体离开叶轮时具有一定的压强，并以较大的速度被抛向泵壳。与此同时，在叶轮的中心形成低压，使液体不断吸入，这样，液体源源不断地吸入泵内并产生一定的压强而排至压出管，输送到需要的地方。

13.3　离心泵的基本性能参数有哪些？

答　离心泵在出厂前都在泵体上钉有一块铭牌，上面刻有泵的型号、流量扬程、转数、轴功率和效率等有关离心泵性能的指标，表明了该泵的整体性能。

（1）泵的流量

又称输液量，指泵在单位时间内输送液体的体积。表示流量 Q 的各种单位有 L/s、m^3/h 等。

（2）泵的扬程

又称压头，表示泵提供给液体的压头，用 H 表示，单位为"米液柱"，一般简称"米"。通常一台泵的扬程是指铭牌上的数值，实际扬程比此值要低，因为沿管路有阻力损失，多少要由管路布置情况来决定。

（3）泵的转速

指叶轮每分钟的转速。转速有规定的数值（额定转速）。实际转速和规定转速不一致时会引起泵性能发生变化；增加转速可加大排水量，但造成动力机械超载或带不动，且零件易损坏；降低转速会使排液量和扬程减小，设备利用率降低，所以通常不允许改变泵的转速。

（4）泵的轴功率

指泵轴单位时间内消耗的能量。泵在输送液体过程中对液体做了功（单位有 J 等），而单位时间内所做功的大小叫功率（通常用"W"作为功率的单位），离心泵在单位时间内把一定量的液体输送到某一高度，这个功率又叫有效功率。泵的有效功率可用下式表示：

$$N_{有效}=\rho QHg$$

式中　$N_{有效}$——泵对液体所做的有效功率，W；

　　　　ρ——液体的密度，kg/m^3；

　　　　Q——泵的流量，m^3/s；

　　　　H——泵的实际扬程，m；

　　　　g——重力加速度，$9.81 m/s^2$。

泵要靠电动机带动，电动机输送给泵一定的功率，泵才能对液体做功。电动机输送给泵的功率叫泵的轴功率。泵的轴功率一定大于泵的有效功率，因为泵在运行中不可避免地有功率的损耗。

（5）泵的效率

指泵的有效功率和轴功率的比值。轴功率一定时，有效功率越大，泵效率越高；反之，泵效率就越低。目前，一般离心泵的效率是 60%～80%。

13.4　离心泵的使用常识有哪些？

答　离心泵的使用常识如下。

① 离心泵的安装位置受允许吸上（或吸入）高度即吸程的限制，超过这个高度，离心泵就不能正常工作，甚至无法吸入液体。同时，被输送液体的温度越高，允许吸上高度就越低。表 13-1 中列出了输送不同温度的水时，一般离心泵的允许吸上高度，供参考。

表 13-1　离心泵输送水时的允许吸上高度（参考值）

温度/℃	10	20	30	40	50	60	65
吸上高度/m	6	5	4	3	2	1	0

如果泵的实际吸入高度超过允许吸入高度，液体在叶轮入口附近就会部分汽化，继续流到叶轮压强较高处，气泡又迅速凝结，使周围的液体迅速合拢，从而产生强烈的水力冲击，其频率每秒 2 万～3 万次，使叶轮表面造成严重的损伤。这种现象叫做汽蚀现象。汽蚀会对泵产生严重的破坏作用，所以它是影响泵的寿命的一个重要因素。

为不致降低泵的允许吸入高度，在吸入管路中应尽量避免设置不必要的管件，而且吸入管路的直径通常较压出管路为大。在调节流量时，也需注意不要关小入口阀，只需调节出口阀。

② 离心泵在开动前，泵内和吸入管路内必须充满液体，当气体存在时，就不能吸入液体，这种现象叫气缚。其原因是气体的密度比液体小得多，所受的压力也小得多，因此在泵内产生的压差也很小，不足以在入口处形成足够的真空度来抽吸液体。为了防止气缚的产生，在泵的吸入管底部装一单向阀（称底阀），使泵和吸入管内充满液体。另外，在吸入管路和泵轴填料函处均不应漏气。

③ 为了减小电机在启动时的负荷及防止出口管路发生水力冲击，泵的出门阀应在启动前关闭。但在出口阀关闭的情况下，运转时间不宜太长（例如不超过 2～3min），以免泵发热；停泵时，应先关闭出口阀，以免液体倒流。如较长时间不用时，应将泵内和管路内的液体放净。

13.5　离心泵的常见故障有哪些？

答　在废水处理运行中，离心泵产生故障的种类很多，表现的形式也多种多样。一般来说，根据故障的性质可分为以下四大类。

（1）性能故障

由于各种原因，使离心泵的性能（如流量、扬程等）达不到规定的要求。

（2）磨损腐蚀故障

由于废水对泵的腐蚀或水中夹带固体造成的磨损。

（3）密封损坏故障

由于填料密封或机械密封损坏造成的故障。

（4）其他机械故障

由于其他各种机械损坏所造成的故障。

13.6 离心泵的故障原因有哪些？

答 离心泵的故障不仅直接影响废水处理设施的运行，甚至使泵不能正常运转而被迫停机。为消除故障，必须找出产生故障的原因，再采取相应的措施，使离心泵正常运行。离心泵产生故障的原因如下。

① 由于离心泵吸入管路的法兰连接不严密，空气进入泵的吸入端。

② 由于未灌泵或已灌泵但没有排净气体，管内或泵壳内存有气体。

③ 吸入管底阀失灵、底阀或滤网被堵塞。

④ 吸入管底阀关闭不严，灌泵时液体倒流出而灌不满。

⑤ 由于废水液面降低，吸入管口淹没深度不够，或安装高度超过泵的允许吸上高度。

⑥ 被吸入侧液面的压力下降，或液体温度升高。

⑦ 离心泵的转速不够，或电动机反转。

⑧ 叶轮严重腐蚀，叶轮松脱或叶轮反装（特别是双吸泵）。

⑨ 离心泵的排出端压力超出了设计压力，造成反压过高。

⑩ 废液温度降低，而黏度增大，或超过设计限定黏度。

⑪ 由于调节阀开启太小或单向阀失灵，以及管路堵塞等原因，使排出管路的阻力增大。

⑫ 排出管路中有气泡。

⑬ 叶轮被吸进的黏杂物缠绕，或多级泵的中间级堵塞。

⑭ 转子不平衡，或轴弯曲变形。

⑮ 泵轴或电机轴不同轴，靠背轮不对中。

⑯ 机座的地脚螺栓松动，或地基的基础薄弱。

⑰ 轴瓦或滚动轴承损坏，轴瓦太紧或间隙过大。

⑱ 叶轮的进口环严重磨损，间隙太大。

⑲ 填料函压得过紧，填料密封损坏或轴套磨损。

⑳ 填料所用材料选择不当，填料或水封环安装不合适。

㉑ 机械密封选型不合适或安装不合格，造成机械密封损坏。

㉒ 冷却系统结垢、堵塞、冷却水供应不足或中断。

㉓ 轴瓦或轴承内进入尘埃污物或腐蚀性液体。

13.7 螺杆泵的主要结构和工作原理是什么？

答 污水处理中使用的污泥螺杆泵为容积式泵，主要工作部件由定子与转子组成。转子是一个具有大导程、大齿高和小螺纹内径的螺杆，定子是一个具有双头螺线的弹性衬套，转子与定子相互配合形成互不相通的密封腔。当转子在定子内转动时，密封腔由吸入端向排出端运动，输送的污泥介质在密封腔内连续排出。一般螺杆泵均可实现反向排泥。螺杆泵可输送动力黏度达 50000MPa·s 的污泥，污泥含固率可达 60%（在污水处理厂使用时，污泥含固率一般不超过 8%），可以通过调节转速实现对流量的控制。

污泥螺杆泵的驱动头与泵体可采用直联式，工作时需设置干运行保护器。在选用时，应特别注意工作部件，特别是转子的抗磨防腐能力。为了避免污泥中纤维或大块杂物对泵体的损坏，在使用时一般应考虑配套设置污泥破碎机。

13.8　螺杆泵运行维护管理的主要内容有哪些？

答　① 螺杆泵在初次启动前，应将所有构筑物、管道进行清理，防止杂物进入泵体。大量而坚硬的杂物会加快螺杆、套的磨损，减少定子和转子的使用寿命。

② 平时启动前应打开进出口阀门，启动时应充满介质，不允许空转，输送的介质对泵体有冷却和润滑作用。

③ 在首次运转前和大修后，应校验同轴度精确度，以保证平稳运行。

④ 在运行过程中，基座螺栓的松动会造成机体的振动、移动、管线破裂等现象，尤其是万向节和挠性轴连接处的螺栓，经常检查螺栓的牢固性。

⑤ 正常运行时，填料函处会滴水，水起到润滑作用，正常应每分钟 50～100 滴，超过时应紧螺栓或更换盘根。

螺杆泵的润滑部位主要有变速箱、轴承内的滚动轴、联轴节。不同部位所用的润滑剂不一样，运行中根据使用说明书的要求加以润滑。

⑥ 对运转中的螺杆泵巡视，白天 2h 一次，晚间 4h 一次，并应注意如下事项。

a. 地脚螺栓、法兰盘、联轴器是否松动；

b. 变速箱油位是否正常，是否漏油，是否升温，轴承是否升温；

c. 注意吸入管上的真空表和出泥管的压力表的读数，可发现泵是否空转，管路是否堵塞；

d. 听运转时有无异常声音。

⑦ 认真填写运行记录。主要记录的内容有工作时间与累计时间、加换油记录、填料滴水情况及大中小修记录等。

⑧ 定子和转子应定期更换，更换方法、周期参照使用说明书的有关要求进行。

13.9　螺杆泵运行过程中的常见故障及原因有哪些？

答　(1) 不能启动

① 新泵或新定子摩擦太大，此时可加入液体润滑剂（水或肥皂水等），用管钳人工强制转动，一直转动到转动灵活后，再开机运行。

② 电压不合适，控制线路故障，缺相运行。

③ 泵体内物质含量大，有堵塞。

④ 停机时介质沉淀，并结块。出口堵塞及进口阀门未开。

⑤ 冬季冻结。

⑥ 万向节等处被大量缠绕物塞死，无法转动。

(2) 不出泥

① 进出口堵塞及进口阀门未开。

② 万向节或者挠性连接部件脱开。

③ 定子严重损坏。

④ 转向反。

（3）流量过小

① 定子磨损，出现内漏。

② 转速太低。

③ 吸入管漏气。

④ 工作温度太低，使定子冷缩，密封不好。

⑤ 轴封泄漏。

（4）噪声及振动过大

① 进出口阀门堵塞或进出口阀门未打开（此时伴有不出泥现象）。

② 各部位螺栓松动。

③ 轴承损坏（此时伴有轴承架或变速箱发热）。

④ 定子或转子严重磨损（此时伴有出泥量小）。

⑤ 泵内无介质，干运转。

⑥ 定子橡胶老化，炭化。

⑦ 电机减速器与泵轴不同心或者联轴器损坏。

⑧ 联轴器磨损松动。

⑨ 变速箱齿轮磨损点蚀。

（5）填料函发热

① 填料压得太紧。

② 填料质量不好或选用不当。

（6）填料函漏水漏泥多

① 填料选用不当。

② 填料未压紧或者失效。

③ 轴磨损太多。

13.10　计量泵日常管理的主要内容有哪些？

答　① 应保持油箱内有一定油位，并定时补充。

② 填料密封处的泄漏量，每分钟不超过 8～15 滴，若泄漏量超过时应及时处理。

③ 注意观察各主要部位的温度情况，电动机温度不超过 70℃；传动机箱内润滑油温度不超过 65℃；填料函温度不超过 70℃；若系长期停用，应将泵缸内的介质排放干净，并把表面清洗干净，外露的加工表面涂防锈油。

13.11　计量泵的常见故障和排除方法有哪些？

答　计量泵的常见故障和排除方法见表 13-2。

表 13-2　计量泵的常见故障和排除方法

故障现象	故障原因	排除方法
完全不排液	1. 吸入高度太高 2. 吸入管道阻塞 3. 吸入管道漏气	1. 降低安装高度 2. 清洗疏通吸入管道 3. 压紧或更换法兰垫片

故障现象	故障原因	排除方法
排液量不够	1. 吸入管道局部堵塞 2. 吸入或排除阀内有杂物卡阻 3. 充油腔内有气体 4. 充油腔内油量不足或过多 5. 补偿阀或安全阀漏油 6. 泵进出口止回阀磨损关闭不严 7. 转速不足	1. 疏通吸入管道 2. 清洗吸排阀 3. 人工补油使安全阀跳开排气 4. 经补偿阀做人工补油或排油 5. 对阀进行研磨 6. 修理或更换阀件 7. 检查电动机或电压
计量泵精度不够	1. 充油腔内有残余气体 2. 安全阀或补偿动作失灵 3. 柱塞密封填料漏夜 4. 隔膜片发生变形 5. 吸入或排除阀磨损 6. 电极转速不够	1. 人工补油使安全阀跳开 2. 按安全补油阀组的调试方法进行调整 3. 调整或更换密封圈 4. 更换膜片 5. 更换新件 6. 稳定电源频率和电压
运转中有冲击声	1. 传动零件松动或严重磨损 2. 吸入高度过高 3. 吸入管道漏气 4. 隔膜腔内油量过多 5. 介质中有空气 6. 吸入管径太小	1. 拧紧有关螺钉或更换新件 2. 降低安装高度 3. 压紧吸入阀 4. 清压补偿阀做人工瞬时排油 5. 排除介质中空气 6. 增大吸入管径
输送介质油污染	隔膜片破损	更换新件

13.12　螺旋泵运行管理、检查和保养的主要内容有哪些?

答　① 开机前应转动检查,注意有否刮槽现象。同时检查联轴器之间的弹性柱销磨损情况,如损坏应及时更换。

② 机组运行时,每隔 2h 上池巡视一次,巡视见有异常应停机检查,故障排除后才可恢复运行。

③ 保持机组及周围的清洁,保持走道及台阶上无积泥,机体锈蚀应及时涂刷防锈漆。

④ 齿轮减速器箱内注入规定的润滑油,经常检查齿轮减速箱油位和渗漏现象。

⑤ 上轴承连续运行一周应加注规定的Ⅱ号铝基润滑脂一次。每年清洗上轴承一次。

⑥ 下轴承连续运行 6 个月应放空池水,检查更换密封填料和加注 1 号铝基润滑脂(注入量以压出容积内原润滑脂 1/3 为度),每年清洗下轴承一次。

长期停用的螺旋泵应每月试车一次。泵轴的位置每周对称翻转一次以防变形。恢复运行时应检查电动机的转向。

螺旋泵的整机使用年限不少于 10 年,齿轮减速箱使用年限不少于 5 年,连续运行无故障时间不少于 8000h。

13.13　水泵运行操作过程中应注意哪些问题?

答　水泵是一种动力输水设备,废水处理厂的水泵以离心泵为主,也使用一些螺旋泵、螺杆泵和柱塞泵等。水泵运行操作过程中应注意以下问题。

① 开泵前应细致进行下列检查(尤其是新安装或大修后的泵):检查集水井水位是否过

低、格栅或进水口是否堵塞。检查电动机的正转、反转，联轴器的同心度和间隙，各部分螺栓是否松动，用手转动联轴器看是否灵活，泵内是否有响声，显示的润滑油液位是否足够，泵及电机周围是否有妨碍运转的东西。

② 开泵时，人离机器要保持一定的安全距离，开车后应立即开启出水闸门，并密切注意水泵声音、振动等运转情况，发现不正常应马上停车检查。

③ 检查各个仪表工作是否正常、稳定、特别注意电流表是否超过电动机额定电流，异常时应立即停车检查。

④ 水泵流量是否正常，可以根据流量计读数、电流表电流的大小、出水管水流以及集水井水位的变化情况来估计。力求使水泵在其最佳工况下运行。

⑤ 检查水泵密封件是否发热，滴水是否正常。

⑥ 注意机组的噪声、振动情况。

⑦ 注意轴承、泵壳和电动机温升，如过高需停泵检查。

⑧ 检查水泵、管道有否漏水，检查各种连接是否松动。

⑨ 停泵后把泵及电动机表面的水和油渍擦干净。

水泵的日常维护保养工作主要有：泵房和机组表面清洁工作，轴承的油位、油质和温度的定期检查、密封件检查和更换等。对没有马上安装或备用的水泵仔细保护，所有未上涂料的表面均要刷防锈漆。对轴承加入适量润滑油，泵的清洗（外部，进、出水管，泵内壳和叶轮），封闭进、出水口，放在干燥、阴凉的地方，每月转动一次泵轴，并润滑轴承。

13.14 污水处理过程中泵运行管理"四勤"的主要内容有哪些?

答 (1) 勤看

① 电压表数值是否在设定范围（±10%），三相是否平衡。

② 电流表数值是否在额定范围。

③ 水泵油箱油位是否符合标准，有无漏油现象。

④ 密封盘根有无严重漏水。

⑤ 泵房底层有无存水，集水井水位变化是否正常。

⑥ 信号指示灯是否正常。

⑦ 流量计和压力表读数是否正常。

⑧ 各电器接点处有无过热而变色现象。

⑨ 电器设备金属外壳接地是否良好。轴封和电动机是否冒烟。

⑩ 各紧固件是否松动。各类设备外壳、泵站清洁和防腐状态是否良好。

(2) 勤听

① 电动机运转发出的声音是否正常。

② 电动机及水泵轴承有无因破裂或缺油而发出异常声响。

③ 水泵内有无叶轮破碎或其他垃圾杂物的撞击声。

④ 各种电磁吸铁、无压释放线圈有无特殊声响。

⑤ 水泵连接管道振动与声音是否正常。

(3) 勤嗅

① 各类变压器、线圈有无因过载而产生焦煳味。

② 导线是否过热产生焦煳味。

③ 水泵密封件是否过紧产生焦煳味。

（4）勤摸

① 电动机外壳是否超过额定温升。

② 水泵油箱外壳温升是否正常。

③ 水泵法兰滴水温度是否正常。

④ 相关电器设备外壳温升是否正常。

⑤ 电动机及水泵轴承外壳温升是否正常。

⑥ 有绝缘体包扎的导线温升是否正常。

⑦ 电动机和传动部分及水泵有无异常振动。

⑧ 电动机出风口的空气温度是否过高。

13.15 水泵运行过程中的常见故障及原因有哪些？

答 水泵运行过程中的常见故障及原因分析如表 13-3 所示。

表 13-3 水泵运行过程中的常见故障及原因分析

故障特征	原因分析
长期运行的水泵流量偏小，出水压力偏低，泵体和电机壳发热	泵入口阀门开启失灵，或阀杆断裂、阀瓣脱落，泵入口处杂物堵塞，叶轮与密封圈的间隙因摩擦增大
泵启动后电机电流高居不下，强烈的振动与噪声，轴封处有焦煳味或冒烟，关机后无惯走时间而紧急停转	盘根压得过紧，盘根与轴套之间没有建立起水膜层，使盘根填料失去润滑和冷却，造成轴封冒烟，转动阻力太大使得电流升高、泵体振动
出水不稳	没有灌引水就启动或启动失败，抽吸管空气泄漏等
轴承经常损坏	润滑不当或润滑剂质量不好、受污染，轴向或径向负荷过大，轴偏离中心，轴承安装不准确，叶轮或联轴器转动不平衡，管道固定不当，泵/电动机与基础连接不稳等

13.16 三相异步电动机启动前应做哪些准备？

答 三相异步电动机在环保设备中应用广泛，它的正确运行和操作直接影响到设备的性能和寿命。对新安装或久未运行的电动机，在通电使用之前必须先做下列检查以验证电动机能否通电运行。

（1）安装检查

要求电动机装配灵活、螺栓拧紧、轴承运行无阻、联轴器中心无偏移。

（2）绝缘电阻检查

要求用兆欧表检查电动机的绝缘电阻，包括三相相间绝缘电阻和三相绕组对地绝缘电阻，测得的数值一般不小于 $10M\Omega$。

（3）电源检查

一般当电源电压波动超出额定值的 $+10\%$ 或 -5% 时，应改善电源条件后投运。

（4）启动、保护措施检查

要求启动设备接线正确（直接启动的中小型异步电动机除外）；电动机所配熔丝的型号合适；外壳接地良好。

在以上各项检查无误后，方可合闸启动。

13.17　电动机启动时应注意哪些事项？

答　① 合闸后，若电动机不转，应迅速、果断地拉闸，以免烧毁电动机。

② 电动机启动后，应注意观察电动机，若有异常情况，应立即停机。待查明故障并排除后，才能重新合闸启动。

③ 鼠笼型电动机采用全压启动时，次数不宜过于频繁，一般不超过 3～5 次。对功率较大的电动机要随时注意电动机的温升。

④ 绕线式电动机启动前，应注意检查启动电阻是否接入。接通电源后，随着电动机转速的提高而逐渐切除启动电阻。

⑤ 几台电动机由同一台变压器供电时，不能同时启动，应由大到小逐台启动。

13.18　电动机运行过程中监视的主要内容有哪些？

答　对运行中的电动机应经常检查它的外壳有无裂纹、螺钉是否有脱落或松动、电动机有无异响或振动等。监视时，要特别注意电动机有无冒烟和异味出现，若闻到焦煳味或看到冒烟，必须立即停机检查处理。

对轴承部位要注意它的温度和响度。温度升高，响声异常则可能是轴承缺油或磨损。联轴器传动的电动机，若中心校正不好，会在运行中发出响声，并伴随着发生电动机振动和联轴节螺栓胶垫的迅速磨损。这时应重新校正中心线。皮带传动的电动机，应注意带不应过松而导致打滑，但也不能过紧而使电动机轴承过热。

在发生以下严重故障情况时，应立即停机处理。

① 人身触电事故。

② 电动机冒烟。

③ 电动机剧烈振动。

④ 电动机轴承剧烈发热。

⑤ 电动机转速迅速下降，温度迅速升高。

13.19　如何对异步电动机进行定期维修？

答　异步电动机定期维修是消除故障隐患、防止故障发生的重要措施。电动机维修分月维修和年维修，俗称小修和大修，前者不拆开电动机，后者需把电动机全部拆开进行维修。

（1）定期小修的主要内容

定期小修是对电动机的日常维护检查。内容包括以下几点。

① 清擦电动机外壳，除掉运行中积累的污垢。

② 测量电动机绝缘电阻，测后注意重新接好线。

③ 检查电动机端盖、地脚螺钉是否紧固。

④ 检查电动机接地线是否可靠。

⑤ 检查电动机与负载机械间的传动装置是否良好。

⑥ 拆下轴承盖，检查润滑油是否变脏、干涸。应及时加油或换油，处理完毕后，注意上好端盖及紧固螺钉。

⑦ 检查电动机附属部件和保护设备是否完好。

（2）定期大修主要内容

异步电动机的定期大修应结合负载机械的大修进行。大修时内容包括以下几点。

① 拆开电动机进行的检查修理。检查修理项目如下。检查电动机各部件有无机械损伤，若有则应做相应修复。对拆开的电动机和启动设备，进行清理，清除所有油泥、污垢。清理中注意观察绕组绝缘状况。若绝缘为暗褐色，说明绝缘已经老化，对这种绝缘要特别注意不要碰撞使它脱落。若发现有脱落就进行局部绝缘修复和刷漆。

② 拆下轴承。浸在柴油或汽油中彻底清洗。把轴承架与钢珠间残留的油脂及脏物洗掉后，用干净柴（汽）油清洗一遍。清洗后的轴承转动灵活，不松动。若轴承表面粗糙，说明油脂不合格；若轴承表面变色（发蓝）则它已经退火。根据检查结果，对油脂或轴承进行更换，并消除故障原因（如消除油中砂、铁屑等杂物；正确安装电动机等）。轴承新安装时，加油应从一侧加入。油脂占轴承内容积 1/3～2/3 即可。油加得太满会发热流出。润滑油可采用钙基润滑脂或钠基润滑脂。

③ 检查定子绕组是否存在故障。使用兆欧表测绕组电阻可判断绕组绝缘是否受潮或是否短路。若有，应进行相应处理。

④ 检查定子、转子铁芯有无磨损和变形，若观察到有磨损处或发亮点，说明可能存在定子、转子铁芯相擦。应使用锉刀或刮刀把亮点刮低。若有变形应做相应修复。

⑤ 在进行以上各项修理、检查后，对电动机进行装配、安装。

⑥ 安装完毕的电动机，应进行修理后检查，符合要求后，方可带负载运行。

13.20　电动机通电后电动机不启动的可能原因和处理方法有哪些？

答　异步电动机的故障可分机械故障和电气故障两类。机械故障如轴承、铁芯、风叶、机座转轴等的故障，一般比较容易观察与发现。电器故障主要是定子绕组、转子绕组、电刷等导电部位出现的故障。当电动机不论出现机械故障或电器故障时都将对电动机的正常运行带来影响。

一般造成故障的可能原因有：

① 定子绕组接线错误；

② 定子绕组断路、短路或接地，绕线电机转子绕组断路；

③ 负载过重或传动机构被卡住；

④ 绕线电机转子回路断线（如变阻器断路、引线接触不良等）；

⑤ 电源电压过低。

处理方法有：

① 检查接线，纠正错误；

② 找出故障点，排除故障；

③ 检查传动机构及负载；

④ 找出断路点，并加以修复；

⑤ 检查原因并排除。

13.21　电动机温升过高或冒烟的原因有哪些？

答　电动机温升过高或冒烟的原因如下。

① 负载过重或启动频繁。

② 三相异步电动机断相运行。

③ 定子绕组接线错误。

④ 定子绕组接地或匝间、相间短路。

⑤ 鼠笼式电动机转子断条。

⑥ 绕线式电动机转子绕组断相运行。

⑦ 定子、转子相擦。

⑧ 通风不良。

⑨ 电源电压过高或过低。

处理措施有以下几点。

① 减轻负荷，减少启动次数。

② 检查原因、排除故障。

③ 检查定子绕组接线，加以纠正。

④ 查出并修复接地或短路部位。

⑤ 铸铝转子必须更换，铜条转子可修理或更换。

⑥ 检查轴承、转子是否变形，进行修理或更换。

⑦ 检查通风及电动机转向。

13.22　潜水搅拌器的适用范围是什么?

答　潜水搅拌机一般安装在污水处理厂的生物池、沉淀池、混凝池等构筑物中，用于搅拌悬浮物高的污水、含水率高的污泥、生化池混合液等，能够起到混合、均液、避免污泥沉淀、形成水流等作用，是污水处理工艺过程中必不可少的设备。

13.23　潜水搅拌器的启动及启动前的检查事项是什么?

答　(1) 启动

检查齿轮箱或轴封室中的油位。油必须加注到齿轮箱或轴封室容量 $50\%\sim75\%$ 的位置。由于压力可能积聚在油室中，应在卸掉齿轮箱或轴封室的压力后，再卸下油位螺丝。如果需要，可以通过加油孔向齿轮箱或轴封室中加注机油。

(2) 启动前

① 检查桨叶的转动方向是否正确。

② 确保潜水搅拌器或潜水推流器完全潜没在液体中。潜水搅拌器或潜水推流器在工作期间必须总是潜没在液体中。

③ 确保水池中无固体妨碍。

13.24　怎样进行潜水搅拌器的维护?

答　在进行潜水搅拌器维护维修之前，首先必须切断电源，所有转动部件停止转动，再进行维护维修工作。

维护服务表见表 13-4（以格兰富公司的设备为例）。

表 13-4　维护服务

	类型	维修服务指导	润滑	检查
电动机	所有类型	保持电机外壳清洁,否则会影响冷却。只有格兰富人员才有权拆装电机外壳	滚珠轴承免维护。如果噪声增大则必须更换	
电源线	所有类型			一年对供电电缆进行两次检查,包括表面损伤、拉伸、打结等情况。若发现损坏,需由格兰富公司更换电缆
轴封室	SMD	如有磨损,更换唇式密封和磨损的环。如果油中进水,则需更换轴封	如果油中含有水或被污染,更换机油。至少每两年更换一次机油	如果未对轴封室的进水进行检测,建议每 6 个月进行一次检测
齿轮箱	SMG SFG	如有磨损,更换唇式密封和磨损的环。如果油中进水,则需更换轴封	如果油中含有水或被污染,更换机油。至少每两年更换一次机油。如果需要,另新加注	如果未对轴封室的进水进行检测,建议每 6 个月进行一次检测
桨叶	所有类型			定期检查桨叶的磨损情况,如果磨损严重,需进行动平衡实验,保证桨叶的动平衡状态,及时清理桨叶上缠绕的异物
绞车	所有类型	定期在绞盘喷涂保护油,以防止腐蚀	用万能润滑脂对齿轮齿与轴承刷进行一年两次的润滑	
起吊钢丝绳	所有类型	定期抹油或抹润滑脂可以延长起吊钢丝绳的使用寿命		定期检查起吊钢丝绳的使用状态,如钢丝绳出现起刺和局部断裂的情况,必须更换
螺丝和螺栓	所有类型	日常维护时必须检查搅拌器上的固定螺丝紧固性。每次清理池底时也必须检查搅拌器支架和地脚螺丝的紧固性	当拧紧螺丝和螺栓时,如有必要,更换新的螺纹锁固剂	

13.25　潜水搅拌器的机油用量和更换机油有哪些?

答　(1) 机油用量

机油用量见表 13-5 (以格兰富公司为例)。

表 13-5　机油用量

类型	齿轮箱或轴封室/L
SMD. 09—18. ××	0.13
SMD. 19—35. ××	0.26
SMG. 09—45. ××	1.2
SMG. 48—130. ××	2.5
SMG. 120. 78. H SMG. 140—185. ××	4.0
SFG. ××. 130. ××	1.3
SFG. ××. 180. ××	3.2
SFG. ××. 230. ××	3.2
SFG. ××. 260. ×× SFG. ××. 150. H. ××	4.6

（2）更换机油

更换机油按以下步骤操作（以格兰富公司的搅拌器或推流器为例）如图 13-1 所示。

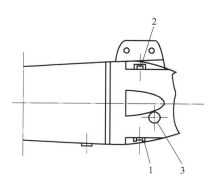

图 13-1　放油螺丝和加油螺丝的位置

① 将搅拌器或推流器横放在支持物上，然后在其下方放置一个容器用来收集机油。

② 拧下加油螺丝（位置 2）。

③ 拆下放油螺丝（位置 1），然后将油腔中的机油排放到一个玻璃杯内，作为样本。使从油腔中放出的机油放置一会，检查机油含有杂质、水的情况，如含有杂质过多或出现乳化现象，必须更换机油和轴封。

④ 清洁并重新装上放油螺丝（位置 1）。

⑤ 通过加油孔（位置 2）往油腔内加油。

⑥ 重新装上加油螺丝（位置 2）。位置 3 是油位口。

13.26　潜水搅拌器常见故障及排除方法有哪些？

答　潜水搅拌器常见故障及排除方法见表 13-6。

表 13-6　潜水搅拌器常见故障及排除方法

故障现象	故障原因	排除方法
搅拌器或推流器不启动	无电力供应或电力供应发生故障	找电工维修
	电源线故障	找电工维修
	控制系统故障	找电工维修
	桨叶转不动或转动不顺畅	清除桨叶上的缠绕物，手动检查桨叶的转动情况，如桨叶不能转动，需要进一步检查轴承、电机的情况
	定子线圈故障	联系厂家
	电机因过热而切断	等待电机冷却，再重启潜水搅拌器或潜水推流器
	相电压不平衡	找电工维修
	过载继电器参数设定过低或出现故障	检查过载继电器的工作状态，调节过载继电器到额定参数
	泄漏传感器切断搅拌器或推流器	联系厂家
	电机受潮	联系厂家

故障现象	故障原因	排除方法
搅拌器或推流器启动后立即停止	定子线圈故障	联系厂家
	相电压不平衡	找电工维修
	过载继电器参数设定过低或出现故障	检查过载继电器的工作状态,调节过载继电器到额定参数
	泄漏传感器动作,切断搅拌器或推流器电源	联系厂家
	电机受潮	联系厂家
电机工作,但水池中不产生循环流动或流向不对	桨叶转动方向错误	互换主电源的任意两相
	搅拌器或推流器在两相上工作	1. 检查电气联接 2. 更换故障保险丝 3. 找电工修理
	内部零件磨损	联系厂家
	桨叶叶片脏污或损坏	清洁叶片,检查是否有磨损。如果桨叶叶片磨损或损坏,请联系厂家
搅拌器或推流器运行不平稳且有噪声	内部零件磨损	联系厂家
	桨叶叶片脏污或损坏	清洁叶片,检查是否有磨损。如果桨叶叶片磨损或损坏,请联系厂家
	电机故障或齿轮箱滚珠轴承故障	联系厂家
	搅拌器安装不到位	检查安装情况
耗电量过高	供电电路发生故障	找电工修理
	电源线故障	找电工修理
	控制系统故障	找电工修理
	桨叶转不动或转动不顺畅	清除桨叶上的缠绕物,手动检查桨叶的转动情况,如桨叶不能转动,需要进一步检查轴承、电机的情况
	定子线圈故障	联系厂家
	搅拌器或推流器在两相上工作	1. 检查电气联接 2. 更换故障保险丝 3. 找电工修理
	内部零件磨损	联系厂家
	电机故障或齿轮箱滚珠轴承故障	联系厂家

13.27 潜水轴流螺旋桨泵的适用范围、功能特点和工作环境有哪些?

答 潜水轴流螺旋桨泵的适用范围、功能特点和工作环境如下。

(1) 适用范围

潜水轴流螺旋桨泵的叶轮呈螺旋桨状,叶轮转动产生轴向推力,使通过泵的液体轴向流动,通常称这种泵为轴流泵。轴流泵常用于需要流量大、扬程低(10m 以下)的地方,该泵适用于广泛的公共设施和工业应用中的雨水及废水泵送作业,例如洪水和雨水控制,大量水的排水/灌溉，吸入未经净化的水，大型城市污水处理厂的液体输送，大规模水循环，如水上公园等。轴流螺旋泵示意图如图 13-2 所示。

图 13-2　轴流螺旋泵示意

1—吊耳；2—电源电缆；3—电缆入口；4—潜水式电动机；5—湍流优化器（排水密封件）；
6—排水套管；7—防旋转支架；8—吸水套管

（2）功能特点

① 同类产品中最高的液压效率，运行成本更低。

② 小巧轻便的设计，便于搬运和安装。

③ 后掠、自清洁的水力设计提供了良好的无堵塞性能。

④ 先进的工程设计，易于操作和维护。

（3）工作环境

pH 值为 4～10。泵工作液体和环境温度为 0～40℃。泵送液体的最大密度为 1000kg/m^3，最大运动黏度为 $1mm^2/s$（1cSt）。最大允许启动次数如表 13-7 所示。

表 13-7　最大允许启动次数

电机功率/kW	每小时最大启动次数/次
≤15	15
>15～≤75	10
>75	6

注：每年最多启动 5000 次。

为避免绕组、密封件和轴承超载，不得超过上述启动次数。防护等级为 IEC IP68。

13.28　潜水轴流螺旋桨泵启动过程的注意事项有哪些？

答　（1）启动前

在断开电源情况下，从电机侧顺时针方向转动螺旋桨或叶轮，确定轴承是否正常。

① 在接通电源前检查电机电压和频率值是否符合要求。

② 检查电缆外护套是否完好，使水不能通过电缆进入接线盒。如果重新安装电缆，应切断一小段，以确保电缆入口密封套不会再次在相同的点夹住周围的电缆。

③ 检查电缆入口密封套和垫圈是否符合电缆外径。准备电源线，用于连接泵和控制面板时，在连接后，接地线必须至少比其他导线长 50mm。这是为了确保在电缆被意外拔出的情况下，接地线最后一个被断开。

（2）启动程序

① 将电源开关锁定在"Off"位。

② 检查油腔内的油位。

③ 检查螺旋桨或叶轮能否自由转动。

④ 如果有监控单元，检查该单元工作是否正常。

⑤ 确保水泵已经浸没在液体中。

⑥ 打开隔离阀。

⑦ 检查液位开关的设置。

⑧ 打开电源开关，仔细检查水泵的工作情况。

启动后，电机会使泵向与转动方向相反的方向冲击，大型水泵的冲击会非常剧烈，冲击和转动方向见图 13-3。

冲击方向

转动方向

图 13-3　冲击和转动方向

在水泵启动过程中，如果发现泵运转异常如震动过大，噪声过大等，请立即停止泵的运转，进行检修，查找故障并排除。

（3）启动后

严格按照水泵的安全操作规程进行巡视和检查，详细记录水泵的运行参数如电压值、电流值、流量值等。

13.29　潜水轴流螺旋桨泵的保养和维修有哪些？

答　在进行潜水轴流螺旋泵维护维修之前，首先必须切断电源，所有转动部件停止转动后，再进行维护维修工作。维护与维修必须由专业的维修人员进行。

（1）常规检验

正常运行的泵应每年检查两次。检查的情况见表 13-8。

表 13-8　检查情况

检查	纠正方法
泵的外部零件	更换或修复磨损和损坏的外部零件。 确保所有螺丝、螺栓和螺母都拧紧。 检查起重支架/吊环螺栓、链条、钢丝绳的状况
泵耐磨环和螺旋桨/叶轮	如果会影响功能，更换磨损的零件。 检查螺旋桨/叶轮与耐磨环之间的间隙。不得超过 2mm
油室中的泵送液体	警告：如果密封发生泄漏，油室可能会承受压力。始终缓慢拧开油塞，以使压力平衡。 在拧紧螺丝时最好用一块抹布按住检查盖，以防止溢出
定子外壳中的液体	如果定子外壳中有水，原因可能如下： O 形圈损坏； 电缆入口泄漏。 如果定子外壳中有油，原因可能如下： 内密封损坏； O 形圈损坏
电缆入口泄漏	确保电缆夹紧。 确保电缆入口收紧。 切断一小段电缆，以确保密封套卡在电缆的新位置上。 更换密封套。 检查密封套和垫圈是否符合电缆外径
电源电缆	如果外护套损坏，更换电缆。 确保悬挂的电缆没有松弛，电缆已固定到电缆悬挂系统上。在运行时无法摆动
启动设备	如果出现故障，请联系电工
转动方向	如果螺旋桨/叶轮不按顺时针方向旋转，交换两个相。每次泵重新连接时都要检查泵的旋转方向
管道、阀门和其他外围设备	修复故障，并将任何故障或缺陷通知主管
定子绝缘阻抗	使用设置为 1000VDC 的绝缘电阻测试仪。检查各相之间，以及相与接地之间的电阻。测试结果应大于 100MΩ。 根据泵的启动方法检查电源电缆的绝缘电阻
油室中的油	对于间歇运行的泵．每年检查一次。对于持续运行的泵，每半年检查一次

（2）油位及油况

新泵和经过维修的水泵运转一周后检查油位和油的使用状态，确定是否补充机油或换油。完全泵出用过的油，确保排出管通道油室底部。如需完全排空，泵必须倾斜 60°。重新加油后，拧紧油塞到扭矩（80Nm）。按照地方规范来处置废弃的密封油。

（3）电缆入口

检查水泵顶端电缆入口的密封情况，是否出现漏水、电缆保护套破损、电缆挤压等情况。

（4）螺旋桨/叶轮间隙

检查螺旋桨/叶轮与水泵衬套的间隙。

（5）水泵部件

检查吸入和排出套管等是否出现磨损。如需则更换磨损零件。

（6）轴承

在水泵运行的状态下，检查运行时电流的数值是否正常，运行时噪声是否正常，运行时泵的流量和扬程是否正常。如果出现异常，通常需要对泵进行大修来更换轴承。

(7) 大修

通常情况下，泵应每三年在服务站进行一次大修。大修需要专门的工具，应当由授权的服务站进行。

(8) 更换耐磨环

当螺旋桨叶片和耐磨环之间的间隙超过 2 mm 时，必须更换耐磨环。

① 取下螺丝，然后将泵从进气罩上抬起。

② 更换耐磨环。

③ 按照相反顺序重新装配水泵。

(9) 故障排除情况

故障排除情况见表13-9。

表 13-9　故障排除情况

故障现象	故障原因	排除方法
泵未启动	控制面板上显示一个故障信号	如果轴承温度过高,把泵送到服务站修理。 如果定子温度过高,检查水是否能在定子外壳中没有任何阻碍地流动,并且螺旋桨/叶轮能否很容易地旋转。 如果热保护器故障,应联系授权的电工。检查过载保护是否复位
	泵无法手动启动	检查以下项目,必要时采取纠正措施: 控制电压和控制保险丝是否正常? 所有连接是否都已经紧固? 继电器和接触器线圈是否正常工作?
	启动器上显示一个故障信号	检查以下项目,必要时采取纠正措施: 所有相的电源电压是否正确? 主电源开关和保险丝是否完好? 过载保护是否复位? 电机电缆是否损坏
泵启动,但电机保护器在几秒钟后停止泵	电机保护设置过低	检查铭牌上的电机数据,调整电机保护器的设置
	难以手动旋转螺旋桨/叶轮	清除螺旋桨/叶轮上的纤维和碎屑。 清理水坑
	所有三个相上的电压都正确	联系授权的电工
	相电流不平衡或过高	联系授权的电工
	定子的各相之间以及相与地线之间的绝缘有故障	使用设置为1000VDC的绝缘电阻测试仪检查各相之间,以及相与接地(大地)之间的绝缘是否符合该类型电机的正确水平。联系授权的电工
	输送液体的容度过高,超过泵的设计参数	对液体进行稀释
	电机保护装置故障	更换故障的电机保护装置
水泵无法停止	泵无法将水坑排空到停止液位	检查以下项目,必要时采取纠正措施: 管道连接是否紧密? 螺旋桨/叶轮是否堵塞? 阀门是否打开
	液位检测设备故障	清洁停止传感器。 检查接触和保持电路。 更换磨损的部件
	停止液位设置得太低	增加停止液位

故障现象	故障原因	排除方法
泵快速地 按顺序启动、 停止又启动	泵由于回流再次将水坑注 入到启动液位而启动	检查以下项目,必要时采取纠正措施: 启动和停止液位之间的距离是否太小? 阀门(如果有的话)是否正常? 止回阀的功能是否正常
	接触器的保持功能失效	检查以下项目,必要时采取纠正措施: 接触器连接是否正常? 保持电路的电压相对于线圈上的额定电压是否正常

13.30　泵类设备有哪些?

答　在污水处理生产工艺流程中,泵类设备的功能是输送污水、清水、回用水、污泥、浮渣等。从泵类设备的构造来分主要分为叶片泵和容积泵。

(1) 叶片泵

叶片泵主要是以叶轮的转动进行介质的输送。叶片泵按功能可分为轴流泵、离心泵、混流泵等,按介质可分为清水泵、污水泵、砂泵、污泥泵等。

(2) 容积泵

容积泵主要是以泵腔容积的变化进行介质的输送。容积泵按结构可分为隔膜泵、螺杆泵、往复泵、转子式容积泵、旋流泵等,主要用来输送污泥、浮渣、药剂、砂渣等。

13.31　离心泵的工作原理是什么?

答　离心泵的工作原理是通过叶轮高速转动产生的离心力来进行输送的。离水泵在运转时,通过叶轮的高速旋转使水在离心力作用下甩向叶轮外缘,汇集到泵壳的外缘,经过泵壳的蜗形流道通过离心泵的出水口压出泵外。同时,由于叶轮高速转动产生的离心力使得叶轮的中心位置形成负压并且水被甩出造成离心泵的进水口形成负压,这样进水口的水在负压的作用下被吸进离心泵。这样往复循环就形成了离心泵的连续输水。

13.32　离心泵的结构是什么?

答　离心泵的泵体主要由泵壳、泵轴、电机、轴承、机械密封、油室底盘、叶轮、进水口、出水口等组成。

叶轮的形式有封闭式、半开式和敞开式三种。叶轮的作用是将离心泵的机械能传递给液体的动能。泵壳主要是由泵体组成。泵体包括泵的进水口、蜗壳和出水口。一般来说在进水口和出水口上安装有真空表和压力表。在泵体顶部设有放气或加水的螺孔,在泵体底部设有放水螺孔。

泵轴是主要是用来带动叶轮转动的,泵轴的直度要求非常高,一般用经过热处理的优质钢材经过精密设备加工而成,泵轴一端用键、叶轮螺母和弹簧挡圈固定叶轮,另一端由联轴器与电机相连,潜水离心泵的泵轴与潜水电机同轴。

13.33　离心泵的基本性能参数有哪些?

答　离水泵的性能是用性能参数表示的。离心泵的性能参数有流量、扬程、功率、转速、真空度和允许气蚀余量等。

（1）流量

流量是指离心泵在单位时间内所输送液体的体积或质量，常用单位为 L/s、m^3/s、m^3/h、t/h。

（2）扬程

扬程用 H 表示，单位是 MPa、kPa、mH_2O。离心泵的扬程一般是用吸程与压程的和计算。

（3）功率

功率包含轴功率和有效功率，用 N 表示。轴功率指离心泵的输入功率。它表示电机传输给离心泵的功率，常用单位为 kW。有效功率指离心泵的输出功率。它表示在单位时间离心泵输送液体所做的功，常用单位为 kW。

（4）效率

效率指离心泵的有效功率和轴功率的比值，用 η 表示。

13.34　离心式水泵的性能曲线是怎样的？

答　离心泵的性能曲线就是离心泵的流量、扬程、功率等性能参数之间的变化关系。图 13-4 为离心泵性能曲线。

图 13-4　离心泵性能曲线

随着流量的变化，扬程、功率、效率等都发生变化。当流量增大时，功率相应增大，扬程随之变小；当流量减少时，扬程会变大。掌握各种离心泵的性能曲线，能够选择和控制离心泵在高效率下运行。

13.35　离心式潜污泵的构造及特点是什么？

答　离心式潜污泵的泵体全部在水下工作，只需要安装基座和耦合装置，可以不设置进水管道和进水阀门，初始运行时不需要先注水。相比较干式的离心泵来说，离心式潜污泵结构紧凑且体积小，在进行维护检修时，只需将离心潜污泵调离水面放置在平台上进行即可。

但是离心式潜污泵的电机和泵轴都在水下工作，如果密封不好，很容易造成电机进水烧毁、轴承进水损坏，所以离心式潜污泵对机械密封的性能要求很高。

（1）潜污泵的蜗壳和叶轮

潜污泵的蜗壳和叶轮是根据不同的污水工况而单独设计的。潜污泵的叶轮有单叶片、双叶片和多叶片之分，根据叶轮的构造还分封闭式、半开式和敞开式三种形式。潜污泵叶轮不但有较好的过流特性，还因为有切割的设计，不会造成对叶轮的堵塞及缠绕，从而提高了潜污泵的效率。

（2）潜污泵电机和转子轴承的冷却

潜污泵的电机由于在水下工作，不能用风冷进行冷却，只能用输送的污水进行冷却。小型潜污泵的电机由于散热不多，其叶轮和泵腔没有特别的冷却设计，只要运行时浸入污水中即可。大中型潜污泵的电机由于产生的热量较多，需要在叶轮和泵腔上采取特殊的设计来散热，保护电机的正常运转。

大中型潜污泵特别设计的冷却方式如下。

① 在电机的定子室外潜污泵电机壳内设有冷却水腔，冷却水腔与蜗壳相通，在冷却水腔的顶部或电机外壳处设有排水口，叶轮的背面设有导流叶片，在叶轮高速转动时，叶轮背面的导流叶片将污水压入冷却水腔中，经过热交换后从排水口排出，带走电机的散热量。

② 在电机和蜗壳的连接区域设有轴承和机械密封油腔，油腔里加注冷却润滑油，冷却润滑油对机械密封和轴承起着润滑作用，还可以冷却一部分电机散发的热量，油腔里的热量通过油腔外浸没的污水散出。

③ 通过浸没潜污泵泵体和蜗壳的污水进行散热。潜污泵在水中的时候，禁止长时间空车运行，否则电机会因无法散热而烧毁。

（3）潜污泵的密封

潜污泵泵体的密封有静密封和动密封（机械密封）。静密封有泵体顶端电缆与接线板之间的密封（一般灌注环氧树脂密封）、电机壳与蜗壳之间的密封（一般是 O 型圈）、泵顶端电机盖与电机壳之间的密封（一般是 O 型圈）等。潜污泵电机输出轴与泵体之间采用动密封（机械密封）进行密封，电机输出轴与泵体之间的油腔室采用两套机械密封进行密封，一套用于油腔与定子室之间，另一套用于油腔与蜗壳之间。用于油腔与定子室之间的机械密封动静环的材料由于不接触污水，耐腐蚀耐磨性能要求不高；用于油腔与蜗壳之间的机械密封动静环的材料由于接触污水，耐腐蚀耐磨性能要求较高。

（4）传感器

大部分的大中型潜污泵的油室、电机的定子室内，接线盒内都安装了湿度传感器、温度传感器，对泵腔内漏水及温度超高等现象可以测量并提前报警，在潜污泵未发生故障前提前检修。

13.36 潜污泵的操作与维护注意事项有哪些？

答 **（1）离心式潜水泵的使用**

① 检查潜污泵的供电电源的电压、频率的参数是否符合潜污泵的技术要求。

② 打开油位检查口检查油腔的润滑油油位、油质。

③ 检查潜污泵的电缆线有无破损、折断，泵体顶部的密封是否完好。

④ 严禁用潜污泵的电缆进行吊装作业，以免破坏潜污泵的电缆密封并发生危险。

⑤ 新泵和维修完成的潜污泵使用前，应用兆欧表检查导线对外壳的绝缘数值，应≥2MΩ。如果低于2MΩ，必须对电机绕组进行烘干处理无异常后才能使用。

⑥ 潜污泵在污泥井或池中工作时，因井内可能有甲烷等可燃性气体，应采取防爆措施，电缆接头或前期控制柜应放置在通风处，泵体应全部浸入污泥中工作，以免引起爆炸。

⑦ 移动使用的潜污泵在污水、污泥中使用完毕后应用清水对泵内泵外冲洗干净。

⑧ 移动使用的潜污泵使用完毕后应取出，冲洗干净后放入仓库备用，严禁长期在污水、污泥中浸泡。特别是在冬季，污水、污泥结冰会使泵损坏。

（2）检查与维修

① 定期检查潜污泵电机三相间绝缘电阻及每相对地绝缘电阻，使其值不低于2MΩ，并需要检查每相的接地情况。

② 在叶轮与蜗壳进水口之间有一个耐磨环，它的作用有两个。一是保持叶轮切线与进水口耐磨环切线具有一定的间隙，从而保证潜污泵的额定流量和额定扬程；二是保护蜗壳不被磨损，应定期检查更换磨损的耐磨环。

③ 定期检查潜污泵油腔中的润滑油，检查油位、油压、油质是否符合要求。

④ 潜污泵在运行时间一年后，应进行一次大的维护保养，并进行拆修，更换易损件、密封圈、润滑油、润滑脂等。经过拆修后，所有的O型圈及密封环都应更换。

13.37 螺杆泵的工作原理、主要性能参数、运行维护注意事项有哪些？

答 污水处理厂的螺杆泵主要是单螺杆泵，它的主要用途是用来输送污泥。

（1）单螺杆泵的构造及工作原理

螺杆泵是一种容积泵（图13-5），主要由电动机、减速机、联轴器、万向节、转子及定子等部分组成。

图 13-5 螺杆泵示意

1—排出室；2—转子；3—定子；4—万向节；5—中间轴；6—吸入室；7—轴封；8—轴承架；
9—联轴器；10—联轴器架；11—底座；12—减速机；13—电动机

螺杆泵的工作原理是在电机的带动下，转子在定子内呈螺旋状转动，在转子的转动中，由转子在定子特定的泵腔中形成了几个密封的容积变化的空腔，定子是由带弹性的耐磨衬套组成，与转子接触时起到密封的作用。在转子的转动下，由于密封空腔的容积不断变化，导致污泥由吸入室沿轴向排出室方向运动，形成污泥的高效输送。

① 螺杆泵的转子。螺杆泵的转子由高强度合金钢、不锈钢精密加工制成。转子的表面处理十分坚硬和光滑，一是在转子转动中与橡胶定子有着更好的密封性，吸力更大；二是可以减轻转子对定子橡胶的磨损。转子在其吸入室通过联轴器、万向节与电机轴相连接。

② 定子。定子是由双头螺线的弹性衬套组成，由一段钢管外壳固定，弹性衬套是用橡胶或者合成橡胶等材料制成。

③ 联轴杆。联轴杆与转子连接的一端安装有一个万向联轴节，与电机齿轮箱的输出轴连接的一端安装另一个，在电机齿轮箱的转动下带动转子在定子中做螺旋转动和摆动。

④ 螺杆泵的密封。螺杆泵的吸入室与轴承座之间安装有填料密封或机械密封，密封的作用是阻止吸入室内的污泥进入轴承室，防止污泥污染轴承，造成轴承因润滑失效而损坏。

（2）螺杆泵的主要性能参数

① 压力与扬程。螺杆泵的导程是指转子每转一周封闭空腔移动的距离。一个导程长度的转子或定子称为单级螺杆泵，多个导程长度的转子或定子称为多级螺杆泵。螺杆泵对于同一种的介质，泵的级数越多工作压力越大。通常每一级的工作压力能达到 $0.3 \sim 0.6\mathrm{MPa}$。螺杆泵的扬程是由其工作压力、介质的黏度、管道的直径与长度等综合确定的。

② 流量。螺杆泵当转速一定时，其流量是一个定值。当转速增大时，其流量也增大，与扬程大小没有关系。

③ 吸程。由于螺杆泵的转子转动过程中，转子和定子之间形成多个螺旋形密封腔，因此当螺杆泵启动时，能够自动把管道及泵内的空气排出，经过测量以密度为 $1\mathrm{kg/m^3}$ 左右的介质为准，螺杆泵的吸程可达 $8.5\mathrm{m}$。

（3）螺杆泵的运行维护

因为螺杆泵的工作原理是利用转子与定子形成的密封腔容积的变化来实现污泥的输送，所以螺杆泵对要输送的污泥要求很高。输送的污泥中如果含有大颗粒的砂子、石块、金属材质杂质等，会对转子和定子造成磨损，轻则使转子和定子的间隙过大，降低输送的效率；重则损坏转子和定子，造成螺杆泵损坏不能使用。因此，在螺杆泵使用前，必须对螺杆泵的进、出泥管道，储泥池进行检查，确保污泥中不含上述的杂质。对正在运转的螺杆泵要注意检查设备的振动情况、是否漏水、电机及轴承室的温度是否过高、齿轮箱是否漏油。

① 螺杆泵所输送的污泥在泵中对转子和定子还起到冷却及润滑作用，如果空转会因摩擦和发热损坏定子及转子。所以螺杆泵初次使用之前应向泵中注入流体介质或者润滑液，以防止螺杆泵启动时处于干摩擦状态。如果螺杆泵长期不用必须要清除泵内的干污泥。

② 在螺杆泵安装后首次运转前或在拆卸大修后应检查同轴度。

③ 应定期检查基座螺栓及泵上各处的螺栓是否存在松动现象，如有应立即紧固。

④ 每运转 $300 \sim 500\mathrm{h}$ 应检查紧固万向节连接处的螺栓并清理万向节上的缠绕物。

⑤ 螺杆泵的齿轮箱应采用使用说明书推荐的品牌和标号，初试运转后 $200 \sim 500\mathrm{h}$ 应更换一次齿轮油，以后每运转 $2000 \sim 3000\mathrm{h}$ 换一次油。

13.38 加药泵计量泵的工作原理和运行维护注意事项有哪些？

答 **（1）工作原理**

加药计量泵的工作原理是利用隔膜的往复运动使隔膜与泵进、出口球阀上下移动形成真空吸附与排除的作用以输送液体。

在吸入过程中，隔膜开始向后运动，泵腔内的压力下降。当泵腔内的压力低于进口管压力时，进口的单向阀小球向上移动，打开进口，进口管的液体流入泵腔内。当进液过程结束时，隔膜瞬间停止。泵腔内的压力与进口管路中的压力相等，进口的单向阀小球复位。在排出过程时，隔膜正向运动，泵腔内的压力升高。当泵腔内的压力高于排出口管路的压力时，出口单向球阀小球向上移动，泵腔内的液体排入到出口管路。当排出过程结束时，隔膜再一次瞬间停止运动，泵腔内的压力与排出口管路的压力相同，出口的单向阀小球复位，然后再开始下一个循环。

(2) 运行维护注意事项

① 检查计量泵是否正常工作，可以观察吸入口溶液液位的变化。

② 计量泵上的压力表为 0 时，表示泵的吸入口被堵塞；压力表超过 3bar 时，表示出水管路被堵塞。

③ 计量泵应在初始运行后 250h 更换齿轮油，以后每运行 4000h 或每 6 个月更换一次齿轮油。

④ 计量泵的隔膜组件每运行 4000h 或每 6 个月进行更换。

第14章

管道、阀门

14.1 有压液体输送管道的异常问题及解决办法有哪些？

答 污水处理厂（站）常见的有压液体输送管道有：污水（压力）管道、污泥管道、给水管道等系统管道，这些管道多采用钢管，运行中可能出现的异常问题及解决办法如下。

(1) 管道渗漏

一般由于管道的接头不严或松动，或管道腐蚀等均有可能引起漏水现象，管道腐蚀有可能发生在混凝土、钢筋混凝土或土壤暗埋部分。管沟中管道或支设管道，当支撑强度不够或发生破坏时，管道的接头部容易松动。遇到以上现象引起的管道破漏或渗漏，除及时更换管道、做好管道补漏以外，应加强支撑、防腐等维护工作。

(2) 管道中有噪声

管道为非埋地敷设时，能听到异常噪声，主要原因如下。

① 管道中流速过大。

② 水泵与管道的连接或基础施工有误。

③ 管道内截面变形（如弯管道、泄压装置）或减小（局部阻塞）。

④ 阀门密封件等部件松动而发生振动。以上异常问题可采取相应措施解决，如更换管道或阀门配件，改变管道内截面或疏通管道，做好水泵的防振和隔振。

(3) 管道产生裂缝或破损（泡眼）

如由于管线埋设过浅，来往载重车多，以致压坏；闸阀关闭过紧而引起水锤而破坏；管道受到杂散土壤侵蚀而破坏；水压过高而损坏。发生裂缝或破坏应及时更换管道。

（4）管道冻裂

当管道敷设在土壤冰冻深度以上时，污水（泥）管道容易受冰冻而胀裂。这种问题的解决办法：重新敷设管道，重新给污水管道保温（如把管道周围土壤换成矿渣、珍珠岩或焦炭，并在以上材料内垫 20～30cm 砂层），或适当提高输送介质的温度。

14.2 无压液体输送管道的异常问题及解决办法有哪些?

答 污水处理厂（站）无压输送管道，多为污水管、污泥管、溢流管等，一般为铸铁管、混凝土管（或陶土管）承插连接，也有采用钢管焊接连接或法兰连接。无压管道系统常见的故障是漏水或管道堵塞，日常维护工作在于排除漏水点，疏通堵塞管道。

（1）管道漏水

引起管道漏水的原因大多数是管道接口不严，或者管件有砂眼及裂纹。

① 如果是接口不严引起漏水，应对接口重新处理。若仍不见效，须用手锤及弯形凿将接口剔开，重新连接。

② 如果是管段或管件有砂眼、裂纹或折断引起漏水，应及时将损坏管件或管段换掉，并加套管接头与原有管道接通。如有其他的原因，如振动造成连接部位不严，应采取相应措施，防止管道再次损坏。

（2）管道堵塞

造成管道堵塞的原因除使用者不注意将硬块、破布、棉纱等掉入管内引起外，主要是因为管道坡度太小或倒坡而引起管内流速太慢，水中杂质在管内沉积而使管道堵塞。若管道敷设坡度有问题，应按有关要求对管道坡度进行调整。堵塞时，可采取人工或机械方式予以疏通。维护人员应经常检查管道是否漏水或堵塞，应做好检查井的封闭，防止杂物落下。

14.3 压缩空气管道的常见故障及原因有哪些?

答 （1）管道系统漏气

产生漏气的原因往往是因为选用材料及附件质量或安装质量不好，管路中支架下沉引起管道严重变形开裂，管道内积水严重冻结将管子或管件胀裂等。

（2）管道堵塞

管道堵塞表现为送气压力、风量不足，压降太大。引起的原因一般是管道内的杂质或填料脱落，阀门损坏，管内有水冻结。排除这类故障的方法是清除管内杂质，检修或更换损坏的阀门，及时排除管道中的积水。

14.4 废水处理常用阀门有哪些?

答 污水处理场的阀门安装在封闭的管道之间，用以控制介质的流量或者完全截断介质的流动。按介质的种类分，有污水阀门、污泥阀门、加药阀门、清水阀门、低压气体阀门、高压气体阀门、安全阀、油阀门等。

这些阀门的作用有截止、止回、控制流量、安全保护等，结构有闸阀、蝶阀、球阀、角阀和锥形阀等多种，驱动方式有手动、电动、气动、液动等。

14.5　使用阀门过程中应注意的问题有哪些？

答　① 在使用电动闸或阀时，应注意手轮是否脱开，扳杆是否在电动的位置上。如果不注意脱开，在启动电机时一旦保护装置失效，手柄可能高速转动，伤害操作者。

② 在手动开闭闸或阀时应注意一般用力不要超过15kg，如果感到很费劲就说明阀杆有锈死、卡死或者阀杆弯曲等故障，此时如加大臂力就可能损坏阀杆，应在排除故障后再转动。当闸门闭合后应将闸门手柄反转六分之一圈，这有利于闸门再次启动。

③ 电动闸与阀的转矩限制机构不仅起转矩保护作用，当行程控制机构在操作过程中失灵时，还起备用停车的保护作用。其动作扭矩是可调的，应将其随时调整到说明书给定的扭矩范围之内。有少数闸阀是靠转矩限制机构来控制闸板或阀板压力的，如一些活瓣式闸门、锥形泥阀等。如调节转矩太小，则关闭不严；反之则会损坏连杆，更应格外注意转矩的调节。

④ 应将闸和阀的开度指示器指针调整到正确的位置，调整时首先关闭闸门或阀门，将指针调零后再逐渐打开。当闸门或阀门完全打开时，指针应刚好指到全开的位置。正确的指示有利于操作者掌握情况，也有助于发现故障，例如当指针未指到全开位置而马达停转时，就应判断这个阀门可能卡死。

⑤ 长期闭合的污水阀门，有时在阀门附近形成一个死区，其内会有泥沙沉积，这些泥沙会对蝶阀的开合形成阻力。如果开阀的时候发现阻力增大，不要硬开，应反复做开合动作，以促使水将沉积物冲走，在阻力减小后再打开阀门。如发现阀门附近有经常积砂的情况，应时常将阀门开启几分钟，以利于排除积砂，同样对于长期不启闭的闸门与阀门，也应定期运转一两次，以防止锈死或者淤死。

⑥ 长期未动的暗杆式污水或污泥管道上的阀门开启或关闭时，应注意操作现场的通风。因长时间未动的阀门上方的阀腔内可能积累污水、污泥厌氧发酵产生的硫化氢等有毒有害气体，扭动阀门是硫化氢等气体可能从阀杆盘根处逸出。尤其硫化氢气体是一种剧毒性的神经毒气，易发生人身伤害事故。此时现场的通风，尤其是阀门井的通风是非常必要的。

14.6　阀门常见故障和排除方法有哪些？

答　(1) 闸板等关闭件损坏
原因是材料选择不当或利用管道上的阀门经常当做调节阀用，高速流动的介质造成密封面的磨损。此时应查明损坏的原因，改用其他材料的关闭件。在输送高压水或水中杂质较多时，避免将闭路阀门当做调节阀门使用。

(2) 密封室泄漏
原因主要是盘根的选型或装填方式不正确、阀杆存在质量问题等。首先应选用合适的盘根，并使用正确的方法在密封室内填装盘根。在输送介质温度超过100℃时不采用油浸填料而采用耐热的石墨填料。

(3) 关闭不严密
阀门安装前没有遵守安装规程，比如没有清理阀体内腔的污垢，表面留有焊渣、铁锈、泥砂或其他机械杂质，引起密封面上有划痕、凹痕等缺陷引起阀门故障。因此，必须严格遵守安装规程，确保安装质量。阀门本身因为加工精度不够会使密封件与关闭件（阀板与阀座）配合不严密，此时必须修理或更换。关闭阀门时用力过大，也会造成密封部件的损坏，操作时用力必须适当。

（4）打开后无法关闭

闸板阀常出现此种情况，此类阀门结构是：闸板分为两片，对夹在阀杆头上，由阀杆带动阀板开、闭。有的阀门两片阀板没有相互固定，若阀门开启过大，两片阀板可能张开，使阀杆脱出，造成无法关闭。出现这种情况，只能拆开阀门重新配合。

（5）安全阀或减压阀的弹簧损坏

造成弹簧损坏的原因往往是弹簧材料选择的不合适，或弹簧制造质量有问题，应当更换弹簧材料，或更换质量优良的弹簧。

（6）阀杆升降不灵活

螺纹表面粗糙度不符合要求，需重新磨整。阀杆及阀杆衬套采用同一种材料或材料选择不当。阀杆使用碳钢或不锈钢材料时，应当采用青铜或含铬铸铁作为阀杆衬套材料。如果发现阀杆螺纹有磨损现象，应更换新的阀杆衬套或新的阀杆。输送高温介质时，润滑同时不应产生锈蚀，因而在输送高温介质时，应采用纯净的石墨粉作润滑剂。阀杆有轻微锈蚀使阀杆升降不灵活时，可用手锤沿阀杆衬套轻轻敲击，将阀杆旋转出来后加上润滑油脂。

14.7　手动阀门的操作方法有哪些？

答　手动阀门是通过手柄、手轮操作的阀门，是设备管道上使用普遍的一种阀门。它的手柄、手轮旋转方向顺时针为关闭，逆时针为开启。但也有个别阀门开启与上述开启相反。因此，操作前应注意检查启闭标志后再操作。

阀门上的手轮、手柄是按正常人力设计的，因此，在阀门使用上规定，不允许操作者借助杠杆和长扳手开启或关闭阀门。手轮、手柄的直径（长度）<320mm 的，只允许个人操作，直径>320mm 的手轮，允许两人共同操作，或者允许一人借助适当的杠杆（一般不超过 0.5m 长）操作阀门。但隔膜阀、夹管阀、非金属阀门是严禁使用杠杆或长扳手操作的，也不允许过猛关闭阀门。

闸阀和截止阀之类的阀门，关闭或开启到头（即下死点或上死点）要回转 1/4～1/2 圈，使螺纹更好密合，有利操作，以免拧得过紧，损坏阀件。

有的操作人员习惯使用杠杆和长扳手操作，认为关闭力越大越好，其实不然。这样会造成阀门过早损坏，甚至酿成事故。除撞击式手轮外，实践证明，过大过猛地操作阀门，容易损坏手柄、手轮，擦伤阀杆和密封面，甚至压坏密封面。手轮、手柄损坏或丢失后，一般情况下不允许用活扳手代用，应及时配制。

较大口径的蝶阀、闸阀和截止阀，有的设有旁通阀，它的作用是平衡进出口压差的，减少开启力。开启时，应先打开旁通阀，待阀门两边压差减小后，再开启大阀门。关闭阀门时，首先关闭旁通阀，然后再关闭大阀门。开启蒸汽介质的阀门时，必须先将管道预热，排除凝结水，开启时，要缓慢进行，以免产生水锤现象，损坏阀门和设备。

开启球阀、蝶阀、旋塞阀时，当阀杆顶面的沟槽与通道平行，表明阀门在全开启位置；当阀杆向左或向右旋转 90°时，沟槽与通道垂直，表明阀门在全关闭位置。有的球阀、蝶阀、旋塞阀以扳手与通道平行为开启，垂直为关闭。三通、四通阀门的操作，应按开启、关闭、换向的标记进行。操作完毕后，应取下活动手柄。

对有标尺的闸阀和节流阀，应检查调试好全开或全闭的指示位置。明杆闸阀、截止阀也应记住它们全开和全关位置，这样可以避免全开时顶撞死点。阀门全关时，可借助标尺和记号，发现关闭件脱落或顶住异物，以便排除故障。

操作阀门时，不能把闸阀、截止阀等阀门作节流阀用，这样容易冲蚀密封面，使阀门过早的损坏。

新安装的管道、设备、阀门，内面脏物、焊渣等杂物较多，常开阀门密封面上也容易粘有脏物，应采用微开方法，让高速介质冲走这些异物，再轻轻关闭，经过几次这样微开微闭便可冲刷干净。

有的阀门关闭后，温度下降，阀件收缩，使密封面产生细小缝隙，出现泄漏，这样应在关闭后，在适当时间再关一次阀门。

14.8　怎样正确进行电动装置驱动阀门的操作？

答　电动装置在启动时，应按电气盘上的启动按钮，电动机随即开动，阀门开启，到一定时间，电动机自动停止运转，在电气盘上的"已开启"信号灯应明亮；如果阀门关闭时，应按电气盘上的关闭按钮，阀门向关闭方向运转，到一定时间，阀门全关，这时"已关闭"信号灯已亮。阀门运转中，正处于开启或关闭的中间状态的信号灯应相应指示。阀门指示信号与实际动作相符，并能关得严、打得开，说明电动装置正常。

如果在运转中，以及阀门已全开或全关时，信号灯不亮，而事故信号灯打开，说明传动装置不正常。需要检查原因，进行修理，重新调试。重新调试可参照阀门电动装置使用说明书。一般情况下其原因是限位开关发生变动，通过手动开关阀门，将限位开关调制正确位置即可。

电动装置因故障或关闭不严需及时处理时，应将动作把柄拨至手动位置，顺时针方向转动手轮为关闭阀门，逆时针方向为开启阀门。

电动装置在运转中不能按反向按钮，由于错误动作需要纠正时，应先按停止按钮，然后再重新启动。

14.9　阀门操作中应注意哪些事项？

答　① 高温阀门当温度升高到 200℃ 以上时，螺栓受热伸长，容易使阀门密封不严，这时需要对螺栓进行热紧。在热紧时，不宜在阀门全关位置上进行，以免阀杆顶死，以后开启困难。

② 气温在 0℃ 以下的季节，对停气和停水的阀门要注意打开阀底丝堵，排除凝结水和积水，以免冻裂阀门。对不能排除积水的阀门和间断工作的阀门应注意保温工作。

③ 填料压盖不宜压得过紧，应以阀杆操作灵活为准。那种认为压盖压得越紧越好是错误的，因它会加快阀杆的磨损，增加操作扭力。没有保护措施条件下，不要随便带压更换或添加盘根填料。

④ 在操作中通过听、闻、看、摸所发现的异常现象，操作人员要认真分析原因，属于自己解决的，应及时消除，需要修理工解决的，自己不要勉强凑合，以免延误修理时机。

⑤ 操作人员应有专门日志或记录本，注意记载各类阀门运行情况，特别是一些重要的阀门、高温高压阀门和特殊阀门，包括阀门的传动装置在内，记明阀门发生的故障及其原

因、处理方法、更换的零件等。这些资料无疑对操作人员本身、修理人员以及制造厂来说，都是很重要的。建立专门日志，责任明确，有利加强管理。

14.10　正常运行中如何进行阀门的维护、保养？

答　阀门运转中维护的目的是要保证使阀门处于常年整洁、润滑良好、阀件齐全、正常运转的状态。

(1) 阀门的清扫

阀门的表面、阀杆和阀杆螺母上的梯形螺纹、阀杆螺母与支架滑动部位以及齿轮、涡轮、蜗杆等部件，容易积灰尘、油污以及介质残渍等脏物，对阀门会产生磨损和腐蚀。因此经常保持阀门外部和活动部位的清洁、保护阀门油漆的完整显然是十分重要的。阀门上的灰尘适用于毛刷拂扫和压缩空气吹扫；梯形螺纹和齿间的脏物适用于抹布擦洗；阀门上的油污和介质残渍适用于蒸汽吹扫，甚至用钢丝刷刷洗，直至加工面、配合面显出金属光泽、油漆面显出油漆本色为止。

疏水阀应有专人负责，每班至少检查一次，定期打开冲洗阀和疏水阀底的堵头进行冲洗，或定期拆卸冲洗，以免脏物堵塞阀门。阀门梯形螺纹、阀杆螺母与支架滑动部位，轴承部位、齿轮和涡轮、蜗杆的啮合部位以及其他配合活动部位，都需要良好的润滑条件，减少相互间的摩擦，避免相互磨损。有的部位专门设有油杯或油嘴，若在运行中损坏或丢失，应修复配齐，油路要疏通。

(2) 阀门的润滑

润滑部位应按具体情况定期加油。经常开启的、温度高的阀门适于间隔一周至一个月加油一次。不经常开启的、温度不高的阀门加油周期可长一些。

润滑剂有机油、黄油、二硫化钼和石墨等。高温阀门不适于用机油、黄油，它们会因高温熔化而流失，而适于注入二硫化钼和抹擦石墨粉剂。对裸露在外的需要润滑的部位，如梯形螺纹、齿轮等部位，若采用黄油等油脂，容易沾染灰尘，而采用二硫化钼和石墨粉润滑，则不容易沾染灰尘，润滑效果比黄油好。石墨粉不容易直接涂抹，可用少许机油或水调合成膏状使用。

另外，应每年至少一次将裸露的螺杆清洗干净涂以新的润滑脂。注油密封的旋塞阀应按照规定时间注油，否则容易磨损和泄漏。有些内螺旋式的闸门，其螺杆长期与污水接触，应经常将附着的污物清理干净后涂以耐水冲刷的润滑脂。

14.11　阀门类设备有哪些？

答　在污水处理厂生产工艺过程中使用的闸门与阀门，其中主要有闸门、闸阀、截止阀、球阀、蝶阀、止回阀等。

14.12　闸门的工作原理、结构、操作和维护有哪些？

答　在污水处理厂中闸门一般安装在曝气沉砂池、污水沉淀池、生物池、泵房等构筑物的进出水口的管道和渠道处，主要作用是启闭和调节介质流量。

(1) 铸铁闸门

铸铁闸门在水处理工程中是广泛使用的，经常用于污水处理厂和市政排水管道和渠道处，分为圆闸门和方闸门两种形式。一般来说，圆闸门的内径在 1.5mm 以下，圆闸门内径最小为 0.2m，最大可达 2m。方闸门的尺寸在 2m×2m 以下，方闸门尺寸最小为 0.2m×0.2m，按结构可分为镶铜闸门、不镶铜闸门、法兰闸门和非法兰闸门等。

铸铁闸门本体和闸框由灰铸铁或球墨铸铁材料用铸造工艺成形，闸框固定在混凝土构筑物中，铸铁闸板边缘在闸框轨道中沿闸框方向移动，闸框起到导轨的作用。通常在闸门闸板边缘和闸框的接触面上都镶有钢制、铜制、尼龙板、聚四氟乙烯板或者橡胶板，用于减小摩擦，保护闸板和闸框，以及密封作用。为了增强闸门的密封性能，在闸板和闸框之间都设有楔形压紧装置，使得在闸门关闭时，闸板和闸框密封紧密，防止漏水。

（2）钢闸门

钢闸门一般为方形，主要由面板及闸梁与框架组成。闸梁与框架是焊接而成的，其构造使面板与其形成牢固的刚性的整体，使整个钢闸门能承受水流的压力。为保证闸门及闸框的导向装置，使闸板上下移动时不会偏离轨道，在钢闸门闸框的四周安装了橡胶密封件，通过钢闸门下部的楔形块产生的作用力使闸板与闸框上的橡胶密封件形成密封，防止漏水。

（3）明杆闸门与暗杆闸门

在污水处理厂中一般采用螺旋杆升降的方式来提升和下降闸门，螺杆与螺母的相对转动牵引着闸板实现升降。螺杆与螺母一般采用单头方牙螺纹。采用这种螺纹能够在螺杆和螺母的作用下升降较重的闸门。这种螺纹有自锁功能，闸板可以停留在上升或下降范围内的任何位置。采用螺旋升降的闸门分为明杆闸门和暗杆闸门两种安装方式。

① 明杆闸门的原理是螺旋闸杆不转动，手轮上的螺母转动，螺旋闸杆上下移动，闸杆连接在闸板上带动闸板升降。

明杆闸门的优点是升降闸板的螺旋部分在闸门的上部，不接触污水，不易被污水腐蚀，螺旋闸杆大部分在壳体内部，安装在室外时不受雨水和灰尘的影响。

② 暗杆闸门的原理是闸杆及螺杆是一体的，闸杆被固定在闸梁的轴承上，当闸杆转动时使安装在闸板上的螺母上下运动，带动闸板升降。

暗杆闸门的缺点是固定在扎板上的螺母与污水接触，在污水腐蚀性的作用下容易生锈，不便于维修。

（4）闸门的驱动装置

在污水处理厂中，闸门的驱动装置一般有手动、电驱动、液压驱动等方式。对于不大的闸门、开关少重要性不大的闸门、对开关速度要求不高的闸门，采用手动方式。手动闸门的手柄转动所需的力一般小于 150N。正常情况下，如果力超过 150N 则可采用减速齿轮减速后再带动螺母或螺杆，较大的闸门则采用电机带动减速机驱动螺母或螺杆，实现闸门的升降。液压驱动一般用于污水处理厂的进水口处的进水闸门，当停电时，由液压装置驱动速闭闸门进行关闭。

（5）电动闸门

电动闸门主要用在启闭次数多的闸门或者启闭速度快的闸门。采用电机带动减速机驱动螺母或螺杆，实现闸门的升降。用电动闸门上安装的限位装置来控制闸门完全打开或全闭，污水处理厂的中控系统还可以通过 PLC 系统、电动闸门的控制系统远程控制电动闸门的升降。

（6）可调堰

可调堰安装在生物池、沉淀池、集水井、汇水渠道等位置，用于调节流入构筑物的水位或水量。可调堰向下开启，向上关闭。可调堰长一般为 $1\sim5m$，水头不大。可调堰是由铸铁板、钢板、木板、塑料板等轻型材料制作，密封度要求不高。

(7) 闸门的防腐

闸门及堰门一般用铸铁和钢板材料制作。因其长期浸泡在有腐蚀性的污水中，需要做好闸门的防腐蚀措施，一般来说铸铁材料有一定的耐腐蚀性，可以用来制作铸铁闸门，如果经济允许，钢制的闸门的材质最好为 316 不锈钢，这种不锈钢材料制作的闸门，使用时间长，使用性能不受污水腐蚀性的影响，减少了维修和更换的时间和成本。

14.13 阀门设备的工作原理、结构、操作和维护有哪些？

答 在污水处理厂中，阀门是安装在管道之间的，主要作用是启闭和调节介质流量。

污水处理厂的阀门按功能分，有截止阀、止回阀、气动阀门、安全阀、泄压阀等。按结构分，有蝶阀、闸阀、旋塞阀、球阀等。阀门参数有内径和所能承受的压力两个。按阀门的驱动方式分，有手动阀门、电动阀门、电磁阀门、气动阀门、液压阀门等。

(1) 闸阀

闸阀适用于清水、污水、污泥、油、气等介质。它的通径一般为 $0.015\sim1m$，最大工作压力可达 $10MPa$。闸阀的全通过性比较好，适用于含杂质的污水、污泥管道。

闸阀由闸板（又称插板）、阀体、密封材料和驱动装置组成。闸板沿管道垂直方向上下移动，闸阀的驱动装置与闸门相似，也分为明杆与暗杆、手动与电动、手动与液压。

(2) 蝶阀

蝶阀适用于污水（细格栅后的部分）、活性污泥、清水、气体等介质。

蝶阀是由阀体、内衬及驱动装置构成。蝶阀的阀体材料有铸铁、铸钢、不锈钢、工程塑料。蝶阀有对夹式和法兰盘式两种。蝶阀的内衬材料由铜、不锈钢、橡胶、尼龙等材料构成，内衬主要是用来密封阀板与阀体的通道。蝶阀的蝶板材料由铸铁、铸钢、不锈钢、铝合金、工程塑料等构成。蝶板主要是用来通过固定于阀体两端中心轴的转动来开启、关闭、控制管道的流量。蝶阀的蝶板可以转动 $90°$。驱动装置用手动或电动来驱动中心轴控制蝶阀的转动。

尺寸小的蝶阀一般通过手轮或转把用手动驱动，大型蝶阀通过电机、齿轮箱带动蝶阀的中心轴进行转动。电动蝶阀的驱动装置由电机、齿轮箱、指示装置及电控系统组成。

蝶阀的优点是在管道上尺寸空间专用小、密封性能好。缺点是阀门开启后，蝶板位于管道的中心，污水在管道中流动时其中的杂质会缠绕在蝶板上造成流通不畅甚至会造成堵塞。因此在设计选型中，含有杂质多的管道一般不会选用蝶阀。

(3) 球阀

球阀是由阀芯、内衬、阀体及启闭机构成。球阀的阀芯是一个中间有一孔径与管道通径相等的球形装置，球阀的阀体材料有铸铁、铸钢、不锈钢、工程塑料。它与管道的连接方式有丝扣式和法兰盘式两种。内衬主要是用来密封球形阀芯与阀体的通道。球阀的内衬材料由铸铁、铸钢、尼龙、工程塑料等构成。球阀的阀芯材料由铸铁、铸钢、不锈钢、工程塑料等构成。球形阀芯主要是用来通过固定于阀芯的转动来开启、关闭、控制管道的流量。当阀芯通孔的轴向位置与管道轴向一致时，球阀全打开；当阀芯通孔的轴向位置与管道轴向垂直时，球阀全关闭。在污水处理厂的生产工艺过程中，球阀用于含杂质较多污水、污泥管道，由于球阀的密封面面积大、密封精度高、耐压高，通常在空气管道、沼气管道中使用。

（4）止回阀

止回阀是由一个阀体、装有弹簧的单板或双板的瓣形阀板构成。在污水处理厂中止回阀一般与鼓风机或泵的出水（气）管道配套使用。止回阀原理是：介质正向流动时，瓣形阀板在介质的压力下打开，打开的角度与压力大小有关，当介质反向流动时，瓣形阀板在介质的压力和弹簧的拉力下关闭，以阻止倒流，保护水泵及风机不被损坏。

（5）封闭管道中的水锤现象

在封闭管道中当阀门突然关闭时或当水泵突然停机时，介质在封闭管道中在惯性作用下造成管道内部压力的突然增加，其突然增加的压力像锤子一样作用于管道、阀板、水泵的叶轮上，产生冲击，这就称为水锤现象。水锤现象对封闭管道的破坏力很大，轻者会造成管道松动变形、管道阀门处振动泄漏，重者会使管道破裂，甚至会使阀门或水泵损坏。因此，一般在设计管道阀门时都考虑了水锤的影响，在关闭阀口的速度方面进行了考虑。

（6）水锤现象防止

为了消除水锤对封闭管道的影响，设计时在泵或风机的出口可以安装水锤消除器或者在止回阀上安装缓闭装置。

① 水锤消除器。水锤消除器分开式和闭式两种。开式水锤消除器原理是：当水泵突然停止运行，产生停泵水锤时，水锤消除器打开泄水管，压力较大的回水到达消除器时，水锤消除器可通过泄水管泄出一部分水量，来消除部分水锤压力。闭式水锤消除器原理是：泄水管与泄压气囊相通，当水锤现象发生时，由泄压气囊吸收回冲的水锤压力，减轻回压冲击。

② 缓闭止回阀。缓闭止回阀原理是：当水泵突然停止运行时，止回阀在突然停泵后阀板依靠重力作用关闭大部分通道，未关闭的部分通过了一部分回冲水流，减小了水锤的作用力；同时因阀板小部分未关闭，防止了大量介质回流，水泵也不会倒转过快，从而保护了水泵。接着止回阀会在回冲水流的作用下缓慢关闭，避免了水锤的冲击。

14.14 怎样进行闸门与阀门的使用及保养？

答 闸门与阀门的使用及保养如下。

① 闸门与阀门除了要定期检查它的启闭功能外，还要定期在闸门螺旋杆、螺母上涂抹润滑脂，闸门和阀门的轴承中注入更新润滑脂。定期检查闸门和阀门的齿轮箱的油位、润滑油含水情况、乳化情况、磨损情况，对润滑油定期更换。

② 定期检查电动闸门与阀门的限位装置、扭矩保护装置。

③ 定期检查闸门和阀门的开度指示器的指针是否指示正确。

④ 对于长期关闭的污水闸门或阀门，有时在闸门或阀门底部会有泥砂沉积。当使用时会出现阻力增大、不易开启，这时应多次启闭，在运行通畅后再打开阀门。同时对这种闸门或阀门应定期启闭，以防止因生锈或污泥堆积过多，无法使用。

第15章

变配电设备

15.1 倒闸操作的原则是什么?

答 ① 不能带负荷拉合隔离开关。

② 在接合闸时,必须用断路器接通或断开负荷电流及短路电流,绝对禁止用隔离开关切断负荷电流。

③ 在合闸时,应先从电源侧进行,在检查断路器确在断开位置后,先合上母线侧隔离开关,后合上负荷侧隔离开关,再合上断路器。

④ 在拉闸时,应先从负荷侧进行,拉开断路器后,检查断路器确在断开位置,然后再拉开负荷侧隔离开关,最后拉开电源侧隔离开关。对两侧具有断路器的变压器而言,在停电时,应先从负荷侧进行,先断开负荷侧断路器切断负荷电流,后断开电源侧断路器只切断变压器空载电流。

15.2 操作隔离开关的基本要求有哪些?

答 ① 在手动合隔离开关时,必须迅速果断,但在合到底时,不能用力过猛,以防合过头及损坏支持瓷瓶。在合闸开始时如发生弧光,则应将隔离开关迅速合上。隔离开关一经操作,不得再行拉开,因为带负荷拉开隔离开关,会使弧光扩大,造成设备更大的损坏,这时只能用断路器切断该回路后,才允许将误合的隔离开关拉开。

② 在手动拉开隔离开关时,应缓慢而谨慎,特别是刀片刚离开刀座时,这时如发生电弧,应立即合上,停止操作。但在切断小容量变压器空载电流、一定长度架空线路和电缆线路的充电电流、少量负荷电流,以及用隔离开关解环操作时,均有电弧产生,此时应迅速将

隔离开关断开，以便顺利消弧。

③ 在操作隔离开关后，必须检查隔离开关的开合位置，因为有时可能由于操作机构有毛病或调整得不好，经操作后，实际上未合好或未拉开。

15.3　操作断路器的基本要求有哪些？

答　① 在一般情况下，断路器不允许带电手动合闸。这是因为手动合闸慢，易产生电弧。但特殊需要时例外。

② 遥控操作断路器时，不得用力过猛，以防止损坏控制开关；也不得返回太快，以防止断路器合闸后又跳闸。

③ 在断路器操作后，应检查有关信号及测量仪表的指示，以判断断路器动作的正确性。但不能从信号灯及测量仪表的指示来判断断路器的实际开、合位置，应到现场检查断路器的机械位置指示器来确定实际开、合位置，以防止在操作隔离开关时，发生带负荷拉、合隔离开关事故。

15.4　倒闸操作注意事项有哪些？

答　① 在倒闸操作前，必须了解系统的运行方式、继电保护及自动装置等情况，并应考虑电源及负荷的合理分布以及系统运行方式的调整情况。

② 在电气设备送电前，必须收回并检查有关工作票，拆除安全措施如拉开接地开关或拆除临时短路接地线及警告牌，然后测量绝缘电阻。在测量绝缘电阻时，必须隔离电源，进行放电。此外，还应检查隔离开关和断路器在断开位置。

③ 在倒闸操作前应考虑继电保护及自动装置整定值的调整，以适应新的运行方式的需要，防止因继电保护及自动装置误动作或拒绝动作而造成事故。

④ 备用电源自动投入装置、重合闸装置、自动励磁装置必须在所属主设备停运前退出运行，在所属主设备送电后投入运行。

⑤ 在进行电源切换或电源设备倒母线时，必须先将备用电源投入装置切除，操作结束后再进行调整。

⑥ 在同期并列操作时，应注意非同期并列，若同步表指针在零位晃动、停止或旋转太快，则不得进行并列操作。

⑦ 在倒闸操作中，应注意分析表计的指示。如在倒母线时，应注意电源分布的平衡，并尽量减少母联断路器的电流不超过限额，以防止因设备过负荷而跳闸。

15.5　如何进行油浸式变压器的正常检查与维护？

答　值班人员应按岗位职责，对油浸变压器及附属设备进行全面维护和检查，一般维护检查项目如下。

① 检查油枕及充油套管内油位的高度应正常，油色透明稍带黄色，其外壳无漏油、渗油现象。

② 检查变压器瓷套管应清洁无裂纹和放电现象，引线接头接触良好，无过热现象。

③ 检查变压器上层油温不超过允许温度，自然冷却油浸变压器上层油温应在 85℃ 以下，强迫有循环风冷变压器上层油温应在 75℃ 以下，同时，监视变压器温升不超过规定值，并

做好温度检查记录。

④ 检查变压器的声音应正常。变压器在运行中一般有均匀的嗡嗡声，如内部有噼啪的放电声，则可能是绕组绝缘有击穿现象，如声音不均匀，则可能是铁芯和穿心螺母有松动现象。

⑤ 检查防爆管（或安全通道）的隔膜应完好无损。

⑥ 检查变压器的呼吸器是否畅通，硅胶不能吸潮至饱和状态。

⑦ 对强迫油循环风冷的油浸变压器应检查油泵和冷却器风扇的运转是否正常，各冷却器的阀门应全部开启。强迫油循环风冷或水冷装置，应检查油和水的压力、压差、流量应符合规定，冷油器出水不应有油。

⑧ 检查气体继电器内应充满油，无气体存在。继电器与储油柜间的连接阀门应打开。

⑨ 对室内变压器应检查变压器室的门、窗应完好，通风设备正常运行，屋顶无渗水、漏水现象，空气温度应适宜，消防设备俱全。

⑩ 变压器冷却装置控制箱内各元件及接线无松动、过热现象，控制开关把手位置符合运行方式的规定。

15.6 如何进行干式变压器的正常维护和检查？

答 干式变压器是以空气为冷却介质，比起油浸式变压器具有体积小，质量轻，维护方便，没有火灾和爆炸危险等特点。在运行中的正常检查维护内容如下。

① 高低压侧接头无过热，电线头无漏油、渗油现象。

② 根据变压器采用的绝缘等级，监视温升不得超过规定值。

③ 变压器室内无异味，声音正常，室温正常，其室内通风设备良好。

④ 支撑绝缘子无裂纹、放电痕迹。

⑤ 变压器室内屋顶无漏水、渗水现象。

15.7 冷却装置的操作有哪些？

答 ① 冷却器的投入运行。应先检查变压器风扇电机的绝缘良好，电源正常，各信号指示灯正确，将冷却器的风扇投入运转，检查其转向是否正确，有无明显的振动和杂音，以及叶轮有无碰擦风筒等现象。冷却器油门都应开启，并且要求单台启动，不允许多台同时启动，以防止油流造成的静电放电。

② 检查电动机的温度、温升、负载电流。

③ 变压器在投运时，应先将冷却器开启，反之应先切断变压器负荷再停冷却器。

④ 每月定期对备用冷却器进行启动试验一次，并记录。

15.8 运行中的变压器检查项目有哪些？

答 ① 油枕及充油套管内油位高度正常，油色透明。

② 上层油温不超过允许温度。

③ 冷却装置运行正常。

④ 呼吸器畅通，硅胶不能受潮至饱和状态。

⑤ 防爆隔膜完整无破损。

⑥ 变压器的主附设备不漏油、渗油，外壳接地良好。

⑦ 气体继电器内充满油，无气体。

15.9　变压器投运前的检查项目有哪些？

答　① 变压器油枕及充油套管的油色清亮透明，油枕的油面高度应在油标上下指示线中。

② 变压器气体继电器应无漏油，内部无气体，各部接线良好。

③ 套管清洁完整，无放电痕迹，封闭母线完整，温度计完好。

④ 变压器顶部无遗留物件，分接头位置正确，与规定记录相符，操作箱分头位置指示和返回屏分头位置指示应一致。

⑤ 变压器外壳接地良好，防爆管的隔膜应完整，硅胶颜色正常。

⑥ 变压器本体应清洁，各部无破损漏油、渗油现象，释压阀指示正确。

⑦ 油枕、散热器、气体继电器各阀门均打开，潜油泵、风扇电动机正常，随时可以投入运行。

⑧ 室内变压器周围及间隔内清洁无杂物通风装置良好，消防器材齐全。

⑨ 继电保护、测量仪表及自动装置完整接线牢靠，端子排无受潮结露现象。

15.10　在污水处理设备运行管理过程中如何做好防触电措施？

答　① 对电器设备及其配套设施进行彻底的安全检查，包括电器设备绝缘有无破损，绝缘电阻是否合格，设备裸露带电部分是否有防护，保护接零或接地是否正确、可靠，保护装置是否符合要求，手提式灯和局部照明灯是否安全电压、安全用具，灭火器材是否齐全，电器连接部位是否完好等，对检查出的问题和隐患应及时解决。

② 禁止非专业电工人员拆装和维修电器设备，规范电工的安全用电操作，电器设备的修理也必须遵守申请、批准和记录存档制度。

③ 不能私自乱接电线、电缆，各种临时线必须认真维护，限期拆除。

④ 禁止电器设备过载运行。

⑤ 电器设备要有适当的防护装置或警告牌。

⑥ 加强职工安全用电教育和急救知识学习，并配备现场必要的急救措施（如绝缘手套、灭火器、沙桶等），当发生电器火灾时，首先应切断电源（严禁用湿手操作），然后用不导电的灭火器灭火。不导电的灭火器指干粉灭火器、1211 灭火器、脉冲灭火器等，并学会正确使用，可每年举办一次灭火演习。

15.11　供配电系统的组成有哪些？

答　污水处理厂厂区变电供电系统由以下设备组成：高压 35kV/10kV 进线柜、主变柜、母联柜、计量柜、保护屏、避雷器柜、电容器柜等，电压变送器、低压母线连接、低压进线开关、低压电容补偿、低压出线开关、低压配电线路至污水处理厂各运行单元。

15.12　如何划分污水处理厂的供电电源？

答　中小型污水处理厂的供电负荷等级一般划分为两级，由双回线路供配电系统。在用电量比较少或者地方供配电比较困难时，也可由单回路6kV或10kV专用的高压输电线路供配电系统。

负荷较大不便于停电的用电设备或在供电绝缘等级要求较高、周围环境比较恶劣的供配电系统一般采用放射式配电。其他供电条件要求不高的用户一般选用树干式或链式供配电方式。供电范围比较大、负载装置多并且比较分散时，适合选用链式、放射式或树干式相结合的供配电方式。

15.13 变电站的安全管理是怎样的？

答 （1）现场设备的停电工作

首先做好现场设备的停电工作，然后按照顺序进行设备是否带电的查验，即验电工作。确认设备停电后，将设备装设接地保护线，将已停电设备的安全标识牌挂于现场设备，周边加装保护遮挡围栏。

① 停电。首先断开负荷主线路开关，然后将主开关下侧隔离刀闸快速拉开，最后将主开关上侧隔离刀闸断开。送电首先将主开关上侧隔离刀闸合上，然后将主开关下侧隔离刀闸快速合上，最后将负荷主线路开关合闸。禁止线路带电流操作隔离刀闸，以免出现设备放电拉弧，确认带操作的相关开关处在断开位置后再进行操作隔离刀闸。

② 验电。在挂接地线之前，要先确定设备的电压等级，选用符合相应等级的验电装置。工作人员要做好现场安全防护，佩戴合格的绝缘手套和绝缘靴，现场有相关工作人员进行配合监护。验明设备不带电后，按要求挂上接地保护线或合上专用的接地刀闸。如遇接地刀闸因机械原因故障不能达到接地目的时，需要排除故障再验电，符合要求后重新挂接地线。

③ 装设接地保护线。线路设备跨度较大时需要在线路两端分别挂设接地保护线，接地线要接触良好、固定牢固，接地线要伸展开，防止缠绕在一起。挂设之前应先进行高压验电，明确设备线路不带电后，现场工作人员佩戴符合要求的绝缘手套和绝缘靴，使用绝缘棒进行操作。在操作过程中要保持安全距离，避免身体部位触碰线路设备。

④ 挂安全标识牌和加装保护遮挡围栏。在工作现场将需要进行维护保养或检修的设备，采取相应的安全措施后，为了进一步确保人身安全，对现场相应设备加挂安全标识牌，周围加装保护遮挡围栏，以避免安全事故的发生。

（2）保证安全的组织措施

污水处理厂内配电站电气设备停电检修工作的安全措施如下。

① 工作票制度。工作票有两种，即第一种工作票、第二种工作票。

a. 第一种工作票主要在厂区所有设备停电维护工作，或者有部分设备停电维护抢修时需要填写的工作操作票。

b. 第二种工作票主要在厂区带电维护抢修设备，或者在带电设备外壳上的抢修维护工作，以及控制回路、信号检测保护回路等检修工作需要填写的工作操作票。

② 工作许可规定。工作许可规定是工作许可人（当天电气值班人员）根据低压设备线路检修工作票，或在低压电气设备检修工作填写的安全保护措施票后，对相关检修操作人员发出工作许可的指令，维修操作人员才能开始开展相关检修维护工作。在维护检修工作中，工作间歇、场所转换以及工作完成必须通过工作许可人的准许。同上所述的程序规定统称为工作许可制度。

③ 现场工作监护措施。现场工作监护措施是保证现场维护操作工作人员安全及正确操作的主要保证。现场安全监护人的主要职责是保证现场维护操作工作人员在检修操作中的安全，监护内容主要包括以下几点。

a. 部分电气设备停电时，监护现场所有检修操作人员的人身安全，做到所有相关人员与现场带电设备保持相应的安全距离。

b. 进行带电作业工作时，对所有现场维护操作人员进行监视保护，使所有相关人员与现场带电设备保持相应的安全距离。

c. 所有现场维护操作人员工具使用是否符合要求，工作所处位置是否符合安全要求，和操作方法是否得当等。

④ 工作间歇、场所转换和工作终结规定。

a. 工作间歇时，现场维护操作人员应当从维护操作现场及时撤离，所有现场安全保障措施保持原状，工作票仍然由现场负责的维护操作人员保存，间歇后继续进行维护操作工作，不再需要通过现场许可人员下指令。

b. 在未完成工作票结束手续前，任何现场维护操作人员不得把已停电的设备进行合闸送电操作。

c. 在完成相关检修工作之前，若需将设备线路送电调试，应按相关要求进行。

d. 在同一电气工作连接单元，使用同一工作票在多个检修操作点依次转换工作场所时，所有的安全措施应当由相关操作维护人员在开始工作之前完成，无需再次办理场所转换手续。

e. 完成所有的设备检修维护工作后，现场工作人员要按照现场设备安全运行要求进一步对设备线路及场所进行清扫。

f. 在同一停电系统所有的检修工作完成并终结工作票后，接到当班调度人员或者运行班负责人员的许可指令后，才可以对检修的设备线路进行合闸送电。

g. 已完成的工作票、设备故障抢修工单一般保存一年以上。

15.14　变电站的运行管理是怎样的？

答　(1) 电气设备的倒闸操作

污水处理厂变配电室为了完成一项线路操作，以达到变换设备线路供电运行方式的线路转换称作倒闸操作。倒闸操作是污水处理厂变配电室最常见的工作，也是高压值班人员必须熟练掌握的工作技能。倒闸操作的各个步骤如下。

① 运行值班人员接到线路调度指令（接到供电部门调度线路操作任务）。

a. 运行值班人员先检查录音装置是否正常，并保证录音装置能够正常录音，能够保留调度操作任务的全部指令。

b. 供电部门调度人员、污水处理厂运行值班人员应互报单位、姓名和本人岗位。

c. 运行值班人员在接到供电部门调度人员的电话后，在运行记录本上做好倒闸操作指令记录同时要做好录音。

d. 要明确倒闸操作的目的和意图，仔细询问清楚相关注意事项。对存在疑问地方，应及时询问清楚方可进行下一步操作。

e. 运行值班人员在接到指令后，还应重新复读一遍，经调度人员核对正确后，直接记入运行记录表中。运行值班人员要立刻向值班负责人汇报。

f. 供电部门调度人员、污水处理厂运行值班人员要经过专业培训，具有符合要求的上岗证并进行名单公示，在全程调度过程中要使用标准调度术语。

② 填写操作票。

a. 运行值班人员根据所记录的调度指令、现场电力设备实际运行情况以及设备操作分析讨论的方案，根据操作票上所要求的事项，由现场运行值班人员根据模拟屏以及电力系统二次回路模拟图，按照倒闸操作顺序逐项填写操作内容。

b. 倒闸操作票的填写内容应当详细考虑电力系统设备运行变换前后，一、二次电力系统的运行方式变化情况，以及电力二次系统继电保护自动装置参数的设定和各电力设备运行监控情况。

c. 严防操作票填写前后顺序颠倒、漏项，字迹不清，避免出现页面随意涂改，不能使用铅笔填写操作票。

d. 倒闸操作票要一事一填，一一对应。不可一票重复使用和预存倒闸操作票。

e. 在填写过程中，如果出现填写错误及做废的操作票，应当第一时间加盖此票作废印章。

③ 审核操作票。

a. 审核操作票分为三部分。第一，由现场值班操作人员进行自查；第二，交给现场操作监护人员进行二次查验；第三，现场值班负责人员对操作票进行最终审核。如果在审核过程中发现填写错误应由现场值班操作人员重新填写操作票。对于复杂的设备倒闸操作应经车间负责人进行审核指导。

b. 审核要求。查看操作票填写是否存在前后顺序颠倒及漏项，字迹是否清晰，页面有无随意涂改，以及有无使用铅笔填写操作票现象。

c. 审核结束。现场操作人员、现场监护人员、现场值班负责人员应当各自在操作票上签名。签字完成后，应在操作票下方加盖"以下空白"印章。

d. 进行必要的操作准备。

④ 操作前准备。

a. 对于现场需要的绝缘服、安全帽、绝缘靴、绝缘手套、验电棒等高压安全工具，要逐个进行安全事项检查，内容包括外观有无破损、功能试验是否良好、是否在安全检测日期内。对于检查不合格的工具要严禁使用。

b. 检查准备使用的操作工具及仪表，例如万用表、摇表、应急照明灯、高压柜钥匙、操作刀闸钥匙、高压操作杆等。

c. 穿戴好安全帽、绝缘服和绝缘靴，禁止穿戴不符合要求的服装进行倒闸操作。

d. 提前列举出倒闸操作过程中可能出现的危险因素及可能出现的技术问题，并进行逐条分析预测，列举出切实可行的解决办法并制定相对应的预防措施。

e. 操作工具、安全工具等由现场操作人员携带保管，操作票、高压柜钥匙、操作刀钥匙等由现场监护人员携带保管。

⑤ 模拟预演。

a. 在现场实际倒闸操作之前，现场监护人员和现场操作人员应当预先在现场模拟屏一次接线模拟图板前进行预操作模拟训练。模拟预演训练主要目的是为了查看倒闸操作票填写是否有误。

b. 模拟预演训练时，应当首先由现场监护人员朗读操作票，现场操作人员在模拟屏一次接线模拟图板前进行操作并对监护人员朗读的操作票进行复诵。现场监护人员确定操作内容正确后，现场操作人员在模拟屏一次接线模拟图板前对模拟开关、刀闸进行相应操作。

c. 在高压操作过程中，倒闸操作票中每一项内容现场监护人员和现场操作人员都要进行操作票朗读并进行复诵，二次操作都应当进行操作票朗读及复诵。

⑥ 正式操作。

a. 正式开始现场倒闸操作时，现场操作人员和现场监护人员各就各位，准备现场倒闸票的朗读及复诵。

b. 现场操作人员应站在准备操作设备的正面，并与操作设备保持一定的安全距离。一般情况下，现场监护人员应站在现场操作人员的后侧，并能看清现场所操作设备的编号和仪表显示数据，以便于及时观察操作人员和设备的现场情况。

c. 现场操作人员要集中注意力，认真听清现场监护人员的每一项操作指令，并复诵每一项操作指令。每操作完一项操作指令，现场监护人员要告知现场操作人员下一步操作的操作指令。

d. 现场操作人员在现场操作过程中发现有任何疑问，要停止现场操作，立即向现场值班负责人员报告。在弄清楚所出现的疑问后，再进行操作。禁止自行更改现场操作，禁止解除防误闭锁装置。

e. 在操作过程中，每一项操作均应严格执行以下几个步骤。

一是现场操作人员要逐一核对所操作的设备名称、操作单编号、线路调度编号、所操作的设备位置开关状态等。

二是唱票复诵。现场操作人员核对无误后，现场监护人员要按照操作票大声朗读内容；现场操作人员要同时手指所操作的设备位置，逐一复诵操作票内容。做出复诵内容对应的模拟指示手势；在得到现场监护人员确认正确的指令后，方可正式执行复诵的动作指令。

三是执行操作指令。现场操作人员在收到操作执行指令后，马上按照操作指令对现场设备进行实际操作。

四是检查现场操作人员是否将现场设备操作到位。现场操作人员和现场监护人员一同到现场查看设备操作是否正确，对现场电力设备检查操作机构、设备的数字显示表、设备工作状态指示灯、转换开关位置等。进一步确定开关倒闸设备的分合状态。

五是确认现场所操作的设备完成情况。现场监护人员应在操作票对应步骤上签字确认，本项操作任务完成。

⑦ 完成操作，复核运行方式。

a. 配电间电力系统倒闸操作所有操作步骤完成以后，现场监护人员和现场操作人员要一同对所操作设备状态进行查验。

b. 如果设备操作正常，指示灯显示无异常，无声光报警信号，操作后的设备运行方式应当满足线路调度人员的指令要求。

c. 现场监护人员和现场操作人员要再一次核对操作票上的所有步骤。对已经完成的操作项目要逐项核查签字确认。

d. 全部核查完成后，确认倒闸操作步骤已全部正确完成后，由现场监护人员填写操作最终完成时间。

(2) 倒闸操作的注意事项

① 污水处理厂配电间高低压控制柜线路切换操作应当由两人以上完成，其中现场监护人员应当熟悉现场设备及操作系统，现场操作人员填写操作票并进行现场系统操作。

② 如遇雷电等恶劣天气时，严禁进行线路切换操作。在现场操作过程中应保持注意力集中，避免谈论与线路切换操作无关的话题。

③ 进行设备线路切换操作过程中，禁止随意自行改变操作顺序、增加或减少操作设备步骤、涂改操作票内容，随意跳项进行操作。在操作过程中如果出现操作票填写问题，必须第一时间报告现场负责人员并立即停止设备操作，重新审核错误更改填写操作票后再重新进行设备操作。

④ 在设备线路切换操作过程中出现的设备操作机构动作不到位、信号指示灯异常、现场有报警异响等情况，应当立即停止现场相关设备操作，查找设备线路系统故障原因并进行故障排除。待所有故障排除后，方可继续操作。在操作过程中出现的设备闭锁装置动作及其他报警信号故障，在没查清楚故障原因之前，不得随意解除。现场操作人员不得自行更改设备操作票，盲目完成设备合闸操作。

⑤ 对于单一的电气设备操作，例如单相电气设备断开或合闸操作可以不必使用操作票。除以上单一操作外都需要填写操作票进行设备系统转换操作。事故处理后，修复的相关设备系统操作也应当填写操作票进行操作。

⑥ 在设备系统转换操作过程中，当隔离开关的机械闭锁装置以及电气闭锁线路出现闭锁动作或报警信号时应当及时查找故障原因，没有排除故障原因之前，不得自行解除闭锁装置而强行拉合隔离开关机构。

⑦ 正确执行高声朗读操作票及复诵操作票制度。现场监护人员根据操作票所填写的步骤内容，一边高声朗读操作票，一边指向操作票所要求操作的设备。现场操作人员要同时手指所操作的设备位置，逐一复诵操作票内容，做出复诵内容对应的模拟指示手势。当现场监护人员看到现场操作人员正确的操作手势后，才能发出设备操作指令。

⑧ 隔离开关的操作应当特别注意相应的断路器开关状态，断路器在断开的状态下，才可以操作隔离开关，以防止带负荷操作隔离开关出现设备拉弧现象，伤及人身安全。

⑨ 使用的安全工具应当定期检验，安全电压等级必须大于或等于所操作的设备系统安全电压等级。如果使用不合格的安全工具，会引起人身及设备的安全事故，在现场设备系统转换操作过程中必须杜绝发生。

⑩ 污水处理厂配电间的隔离开关和断路器操作都应当严格按照电力安全相关规定，室外操作应当在干燥晴朗天气进行，防止引起触电事故发生。现场操作人员应佩戴好合格的绝缘手套，所使用的操作安全工具应在有效期内。在雨雪恶劣天气避免进行以上操作，特殊情况下绝缘操作棒应当使用防雨装置，穿戴高等级合格的绝缘靴。特别注意在雷电天气情况下，禁止进行设备线路切换操作。

(3) 配电室突然断电的处理

① 断开用电设备，拉开全部出线开关。

② 对配电室内部设备和进线端巡视检查，确定停电原因：内部原因、外部原因。

③ 若进线没有电压，应是外部停电，联系供电部门报修。

④ 若进线电压正常，应是内部原因引起，在通常情况下，空载试合断路器一次，若继续出现跳闸，说明线路有故障。相关技术人员应当对现场设备系统进行故障排查检修。

15.15　如何配置电力计量及功率因数补偿设备？

答　计量电力的方式一般有高电压供电高电压计量、高电压供电低电压计量，以及低电压供电低电压计量三种方式。高电压供电高电压计量、高电压供电低电压计量对应的供电用户输入电压是高压，例如10kV等，通常指专变用户。如果用高电压供电高电压计量方式时，一般在10kV电源进线处安装专用的计量柜。我国规定电力计量一般采用电力设施产权分界处进行计量；通常10kV电压，以315kVA容量作为分界限划分，315kVA及以上采用高电压供电高电压计量，以下采用高电压供电低电压计量；但有些地方供电局又以630kVA为界，变压器容量大于630kVA高电压供电高电压计量，630kVA及以下时可以在低压侧低电压供电低电压计量。

污水处理厂的电力系统运行功率因数较低，通常系统运行功率因数低于0.9；能耗较高，一般低于外部供电系统入网的功率因数基本要求。通常要求对电力系统的功率因数进行无功补偿，以便提高供配电系统功率因数达到规定的要求，来减少变压器运行损耗和供配电系统的线路损耗。400V负荷电容补偿方式一般选用低压侧集中配置自动功率因数补偿装置，电容补偿后的功率因数能达到0.95以上。若为改扩建项目，已经运行的无功补偿装置容量达不到要求时，一般选用在原来的电容补偿柜并联接入必要的电容补偿容量。

15.16　变压器的检查维护和常见故障排除有哪些？

答　（1）变压器带负荷运行状态下的检查、维护保养

① 变压器的巡视检查。现场值班人员在例行巡检过程中，首先要多注意观察污水处理厂配电间变压器出线柜的显示工作相关数据是否在正常范围内，波动幅度是否平稳，查看供电质量数据是否异常，有无高速谐波出现等。变压器的运行数据在规定的正常范围内可正常运行。如果运行数据波动较大，影响厂区供电稳定性，现场值班人员应立即报告运行负责人。

② 变压器的外观检查。现场值班人员在例行巡检过程中，要注意观察现场变压器外部表面有无渗油现象、硅胶颜色是否正常、变压器螺丝是否松动。通过专用设备检测仪器观察变压器接线端子有无过热、过温现象，设备接地是否良好，操作开关机构是否保持润滑状态，熔断管是否固定良好，电缆接头是否清洁干燥。如有必要，用红外线检测仪监测母线接头。

③ 运行环境检查。污水处理厂配电间变压器通风是否良好，门窗是否完整，空气是否潮湿，是否存在运行过热的设备。

④ 停电清扫检查。利用专用电力清扫工具对瓷套管及有关附属设备进行吹扫擦拭，清除表面灰尘，达到正常绝缘范围。采用专用工具检查电力母线和接线端子螺丝紧固连接情况，用专用仪表测量绕组的绝缘电阻以及接地电阻是否符合设备运行要求。

（2）变压器异常运行和常见故障原因分析

① 变压器声音异常。原因：污水处理厂配电间运行着各种大功率设备，会对厂内电力系统供电质量产生较大影响，现场会出现三相负荷不均衡现象，会造成运行中的变压器噪声变大、局部过热，各种感性负荷较多，会对系统的供电稳定性产生冲击，产生的各种高磁谐波影响系统内的计算机系统等精密运行设备的正常运行，甚至会发生损坏现象。

② 变压器温度过高。原因：污水处理厂运行的各种大功率设备长期运行负荷较大，感性负载较多，三相负载不均衡；变配电间通风不良，降温措施不利；变压器清扫检修不及时，灰尘较多，以及接触电阻变大。以上种种原因都会引起变压器温度过高。

③ 油色异常。原因：现场值班人员在日常巡视过程中，要经常注意变压器的油是否透明。如果透明度降低，产生浑浊，应及时采集一定量的油样到专门检测机构进行检测鉴定。应做到及时发现、及时更换，避免安全火灾事故的发生。

15.17 高压柜"五防"连锁操作是怎样的？

答 污水处理厂变配电间高压系统设备"五防"主要是为了严格遵循电力安全操作规程，实现厂区安全运行的重要举措。现场运行的高压柜如果不符合"五防"功能要求，会产生严重的操作失误安全隐患，产生人身及设备伤害。

① 严防断路器开关错误分合。断路器开关手车处在正确的工作位置或试验位置时，断路器开关才能进行分合操作。

② 严防移动带负荷的断路器开关手车。断路器开关处在断开状态下，运行当中的断路器开关手车才能进行推入或拉开的操作。

③ 严防接地刀开关带电闭合操作。断路器开关手车处在试验位置时，接地刀开关才能进行闭合操作。

④ 严防送电时接地刀处开关在闭合位置。接地刀开关处在断开位置时，断路器开关手车才能推入工作位置进行闭合操作。

⑤ 严防误入带电间隔。断路器开关手车处在试验位置、接地刀开关处于闭合状态、闭锁机构接触情况下，方可打开后门。没有接地刀开关的开关柜要在高压停电后进行操作。

15.18 值班电工安全操作规程有哪些？

答 ① 现场值班人员必须通过电气上岗操作专业培训，具有足够的电气设备安全运行知识及实习经验，经过相关部门考核认定后获得上岗证，身体健康、反应灵敏，熟悉污水处理厂运行单元设备操作规程，熟悉掌握配电间电气设备线路情况及操作方法。现场值班人员应具有在设备异常的情况下，采取应急保障处理能力。

② 现场值班人员工作态度严谨，对现场设备安全运行做到认真负责，严格按照巡视要求定点对相关设备及运行数据做好记录，在巡视过程中发现的问题要及时汇报、及时处理，做好交接班等日常工作，对日常安全用具要做好维护保养工作，确保其在安全有效期限内。

③ 污水处理厂配电间内的高压系列设备、线路、低电压主回路及容量较大的机器设备上的线路切换，现场应由两人或两人以上完成操作。现场监护人员必须熟悉现场设备线路情况。

④ 现场值班人员对于线路的一些检修与保养须做好相关停电安全工作。

a. 佩戴好安全工具，现场做好安全防护措施，按照工作要求做好相关线路的停电工作，检验现场设备是否带电。

b. 在已经停电的设备和线路上挂好接地线，在停电设备和线路上挂停电警示牌，停电设备周围装好现场保护围栏。

c. 要与现场施工负责人做好检查交接工作，经双方确认无误后，才能开始相关施工检修工作。

　　⑤ 对于施工检修上一级另一场所的开关设备，应当挂上停电警示牌，以防止误合闸送电到工作现场，引起设备及人身伤害。在工作现场要安排特定的监护人员。

　　⑥ 现场施工检修工作完成后，相关工作人员撤离现场，现场值班人员对施工检修的设备、线路进行检查，经确认现场设备、线路一切正常后，撤离相关的安全工具和设施，恢复现场设备、线路正常工作。在设备、线路检修完成之后，现场值班人员办理工作完成手续之前，禁止向设备及线路恢复供电。

　　⑦ 现场施工检修时要严防在设备带电情况下施工。有雷雨天气时，禁止进行相关重要的高压设备和线路的切换工作。

　　⑧ 在施工检修现场要做好安全防护措施，严防人身触电事故的发生。一旦出现现场工作人员触电事故和设备火灾事故，现场值班人员第一时间切断配电间总电源，立即对现场受伤人员做好抢救工作，对现场火灾设备做好消防扑救工作。

15.19　如何应对配电室突然断电？

　　答　① 首先断开用电设备，拉开全部出线开关。

　　② 然后对配电室内部设备和进线端巡视检查，确定停电原因（内部、外部）。

　　③ 若进线没有电压，是外部停电，应联系供电部门报修。

　　④ 若进线电压正常，应是内部原因引起，尝试操作开关合闸一次。倘若操作开关合闸不成功，再次出现跳闸信号，说明线路有故障。维修人员应对厂区出现故障的设备及线路进行故障排查检修。

15.20　如何正确使用配电室红外成像仪？

　　答　配电室红外成像仪正确使用方法如下。

　　（1）红外拍照步骤

　　① 红外准备。打开成像仪开关，等待 1min 后取下镜头盖。

　　② 对焦。手动对焦，手工调节对焦环来调节相机镜头，使被测物在相机中显示清晰。

　　③ 拍照。按下拍照按钮 3s，同时保持拍照姿势。

　　④ 保存。如拍出照片符合要求时，选择保存，记录保存的照片编号。

　　（2）红外照片要求

　　① 红外照片要求清晰，所拍部位准确。重点注意电气设备的连接部分，如电缆接头、母排接口等。

　　② 红外照片上要体现出所拍设备最高温度、反射温度、拍摄距离、相对湿度、大气温度以及拍摄时间。

15.21　保证污水处理厂日常用电安全的组织措施有哪些？

　　答　①工作票制度。②工作许可制度。③工作监护制度。④工作间断。⑤转移和终结制度。

15.22 污水处理厂电气故障排除有哪些?

答 (1) 潜水泵跳闸检查步骤

① 检查熔断器。万用表检测电压判断是否缺相。

② 检查断路器。万用表检测电压判断是否缺相、是否跳闸。

③ 检查热继电器。观察热继电器是否保护,复位即可。

④ 检查交流接触器。首先断开该设备断路器,检查接触器触点是否烧毁。

⑤ 检查潜水泵。用摇表检测相间及相对地绝缘,均应大于 $5M\Omega$;用万用表电阻档检测三相内阻,任意两相内阻差值不得大于 5%;检查接线盒接线端子接触是否牢固、是否出现烧断现象。

⑥ 若是新泵,检查保护控制箱是否正常工作,有无故障报警信号。

若以上检查均正常,潜水泵可以重新开启。若潜水泵能够开启,用电流表检测每相电流。

(2) 桥体停止运行检查步骤

① 检查紧急开关是否打开、小车是否卡死。

② 检查柜内各断路器是否跳闸,并合闸试机;检查各电气元件是否有灼烧、异响、异味,若有应停电报修或者更换。

③ 检查柜内三相电源是否正常;检查 MCC 内对应的断路器是否正常。

④ 使用金属物体接近开关或摆动行程开关。桥体若报警,检查常闭开关是否动作;桥体若不报警,检查常开开关。若桥体只往一个方向走,则检查另一方向的接近开关。

⑤ 桥体停在两头,检查行程开关。

若经上述检查后无法排除故障,应按程序要求报修。

(3) 安装在桥体上的潜水泵跳闸检查步骤

① 检查断路器。万用表检测电压判断是否缺相。

② 检查交流接触器。首先断开该设备断路器,再用万用表电阻检测接触器每相间的通断情况,检查触点是否烧毁,检查端子是否紧固。

③ 检查潜水泵。用摇表检测相间及相对地绝缘,均应大于 $5M\Omega$;用万用表电阻档检测三相内阻,任意两相内阻差值不得大于 5%;检查接线盒接线端子接触是否牢固、是否出现烧断现象。

④ 检查热继电器常闭点是否接通。若是新泵,检查保护控制箱是否正常工作,有无报警。

⑤ 提泵检查潜水泵叶轮是否堵塞,同时检查管路是否畅通。

若以上检查均正常,潜水泵仍不能开启,应及时上报维护中心。若潜水泵能够开启,用电流表检测每相电流是否平衡。

(4) 风机跳闸检查步骤

① 检查断路器。万用表检测电压判断是否缺相。

② 检查热继电器。观察热继电器是否保护,复位即可。

③ 检查交流接触器。首先断开该设备断路器,再打开接触器前盖,检查触点是否烧毁。

④ 排查风机故障。用万用表电阻栏检测三相内阻，任意两相内阻差值不得大于5%。

⑤ 检查电动执行器。断开风机主断路器，单独运行风机电动执行器，检查电动执行器运行是否正常，重点检查电动执行器蝶阀叶片开启是否正常。

⑥ 先断开断路器，再手动盘车检查皮带轮及风机叶轮是否运转正常。若能够开启，用电流表检测每相电流。

（5）MCC跳闸检查步骤

若MCC单侧进线断路器跳闸，首先将跳闸侧用电设备的紧急开关关闭，然后对跳闸侧的各配电柜进行开柜检查是否有异常现象，并采取以下相应步骤。

① 检查是否有异味、异响及烟雾。

② 检查柜内是否有烧毁、烧坏、灼烧等异常现象。

若有上述现象应关闭故障设备的紧急开关，并断开该断路器。然后对跳闸侧各配电柜内的元器件进行检查。检查柜内各熔断器、断路器等有无异常，接线端子是否紧固。

③ 如果确认设备故障，先将故障设备断路器断开，尽快将MCC跳闸侧送电，逐步开启其余正常的设备。

④ 检查并断开各用电设备的断路器，闭合主断路器，然后闭合各用电设备的断路器，逐台启动设备。

⑤ 如果在闭合断路器或启动设备过程中出现问题，则停用该设备断开其断路器，关闭该设备的紧急开关，重复步骤④。

15.23　如何计算污水处理厂的电气设备负荷？

答　根据污水处理厂现场工艺要求进行电气设备配置，污水处理厂重点用电设备一般是进水泵、鼓风机、浮筒式搅拌机、离心式脱水机、臭氧发生器、各类泵负荷及消毒设备等。污水处理厂大容量工艺设备动力负荷与小容量工艺设备动力负荷及辅助设备计算方法不一，需区别开来。

现场运行设备一般按照系数、功能来确定，并符合《域镇排水系统电气与自动化工程技术标准》（CJJ/T 120—2018）的规定。负荷计算可以参考相关专业书完成，并结合现场工艺实际运行经验制表计算。

15.24　软启动器的启动方式有哪几种？

答　（1）斜坡升压软启动

斜坡升压软启动是最基本的启动方式，能调整晶闸管导通角，不能通过反馈电流控制该设备，让时间变成函数关系的一个变量。不足之处：因为不受电流控制，在该设备整个启动流程中，可能会有很大的高能量谐波电流毁坏晶闸管，相对来说对电力系统产生较大影响。因此，在实际应用中很少采用此种方式。

（2）限流启动

在设备限流启动整个流程中，该设备启动电流不能超过其设定电流。设备输出电流从低到高快速增加，达到设限保护电流后，输出电流保持稳定输出。该启动模式的优势是启动电流较小，并且可以按照生产需要随时调整，对整个电力系统不会产生有害影响。该启动模式的不足之处是在启动过程中对启动压降不能随时掌握，不知道其压降空间的大小。

（3）阶跃启动

在最短的时间内使该启动达到预先设定值，用最少时间达到开机要求。通过调节启动电流设定值，可以达到快速起动目的。

（4）斜坡恒流软启动

设备开启初期启动电流渐渐增长，开启设备的电流达到原来设置的电流数值，然后保持大小不变，直到整个启动过程结束为止。在启动设备时，电流大小变化可以按照负载大小设定调整。电流变化大，设备启动转矩随之变大，相反则设备启动转矩变小。

（5）电压双斜坡启动

电机启动时，设备的输出力矩随着输入电压的增长而提高，启动时产生的初始电压根据负载大小可以调节，把电压调整到大于负载力矩的相关对应值。输出电压与设定电压值一致时，电机的转速达到额定转速。设备在启动之后，迅速检测额定转速值，使设备输出电压达到额定值。

（6）脉冲冲击启动

开始设备启动时，通过晶闸管的较大电流短时间内产生衰减，然后按预期设置的数值线性增大后恒流启动。该启动方法适用于重载并需克服较大静摩擦的启动场合，在一般负载中较少使用。

15.25 空气开关 C 型与 D 型有什么区别？如何正确使用？

答 空气开关也称断路器。按照断路器的脱扣曲线可以将断路器分为 A、B、C、D 四类。

断路器的特性就是指断路器在实际应用中，最大限度地避开一种瞬间产生的冲击电流，即抗冲击电流，表示在线路中的一定时间断路器跳闸。C 型与 D 型断路器分为单极、双极、三极、四极，从外观上看几乎一模一样，要认清它们两者之间的类别，必须从它们的壳体上看标注的字母。

目前比较常用的类型为 C 型断路器，例如：C10、C20 等。符号 C 表示为 C 系列，后面的 10 或者是 20 表示额定电流为 10A 或 20A。C 系列产品的断路器的特性一般为 5～10 倍的额定电流，这种特性最常用。在配电线路中或者有比较大的瞬间接通电流的照明控制回路中，最好选择这种 C 型断路器，广泛应用于家庭单相、三相配电盘，以及建筑照明等线路中。

D 型断路器的特性比 C 型断路器大很多，一般为 10～20 倍的额定电流。D 型断路器一般用于有电动机工作的动力配电中。在配电线路比较高的瞬间接通电流或者启动电流比较大的场合，最佳选择就是 D 型断路器。

A 型和 B 型断路器广泛应用于电子元器件，或者半导体器件和配电箱里面的二次回路的小电流保护。

15.26 污水处理厂的变频器运行需注意哪些要求？

答 要想使变频器长时间平稳地正常运行，还需要在变频器安装或运行前，从以下因素着手改变变频器运行环境。

①温度因素。②湿度因素。③腐蚀性气体。④振动和冲击。⑤防止电磁干扰。⑥防止输

入端过电压。⑦接地。⑧防雷。

15.27 污水处理厂设备控制保护分几类?

答 **(1) 启动方式**

一般简单分为软启动方式和直接启动方式。单体设备功率不小于 45kW 的低压大型电动机设备一般采用软启动方式,其余低压小型电动机设备一般采用直接启动方式。

(2) 控制方式

一般分为就地手动控制和 PLC 自动控制两种方式。人工现场根据设备运行情况,通过手动转换开关,开停控制设备。通过自动检测系统及控制系统,实现全厂内各主要用电设备现场通过 PLC 自动控制局部或全厂设备运行来实现人工智能化要求。就地手动控制和 PLC 自动控制可以通过设置现场就地的手/自动转换开关来进行切换操作。就地手动控制一般用于现场设备的检修维护等,也可以作为运行过程中临时或者应急操作设备的方式。一般情况下,厂区设备由 PLC 自动控制系统根据现场水质变化随时调整工艺需求,满足生产需求。

(3) 电动机保护

① 普通电机。设短路、接地、过负荷及缺相保护。

② 大容量电机。设短路、喘震(鼓风)、过负荷、缺相、温度及接地保护。

③ 潜水泵电机。设短路、湿度、过负荷、缺相、接地、温度保护。

④ 阀门驱动电机。设短路、过热、过负荷、缺相及过力矩保护。

15.28 低压配线的电缆敷设方式有哪些?

答 低压配线采用专用电缆,污水厂电缆主要采用电缆沟及电缆桥架敷设方式,或部分穿管直埋等方式。

15.29 电气线路故障的检查、判断及排除方法有哪些?

答 由于污水处理厂环境潮气大,生产过程中产生大量腐蚀性有毒有害气体,这些气体往往会对电控柜及配电设备线路产生较大腐蚀作用,导致线路的接触电阻加大,局部产生发热现象。电气线路如果不能及时检修维护,发生线路的故障也会增加。相关设备的供电回路、控制回路及信号回路如果得不到及时紧固、清灰等维护工作,在高温潮湿天气极易导致线路故障的发生。电气线路故障较为常见的有三种:线路短路故障、线路断路故障和线路接地故障。

(1) 线路短路故障

① 线路短路故障类型。

a. 线路绝缘外皮受到机械损伤,使线路的工作电压大于绝缘保护电压,出现导线不同相间直接接触,出现线路短路故障。

b. 由于设备线路长期在腐蚀性气体的侵蚀下,使导线的绝缘电阻大大减小,在工作电压作用下不同相间线路出现短接,发生线路短路故障。

c. 由于灰尘气体的共同作用下,在接线端处出现不同相间接线端子的绝缘值达不到绝缘要求,发生相间发热放电到燃烧,引起相间线路短路故障。

d. 由于线路的接线端子压线螺丝产生松动，导致导线的接触电阻加大，产生发热现象。这种状态长期工作会导致接线端子的绝缘电阻大幅度降低，产生高热，导致接线端子严重变形，绝缘下降，从而引起相间线路短路故障。

② 线路短路故障措施。

a. 电路绝缘层损伤引起的短路故障，一般要经过兆欧表、万用表（要把档位置调在 R×1 位置）检测导线绝缘是否已被破坏，电阻值小于 1MΩ，已不能满足正常绝缘的要求，直接短路后电阻到最小值 0Ω，这种情况直接更换新的电缆。

b. 线路绝缘外皮被腐蚀引起的线路故障，一般要经过兆欧表、万用表（要把档位置调在 R×1 位置）检测导线绝缘是否已被破坏，电阻值小于 1MΩ，已不能满足正常绝缘的要求，直接短路后电阻到最小值 0Ω，这种情况直接更换新的电缆。

c. 接线端子经过兆欧表、万用表（要把档位置调在 R×1 位置）检测导线绝缘是否已被破坏，电阻值小于 1MΩ，已不能满足正常绝缘的要求，直接短路后电阻到最小值 0Ω，这种情况直接更换导线及接线端子。

d. 接线端子松动情况下经过兆欧表、万用表（要把档位置调在 R×1 位置）检测导线绝缘是否已被破坏，电阻值小于 1MΩ，已不能满足正常绝缘的要求，直接短路后电阻到最小值 0Ω，这种情况更换接线端子压紧导线。

（2）线路断路故障

污水处理厂电气设备在运行过程中容易出现元器件松动、线路拉断、保险丝熔断等情况发生，引起线路断路故障。这些故障往往会引起电路断电、现场运行设备缺相而导致设备运行停止。检查线路断路故障可采取带电检修和断电检修等方法。

① 带电检修。将万用表转换到检测电压档位，测量检修设备的上端电压，正常情况下再逐项检测线路各个元器件进出线电压。在测量电压异常的情况下，该元器件属于故障元器件，需拆下检修或更换新元器件。因机械外力引起的线缆断裂情况下，需测进出线电压是否正常。如出现异常，找到断点接好线缆，处理好绝缘层或者更换新电缆。

② 断电检修。

a. 将万用表转换到检测电阻档位，检查测量故障电缆的两端电阻值。电缆相对应的导线两端测出的电阻值属于通断范围内，说明该电缆完好。如果大于通断范围内电阻值，说明该电缆已经出现断裂，需要做好中间接头，处理好绝缘层或更换新电缆。

b. 元器件出现断点情况，将万用表转换到检测电阻档位，检查测量故障元器件的两端电阻值，元器件两端测出的电阻值属于通断范围内，说明该元器件完好。如果大于通断范围内电阻值，说明该元器件已经出现损坏，需要检修或更换。

（3）线路接地故障

① 污水处理厂生产环境湿度较大，水体中产生较多的有害气体，导致设备线路绝缘值降低。运行当中带电线路对设备壳体接地端子等放电，从而引起设备线路的接地故障。

② 污水处理厂在设备线路接地故障时，首先检测带电线路三相的电压值是否均衡。如果出现一相电压值为零，断开电源开关，当检测该相与接地线之间电阻为零时，该线出现接地故障。当接线端子与接地线之间电阻为零时，该端子上所接的电源线与接地线之间发生了接地故障。此项故障包括电机、线包等接地故障检修。

③ 设备电气线路中三线出现两线接地故障时，现场设备配电柜上的接地故障指示灯一

只变暗或灭掉，可用逐个排除法排除没接地的设备线路。

上述对三种常见故障的处理过程可以充分说明，在日常工作中保持车间配电柜防尘、防潮和防腐蚀性气体，对污水处理厂安全运行是十分必要的。对电气设备线路的日常维护检修工作提出了更高要求，以避免电气线路故障的频繁发生。

15.30 污水处理厂现场检测设备的电气控制方式有哪几种？

答 **（1）电气检测柜1**

高低压配电柜电气参数收集控制，包括进水流量、浊度、pH值、温度等的监测。

① 滤池水位。通过液位计检测反馈每个滤池的水位高度变化，实时调节闸门开启高低度，保证水位稳定在一定高度，以便于水流过滤快速通过。控制调节形式为反馈定值控制系统（水位信号为反馈信号）。

② 加药。采用复合控制（前馈＋反馈），然后根据原水流量、水质以及原水和絮凝剂混合后检测到的游动电流信号，控制计量泵的转速或活塞冲程，调节投加量。

③ 加氯。采用复合控制（前馈＋反馈），前加氯消毒装置按照污水进水量比例进行精准投加药剂，一般把前氯消毒装置安装在进水混合井内。后加氯消毒装置可参照污水进水流量和出水余氯的信号来实时调节加氯消毒装置的药剂投加量。现场氯瓶的使用一般根据氯瓶重量及管路压力进行自动切换。

④ 氯气泄漏。在氯瓶间及加氯间设置漏氯检测仪，当氯气发生泄漏并达到指定值时，检测仪发出声光报警，相关氯气吸收装置（碱泵、风机）联动投入运行。

⑤ 絮凝池排泥。根据设定的排泥周期，自动分组顺序开启排泥控制电磁阀。排泥周期及排泥时间可在控制中心和控制分站设定。

⑥ 沉淀池排泥。现场排泥周期一般根据水质变化来设定，定时自动开启。将多余污泥排放至储泥池进行污泥浓缩，后经脱水机脱水将污泥外运。

（2）电气检测柜2

① 反冲洗控制。滤站反冲洗控制方式一般分为两种：一种是根据周期控制；另一种是根据液位控制。

周期控制主要是根据设定的时间，定时开启设备对滤布进行反冲洗，提高滤布透水率要求。液位控制主要是根据压力传感器（或超声波液位计）反馈的液位信号高度来控制设备开启，到达设定低液位时，设备自动停止运行。

② 废水回收。当某格滤池进入反冲洗程序后，回收水池水位到达设定值时，启动回收水泵，同时通知加药控制分站适当加大絮凝剂投加量。当回收池水位下降到设定值后，又无滤池自动反冲洗时，停回收水泵。控制程序中包括超低水位保护停机功能。

③ 排水排泥。根据排水排泥池中的水位和泥位，或根据设定的排放周期自动进行排水排泥。

（3）电气控制系统防雷与接地

为使露天仪表、视频监控系统、计算机检测控制系统等避免受到雷击损坏，一般采取以下防直击雷和防感应雷的方法。

① 在污水处理厂监测中心通过常用的交流220V电源检测仪表，在电源端加装专用避雷器装置，保护系统内计算机设备等避免受到超高电压的击穿破坏。

② 在直流 4～20mA 模拟输出信号一端与可编程控制器模拟输入端，加装专用避雷器装置，保护系统信号避免受到雷电冲击干扰。

③ 在视频监控信号传输线、220V 电源线、485 控制线上加装专用避雷器装置。

④ 污水处理厂现场仪表和计算机设备外壳都要进行防雷接地保护，接地电阻的大小一般为 1Ω 以下。视频仪表信号电缆的屏蔽层进行可靠接地，防止雷击电流冲击到系统内精密线路元件。

15.31 电气设备常见故障有哪些？

答 污水处理厂中由于大量使用电气元器件控制各类污水处理设备的运行，元器件受工作环境、老化等因素的影响，经常会出现故障。常见的电气设备故障有电气线路故障、电动机故障、变频器故障等。

15.32 污水处理厂哪些水泵故障因素会导致电机运行电流减少？

答 ① 水泵中混入空气或空载运行，水泵的出水阀门没有开启。

② 水泵的实际工作扬程高度大于水泵的额定扬程高度，吸水扬程深度大于水泵工作时吸上的扬程深度。

③ 泵腔内有软性异物缠绕或堵塞，水泵叶轮磨损严重，密封圈和叶轮之间的缝隙过大，或者对叶轮进行切削等。

15.33 污水处理厂电气工程的设计规范及范围有哪些？

答 **(1) 设计依据及技术规范**

① 污水处理相关专业提供的电气设施资料及工艺流程图；

② 土建专业提供的污水处理厂构筑物相关图纸；

③《城镇排水系统电气与自动化工程技术标准》(CJJ/T 120—2018)；

④《通用用电设备配电设计规范》(GB 50055—2011)；

⑤《供配电系统设计规范》(GB 50052—2009)；

⑥《20kV 及以下变电所设计规范》(GB 50053—2013)；

⑦《电力工程电缆设计标准》(GB 50217—2018)；

⑧《电力装置的继电保护和自动装置设计规范》(GB/T 50062—2008)；

⑨《电力装置电测量仪表装置设计规范》(GB/T 50063—2017)；

⑩《电气装置安装工程电缆线路施工及验收标准》(GB 50168—2018)；

⑪《电气装置安装工程接地装置施工及验收规范》(GB 50169—2016)；

⑫《建筑物防雷设计规范》(GB 50057—2010)；

⑬《建筑机电工程抗震设计规范》(GB 50981—2014)；

⑭《建筑设计防火规范》(GB 50016—2014)(2018 年版)。

(2) 设计范围

设计范围主要包括厂内供配电系统及配电装置设计、动力及其自控系统设计、照明设计、线缆选型及敷设设计、防雷与接地设计。

15.34　污水处理厂照明设施如何选型?

答　一般参照《建筑照明设计标准》(GB 50034—2013)选型。

室内照明以 LED 节能灯为主,厂房内一般采用耐腐蚀、防爆型单灯混光型灯具,高低压配电室、加药间、臭氧车间、监控调度室等需要场所设应急照明灯具。室外照明采用高效户外投光 LED 灯及太阳能灯作为常用照明灯具。

① 节能灯。一般用于值班室、走廊、工艺流程工作间、报废仓库、食堂、机修间、汽车库、厂区道路灯场地。

② 荧光灯。用于控制室、调度室、配电间、办公室、餐厅、管廊等场所。

③ 高压钠灯。用于厂区道路及处理构筑物。

④ LED 灯。用于厂区道路。

⑤ 金属卤化物灯。用于泵房及风机房、露天工作场所等地。

15.35　污水处理厂变配电间防雷接地如何配置维护?

答　在污水处理厂中,重要的工艺构筑物、变配电间、较高的办公楼、水塔及预计雷击次数大于等于 0.05 次/a 且小于等于 0.25 次/a 的水处理构筑物,通常按三类建筑物设防。具体以计算结果确定为准,参照《建筑物防雷设计规范》(GB 50057—2010),在建筑物易受雷击部位采用避雷带进行保护。

防雷接地点要在现场做好防雷点编号,定期进行防雷接地检测,将检测合格标识标注于现场醒目位置。在日常维护中要做好除锈防腐工作。变配电室防雷接地系统采用共用接地体方式,其接地电阻要求小于 1Ω。为防止直击雷及感应过电压的侵害,变配电间低压母线均装设防雷装置。380V/220V 侧常采用 TN-S 或 TN-C-S 制接地系统。污水处理厂厂区各部分构筑物的接地装置与变配电间的接地装置通常共用厂区电缆沟内的接地带连接一体,作为等电位连接保护系统。

第16章

安全设备

16.1　灭火器种类及其使用范围有哪些?

答　灭火器是扑救初起火灾的消防器材,由灭火器筒、手柄、喷射软管等组成。灭火器的灭火原理是筒内有带压的不同种类的灭火剂,在释放压力时,灭火剂从软管喷出,起到灭火的作用。

灭火器有手提式和手推车式,灭火器根据灌装的灭火剂分为泡沫灭火器、二氧化碳灭火器、1211灭火器和干粉灭火器。

(1) 泡沫灭火器

泡沫灭火器有化学泡沫和空气泡沫两种。泡沫灭火器应用在脂类、石油产品、木材等材料的火灾,不能应用在水溶性材料、带电设备的火灾。

① 化学泡沫灭火器在使用时,灭火器内的酸性和碱性化学药剂水溶液混合发生化学反应形成泡沫,借助筒内的压力作用从软管喷出,喷出的泡沫可以覆盖在着火物体的表面窒息性灭火。

② 空气泡沫灭火器可以灌装氟蛋白泡沫、聚合物泡沫、蛋白泡沫、轻水泡沫和抗溶泡沫等,这些空气泡沫灭火剂的灭火性能大大优于化学泡沫灭火剂,能够取代化学泡沫灭火器。

(2) 二氧化碳灭火器

二氧化碳灭火器内部灌装的是液态二氧化碳,在灭火器释放压力时,灭火剂从软管喷出,喷在着火的物体上,降低了火灾区域的氧气含量,起到窒息性灭火的作用。这种灭火器适用于600V以下带电电器设备、贵重设备、档案书籍、精密仪器、检测仪表的火灾。

（3）1211 灭火器

1211 灭火器内部灌装的是卤代烷灭火剂，这种灭火器的原理是能够抑制燃烧的化学反应过程，起到灭火的作用。这种灭火器适用于易燃和可燃液体、气体、带电设备固体物质表面、计算机、精密仪器、珍贵文物及贵重物资等的火灾。

（4）干粉灭火器

干粉灭火器内部灌装的是干粉、液态二氧化碳或高压氮气。在灭火器释放压力时，灭火剂从软管喷出，喷在着火的物体上，抑制燃烧。这种灭火器适用于可燃气体、可燃液体以及带电设备火灾。

16.2 火灾探测器种类及其适用范围有哪些？

答 当物质着火时，有烟雾的同时可形成气溶胶状气体。温度升高达到燃点时，在氧气的助燃下发生化学反应，形成火焰，可瞬间使周围环境温度升高。

火灾探测器的作用就是利用其内部的敏感元件对烟雾、温度、火焰和燃烧气体等进行感知，并将感知的参数转化为电信号，传到火灾报警装置，进行火灾报警。火灾探测器有可燃气体、感光式、感烟式、感温式、复合式等感知方式。

（1）可燃气体火灾探测器

可燃气体探测器适用于感知易燃易爆的可燃气体，污水处理厂可能存在可燃气体的构筑物有污泥消化池、污泥提升泵房、预后浓缩泵房、污泥脱水机房、设置在室内的沉淀池等。可燃气体火灾探测器安装时应注意以下几点。

① 可燃气体火灾探测器应安装在可燃气体集中的位置。对于监测密度大于空气的可燃气体，探测器应安装在地面以上 0.5m 的位置上；对于监测密度小于空气的可燃气体，探测器应安装在构筑物的上部或顶部。

② 可燃气体火灾探测器不能安装在风速大于 0.5m/s 和环境温度大于 40℃的位置。

③ 可燃气体火灾探测器不能安装在有铅离子或有硫化氢气体的位置。

④ 应定期检查可燃气体探测器的工作状态。

（2）感光式火灾探测器

感光式探测器适用于感知易燃物质区域且燃烧时有明显红外和紫外火焰发生的火灾，如燃料库、仓库、计算机房、变电所、等区域，感光探测器有红外火焰和紫外火焰两种。

（3）感烟式火灾探测器

感烟式火灾探测器适用于感知在燃烧过程中产生的固体或液体微粒即火灾初期的烟雾，能够感知火灾的初始阶段，能够发现早期火灾。

（4）感温式火灾探测器

感温式火灾探测器适用于感知周围环境中温度变化的火灾探测器。当周围环境发生火灾时，环境温度升高，探测器中的热敏元件将感知的参数转化为电信号，传到火灾报警装置，进行火灾报警。

（5）复合式火灾探测器

复合式火灾探测器有感温感烟型、感温感光型、感温感烟感光型、分离式红外光束感温感光型等。

16.3　消防设备种类及其使用范围有哪些?

答　(1) 消防梯

消防梯有单节梯、挂钩梯、多级梯等种类。消防梯的材料有木质、竹质、钢制、不锈钢、铝合金等。

(2) 消防水带

消防水带的材料有锦织涂胶、麻织、尼龙涂胶等。口径尺寸有 50mm、65mm、75mm、90mm 等。工作压力有 1MPa、0.8MPa、0.7MPa、0.6MPa 以下等。长度一般有 15m、20m、25m、30m。

(3) 消防水枪

消防水枪的口径尺寸有 13mm、16mm、19mm、22 mm、25mm 等。消防水枪的开口形式有直流水枪、喷雾水枪、开花水枪、直流开花水枪等。

(4) 消防车

消防车有泡沫消防车、水罐消防车、CO_2 消防车、干粉消防车、干粉泡沫水罐综合消防车等。

16.4　防爆设备种类及其使用范围有哪些?

答　(1) 防爆设备种类

防爆设备有防爆灯、防爆电机、防爆风机、防爆仪器仪表、防爆电气控制箱等。在防爆设备明显处一般标有 EX 的标志。

(2) 防爆设备使用范围

① 在有爆炸性气体环境下的电气设备分为: Ⅰ类,煤矿井下的电气设备; Ⅱ类,除煤矿外的其他爆炸性气体环境下的电气设备。

② 在有可燃性粉尘环境下的电气设备分为: A 型尘密设备, B 型尘密设备, A 型防尘设备, B 型防尘设备。

16.5　电气设备防爆的类型及标志有哪些?

答　电气设备防爆的类型是根据电气设备在使用过程中可能产生火花、电弧和高温的时候,防止引起爆炸性气体的爆炸而采取不同措施。

隔爆型 (标志为 d),增安型 (标志为 e),本质安全型 (标志为 ia 、ib),正压型 (标志为 p),充油型 (标志为 o),充砂型 (标志为 q),无火花型 (标志为 n),特殊型 (标志为 s) 共八种型式。

16.6　有害气体检测报警仪的用途有哪些?

答　在污水处理厂中有害气体检测报警仪是用来检测污水处理生产过程中的构建筑物、管道、设备中空气中的可燃气体、有毒气体、二氧化碳等含量是否超标,超标时检测仪会报警。

污水处理厂生产过程中有害气体检测主要有以下几种情况。

（1）泄漏检测

格栅间、污水污泥泵房、污水污泥管廊、污泥消化池、污泥脱水机房、加药间等设备、管道、构建筑物是否有有毒气体泄漏。

（2）检修检测

污水处理设备、管道在检修前和检修中进行有害气体检修前、检修中、检修后检测。

（3）应急检测

污水处理生产过程中生产现场出现异常情况或者处理事故时，进行有害气体检测。

（4）进入检测

污水处理厂操作人员、维修人员进入构筑物、设备、管道等密闭空间时，必须进行有害气体检测。

（5）安全检测

定期或不定期的安全检查中，进行有害气体检测。

16.7 有害气体检测报警仪的分类有哪些？

答 （1）按使用用途分类

① 便携式有害气体检测报警仪。便携式有害气体检测报警仪体积小，由电池供电，便于携带，可随时随地进行检测不同位置的有害气体含量。

② 固定式有害气体检测报警仪。固定式有害气体检测报警仪安装在构建筑物有害气体密度大的位置上，只能检测固定构筑物的有害气体含量。

固定式有害气体检测报警仪分为一体式和分体式两种。一体式固定有害气体检测报警仪安装在固定构筑物中，由交流电源供电，可以连续进行检测和报警。分体式固定有害气体检测报警仪的传感器与显示报警控制器分开安装，通过信号电缆传输电流信号。

（2）按检测介质和传感器工作原理分类

可燃气体检测报警仪、催化燃烧式可燃气体检测报警仪、红外式可燃气体检测报警仪、半导体式可燃气体检测报警仪、热导式可燃气体检测报警仪、有毒气体检测报警仪、电化学式有毒气体检测报警仪、光电离式有毒气体检测报警仪、红外式有毒气体检测报警仪、半导体式有毒气体检测报警仪。

16.8 有害气体检测报警仪选用原则有哪些？

答 （1）按照场所的具体情况，选择正确的检测仪

污水处理厂构筑物内的有害气体一般有三种情况：只有可燃气体、只有有毒气体、既有可燃气体又有有毒气体。有害气体检测报警仪可根据上述的三种情况进行选用。

（2）根据检测的方式，选择正确的检测仪

在污水处理厂的构筑物内可能泄漏有毒气体的位置选用固定式检测报警仪，在进行维修检测、应急检测、进入检测和安全检测时应选用便携式有害气体检测报警仪。

（3）根据所需要的检测设备，对有害气体检测报警仪进行选型

有害气体检测报警仪的生产厂家、功能参数和检测方式是选型时的主要内容。检测方式要符合检测的介质和检测环境的要求。功能参数要符合《作业场所环境气体检测报警仪 通用技术要求》（GB 12358—2006）、《可燃气体报警控制器》（GB 16808—2008）等标准。生产厂家必须拥有 CMC 生产许可证，消防、防爆合格证，生产要具有规模，信誉良好。

16.9　有害气体传感器是怎样的？

答　有害气体传感器简称探头，是把有害气体的数值转化为电流信号的装置。经变送器转化的电流信号由线缆传送，信号放大转换后，在显示装置上进行显示和报警。传感器是有害气体检测报警仪的重要部件。在污水处理厂中，由于传感器通常在腐蚀和恶劣的环境中里长期使用，对传感器的质量和功能要求很高。

16.10　防毒口罩使用方法及类型有哪些？

答　**（1）防毒口罩使用方法**

① 不要随意拧开防毒口罩的过滤盒盖，不能溅上液体。

② 使用防毒口罩过程中，在周围环境中对于有气味的有毒气体，当闻到轻微气味时，应该是滤毒芯失效。在周围环境中的无味毒气，则通过防毒口罩上的指示装置进行判定失效情况，应立即更换失效的防毒口罩。

③ 在佩戴防毒口罩时，应系紧头部系带到合适位置。

④ 佩戴时，防毒口罩应贴紧头部，不能发生漏气现象。

⑤ 正确佩戴完毕后，使用防毒口罩前，应该大口迅速呼出防毒口罩内余气。

⑥ 使用过程中，当防毒口罩发生损坏时，如果不能立即更换，则应屏住呼吸，立即堵住破裂位置，迅速离开有毒气体泄漏现场，到达具有洁净空气的环境中时，再更换防毒面具。

⑦ 防毒口罩使用完毕后可以在清洁、更换滤芯之后，重复使用。长期不用时应定期维护和防潮。

（2）防毒口罩类型（表 16-1）

表 16-1　防毒口罩类型

滤毒盒编号	滤件标色	防毒类型	防护对象
1	灰色	用于防护无机气体或蒸汽	氢氰酸等
2	褐色	用于防护有机气体或蒸汽	苯及其同系物、汽油、丙酮等
3	绿色	用于防护氨及氨的有机衍生物	氨等
4	红色	防汞蒸气	汞等
5	黄色	防酸性气体	氯气、二氧化硫、氮氧化物等
6	蓝色	用于防护硫化氢气体	硫化氢等

16.11　个人防护用品有哪些？

答　① 绝缘防护用品。绝缘安全帽、绝缘服、带电防护服、绝缘网衣、绝缘手套、绝缘肩套、绝缘鞋（靴）、带电保护手套等。

② 防坠落器具。安全带、安全绳、速差自控器缓冲器、安全绳自锁器、安全防护网等。

③ 头部防护用品。安全帽、防护口罩、焊接面罩、防电弧面罩、防护眼镜、防护面屏、

防护耳塞、防毒面具、空气呼吸器等。

④ 身体防护用品。防电弧服、专业防护服、反光标志工作服、防静电工作服等。

⑤ 手部防护用品。各种形式的专业防护手套等。

⑥ 足部防护用品。各种安全防护鞋、耐酸碱鞋等。

16.12 防触电设备和器具有哪些?

答 (1) 绝缘体

① 绝缘体的作用是将带电的物体之间用绝缘材料隔离,保证带电物体之间不短路,带电物体与其他物体不接触,避免触电事故。

② 常用的绝缘材料有塑料、胶木、云母、橡胶、矿物油等。

③ 不同绝缘体的绝缘材料承受的电压值是不同的,当通过绝缘体的绝缘材料的电压值超过这种绝缘材料所能承受的电压值时,这种绝缘材料会被击穿,这时会发生电流放电现象,这种放电现象被称为电击穿。不同绝缘材料的绝缘体被击穿后的恢复程度是不同的。要定期更换绝缘体,避免因绝缘体绝缘材料老化、失效而被击穿。

(2) 屏护

① 为了避免高压电电弧伤人、弧光短路、维修人员触电的危险,经常采用护罩、外壳、遮栏、围栏等屏护将带电设备与人体与外界隔离。

② 需要加装屏护的设备有配电线路和电气设备的带电部分、起重机滑触线和裸露的导线、高压设备、室外变压器、室内的变配电装置等。

③ 在临时使用的带电设备周围需要安装临时屏护。

④ 安装的屏护装置应有耐火性能和机械强度,保证其不接触带电设备。屏护装置是金属材料的,必须将其接地。

⑤ 屏护装置的种类有永久性屏护装置、临时性屏护装置和移动屏护装置。

⑥ 使用屏护装置注意事项。

a. 屏护装置与带电体之间的安全距离应符合安全生产相关规定。

b. 屏护装置内的带电设备应涂刷规定的符号或颜色。屏护装置上应挂有安全标识,如必须由安全人员进行悬挂和摘除的"止步,高压危险!""禁止攀登,高压危险!"等标示牌。

c. 屏护装置的进出口处必须锁住或安装信号、连锁装置,防止外人进入。如条件允许,可以安装人体进入联动装置。当人体进入时,带电设备将自动切断电源。

(3) 安全间距

高低压设备与屏护之间必须要有安全距离。

(4) 安全电压

① 安全电压是指不会使人受伤或死亡的电压。

② 安全电压应满足条件。

a. 安全电压的电压值交流小于等于 50V,直流小于等于 120V。

b. 安全电压的供电电源是安全隔离变压器。

c. 安全电压的电路与其他电路及大地绝缘。

③ 安全电压的国家标准电压值为 6V、12V、24V、36V、42V。在选择安全电压值时应

根据作业现场的实际情况进行。选择大于等于 24V 的安全电压时，确保不能直接接触带电体。

（5）用漏电保护器作附加保护

① 漏电保护器是在正常情况下，当电路中漏电电流大于等于设定值时能自动跳闸的电器装置。在日常生活生产中常用的电压值 220～380V 中，漏电保护器漏电电流小于等于 30mA、分断时间小于等于 0.2s。

② 漏电保护器是防触电基本防护措施的补充防护措施。

（6）五种常用的防触电保护方式

① O 类电器是指没有接地，只用绝缘体隔离带电体的电器。O 类电器触电保护措施不足，现在已较少使用。

② OI 类电器是指带有接地端子用绝缘体隔离带电体的电器设备，这类电器线缆中没有接地线、没有接地插头。

③ I 类电器是指带有接地端子、接地线、接地插头并用绝缘体隔离带电体的电器设备，这类设备即使发生漏电现象时，也不会带电。

④ II 类电器是指用双重绝缘体隔离带电体的电器设备。

⑤ III 类电器是指用特殊变压器输出安全电压进行防触电防护。

16.13 高空作业（防坠落）设备和器具有哪些？操作和维护方法有哪些？

答 污水处理厂生产过程中，在进行维护和维修时有一部分属于高空作业。高空作业有坠落的危险，在高空作业时必须严格遵守国家的安全标准和企业制定的安全操作规范，按标准和规范要求佩戴好安全防护用具，做好高空作业安全防护措施。

（1）安全帽

① 使用安全帽前需要检查安全帽的有效期及附属部件。塑料帽有效期不超过两年半，玻璃钢帽不超过 3 年半。

② 佩戴安全帽前先确保安全帽内衬与帽壳有一定距离。

③ 佩戴安全帽时应调整帽箍箍紧，帽带应系在颌下并系紧。

（2）安全带

① 安全带必须每半年进行检验。

② 在高空作业时，必须佩戴安全带。

a. 在进入高空作业平台工作场所时。

b. 在超过 2m 高度的地方工作时。

c. 在超过 1.5m 高度，没有脚手架的地方工作时。

d. 在斜顶的地方工作时。

e. 在平的屋顶且没有围栏工作时。

f. 在悬吊的平台上工作时。

g. 任何护栏，铺板不完整的脚手架上。

h. 在梯子上工作时。

③ 正确使用安全带。

a. 必须扎紧肩带、腰带，扣紧、系紧安全带扣。

b. 安全带的挂勾应直接勾在安全带绳的挂环上。

c. 安全带要挂在牢固部件上。

d. 严禁使用损坏或部分损坏的安全带。

e. 严禁使用安全带吊装或运输物体。

（3）安全绳

① 在进行高空移动作业时，应在系好安全带的同时，再将安全带的挂勾直接勾在安全带绳的挂环上。

② 安全绳一般使用特殊的材料制成的。两个人不能同时使用一条安全绳。

③ 大于等于3m长安全绳必须要加装缓冲器。

（4）安全网

安全网分为平网和立网两类，是用来防护人、物体不慎坠落，或防止坠落的人或物体坠落时伤及到人或物体的网状物。在使用安全网时必须进行定期检查，如果安全网损坏，必须进行更换。

16.14 雷电的种类有哪些？

答 雷电是指大气中高端云层和低端云层的相互剧烈摩擦时，形成一个巨大的电容，其对地放电的现象称为雷电。一般来说，雷电有直击雷、感应雷和球形雷。

我国一般按年平均雷暴日数将雷电活动区分为少雷区（＜15d）、中雷区（＞15～＜40d）、多雷区（＞41～＜90d）、强雷区（＞90d）。

16.15 雷电的破坏有哪些？

答 雷电的破坏主要是由于云层间、云与大地间、云和空气间的电位差达到25～30kV/cm时，所发生的猛烈放电所引起的破坏。

（1）直击雷的破坏

当直击雷直接电击在建筑物上时，会导致建筑物燃烧或爆炸。甚至当直击雷的电位值超过建筑物的避雷带的负荷时，容易引起雷电"反击"，会造成火灾或人身伤亡。

（2）感应雷破坏

感应雷可分为静电感应雷和电磁感应雷两种。感应雷会产生巨大的交变磁场，当感应雷发生时，可以使金属物体产生感应电流，并向外放电，这会给带电设备或仪器仪表带来损坏，甚至会引发火灾和爆炸。

（3）雷电波引入破坏

当发生雷电时，雷电波会沿着建筑物的架空管线冲击建筑物内，形成高压电流进行冲击，这样的雷电波会引起设备损坏或人身伤亡事故，甚至会引起火灾。

16.16 防雷击的基本措施有哪些？

答 （1）雷电灾害预防

① 污水处理厂内的构建筑物的防雷设施应每年由专业防雷公司检测防雷设施的完好状态。

② 应建立防雷安全工作管理制度，设专人负责，对构建筑物的各类防雷设施进行定期检测和日常维护，尤其是雨后应该及时检查和更换电气、仪表设备上的过压保护器材。

③ 在进行污水处理厂的建设和改扩建时，应按照国家标准设计、安装符合构建筑物实际情况防雷设施、装置、器材等。

（2）常规防雷措施

常规防雷措施有防直击雷、防感应雷和综合性防雷。防直击雷的措施有避雷针、引雷线和接地体。防感应雷的措施主要是避雷器。综合性防雷的措施由几种防雷措施共同组成。

（3）整体防雷措施

① 计算机房电源整体防雷措施。计算机房的电源容易受直接雷电浪涌电流与电网电压波动的影响，可以用分级衰减雷击残压或能量的措施。第一级用通信交流电源系统低压侧电缆进线进行防护，第二级用交流配电进行防护，第三级用整流器输入端口进行防护，第四级用整流器输出端口进行防护。

② 外线通信电缆整体防雷措施。外线通信电缆的防雷接地是将通信电缆的屏蔽防护层、接线箱接地极、MDF 机架接地线汇集后接入接地铜排上。

③ 光缆线路加强芯接地整体防雷措施。因为光缆加强芯一类引雷线缆的强雷电感应浪涌电流会因与传输设备共用接地排，形成一个破坏性的高电位差，能够损坏传输设备，所以光缆进机房侧加强芯必须单独接地。

16.17 安全防雷措施有哪些？

答 全面的防雷措施主要包括以下六方面。

① 采用大面积的避雷针。

② 安全引导雷电流入地网。

③ 完善的低阻地网。

④ 消除地面回路。

⑤ 电源的浪涌冲击防护。

⑥ 信号及数据线的瞬变保护。

16.18 防雷接地原理是什么？

答 防雷措施最重要就是防雷接地，虽然有各种形式的雷击种类，但最后都是将雷击时产生的电流引入大地，所以良好的接地装置才能有效的防雷。而且接地电阻越小，电流引入大地就越快，雷击时高电位保持时间越短，避雷性能就越好。构建筑物一般来说是用共用接地的方法将构筑物、电控设备、仪器设备、计算机设备等共同接入同一个接地装置。所以在防雷工程中的下引线的布线设计和防雷器件设计是一个重要的环节。应该说，凡是与电网连接和有电力的地方都需要做接地工程，多年的防雷接地设计施工经验如下。

① 根据接地参数来选择接地的方式。

② 对于不同设备及带电体的接地，根据不同的电位差应该选择不同的布线线路。

③ 应根据设备及带电体的当地接地电阻、地质情况进行不同的接地设计。

④ 不同的使用设备有不同的接地种类。供电系统中的变压器用中性点直接接地，使用

中的电器设备不带电的金属部分应直接接地。

⑤ 根据现行国家标准《建筑物防雷设计规范》（GB 50057—2010）的规定，接地体采用 40mm×40mm 的角铁，每根长 2.5m，间距约 5m 垂直打入地下，顶端距地面 0.5～1.0m，顶端再用约 40mm×40mm 的扁铁焊接，使之成为一个整体的接地系统。

⑥ 防雷等电位连接。为了防止接地系统因各类设备和实施当雷击引雷时发生的不同电位差而引起闪络危险，采用均压环，将存在高低位电位差的接地点等电位连接起来，一直连接到接地装置。使得构筑物内的所有设备设施形成一个"等电位岛"，保证导电部件之间不产生有害的电位差。

16.19　常见的工业设备防腐蚀的方法有哪些？

答　① 电化学保护法。电化学保护法是用电化学的防护方式对工业设备进行防护的方法。电化学保护法主要有阴极保护、牺牲阳极保护和阳极极保护等方法。

a. 阴极保护。将直流电源的负极与金属设备相连，进行阴极极化，达到保护金属设备的目的。所连接的直流电源可以调节电压和电流，在要求大保护电流的情况下可以选用。缺点是要使用直流电源设备，而且有其他金属设备在其周围时会产生干扰腐蚀。

b. 牺牲阳极保护。使一个电位更负的金属连接在需保护的金属设备上，使需保护的金属设备发生阴极极化。优点是不需要直流电源设备，不会对周围的设备产生干扰。缺点是只能在要求小保护电流的情况下使用，阳极消耗大，需定期更换。

c. 阳极保护。把需要保护的金属设备进行阳极极化，使其由活化态转入钝化区，从而减轻或防止金属设备腐蚀。

② 添加缓蚀剂。将缓蚀剂加到腐蚀介质中，使对金属腐蚀的作用减缓。

③ 选择各种耐腐蚀合金和有色金属制作设备。

④ 使用各种金属镀层和衬里。

⑤ 选择各种非金属保护层。

⑥ 选择各种非金属耐腐蚀材料制作设备。常用的材料有各种增强塑料、工程塑料、电极石墨、化工陶瓷、铸石、玻璃和天然岩石等。

⑦ 将腐蚀介质中的腐蚀因子去除，防止金属设备腐蚀。

16.20　防溺水设备和器具有哪些？

答　**（1）救生圈**

救生圈的内部材料一般有软木、泡沫塑料等密度较小的轻型材料，外表面包裹材料有帆布、塑料等。救生圈的外表面的颜色应为橙红色。在救生圈的 4 个对角位置应设有 50mm 宽度的荧光带。救生圈的规格范围其外径小于等于 800mm，内径≤400mm。救生圈的外侧应装有直径大于等于 9.5mm、长度大于等于救生圈外径 4 倍的可手握绳索。救生圈质量应大于 2.5kg。配有自发烟雾信号和自亮浮灯所附速抛装置的救生圈，重量应大于 4kg。

（2）救生绳

救生绳的规格为直径 6～14mm，长度为 15～30m，消防员用耐火救生绳通常用 2.6mm 航空钢丝包芯。

16.21　防噪声设备和措施有哪些？

答　（1）消声措施

消声措施需要先消除或减小噪声源的污染。用技术改造和先进工艺尽可以使设备尽可能的降低噪声，这是噪声控制的最有效手段。

（2）控制噪声的传播措施

① 隔声。防止噪声传播，可以将内有吸声材料或装置的隔声墙、隔声罩、隔声门窗等。

② 消声。在构建筑物内为了减弱噪声的强度，可以用吸声材料布置在室内，用来吸收和反射噪声的能量。

③ 为了避免构建筑物的噪声引起污染，除了及时关闭门窗外，还可以在构建筑外面的环境里可以设置绿化带、隔声墙等设施。

（3）采用合理的防护措施

① 应用耳塞、耳罩等防噪声装置可以隔绝高频噪声对人体的伤害。

② 减少人体在噪声环境下的工作时间，减小对人体的危害。

（4）卫生保健措施

对于经常在噪声环境下工作的人员应进行定期体检，对有症状的人员应进行治疗和观察，对于因此而发生疾病的人员应及时治疗。

16.22　生物除臭系统的操作和维护方法有哪些？

答　生物除臭主要是指利用相关微生物的新陈代谢把臭气中的污染物分解去除。生物除臭系统主要由臭气收集系统、生物除臭系统、控制与监测系统、气体排放系统组成。

（1）生物除臭设备启动

① 将控制柜内总电源开关合上，同时检查进线电源电压的情况，如果电压正常，可进行下一步操作。

② 将控制柜门上所有的旋钮开关转到"停止"位、"就地"位。在将其他电源开关合时系统进入自检模式。请注意各手动阀门的打开情况、水箱水位情况和补充水情况，待各水箱水位正常，系统进入待机。

启动流程：

$$选择运行模式 \longrightarrow 启动风机 \longrightarrow 启动水泵$$

③ 选择就地/远程运行模式。就地模式为现场操作。远程模式为远程操作。以就地模式为例，也适用于远程模式。

④ 风机在就地模式下，当旋钮开关在手动时，按风机启动键。此时风机运行，风机启动亮灯。在确定风机的转动方向正确后，进行运行并调节变频器频率，使系统能在负压下运行。

⑤ 水泵在就地模式下，当旋钮开关在手动时，按各水泵启动键。此时对应的水泵运行，相应的水泵启动亮灯。

⑥ 自动运行。若旋钮开关在自动位置，则系统会按照 PLC 程序运行。

⑦ 远程远程模式下，具有一键启动系统和单独启动各用电设备两种操作。

（2）生物除臭系统运行

① 注意观察装置运行状况，做好运行记录。

② 原则上生物滤塔每隔 1d，人工排污 1 次，每次 1min。

③ 及时清理洗涤过滤器中的残渣，防止过滤器堵塞。

④ 通过调节阀，调节泵的压力（0.2～0.3MPa）。

⑤ 注意事项。

a. 当溶液罐缺水系统报警时，要及时补充相应的溶液。

b. 注意经常观察和清理溶液过滤器中的残渣，防止过滤器堵塞。

c. 遇到故障时，及时检修，保证系统各部分正常运转。

（3）生物除臭系统故障检查和排除

除臭系统常见故障及排除方法见表 16-2。

表 16-2　除臭系统常见故障及排除方法

故障现象	故障原因	排除方法
泵压力降低	过滤器堵塞	清洗过滤网
泵压力升高	喷嘴堵塞	清洗过滤网和喷嘴
风机噪声突然升高	轴承损坏	更换轴承
泵噪声突然升高	轴承损坏	更换轴承

（4）风机维护和维修

① 必须专人操作和维修风机。

② 定期对风机内部除尘，保持风机叶轮表面清洁。

③ 定期检查温度计及油标工作状态。

④ 除每次拆修后应更换润滑油外，正常情况下 3～6 月更换一次润滑油。

（5）风机的主要故障及原因

① 轴承箱剧烈震动。

a. 风机轴与电机轴不同轴，联轴器安装不正确。

b. 叶轮与机壳有触碰或摩擦。

c. 风机基础不牢固。

d. 风机叶轮变形损坏。

e. 风机叶轮与轴连接处松动。

f. 风机集体的部分螺栓松动。

g. 风机进出气管道松动。

h. 电机转子、风机叶轮动平衡失衡。

② 轴承温升过高。

a. 轴承箱处异常振动且噪声过大。

b. 轴承室内的润滑脂变质或被污染。

c. 轴承室安装不当。

d. 支撑轴的两侧轴承不同心。

e. 轴承本体损坏。

③ 电机电流过大或温升过高。

a. 运行时进气管道阀门未打开。

b. 风机负载过大。

c. 输送介质不符合设备允许标准，密度过大。

d. 电机输入电压过低或电源缺相。

e. 联轴器安装不当。

f. 轴承室或轴承故障。

(6) 水泵的主要故障、原因及排除方法

① 水泵吸不上来水且压力表表针来回转动。原因：水泵腔内存有空气，进气管道泄漏。解决方法：排出泵腔内空气，使进气管道密闭现象。

② 水泵运转但不出水。原因：进水管道有阻力，吸水管吸程过大且有空气，输送介质温度过高。解决方法：检修吸水管道，清除杂质，降低液体温度或吸水高度。

③ 水泵振动。原因：轴承损坏或润滑脂失效、轴和轴承之间有间隙，泵轴和电机轴不同心。解决方法：更换轴承或润滑脂，调整同心度。

④ 噪声异常。原因：泵轴和电机轴不同心，轴和轴承之间有间隙，轴承损坏。解决方法：更换轴承或润滑脂，调整同心度。

(7) 生物除臭系统使用注意事项

① 设备区域范围内请注意安全，设备区域范围包括覆盖池、设备连接的风管、水管、设备基础以及设备基础、周边的走道等。

② 设备正常运行后，主体设备内会有一定量的有毒有害的气体，进入设备时请注意人身安全，同时严禁烟火。

③ 设备运行时非操作人员或检修人员不得进入。进入设备范围前要注意检测是否存在有毒有害的气体，必须在确保知情的情况下进入，需要时穿着防毒面罩等相关防护服装。

④ 进入设备范围内巡查、维护、检修时，不能在设备范围内点火、吸烟等明火作业。

16.23　离子除臭系统的操作和维护方法有哪些？

答　离子除臭设备的主要原理是在高压电场作用下，使通过除臭系统的臭气产生大量的正、负氧离子，立即氧化和分解甲硫醇、氨、硫化氢、醚类、胺类等臭气因子，最终生成二氧化碳和水等无污染小分子，净化空气。

(1) 离子除臭系统的启动

① 开启控制箱的总电源开关，系统进入待机状态。可以设置时间继电器的工作时间进行自动开关。例如：工作时间是 09:00～18:00；可以按时间继电器的设定键进入 1 ON 的时间 09:00；再按一下设定键进入 1 OFF 时间 18:00 确定按时钟键。如需校正继电器时间，按住时钟键，点击时或分到准确的北京时间即可。

启动流程选择运行模式——启动风机——启动离子装置（可手动、自动）。

② 选择就地/远程运行模式。就地模式为现场操作，远程模式为远程操作。

③ 在就地模式下，启动风机，此时风机运行，风机启动亮灯。初始运行时应确定风机转动方向正确后方可运行。

④ 风机启动后将离子设备的手动/停止/自动开关打到自动状态，此时离子设备与风机

联动运行，风机运行时带动相应的离子设备运行。正常情况下，所有离子设备均选择自动状态。

（2）离子除臭装置运行与维护方法

① 根据除臭装置的运行状况调节配风比例。

② 及时清理滤器，防止过滤器堵塞。正常情况下，半个月清水清理一次。

③ 注意风机运行状况，有无异常、噪声、振动特别明显等，及时发现及时处理。

④ 注意离子管的运行状况，有无电火花，离子管在高温高压下有没有破裂等，及时发现及时处理。

⑤ 离子设备运行时，主体设备内是高压环境，进入时务必关掉电源，由专人进行检修，严禁乱操作或非法进入主体设备。

⑥ 离子设备正常运行后，主体设备内会有一定量的有毒有害的气体，进入设备时需注意安全，同时严禁烟火。

（3）离子除臭装置故障检查和排除

离子除臭系统常见的故障及排除方法见表 16-3。

表 16-3　离子除臭系统常见的故障及排除方法

故障现象	故障原因	排除方法
硫化氢排放浓度升高	离子管老化	更换离子管
风机噪声突然升高	轴承损坏	更换轴承
报警	电源或风机出现故障	检修

16.24　根源除臭系统的操作和维护方法有哪些？

答　根源除臭也称为全过程除臭。根源除臭系统原理是活性污泥混合液在除臭反应器中的驯化活性填料作用下，使微生物增殖强化，并能增强微生物的活性。微生物菌与污水中的恶臭物质发生吸附、凝聚和生物转化降解等作用，能够从污水根源上除臭。

（1）系统准备工作

① 操作设备前必须进行上岗培训，掌握除臭系统的使用操作技能，穿戴好劳动保护用品。

② 启动除臭设备之前必须进行除臭系统的全面检查，经检查除臭系统各个设备设施无异常后再进行。

③ 检查微生物营养剂储罐的储量是否正常。

（2）营养投加装置启动前的操作

① 启动前应检查投加装置的各个配件、管道是否正常。

② 启动前检查点动营养投加泵，确认工作状态正常、营养液箱内液位正常。

（3）营养剂的投加

① 打开营养液箱的排水阀，排空后关闭排水阀。分别按一定比例加入药液和水至高液位。

② 打开搅拌电机搅拌，使溶液均匀。调整投加泵行程至适当位置（约 40%），投加混合均匀的营养液。选择操作模式（就地手动、远程控制）投加与停止，投加完需排空溶液箱。

（4）根源除臭系统维护

① 除臭装置。除臭装置无需特别维护，每月定期检查装置运行是否正常，发现异常情况应及时通知厂家处理。未得到厂家认可的情况下不得擅自打开装置进行检查处理。

② 投加系统。

a. 定期检查水泵的压力、流量、电流、振动等是否正常，如有异常，应停机处理。每周定期清洗水泵入水口滤网，每月定期检查水泵各部位的紧固松动情况，适时进行紧固和加固。

b. 定期检查水泵电机绝缘情况，每半年给水泵轴承及电机轴承补充 1 次润滑脂，以保证轴承润滑良好。

c. 输送管道无须特别维护，每周定期检查循环管道有无泄漏、滴漏情况，如发现异常，应及时处理。

d. 压力表无须特别维护，但需要每半年进行计量器具的检测，如不合格，需要更换。

③ 仪器仪表。

a. 电磁流量计。每班检查电磁流量计的显示是否正常、连接电磁流量计的管道接头是否有泄漏。每周进行清洁，每 3 个月进行零位调校，每 6 个月进行传感器电极清洗。

b. 水位探头。每周定期检查，清理附着在探头上的污垢，每周做一次人为缺水试验，即提起探头，看水泵是否正常动作。

16.25　安全设备在污水处理厂的应用有哪些?

答　① 污水处理厂工作人员进入工作区域须佩戴安全帽、穿静电工作服和安全鞋，在进行常规操作时需佩戴防护手套，在高压配电室进行操作时需佩戴高压绝缘手套、穿高压绝缘靴，在进行低压电器设备操作室需佩戴绝缘手套、穿绝缘鞋，在加药间等接触有毒害及腐蚀性药剂时，操作人员应在操作时轻拿轻放，不得碰撞、倒置，防止包装破损对人体造成伤害。操作人员应戴防护眼镜、佩戴胶皮手套和相应的防毒口罩或面具、穿防护服。装卸易燃液体时需穿防静电工作服，禁止穿带铁钉的鞋。桶装的易燃液体物料不得在水泥地面滚动。在进入鼓风机房、脱水机房、泵房等产生噪声的构建筑物时需佩戴耳塞。

② 在污水处理厂中的构建筑物室内一般配备干粉灭火器，布置有大型设备的构建筑物室内一般还需配备手推车式干粉灭火器，在低压电控室内还需配备一部分二氧化碳灭火器。

③ 火灾探测器一般安装在污水处理厂构建筑物的室内屋顶处。

④ 污水处理厂的构建筑物的消防栓附近一般可设置消防柜，消防柜内可放置消防水带、消防喷头、消防锹、防烟面具等消防器具。

⑤ 在污水处理厂的构建筑物室内易产生有毒有害气体的位置还需设置有毒气体检测仪，一般设置可燃气体检测报警仪、氧气检测报警仪、硫化氢检测报警仪、一氧化碳检测报警仪等。

⑥ 在污水处理厂内进行有限空间操作时，有限空间外的现场要配备呼吸器、防毒面具、通风换气装置、安全带和绳索等急救器材。作业前先进行全面通风并持续进行通风换气，保证有限空间内空气新鲜。必要时，作业人员必须佩戴空气呼吸器等防护器具进行操作。操作人员必须在有人监护下佩戴空气呼吸器，保证空气呼吸器的气密性，在操作过程中必须有人

进行监护。如果出现有人中毒、窒息的紧急情况，抢救人员必须佩戴空气呼吸器等防护器具后才能进入有限空间进行抢救，同时现场必须有人员进行监护、联系工作。

⑦ 在污水处理厂内进行高空作业时需佩戴安全带、安全绳、安全帽。

⑧ 在污水处理厂的初沉池、曝气池、生物池等污水池的护栏上要放置带有安全绳索的救生圈。

⑨ 污水处理厂中沼气发动机、沼气锅炉等易燃气体设备间、管道间的设备、电器必须具有防爆性能。在防爆区域内的设备和电器同样也必须具有防爆性能。

⑩ 应经常对安全设备的使用进行检查，发现问题立即采取措施，向安全设备安全监督管理部门报告，并采取相应措施。操作安全设备的人员在进行安全设备操作时，必须严格执行安全设备的操作规程和有关的安全规章制度。安全设备必须定期进行维护保养，确保随时能够正常使用。安全设备在出现故障或者发生异常情况时，必须进行检修和更换，故障消除后才能进行使用。

参 考 文 献

[1] 张晨辉，林亮智．润滑油应用及设备润滑．北京：中国石化出版社，2002.

[2] 关子杰．润滑油与设备故障诊断技术．北京：中国石化出版社，2001.

[3] 王训钜．阀门使用维修手册．北京：中国石化出版社，1998.

[4] 齐占伟．电器控制及维修．北京：机械工业出版社，2001.

[5] 孔锦宜．含氮废水处理技术与应用．北京：化学工业出版社，2003.

[6] 常青．水处理絮凝学．2版．北京：化学工业出版社，2011.

[7] 陆柱．水处理药剂．北京：化学工业出版社，2002.

[8] 杨书铭，黄长盾．纺织印染工业废水治理技术．北京：化学工业出版社，2002.

[9] 雷乐成．污水回用新技术及工程设计．北京：化学工业出版社，2002.

[10] 崔玉川，张东伟．城市污水回用深度处理设施设计计算．北京：化学工业出版社，2003.

[11] 郑俊，吴昊汀，程寒飞．曝气生物滤池污水处理新技术及工程实例．北京：化学工业出版社，2002.

[12] 王宝贞，王琳．水污染治理新技术：新工艺、新概念、新理论．北京：科学出版社，2004.

[13] 王小文．水污染控制工程．北京：煤炭工业出版社，2002.

[14] 郑铭．环保设备——原理、设计、应用．2版．北京：化学工业出版社，2007.

[15] 贺延龄，陈爱侠．环境微生物学．北京：中国轻工业出版社，2001.

[16] 周群英，高廷耀．环境工程微生物学．2版．北京：高等教育出版社，2004.

[17] 宋学周．废水·废气·固体废物专项治理与综合利用实物全书．北京：中国科学技术出版社，2000.

[18] 孙德智．环境工程中的高级氧化技术．北京：化学工业出版社，2002.

[19] 国家环保总局编委会．水和废水监测分析方法．4版．北京：中国环境科学出版社，2002.

[20] 周善东．城镇污水处理厂运行管理实务．济南：黄河出版社，2013.

[21] 黄佳锐．螺杆泵及管路流量监控系统创新改造．流程工业，2021（622）：56.